# Dreamweaver CS3网页制作

本书编委会　编著

电子工业出版社
Publishing House of Electronics Industry
北京 · BEIJING

## 内容简介

本书全面系统地介绍了使用Dreamweaver CS3制作网页的方法，主要内容包括网页设计基础、认识Dreamweaver CS3、站点的创建和管理、网页整体效果的设置、网页中的文本与图像、网页中表格的应用、网页中AP Div的应用、网页中的表单、网页中的框架、网页中的多媒体与样式表、网页中行为的应用，以及网站的发布等。

本书将知识点讲解和动手练结合在一起，内容丰富，结构清晰，步骤详细，可操作性强。另外，每章配有“疑难解答”，帮助读者解决疑难问题，巩固每章所学的知识。

本书配有精彩实用的多媒体自学光盘，帮助读者轻松学会使用Dreamweaver CS3制作网页。



**图书在版编目(CIP)数据**

Dreamweaver CS3网页制作 / 本书编委会编著.—北京：电子工业出版社，2009.3
（无师通）
ISBN 978-7-121-07777-7

I. D… Ⅱ.本… Ⅲ.主页制作－图形软件，Dreamweaver CS3 Ⅳ.TP393.092

中国版本图书馆CIP数据核字（2008）第177884号

责任编辑：贾　莉
印　　刷：北京市天竺颖华印刷厂
装　　订：三河市鑫金马印装有限公司
出版发行：电子工业出版社
　　　　　北京市海淀区万寿路173信箱　　邮编：100036
开　　本：787×1092　1/16　　印张：21.25　　字数：544千字
印　　次：2009年3月第1次印刷
定　　价：39.00元（含光盘一张）

凡所购买电子工业出版社图书有缺损问题，请向购买书店调换。若书店售缺，请与本社发行部联系，联系及邮购电话：（010）88254888。

质量投诉请发邮件至zlts@phei.com.cn，盗版侵权举报请发邮件至dbqq@phei.com.cn。

服务热线：（010）88258888。

# 前　言

电脑是现在人们工作和生活的重要工具，掌握电脑的使用知识和操作技能已经成为人们工作和生活的重要能力之一。在当今高效率、快节奏的社会中，电脑初学者都希望能有一本为自己“量身打造”的电脑参考书，帮助自己轻松掌握电脑知识。

我们经过多年潜心研究，不断突破自我，为电脑初学者提供了这套学练结合的精品图书，可以让电脑初学者在短时间内轻松掌握电脑的各种操作。

此次推出的这套丛书采用“实用的电脑图书+交互式多媒体光盘+电话和网上疑难解答”的模式，通过配套的多媒体光盘完成书中主要内容的讲解，通过电话答疑和网上答疑解决读者在学习过程中遇到的疑难问题，这是目前读者自学电脑知识的最佳模式。

## 丛书的特点

本套丛书的最大特色是学练同步，学习与练习相互结合，使读者看过图书后就能够学以致用。

- **突出知识点的学与练**：本套丛书在内容上每讲解完一小节或一个知识点，都紧跟一个“动手练”环节让读者自己动手进行练习。在结构上明确划分出“学”和“练”的部分，有利于读者更好地掌握应知应会的知识。
- **图解为主的讲解模式**：以图解的方式讲解操作步骤，将重点的操作步骤标注在图上，使读者一看就懂，学起来十分轻松。
- **合理的教学体例**：章前提出“本章要点”，一目了然；章内包括“知识点讲解”与“动手练”板块，将所学的知识应用于实践，注重体现动手技能的培养；章后设置“疑难解答”，解决学习中的疑难问题，及时巩固所学的知识。
- **通俗流畅的语言**：专业术语少，注重实用性，充分体现动手操作的重要性，讲解文字通俗易懂。
- **生动直观的多媒体自学光盘**：借助多媒体光盘，直观演示操作过程，使读者可以方便地进行自学，达到无师自通的效果。

## 丛书的主要内容

本丛书主要包括以下图书：

- Windows Vista操作系统（第2版）
- Office 2007办公应用（第2版）
- Excel 2007电子表格处理（第2版）
- 电脑入门（第2版）
- Word 2007电子文档处理（第2版）
- 网上冲浪（第2版）
- 电脑组装与维护（第2版）
- Photoshop与数码照片处理（第2版）
- PowerPoint 2007演示文稿制作
- Access 2007数据库应用
- Excel 2007财务应用
- Excel 2007公式、函数与图表应用
- 五笔字型与Word 2007排版
- BIOS与注册表
- 系统安装与重装
- 电脑应用技巧

- 电脑常见问题与故障排除
- Photoshop CS3图像处理
- Dreamweaver CS3网页制作
- AutoCAD机械绘图
- 3ds Max 2009室内外效果图制作
- 常用工具软件
- Photoshop CS3特效制作
- Flash CS3动画制作
- AutoCAD建筑绘图
- 3ds Max 2009动画制作

## 丛书附带光盘的使用说明

本书附带的光盘是《无师通》系列图书的配套多媒体自学光盘，以下是本套光盘的使用简介，详情请查看光盘上的帮助文档。

- **运行环境要求**

  **操作系统：** Windows 9X/Me/2000/XP/2003/NT/Vista简体中文版

  **显示模式：** 1024×768像素以上分辨率、16位色以上

  **光驱：** 4倍速以上的CD-ROM或DVD-ROM

  **其他：** 配备声卡、音箱（或耳机）

- **安装和运行**

将光盘放入光驱中，光盘中的软件将自动运行，出现运行主界面。如果光盘未能自动运行，请用鼠标右键单击光驱所在盘符，选择【展开】命令，然后双击光盘根目录下的“Autorun.exe”文件。

## 丛书的实时答疑服务

为更好地服务于广大读者和电脑爱好者，加强出版者和读者的交流，我们推出了电话和网上疑难解答服务。

- **电话疑难解答**

  **电话号码：** 010-88253801-168

  **服务时间：** 工作日9:00~11:30，13:00~17:00

- **网上疑难解答**

  **网站地址：** faq.hxex.cn

  **电子邮件：** faq@phei.com.cn

  **服务时间：** 工作日9:00~17:00（其他时间可以留言）

## 丛书的作者

参与本套丛书编写的作者为长期从事计算机基础教学的老师或学者，他们具有丰富的教学经验和实践经验，同时还总结出了一套行之有效的电脑教学方法，这些方法都在本套丛书中得到了体现，希望能为读者朋友提供一条快速掌握电脑操作的捷径。

本套丛书以教会大家使用电脑为目的，希望读者朋友在实际学习过程中多加强动手操作与练习，从而快速轻松地掌握电脑操作技能。

由于作者水平有限，书中疏漏和不足之处在所难免，恳请广大读者及专家不吝赐教。

# 目　录

Chapter 01

# 第1章　网页设计基础

*本章要点*

- *网站和网页*
- *网页的LOGO和Banner*
- *网页制作工具*
- *网站制作的一般步骤*

随着网络的逐步发展，网站的数量和种类也日渐增多。网络在改变人们的生活的同时，也对网页设计者提出了更高的要求。本章我们首先了解一下网站与网页的关系、网页的类型、制作网页时需要使用的工具及网页设计的常规步骤等知识。

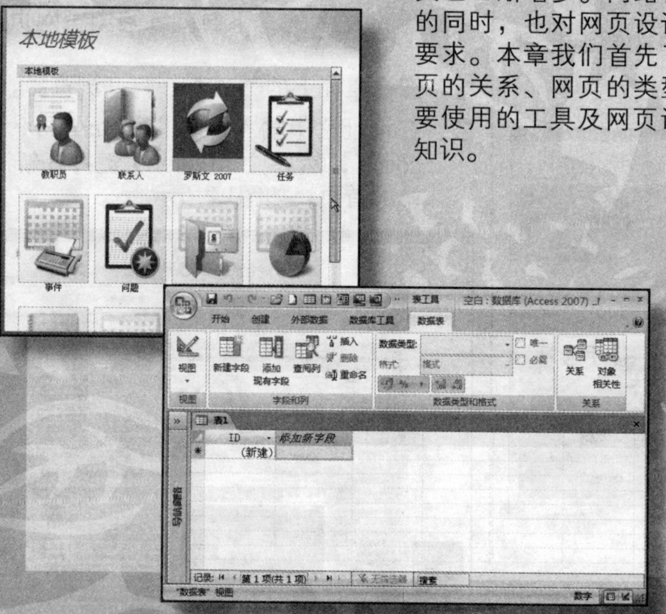

# 1.1 网站和网页

对于如今的网页，简单的文字与图像的组合已经不能满足人们的需要，于是设计者们添加了各种设计元素，使网页变得更加丰富多彩。在学习网页制作之前，本节先介绍一下网站与网页的关系、网页的类型以及常见的网络术语等知识。

## 1.1.1 网站与网页的关系

网络无处不在。从目前的发展来看，网络已经与我们的生活、工作有了密切的关系。网络由无数个网站构成，一个网站少则包含几个网页，多则由上百个网页组成，这些网页构成了一个互相关联的页面集合。

网页都存在于一个网站中，每个网站都包含有网页，它们是包含与被包含的关系。我们在浏览器的地址栏中输入网址后，按【Enter】键就可以打开网站的首页，此时在网页上移动鼠标，就可以看到有时鼠标的指针变为手形，如图1.1所示。这说明该处是一个超链接，每个超链接都对应着一个网页。

★ 图1.1

无论网页的数量多少，都需要建立一个独立的网站来存放网页。网站中除了网页以外，还包括网页中应用到的各种图像、音乐、视频和数据库等，也有独立于页面的图像、音乐和视频等，可以通过超链接来实现它们与网页的关联。

首页是一个网站的门面，也是访问量最大的一个页面。当访问者在地址栏中输入网址后，按【Enter】键就可以直接进入网站的首页了。因此，网站首页的设计和制作是非常重要的，一定要把握好网站的主题，使访问者一看到首页就能清楚地知道该网站所要传递的信息。

**动手练**

网站（Web Site）是多个网页的集合，网页（Web Page）是网站的重要组成部分，所有的信息都是通过网页这个载体传递给浏览者的，下面就练习浏览网页。

1 双击桌面上的图标，打开浏览器。

2 在地址栏中输入网址“http://www.sina.com”，然后按【Enter】键打开新浪网站的首页，如图1.2所示。

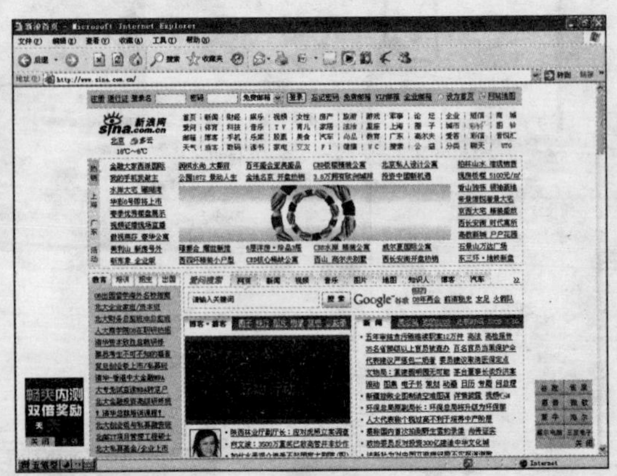

★ 图1.2

**3** 在该首页上移动鼠标指针，指向一个超链接，这时鼠标的指针变为手形，如图1.3所示。

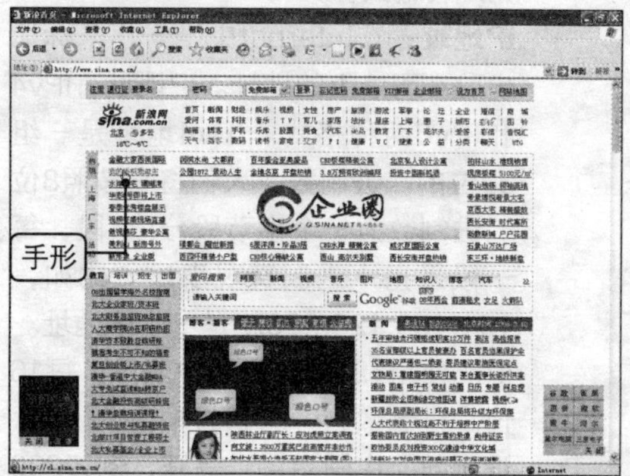


★ 图1.3

**4** 单击鼠标左键，打开该超链接对应的网页，如图1.4所示。

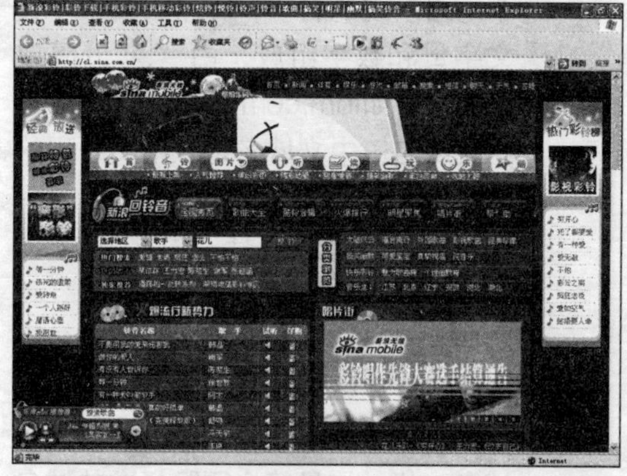

★ 图1.4

## 1.1.2 网页的类型

构成网页的基本元素包括文本、图像、动画、表格、表单、音频以及视频等。网页按照不同的功能，可以分为多种类型，下面就介绍一下网页的分类。

**1. 静态网页与动态网页**

从网页是否执行后台程序来分，有静态网页与动态网页两种类型。

所谓静态网页，就是网页里面没有后台程序代码。网页通常以扩展名“htm”或“html”存储，网页中的内容都是用HTML语言撰写的。在浏览扩展名为“htm”的网页时，网站服务器不会执行任何程序就直接把文件传递给客户端的浏览器。除非网站管理人员更新过网页的内容，否则网页是不会因为执行程序而出现不同的内容。

所谓动态网页，就是网页内含有后台程序代码，通常以扩展名“asp”或“aspx”存储，表示该网页是Active Server Pages（ASP）动态网页。在浏览这种网页时必须先由服务器端执行程序，再将执行完的结果下载给客户端的浏览器。这种动态网页会在服务器端执行一些程序，由于执行程序时的条件不同，所以执行的结果也可能会有所不同，所以称为动态网页。除了以“asp”为后缀的网页外，还有以“php”或“jsp”为后缀的网页。

**2. 篇头、主页和内页**

根据网页在网站中存在位置的不同，可分为篇头、主页和内页。

篇头主要应用于企业型网站，有些企业为了进行宣传，通过Flash动画的形式将自己的企业形象和理念等需要突出显示的内容放置于篇头中。

主页是在浏览器的地址栏中输入网址后打开的第一个页面。如果有篇头，则是进入篇头后，再单击进入的页面，就是网站的主页，有时也称为首页。

内页是通过链接进入的各个页面的统称。

动手练

图1.5是在浏览器中打开的网页“http：//hr.zhaopin.com/hrclub/wb/index.html”，根据前面的介绍完成下面的

练习。

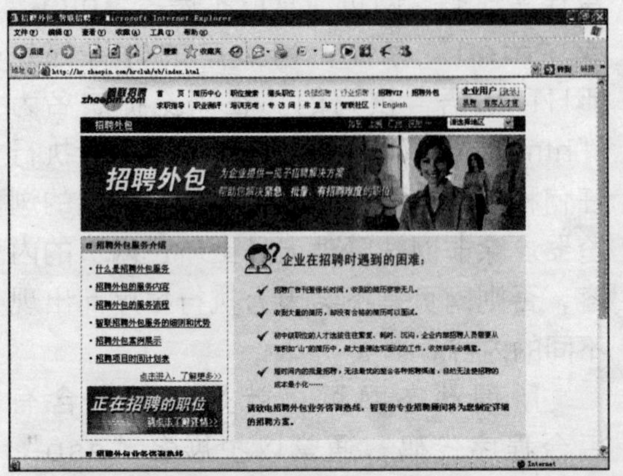

★ 图1.5

**1** 指出该网页是静态网页还是动态网页。

**2** 指出该网页是篇头、主页，还是内页。

## 1.1.3 常见的网络术语

**知识点讲解**

在网页制作过程中经常会遇到一些网络术语，下面简单介绍一下常用的网络术语。

- **HTTP：**超文本传输协议，是英文Hyper Text Transfer Protocol的缩写，利用它可以将Web服务器上的网页代码提取出来，并编译成漂亮的网页。
- **HTML：**超文本标记语言，是英文Hyper Text Markup Language的缩写。了解基本的HTML语言，对于使用Dreamweaver CS3制作网页很有帮助。
- **DHTML：**动态超文本标记语言，是对HTML的改进，可以在网页中实现漂亮的动态效果。
- **TCP/IP协议：**世界上有各种不同类型的电脑，也有不同的操作系统，要想让这些装有不同操作系统的电脑互相通信，就必须具有统一的标准。TCP/IP协议就是目前统一采用的网际互联标准。
- **FTP协议：**文件传输协议，是英文File Transfer Protocol的缩写，主要用来传输文件。
- **IP地址：**在Internet中唯一用来标记电脑在网络上的地址。IP地址有IPv4和IPv6两种格式。IPv4地址是一组32位的二进制数，人们将它按照8位二进制数为一个字节段分成4段，每一段采用十进制直观表示。比如，191.168.123.200就是一个IP地址。IPv6使用128位二进制数表示，每16位二进制数为一组，转换为4位十六进制数，中间用冒号隔开，例如2002:00D6:0B00:0000:0000:00AF:FA28:9A5A。
- **域名：**是Internet上一个服务器或一个网络系统的名字，域名由若干个英文字母和数字组成，由“.”分隔成几部分，如ibm.com就是一个域名。
- **中文域名：**中文域名是以中文表现的域名形式，是我国积极推广的新一代互联网地址，包括“中文.cn”、“中文.中国”、“中文.公司”和“中文.网络”等形式，中文域名由中国互联网络信息中心（CNNIC）进行管理。中文域名与.com域名和.cn域名一样，均是符合国际标准的域名体系，在地位和使用上基本相同。
- **URL地址：**统一资源定位符，是英文Uniform Resource Locator的简写，在Internet上唯一标记一台电脑的某一资源。有了URL地址，Internet就可以定位到指定电脑的某个文件。URL地址与域名有联系但也有区别，例如：http://www.cctv.com.cn，“http”代表超文本传输协议，“www”代表一个Web服务器，“cctv.com.cn”代表这个服务器的域名。
- **Web服务器：**也称为HTTP服务器或

HTTPd服务器，是在网络中为信息发布、资料查询和数据处理等诸多应用搭建基本平台的服务器。Web服务器除了需配置高性能计算机硬件外，还需要安装和配置专门的软件。

- **Web浏览器：** 用于向服务器发送资源索取请求，Web浏览器从Web服务器中获取Web网页，并根据Web网页的标记内容在客户机屏幕上显示信息内容。
- **导航栏：** 用于引导浏览者浏览本网站的目录结构。可以单击导航栏中的超链接，打开需要的页面进行浏览。

网络协议在浏览网页的实际过程中是不可见的，我们常见的是IP地址、域名、中文域名以及URL地址等。通过下面的操作了解IP地址和URL地址的含义。

**1** 双击桌面上的图标，打开浏览器。

**2** 在地址栏中输入IP地址“http://201.108.21.43”，然后按【Enter】键，打开该IP地址对应的网页，如图1.6所示。

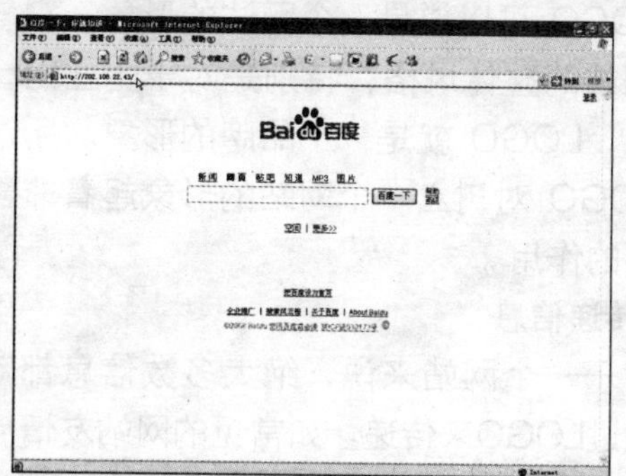

★ 图1.6

**3** IP地址对应着URL地址，在地址栏中输入该IP地址对应的URL地址“http://www.baidu.com”也可以打开如图1.6所示的网页。

## 1.2 网站的LOGO和Banner

LOGO在网页设计中常常作为网站的标志出现，是一个网站不可或缺的组成部分。一个设计成功的 LOGO，不仅可以很好地树立网站形象，还可以传达网站的相关信息。Banner 在网页设计中常常作为网站中的广告条出现，主要用于传递一些信息，起到广告的作用。

### 1.2.1 网站的LOGO

LOGO，意思是商标或公司名称的图案字和标识语。一般来说，LOGO的设计重在表达一定的形象与信息，使访问者通过 LOGO 就可以对网站有初步的了解，帮助访问者进一步去了解其他信息。

LOGO的设计需要从很多方面来分析，它涉及图形、文字、颜色和排版等各个方面的内容。通常，设计 LOGO主要从构成、形体、颜色、文字的字体和文字的抽象这5方面考虑。

LOGO在网页中作为独特的传媒符号，是一种传播特殊信息的视觉文化语言。通过对标识的识别、区别、联想、记忆，促进网站与访问者之间的沟通与交流，从而使LOGO 被访问者认知、认同，提高网站知名度。

一个LOGO在网站中的作用主要体现在树立形象、传递信息以及品牌拓展这3方面。

▸ **树立形象**

LOGO 可以说是一个网站的形象，它代表网站的整体风格，特别是对于企业网站来说，LOGO 就是一个品牌的形象。所以，LOGO 对树立一个网站的形象起着非常重要的作用。

▸ **传递信息**

对于一个网站来说，绝大多数信息都需要通过LOGO来传递。如常见的网站友情链接，一个网站被链接到另一个网站，那么此时目标网站的信息就需要通过链接的LOGO来传递，达到让访问者了解的目的。

▸ **品牌拓展**

在网络中LOGO就是一个网站形象的代表，一切主题活动都要围绕这个形象来进行。如在设计制作一些宣传页面的时候，都要将 LOGO 放置到显著的位置。另外，LOGO 也是网络广告中不可缺少的构成要素。

**动手练**

前面介绍了LOGO的相关知识，下面通过几个网页中LOGO的实例分析，让读者对其有更深刻的认识。

从LOGO的设计来分析下面的例子。

**1** LOGO一般由网站的英文名称、网址、标志图形和主题描述构成，如果是中文网站，LOGO的构成要素还要包括网站的中文名称。这几个构成要素并不一定同时存在，适当地组合在一起即可。

如图1.7所示的LOGO是由网站的英文名称和网站的标志图形这两者构成的。对于中文网站来说，LOGO的构成要素还包括网站的中文名称，例如任务中国网站的LOGO，如图1.8所示。

★ 图1.7

★ 图1.8

**2** 企业网站的LOGO是由企业品牌标识和英文名称组成的，一般不进行特别的设计。如图1.9所示的是玉兰油网站的LOGO，它就是由企业品牌标识和英文名称组成的。

★ 图1.9

**3** LOGO的颜色应尽量避免使用过多。过多的颜色不仅在视觉上会减小图像尺寸，还会给人过于花哨的感觉。另外，LOGO的颜色选择还应与网站的整体形象相适应。如长虹集团网站的LOGO，以白色和红色搭配为主，符合长虹集团的形象颜色，如图1.10所示。

CHANGHONG 长虹

★ 图1.10

**4** 文字在网站LOGO设计中是很重要的一环，很多需要传递的信息都是通过文字来表达的。在网站中常用的文字字体包括黑体和宋体等10种。在选择文字字体的过程中，对于一种字体，不仅要了解其历史，还得弄清楚它的应用场合。

字体的选择在网站 LOGO 设计中起着非常重要的作用。由于字体的选择没有特定的标准，所以在 LOGO 设计中永远也不知道哪种字体才是最贴切的，只有不断地尝试，才能找到让大家满意的字体。如图

1.11所示的字体就符合网站的主题。

★ 图1.11

5　文字的抽象使用在网站LOGO的设计中非常普遍。文字的抽象并不是简单的文字字体的改变，而是对文字进行适当的抽象处理，使LOGO看起来更加人性化。如Baidu网站的LOGO，其中，“Baidu百度”中的字母“du”就做了处理，如图1.12所示。

★ 图1.12

## 1.2.2　网站的Banner

Banner的意思是旗帜、横幅、标语。在网站中Banner的作用就是向广大的访问者传递信息，而且随着网络的发展，Banner已经成为网络广告的重要组成部分。

Banner的设计原则包括鲜明的色彩、具有号召力的语言、清晰的文字和位置合适的图形这四方面。

一般来讲，网页Banner 都有一定的规格要求，也就是标准尺寸。Banner 标准尺寸包括长方形、通栏广告、垂直矩形、矩形、中等矩形和小矩形等几种。

IAB（Internet Advertising Bureau，互联网广告联合会）的标准和管理委员会联合CASIE（Coalition for Advertising Supported Information and Entertainment，广告支持信息和娱乐联合会）推出了一系列网络广告宣传物的标准尺寸。这些尺寸作为建议，提供给广告生产者和消费者，使大家都能接受。现在网站上的广告几乎都遵循IAB/CASIE标准。各种Banner的标准尺寸如表1.1所示。

**表1.1　2001年公布第2次标准**

| 编号 | 尺寸（像素） | 名称 |
|---|---|---|
| 1 | 120×600 | “摩天大楼”形 |
| 2 | 160×600 | 宽“摩天大楼”形 |
| 3 | 180×150 | 长方形 |
| 4 | 300×250 | 中级长方形 |
| 5 | 336×280 | 大长方形 |
| 6 | 240×400 | 竖长方形 |
| 7 | 250×250 | “正方形弹出式”广告 |

注：IAB 将不再支持1997年第1次公布的标准中的392×72形。

下面从Banner的设计原则来分析下面的例子。

1　网站Banner只有具有鲜明的色彩，才能在第一时间吸引访问者的注意，在选用色彩时，应该尽量使用红、橙、蓝、绿、黄等高纯度的艳丽颜色，如图1.13所示的Banner使用了多种颜色组合。

★ 图1.13

2　现实生活中广告的目的是在消费者心中树立该产品的形象，促使消费者购买所宣传的产品。网站中的Banner也具有这样的特点，要让文字对访问者产生很强的吸引力，如图1.14所示的 Banner 所使用的语言即是如此。

★ 图1.14

**3** Banner设计的目的是要最大限度地吸引访问者的注意力，因此文字不能过小，也不能过于拥挤。一般来说，选择的字号要大小适中，文字之间要有足够的间隙，能够清晰地向访问者展现。

如图1.15所示的Banner文字就十分清晰，使访问者能很直观地了解传递的信息。

★ 图1.15

**4** 在Banner的设计中，一般主体图形都会放置在左边，这符合访问者浏览的习惯。因为在看物体的时候，人们都是按照视觉习惯，从左到右浏览，所以将图形放置到左边，更能吸引访问者的注意，如图1.16所示。

★ 图1.16

## 1.3 网页制作工具

大部分的网页都是通过所见即所得的网页制作工具来完成的，另外还需要用素材处理工具创作或加工一些素材。

### 1.3.1 利用网页编辑软件制作网页

制作完网页的效果图之后，要对效果图进行论证分析，通过之后就可以利用网页编辑软件制作网页了。目前常用的网页编辑软件是Dreamweaver和FrontPage。

Adobe公司推出的Dreamweaver CS3提供了强大的可视化布局工具、应用开发功能和代码编辑支持，使设计和开发人员能够方便、有效地创建标准的网站。

FrontPage也是网页编辑软件。由于它具有操作简单等特点，因此一般是初学者的首选网页编辑软件。FrontPage提供了功能较强的设计环境、新的布局和设计工具等，使网页设计者无须掌握HTML知识就可以制作出较精美的网页。

网页制作工具还包括3D Flash和Swish等小软件，设计者可使用它们来制作网页中的小动画。CorelDRAW等软件在网页设计中也发挥着重要的作用。在网页设计中通常都是多种软件配合使用。

动手练

打开并浏览一些网页，体会网页编辑软件配合使用的精美效果。

现在的网络游戏大多使用3D软件制作，如图1.17所示是魔兽世界的界面。

★ 图1.17

## 1.3.2 制作效果图

知识点讲解

当网站页面的框架确定之后，网页设计人员就可以根据网站的创意，利用图形图像设计软件制作效果图，并不断地根据客户要求修改和完善效果图。目前，主要使用的图形图像设计软件有Photoshop 和Fireworks等。

Photoshop图形图像处理软件是Adobe公司的著名软件产品，目前被广泛应用在平面设计、建筑设计和工业设计等领域，也是网页制作过程中制作效果图的首选软件。

Fireworks也是一个专用于网络图形设计的软件，它大大降低了网络图形设计的工作难度，使用 Fireworks可以轻松地制作出十分精美的图形效果，同时还可以轻易地完成大图切割、动态按钮和动态翻转图等操作。

动手练

下面使用Photoshop做一个简单的图像处理，步骤如下：

1 选择【开始】→【所有程序】→【Adobe Photoshop CS3】命令，启动Photoshop CS3，如图1.18所示。

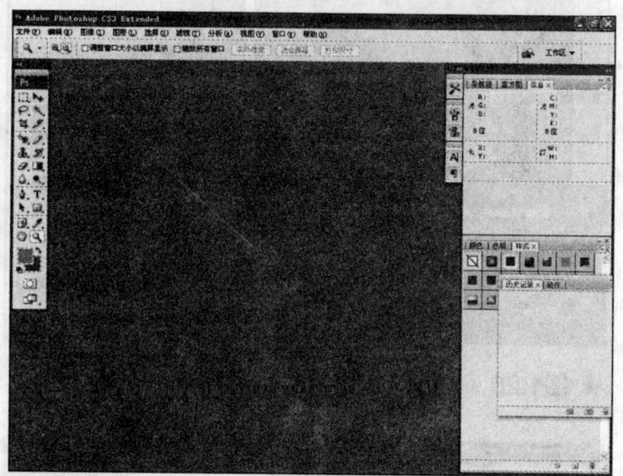

★ 图1.18

2 双击灰色空白区域（或按【Ctrl+O】组合键），弹出【打开】对话框，从中选择一幅图片，如图1.19所示。

3 单击【打开】按钮，打开图片文件，如图1.20所示。

4 从左侧的工具箱中单击【魔棒工具】按钮，然后单击图片中的小鸟，建立选区，如图1.21所示。

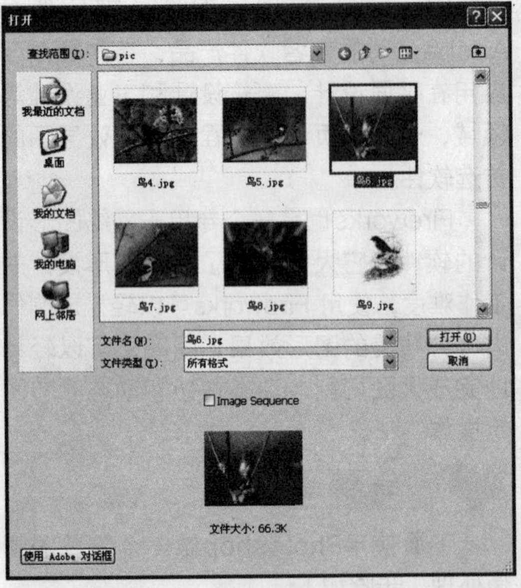


★ 图1.19

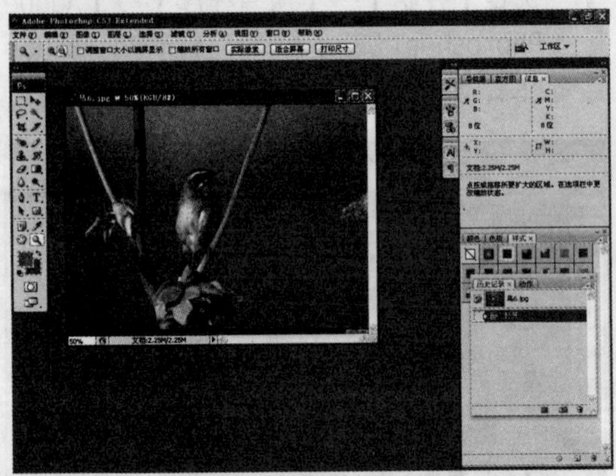

★ 图1.20

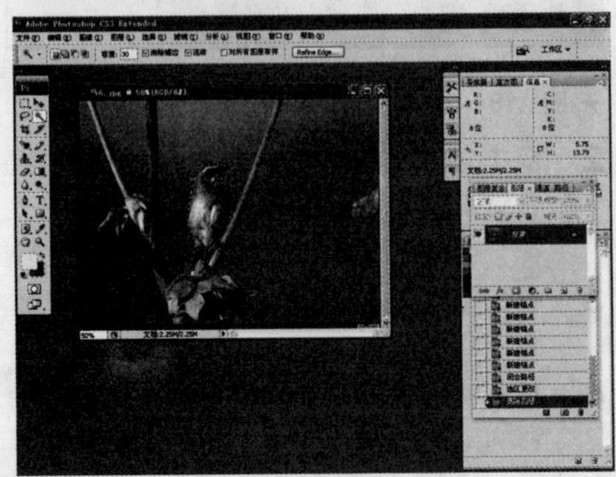

★ 图1.21

**提　示**

在建立选区过程中，可以按住【Shift】键，单击鼠标增加选区。

**5** 按【Ctrl+C】组合键复制选区，按【Ctrl+N】组合键新建一个文档，按【Ctrl+V】组合键将复制的选区粘贴到新建的文档中，这样一个单独的小鸟就出来了，如图1.22所示。

★ 图1.22

**6** 将新建的文档保存。

### 1.3.3 利用动画软件制作动画

**知识点讲解**

动画是网页构成的重要元素之一。由于网页制作软件 Dreamweaver不具备很强的动画制作功能，所以通常需要使用专门的动画制作软件来制作动画。目前常用的网页动画软件是Flash和ImageReady。

Flash是一种交互式动画设计工具，用它可以将音乐、声效、动画以及富有新意的界面融合在一起，以制作出高品质的网页动态效果。

ImageReady软件弥补了Photoshop在动画编辑以及网页制作方面的不足。ImageReady的优点是将设计稿分为网页与动画制作。用户可以像编辑动作中的命令那样编辑快捷批处理中的命令，也可以

在创建快捷批处理之前或之后为其设置批处理选项。

目前网页中主要使用的动画除了Flash动画以外，还有GIF动画。而GIF动画就是用ImageReady软件制作出来的。

动手练

下面使用Flash做一个简单的动画，请读者跟随下面的操作进行练习，进一步了解利用动画软件制作动画的一般步骤。

1 选择【开始】→【所有程序】→【Adobe Flash CS3】命令，打开Flash CS3，在【属性】面板中将文档背景颜色设置为黑色，如图1.23所示。

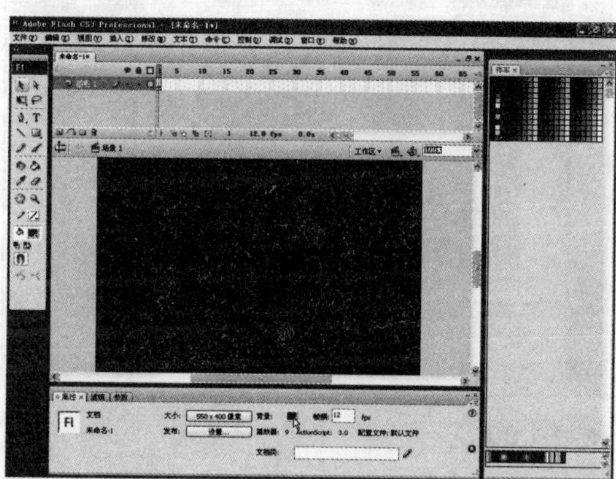

★ 图1.23

2 单击左侧工具箱中的【矩形工具】按钮，在背景上绘制一个长条矩形，如图1.24所示。

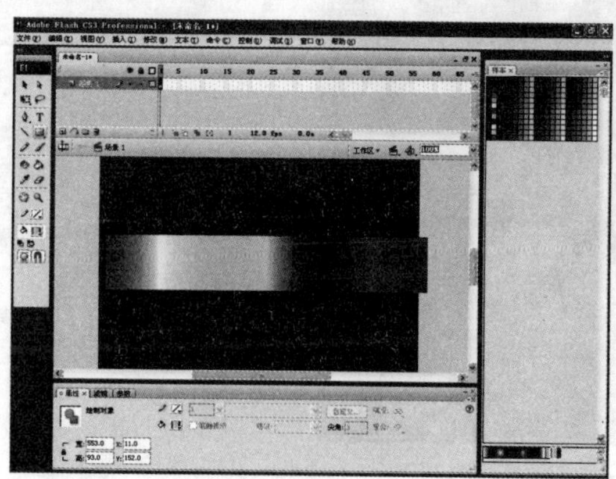

★ 图1.24

3 单击图层1的第20帧，按【F6】键插入关键帧。

4 单击时间轴左下角的【插入图层】按钮，新建图层2，单击左侧工具箱中的【文本工具】按钮T，在图层2中输入文字“梦想飞翔”，如图1.25所示。

★ 图1.25

5 单击图层1的第1帧，将第1帧中的矩形移到文字的左侧，如图1.26所示。

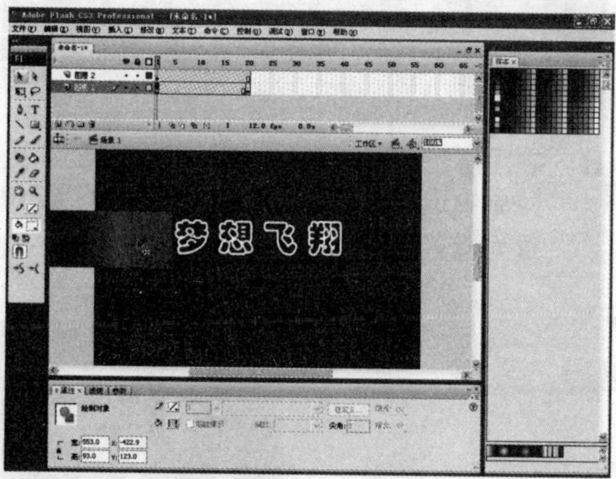


★ 图1.26

6 单击图层1的第20帧，将第20帧中的矩形移到文字的右侧，如图1.27所示。

7 在图层1的第1帧和第20帧之间的任意位置单击鼠标右键，从弹出的快捷菜单中选择【创建补间动画】命令，为矩形创建动画，如图1.28所示。

★ 图1.27

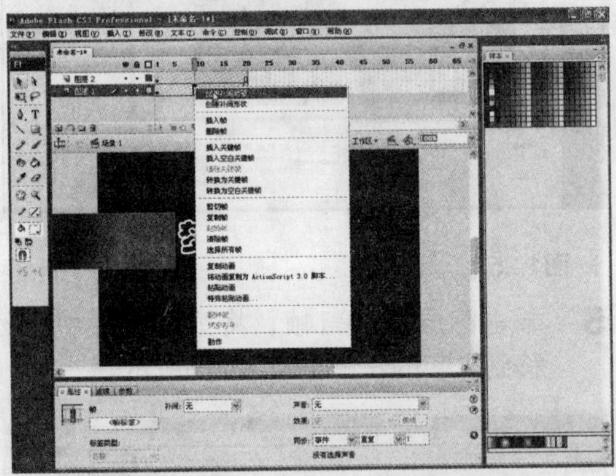

★ 图1.28

**8** 在图层2上单击鼠标右键，在弹出的快捷菜单中选择【遮罩层】命令，将图层2设置为遮罩层，如图1.29所示。

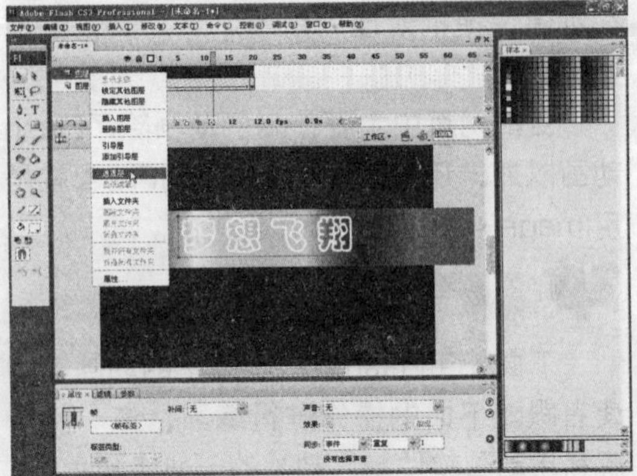

★ 图1.29

**9** 这时的时间轴和舞台如图1.30所示。

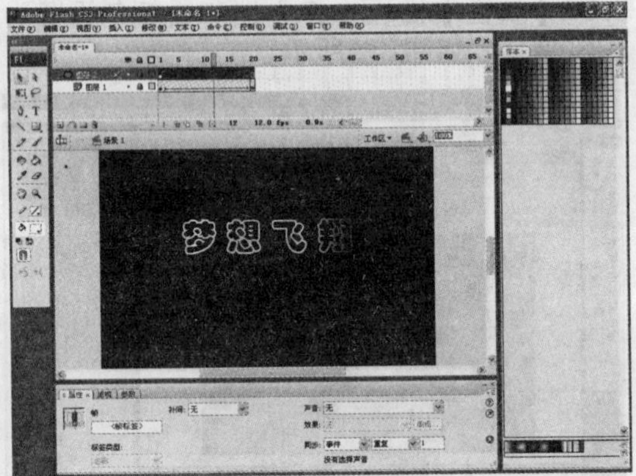

★ 图1.30

**10** 按【Ctrl+Enter】组合键预览动画效果，如图1.31所示。

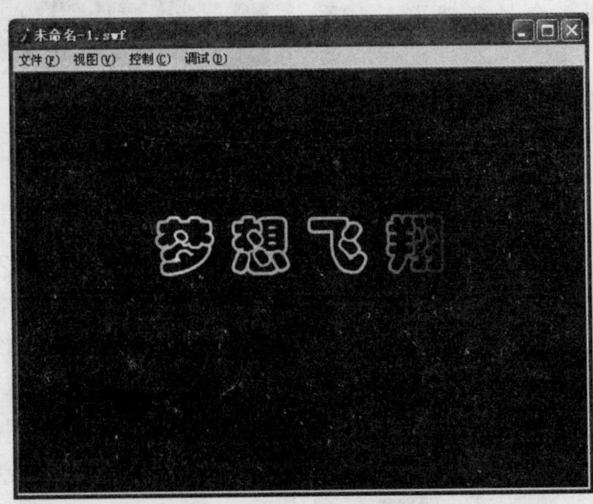


★ 图1.31

## 1.4 网站制作的一般步骤

虽然现在的许多网站在规模、内容和功能等方面各不相同，但是网站设计制作的一般步骤都是相似的。从内容简单的个人主页到规模宏大的门户网站，都遵循着一套基本的步骤。

### 1.4.1 前期策划

网站的前期策划是一个网站创建成功与否的关键。这就好比学习科学知识，只有打牢基础，才能学习到更深层的知识。下面介绍网站制作的需求分析、网站风格定位、网页版式的类型、网页的字体和网页设计创意等内容。

#### 1. 网站制作的需求分析

网站需求分析是进行网站制作的整个流程中的第一步，也是非常重要的一步。这就好比行船，只有先知道要行驶的目的地，才能够更快地到达。因此只有先明确了网站的需求，才能进行下一步的工作。

网站需求分析主要包括进行市场调查、确定网站规模、确定网站类别和确定网站的目标群体。

▸ **进行市场调查**

为制作的网站寻找一个好的出发点，首先要进行详细的市场调查，内容包括了解目前Internet的发展状况以及同类型网站的发展和经营状况。同时还应借鉴同类型网站的优点，以此作为参考。

▸ **确定网站的规模**

网站的大小是由其自身的实际情况决定的，并不是想做多大就能做多大。确定网站的规模为小型、中型，还是大型，或者从小规模开始，然后逐步发展，这都关系到网站的后期维护以及网站的发展方向。

▸ **确定网站的类别**

网站的类别简单地可分为大型的门户网站、政府部门形象类网站、企业网站和个人网站。

设计大型门户网站时要注重信息量，并尽力避免把网站做得太花哨。如果在制作网站时不注重信息量，就会给访问者留下不好的印象，最终将会影响到网站的访问量等问题。例如，大型门户网站新浪网，将各种信息以列表的形式展现在页面上，如图1.32所示。

★ 图1.32

政府部门形象类网站是政府机关对外的窗口，它代表的是国家政府的形象，因此严肃性和亲和性是制作这类网站时需要考虑的内容。如图1.33所示，是上海市人民政府发展中心网站。

企业网站制作的主要目的是为了更广泛地宣传自己的产品，将公司产品推广到世界各地。同时通过网站的宣传也大大提高了企业在消费者心目中的知名度。因此，企业网站与其他类型的网站相比，应更注重产品的营销。

★ 图1.33

企业网站的制作通常是结合自身产品的特点来制作出具有特色的网站。另外应注意的是，在设计制作企业网站时，要使网站的风格与企业的文化背景相一致。如图1.34所示的是中国移动通信集团的网站。

★ 图1.34

个人网站在制作时不用考虑很多元素，制作起来比较自由，不受什么约束，用户可以根据个人的特长自由地发挥和创作。不过，在制作个人网站时也要先明确定位方向，这样才能设计出比较适合自己的网站。如图1.35所示，是一个儒雅的个人网站。

▸ **确定网站的目标群体**

由于网站的类别不同，目标群体也就不同。如图1.36所示的是专门针对各院校的老师和学生的教育类网站。

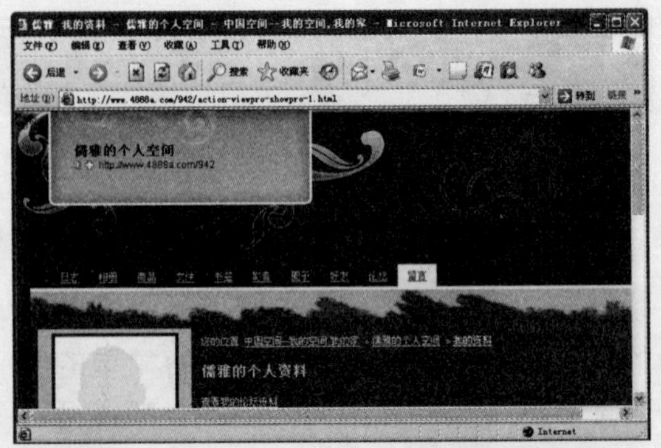

★ 图1.35

★ 图1.36

**2. 网站制作的风格定位**

网站风格是抽象的，是指访问者对网站的综合感受。整体形象包括网站的CI（Corporate Identify，企业形象识别）、版面布局、浏览方式、交互性、文字、语气、内容价值、存在意义和网站荣誉等诸多因素。

网站风格是独有的，是一个网站不同于其他网站的地方。例如色彩，或技术，或者是交互方式，能让访问者明确分辨出这是你的网站所独有的。例如，东港网站以蓝色为主色调，如图1.37所示。

有风格的网站与普通网站的区别在于：普通网站给人的感觉只是堆砌在一起的信息，一般用可量化的参数来描述，比如信息量大小和浏览速度等。而有风格的网站就会

给人一种更深层的感性认识。

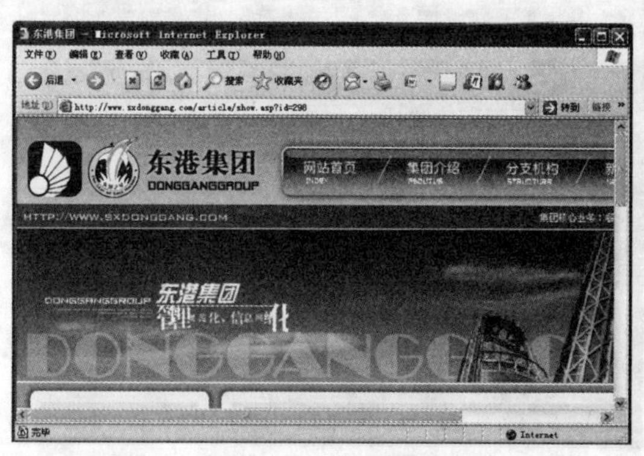

★ 图1.37

因此在制作网页的时候要根据网站的定位做出具有独特风格的页面。另外还要注意的是网站页面的风格要统一，否则会给访问者留下杂乱无章的感觉。

### 3. 网页版式的类型

所谓版面设计就是在版面上对各种网页元素进行规划和安排。合理的版面设计会表现出各构成元素间和谐的比例关系。网页版式是个性思维的展示，没有固定的网页版式模式，可以根据自己的喜好，随心所欲地设计网页版式。

常见的网页版式类型包括上左右类型、上左中右类型、左中右类型、左右类型、上下类型以及单一版式。

#### ▸ 上左右类型

该类型的版式在网页上部显示的是Banner和导航条，网页左侧显示的是标题、合作网站或友情链接等，右侧显示具体的内容，如图1.38所示。

#### ▸ 上左中右类型

该类型的版式在网页上部显示的是导航条，左侧、中部和右侧均显示具体的内容。如图1.39所示的网页就属于该类型。

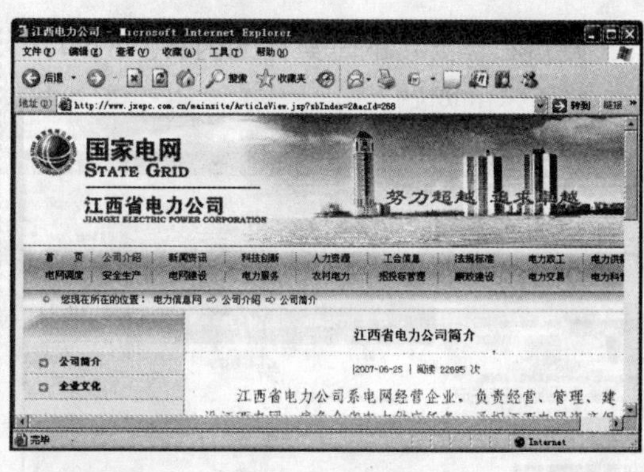

★ 图1.38

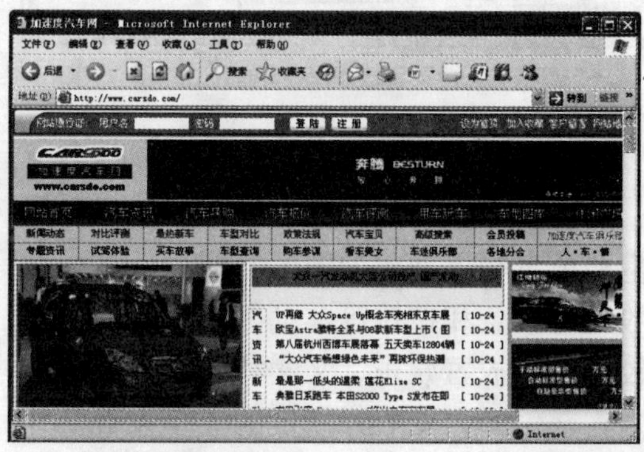

★ 图1.39

#### ▸ 左中右类型

该类型的版式在网页左侧显示的是导航条，中部显示网页的具体内容，右侧显示的是链接等内容，如图1.40所示，该网站就属于左中右类型。

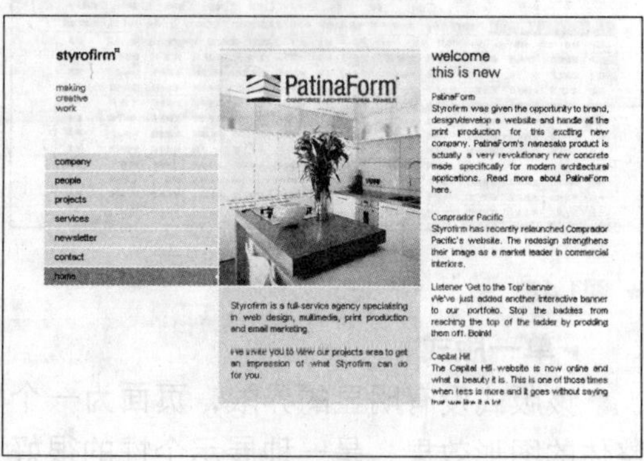

★ 图1.40

#### ▸ 左右类型

该类型的版式在网页左侧显示的是导航

条，网页右侧显示的是具体的内容。例如，图1.41所示的网站。

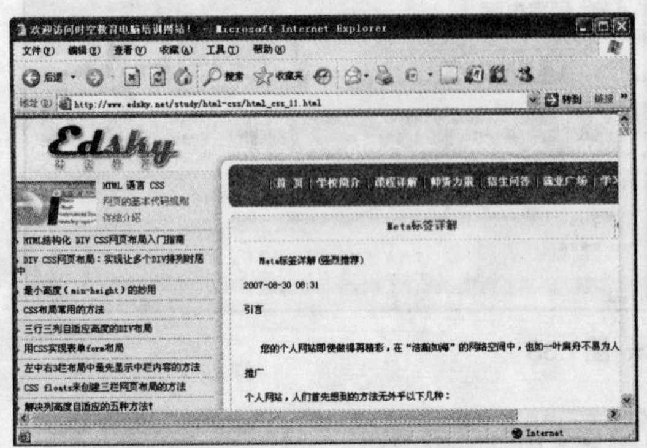

★ 图1.41

▸ 上下类型

该类型版式的网页上方一般放置色彩艳丽或者构思抽象的图形，网页下方一般放置导航条和按钮等。上下类型的网页比较适合于放置娱乐、文学和艺术等方面的内容。例如，图1.42所示的一个设计工作室网站即属于该类型。

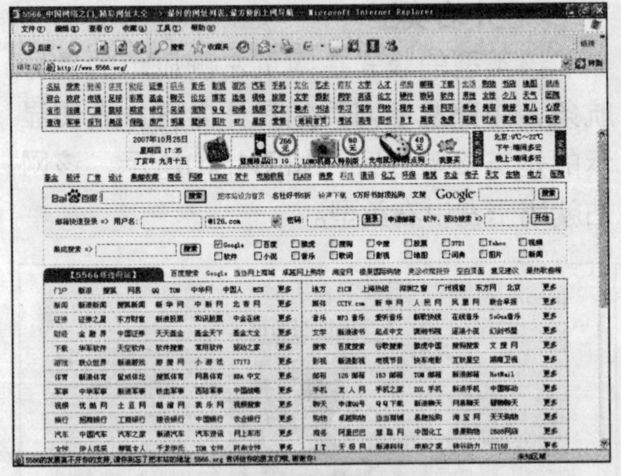

★ 图1.42

▸ 单一版式

该版式没有明显的界限，页面为一个整体的图形效果，是一种展示个性的很好的选择。例如，图1.43所示的网页。

★ 图1.43

### 4. 网页中的字体

网页的主体部分是文字，把文字设置成不同的字体，可以体现出不同的风格，起到美化网页的作用。

为了吸引访问者更多的注意力，可以将网页的标题和按钮中的标志性文字设置为不同的字体。不同的字体代表着不同的风格，例如，黑体经常在网页的标题以及正文的标题中使用，突出要强调的内容，目的是吸引访问者的注意力。楷体字体端正，结构严谨，笔画工整，可以用于网页的正文信息。华文彩云字体的艺术性较强，可以用来制作网页的广告条，但不适合大量使用。隶书字体平整美观，活泼大方，可以用做标题文字。

### 5. 网页设计创意

创意就是出人意料、精彩万分，能吸引访问者注意的想法，通过把这种想法艺术化、美学化，将最终效果显现在设计的作品中。创意的目的是更好地宣传和推广网站，如果创意很好，但对网站以后的发展毫无意义，那也只能放弃这个好创意。

▸ 创意的形成

在网页的设计过程中，通过对资料的分析、事物的美化、灵感的把握，最终在

大脑中形成一个完整的创意。根据美国广告学教授詹姆斯的研究，创意思考的过程可以分为5个阶段：

1 **准备期**——研究、收集与网页内容相关的资料，根据旧经验，启发新创意。
2 **孵化期**——将所搜集的相关资料咀嚼消化，使意识自由发展，任意结合。
3 **启示期**——本阶段是在意识发展与结合中产生各种创意。
4 **验证期**——对产生的创意进行讨论、修正，提取合理的东西，并进一步补充完善。
5 **形成期**——设计、制作网页，将创意具体化，使其在设计的网页作品上体现出来。

▸ **创意的策略**

网页创意，策略为先。只有成功的策略才能充分发挥创意的威力，这点在商品经济中十分常见，在网页设计中同样如此。创意策略其实就是创意的导向。创意的方式尽管五花八门、形形色色，但是创意必须有一定的导向。一般通过以下几个方面对创意策略进行分析。

**目标策略**：每一个创意策略，都应该有一个既定的目标，有一个针对性。如有些网站针对的访问对象主要是女性，那么就应该从女性的角度来考虑如何设计网站。

**个性策略**：通过设计，赋予作品一个鲜明的个性，以求在访问者的头脑中留下深刻的印象。

**传达策略**：通过对网页的图形、文字、动画、声音等进行合理的规划设计，使得创意能够得到有效的传达，创作目的能在作品中成功体现出来。

## 1.4.2 拟定设计方案

确定好网站的主题之后，就需要拟定设计方案，主要有以下几个步骤：

1 制作拓扑图，就是对该网站的结构进行规划，网站主要由哪几部分组成，每个部分要划分为哪几个小项目。这里要注意，项目的内容不能是一句话或一个标题，而应有相当于一个页面的内容。否则，就尽量将其划入其他部分。
2 在纸上画出网站的大致结构，即以哪种形式布局。
3 将本网页中的相关内容大致排列在草图中。
4 通过Photoshop或Fireworks等设计软件，将草图以实图的形式展现出来。
5 将设计图交给客户确认。

## 1.4.3 设计制作

网站方案确定后，就可以动手对网页页面的图像效果进行切片，导出JPG，GIF和PNG等格式的图片文件。同时，将需要制作Flash动画的部分分层导出，以保留原始效果。一切准备就绪后，开始确定布局方式。

在设计网页时主要从以下几点来衡量。

**简洁实用**：这是非常重要的，尽量高效率地将用户想得到的信息传送给他们，所以要去掉冗余的东西。

**使用方便**：同上一条是一致的，满足使用者的要求，网页做得越适合使用，就越显示出其强大的功能。

**整体性好**：一个网站强调的就是一个整体，只有围绕一个统一的目标所做的设计才是成功的。

**网站形象突出**：一个符合标准的网页是能够使网站的整体形象得到最大限度的提升和突出。

**页面用色协调**：布局应符合形式美的要求，即布局有条理，充分利用美的形式，使网页具有可欣赏性。

**交互式强**：发挥网络的优势，使每个使用者都参与其中，这样的设计才是成功的设计，这样的网页才是优秀的作品。

### 动手练

通过上面的网站制作知识点讲解，我们学习了网站制作的一般步骤。网站制作的工作流程图能够帮助我们更加直观地了解网站制作的工作过程。网站制作的工作流程图如图1.44所示，读者可根据该图进一步了解网站制作的工作流程。

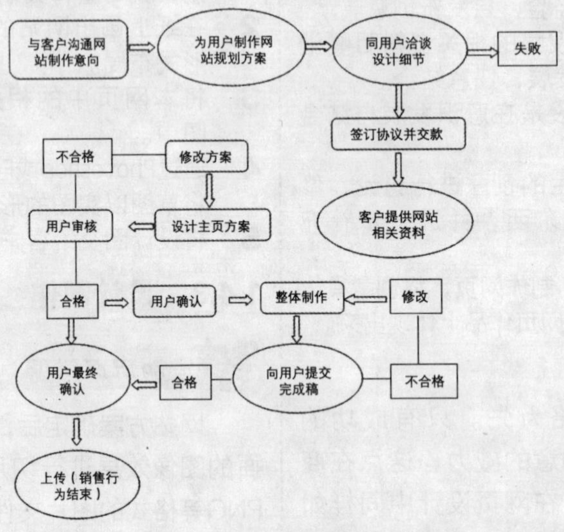


★ 图1.44

## 疑难解答

**问** 一个网页都有哪些组成元素呢？

**答** 网页包括多种多样的网页元素，如文本、图像、动画和音乐等。其中，文本是网页最基本的组成元素，是网页的主体部分。黑色的宋体是网页中最常用的中文字体，因为网页背景通常为白色。正文文本的大小通常为12像素（即12px），文本行间距通常设为20像素，而标题文本可设置为14像素或16像素。

图像也是网页中不可缺少的元素，能使网页更美观。但受网络传输速度的影响，网页中的图像不能太大，在保证清晰度的前提下应限制其所占空间。除要达到照片级效果的图像可以采用JPEG格式外，其他色彩不太丰富的图像都应尽量采用GIF格式，且尽量不要让一幅装饰性图像的文件大小超过8KB。

动画在网页中也有广泛应用，网页中常用的动画格式主要有两种，一种是SWF动画，一种是GIF动画。GIF动画是逐帧动画，制作相对简单；SWF动画则更富表现力和视觉冲击力，可以为它添加声音和互动功能。GIF动画可以使用ImageReady或Fireworks软件制作，SWF动画可以使用Flash软件制作。

播放音乐是为浏览者提供听觉享受的最佳选择，但因为受音乐版权的约束，在专业网站中很少有使用背景音乐的，只有在部分个人主页或企业网站中有所使用。

**问** 在制作网页时都可以使用什么格式的图像呢？

**答** 网页中支持GIF格式、JPEG格式及PNG格式的图像，但PNG格式的图像目前不太常用。GIF格式的图像支持背景透明，并可将其制作为动态画面，网站中常用它来制作动态LOGO和Banner等。JPEG格式的图像通常是照片等颜色丰富的图像，它不支持背景透明及动画。

**问** 一个网页除了LOGO和Banner以外，还包括哪些组成对象呢？

**答** 通常情况下，网页都有基本的组成对象，如LOGO、Banner、导航栏、超链接和版权信息等，如图1.45所示即为各组成对象。

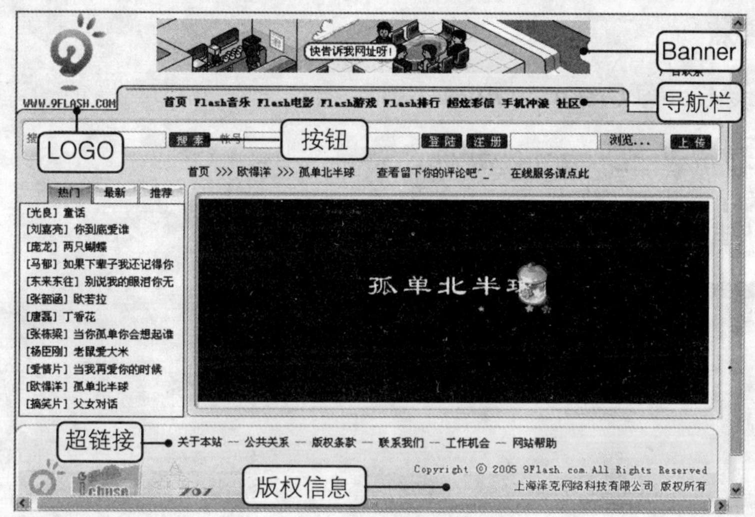


★ 图1.45

- **LOGO**：LOGO是网站的“商标”，一般包括网站名称、网址、网站标志和网站理念4个部分，也可只取其中一个部分进行设计。LOGO的位置一般在网页页面的左上角，通常这是视线的焦点，可以给读者留下较深的印象。
- **Banner**：Banner一般用来宣传网页，也称为广告条，它的位置一般在LOGO的右侧。Banner的标准大小为468×60像素，其设计要点是清晰明确，服从整体设计的需要。Banner通常具有动画效果。
- **导航栏**：导航栏一般为浏览者浏览网页提供有效的指向标志。导航栏可分为框架导航、文本导航和图片导航等，根据导航栏放置的位置又可分为横排导航栏和竖排导航栏两种。

  对于内容丰富的网站，可以使用框架导航，以便浏览者在任何页面都可快速切换到某一栏目。图片导航虽然很美观，但占用的空间较大，会影响网页打开的速度。多排导航栏一般在导航栏目很多的情况下使用。
- **超链接**：超链接是指页面对象之间的链接关系，它可以是网站内部的页面和对象的链接，也可以是当前网站与其他网站的链接，通过单击网页中的超链接就可以跳转到相应的页面上进行浏览。
- **按钮**：按钮实际上是一种超链接，按钮的大小和样式没有具体的规定，但一般要符合所处位置的形状和色调，不能太抢眼。
- **版权信息**：版权信息一般位于网页的最底部，主要起版权声明等作用，部分网站也将计数器等内容放置在这一区域。

# Chapter 02

# 第2章　认识Dreamweaver CS3

*本章要点*

- *安装与卸载Dreamweaver CS3*
- *启动和退出Dreamweaver CS3*
- *Dreamweaver CS3的工作界面*
- *Dreamweaver CS3的基本操作*

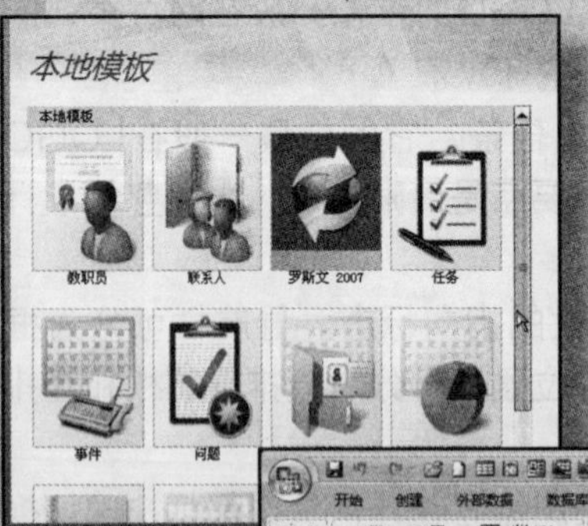


前一章介绍了网页的基本知识、网站的LOGO标志和Banner以及网页设计制作的一般步骤，掌握了这些知识后，下面就来学习如何使用网页制作软件来设计和制作网页。Dreamweaver CS3是目前流行的网页制作工具，本章就来介绍有关Dreamweaver CS3的基础知识。

# 2.1 安装与卸载Dreamweaver CS3

Dreamweaver CS3提供了众多功能强大的可视化设计工具、应用开发环境以及代码编辑支持，更有利于设计、开发和维护网站。

## 2.1.1 Dreamweaver CS3的安装

要使用Dreamweaver CS3首先需要安装Dreamweaver CS3，在安装Dreamweaver CS3之前，首先要确认用户的计算机是否满足以下配置要求，如表2.1所示。

表2.1 系统配置要求

| 项目 | 配置要求 |
| --- | --- |
| 操作系统 | Windows 2000、Windows XP及以上版本 |
| CPU | Pentium 3 800MHz及以上、Pentium 4 |
| 内存容量 | 512MB、1GB或更高 |
| 硬盘容量 | 1.8GB可用硬盘空间、更高可用硬盘空间 |
| 显卡 | 支持DirectX的显卡 |
| 声卡 | 支持DirectX的声卡 |
| 光驱 | 8倍速以上CD-ROM或DVD-ROM |
| 显示器 | 1024×768像素的16位分辨率、32位或更高分辨率的显示器 |

Dreamweaver CS3弃用了以前的安装画面，采用了一组全新的安装画面，下面介绍安装Dreamweaver CS3的操作步骤。

**1** 将Dreamweaver CS3的安装光盘放到光驱中，找到其中的安装文件，然后双击进入安装初始化，如图2.1所示。

**2** 初始化完成后会弹出如图2.2所示的【Adobe Dreamweaver CS3安装程序：正在加载安装程序】对话框。

★ 图2.1

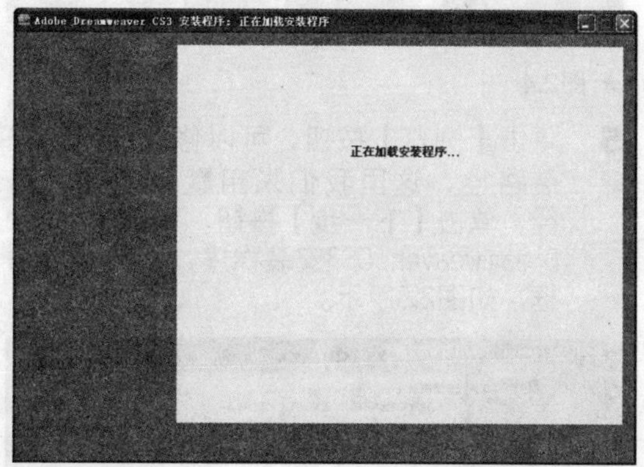


★ 图2.2

**3** Dreamweaver CS3安装程序加载完成后，弹出【Adobe Dreamweaver CS3安装程序：许可协议】对话框，如图2.3所示。

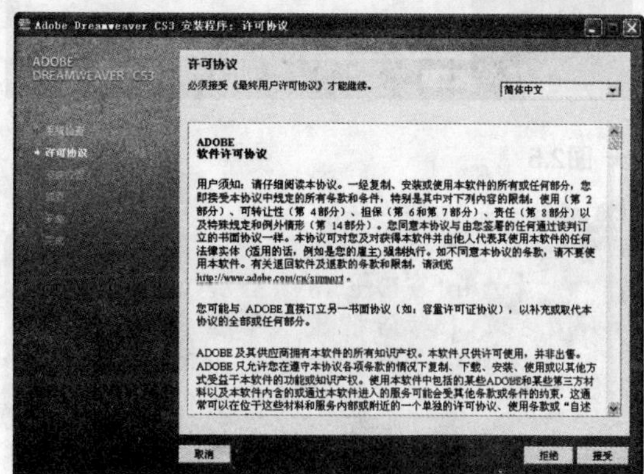


★ 图2.3

**4** 在该对话框的右上角可以更改应用程序语言，这里默认“简体中文”。单击对话框右下角的【接受】按钮，弹出【Adobe Dreamweaver CS3安装程序：安装位置】对话框，如图2.4所示。

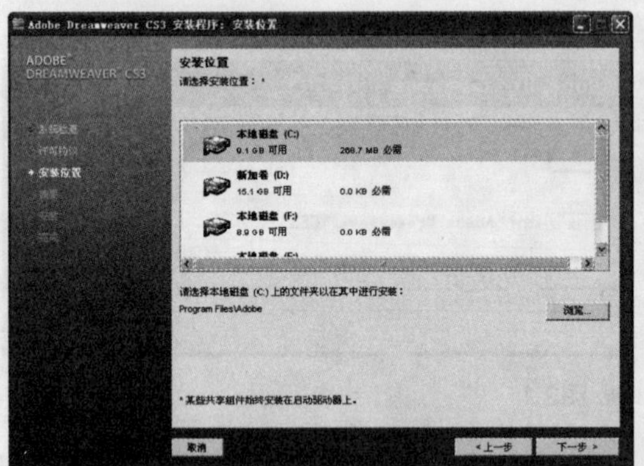


★ 图2.4

**5** 单击【浏览】按钮，可以修改程序的安装路径，这里我们采用默认的安装路径，单击【下一步】按钮，弹出【Adobe Dreamweaver CS3安装程序：摘要】对话框，如图2.5所示。

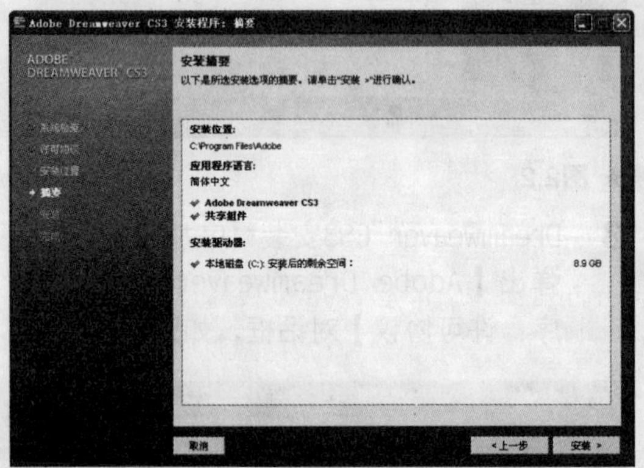


★ 图2.5

【Adobe Dreamweaver CS3安装程序：摘要】对话框显示了程序的安装位置、应用程序语言、安装组件和安装驱动器。如果用户想更改这些信息，可以单击右下角的【上一步】按钮，返回之前的对话框进行修改。

**6** 单击【安装】按钮，弹出【Adobe Dreamweaver CS3安装程序：安装】对话框，如图2.6所示，显示安装进度。

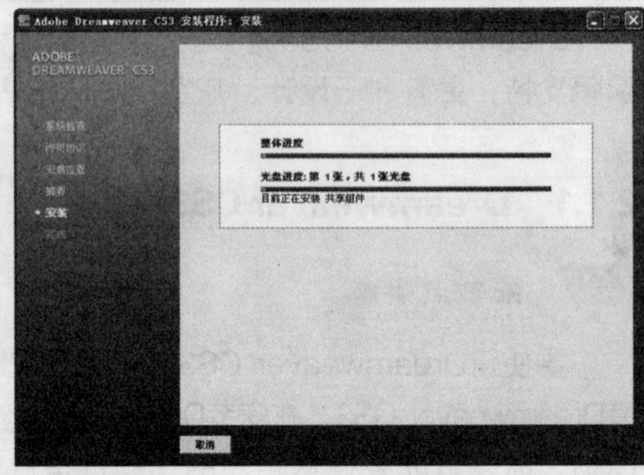


★ 图2.6

**7** 安装完成后，弹出【Adobe Dreamweaver CS3安装程序：完成】对话框，如图2.7所示，单击【完成】按钮，完成Dreamweaver CS3程序的安装。

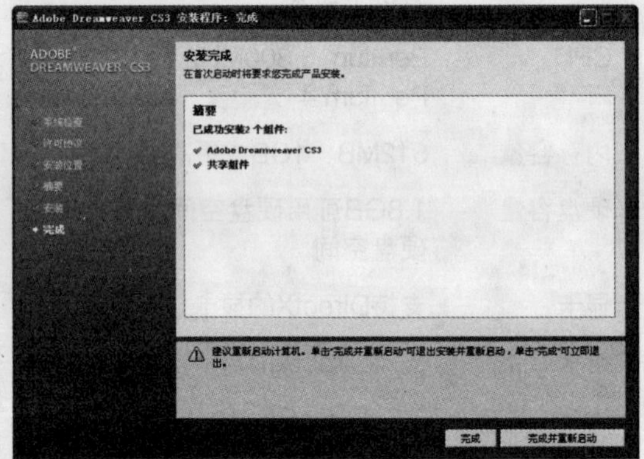


★ 图2.7

之后，在桌面上会出现Dreamweaver CS3程序的快捷方式图标，如图2.8所示。以后就可以使用这个软件来制作网页了。

★ 图2.8

请读者根据以上的安装步骤将Dreamweaver CS3安装到D盘中。

提 示

在【Adobe Dreamweaver CS3安装程序：安装位置】对话框中选择【新加卷（D：）】选项，如图2.9所示，然后按照上面介绍的步骤进行安装。

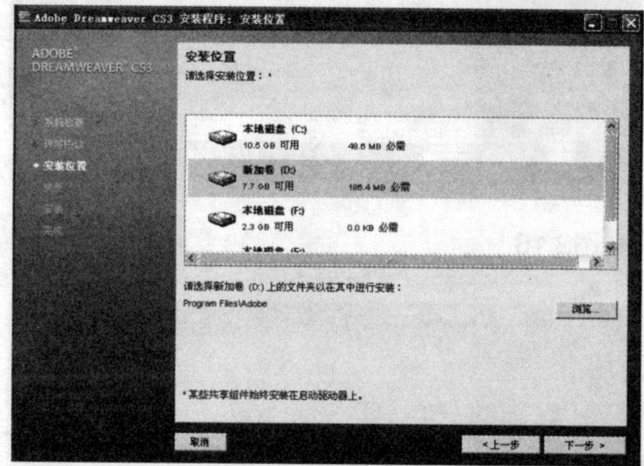

★ 图2.9

## 2.1.2 Dreamweaver CS3的卸载

知识点讲解

下面介绍Dreamweaver CS3的卸载，操作步骤如下：

**1** 选择【开始】→【控制面板】命令，如图2.10所示。

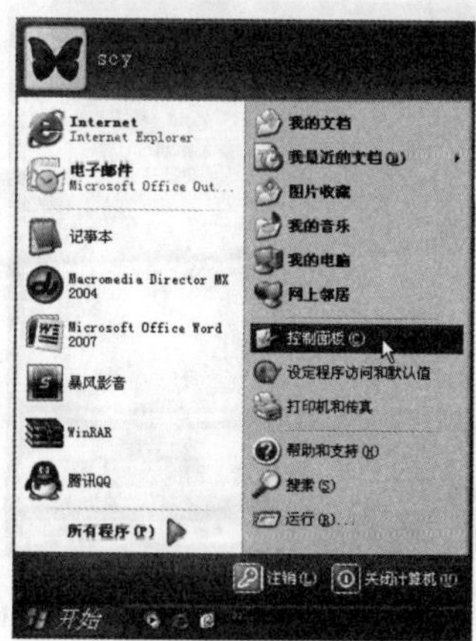

★ 图2.10

**2** 弹出【控制面板】窗口，单击【添加/删除程序】超链接，如图2.11所示。

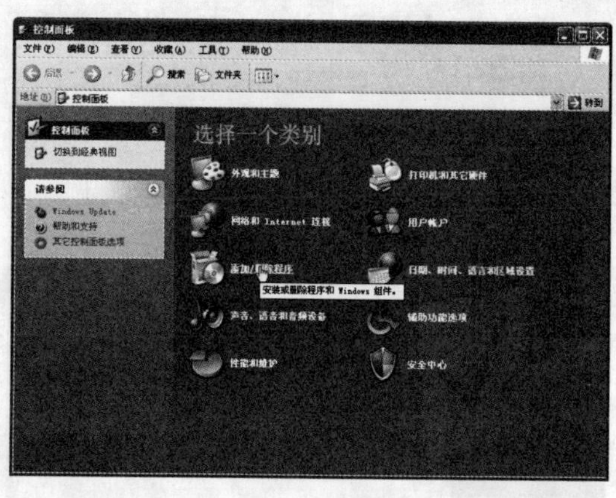

★ 图2.11

**3** 在弹出的【添加或删除程序】窗口中选择【Adobe Dreamweaver CS3】选项，单击激活的【更改/删除】按钮，如图2.12所示。

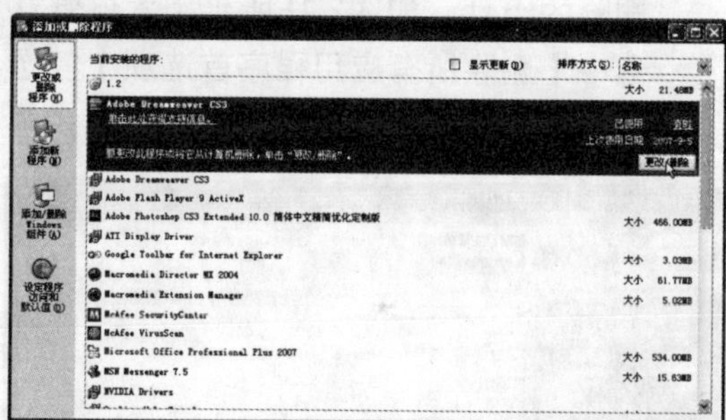

★ 图2.12

**4** 弹出【Adobe Dreamweaver CS3安装程序：欢迎】对话框，如图2.13所示。

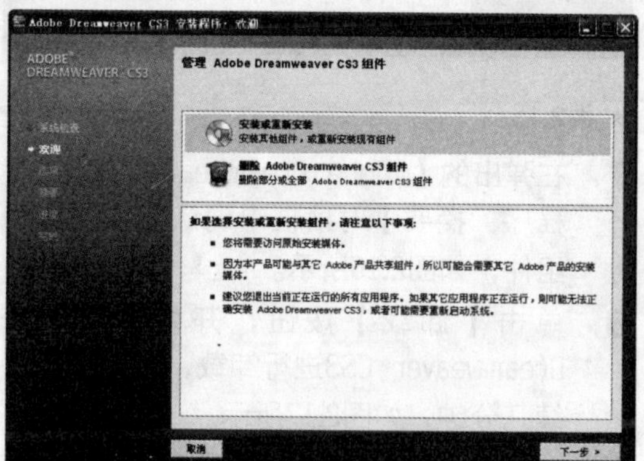

★ 图2.13

**5** 在该对话框中选择【删除Adobe Dreamweaver

CS3组件】选项，单击【下一步】按钮，如图2.14所示。

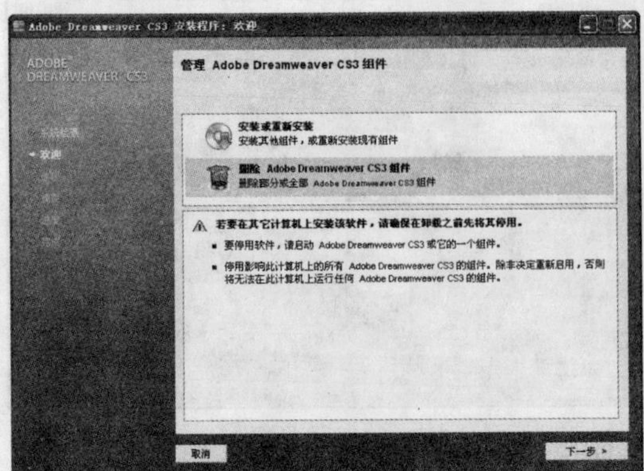

★ 图2.14

**6** 弹出【Adobe Dreamweaver CS3安装程序：选项】对话框，在这里可以选择要删除的组件，如图2.15所示（本例默认选中【删除所有应用程序首选项】复选项），单击【下一步】按钮。

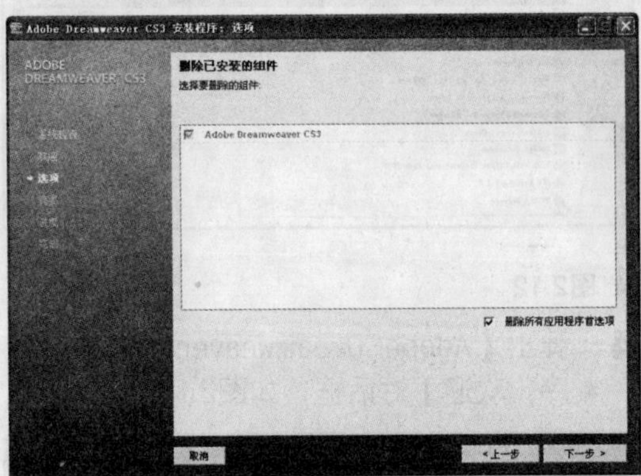

★ 图2.15

**7** 在弹出的【Adobe Dreamweaver CS3安装程序：摘要】对话框中确认需要删除的组件，如图2.16所示。

**8** 单击【卸载】按钮，开始对Adobe Dreamweaver CS3进行卸载，该过程要持续几分钟，如图2.17所示。

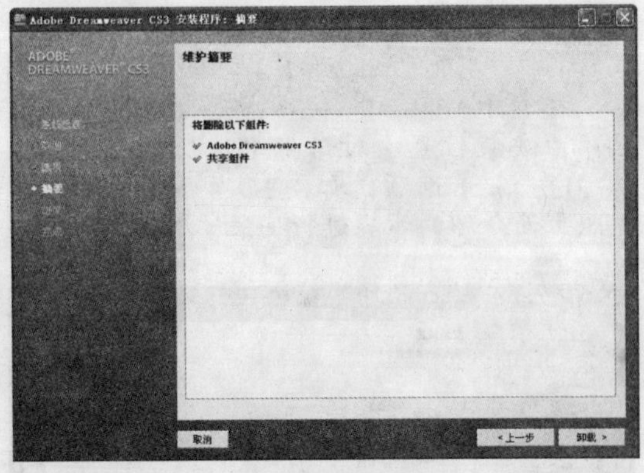

★ 图2.16

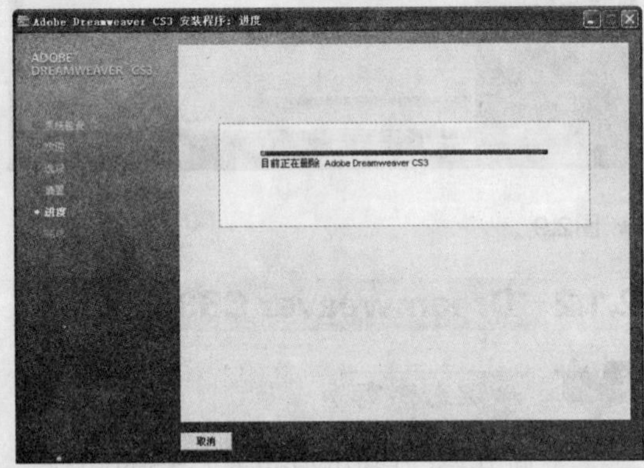

★ 图2.17

**9** 卸载完成后单击【完成】按钮，完成对Dreamweaver CS3的卸载，如图2.18所示。

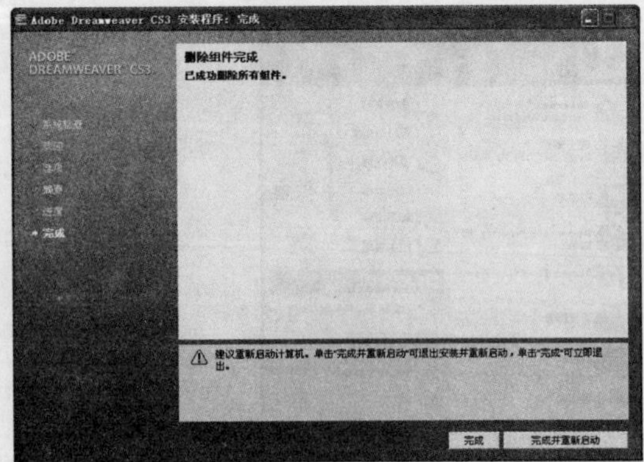

★ 图2.18

动手练

请读者根据本节所学内容卸载电脑上的Dreamweaver CS3 程序。

# 2.2 启动和退出Dreamweaver CS3

在使用Dreamweaver CS3制作网页之前，先介绍该款工具软件的启动和退出。

## 2.2.1 启动Dreamweaver CS3

在Windows XP操作系统下，可以通过选择【开始】→【所有程序】→【Adobe Dreamweaver CS3】命令来启动Dreamweaver CS3，也可以通过双击桌面上的Dreamweaver CS3快捷方式图标（或单击快速启动栏中的Dreamweaver CS3快捷启动图标）来启动。

通过【开始】菜单启动Dreamweaver CS3的操作步骤如下：

**1** 单击【开始】按钮，从【所有程序】子菜单中选择【Adobe Dreamweaver CS3】命令，如图2.19所示。

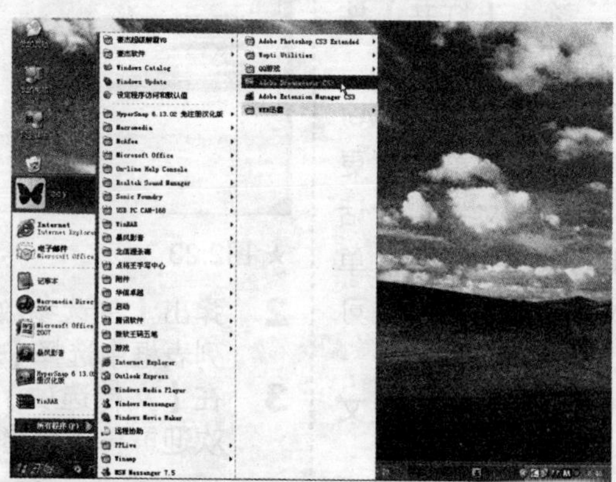

★ 图2.19

**2** 进入Dreamweaver CS3的初始化界面，如图2.20所示。

★ 图2.20

**3** 启动Dreamweaver CS3，进入Dreamweaver CS3的欢迎界面，如图2.21所示。

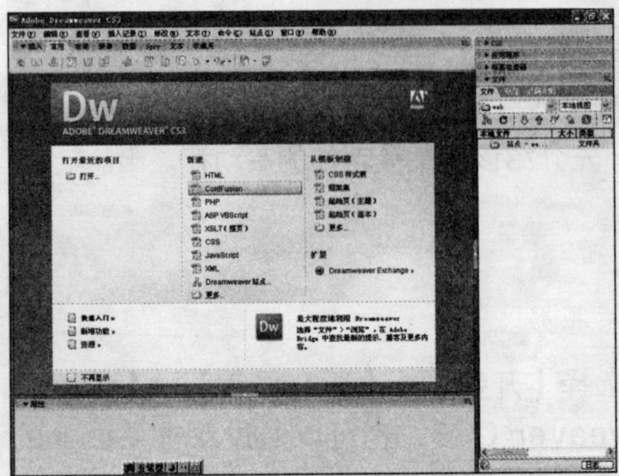

★ 图2.21

Dreamweaver CS3的欢迎界面包括了3个分栏。

- **【打开最近的项目】**：该栏中显示了最近打开的文档。单击【打开】按钮，可以选择打开硬盘上的文件。
- **【新建】**：该栏列出了Dreamweaver CS3中支持的文件类型。单击【更多】按钮，弹出【新建文档】对话框，可选择创建其他类型的文件。单击【Dreamweaver站点】按钮，可以新建一个站点。
- **【从模板创建】**：根据模板创建文件。

**动手练**

在启动Dreamweaver CS3时，常会显示Dreamweaver CS3欢迎界面。用户可以通过设置，选择隐藏欢迎界面，当欢迎界面被隐藏，并且没有打开文档时，窗口如图2.22所示。

下面做隐藏欢迎界面的练习，具体操作步骤如下：

**1** 在Dreamweaver CS3的工作界面中，选择【编辑】→【首选参数】命令，如图2.23所示。

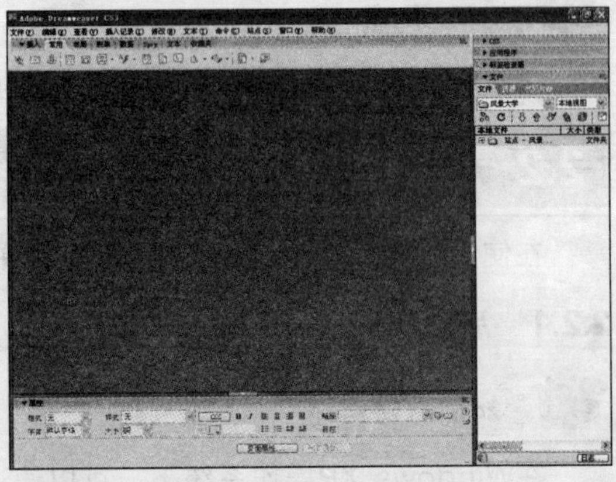

★ 图2.22

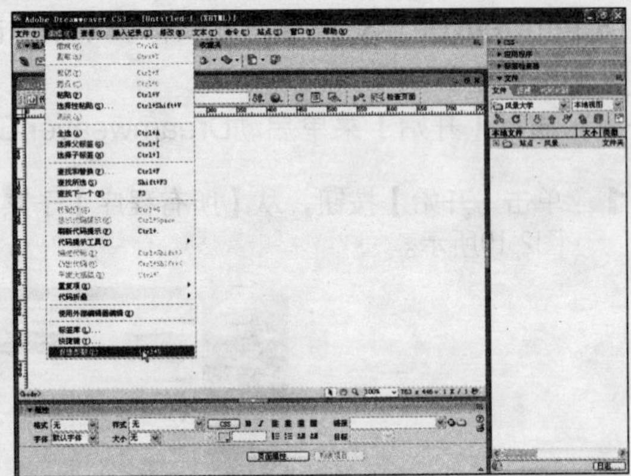

★ 图2.23

**2** 弹出【首选参数】对话框，从【分类】列表框中选择【常规】选项卡。

**3** 在【文档选项】栏中，取消选中【显示欢迎屏幕】复选项，如图2.24所示。

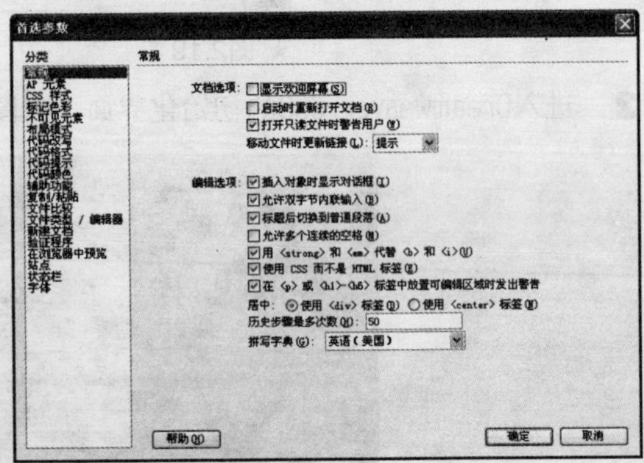

★ 图2.24

**4** 单击【确定】按钮，就完成了隐藏欢迎界面的设置。

### 2.2.2 退出Dreamweaver CS3

要退出Dreamweaver CS3，可单击Dreamweaver CS3工作界面右上角的【关闭】按钮。

如果对打开的文档做了修改，单击【关闭】按钮时，会弹出如图2.25所示的提示框，询问是否保存所做的修改。单击【是】按钮，会保存所做的修改，并退出Dreamweaver CS3；单击【否】按钮，则不保存修改的内容，直接退出；单击【取消】按钮，则取消退出操作。

★ 图2.25

要退出Dreamweaver CS3，还有以下几种方法（读者可自行练习）：

- 按【Alt+F4】组合键。
- 单击窗口左上角的图标，从弹出的菜单中选择【关闭】命令。
- 选择【文件】→【退出】命令。
- 按【Ctrl+Q】组合键。

## 2.3 Dreamweaver CS3的工作界面

Dreamweaver CS3的工作界面由标题栏、菜单栏、【插入】栏、文档工具栏、文档编辑区、状态栏、【属性】面板和控制面板组组成，如图2.26所示。

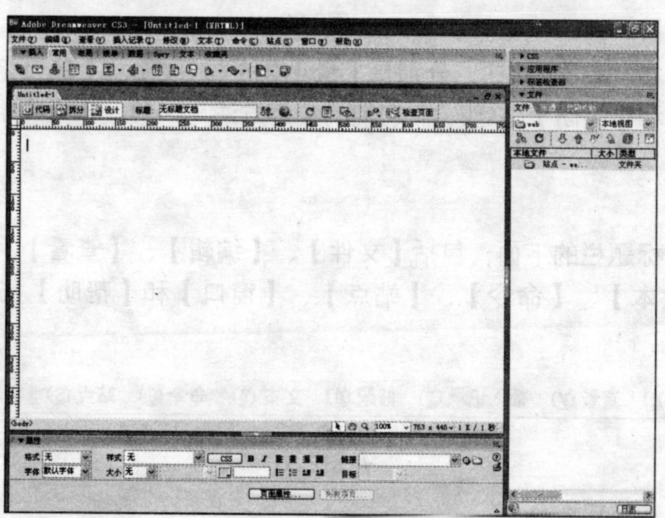

★ 图2.26

### 2.3.1 工作界面组成部分

下面就来详细介绍Dreamweaver CS3的工作界面的各组成部分。

### 1. 标题栏

标题栏位于窗口的最上方，用于显示文档的标题、保存路径及文件名。当前文档的保存路径和文件名会显示在右侧的括号内。如果未定义文件名，将显示“Untitled”（无标题文档），如图2.27所示。

Adobe Dreamweaver CS3 - [Untitled-1 (XHTML)]

★ 图2.27

如果已经修改了文档，但是并没有保存，则会在文档名后面出现一个星号“*”，例如“Untitled-1（XHTML）*”，如图2.28所示。

Adobe Dreamweaver CS3 - [Untitled-1 (XHTML)*]

★ 图2.28

在标题栏的左侧显示Dreamweaver CS3图标，单击此图标，会弹出【窗口控制】菜单，如图2.29所示，选择相应的菜单命令可以调整窗口的大小和位置，还可以最小化、最大化以及关闭窗口等。

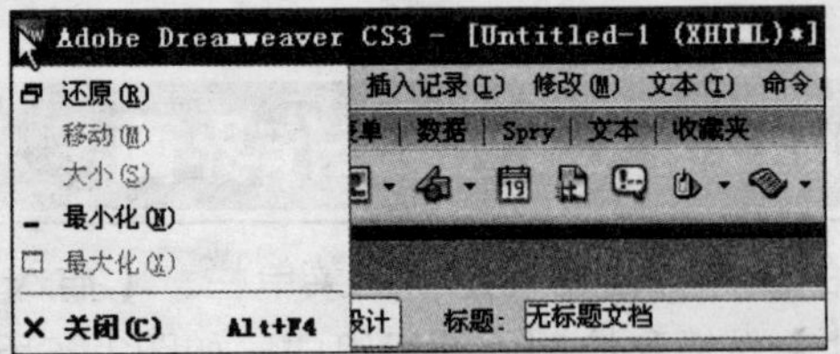


★ 图2.29

在标题栏的右侧有3个按钮，分别是【最小化】按钮、【最大化】按钮（或【还原】按钮）和【关闭】按钮。它们的使用方法与一般应用程序相同，这里就不再详细介绍了。

### 2. 菜单栏

菜单栏位于标题栏的下面，包括【文件】、【编辑】、【查看】、【插入记录】、【修改】、【文本】、【命令】、【站点】、【窗口】和【帮助】10个菜单项，如图2.30所示。

文件(F) 编辑(E) 查看(V) 插入记录(I) 修改(M) 文本(T) 命令(C) 站点(S) 窗口(W) 帮助(H)

★ 图2.30

各菜单项的功能如下。

- **【文件】**：可以实现管理文件的操作。
- **【编辑】**：可以实现文本编辑操作。
- **【查看】**：可以实现查看操作。
- **【插入记录】**：可以实现元素插入操作。
- **【修改】**：可以实现对页面元素的修改操作。

- 【文本】：为用户提供文本操作工具。
- 【命令】：为用户提供附加命令项。
- 【站点】：可以实现站点管理操作。
- 【窗口】：用来打开或关闭各控制面板组。
- 【帮助】：可以实现联机帮助。

将鼠标指针移到某一菜单项上单击（或者在按住【Alt】键的同时，按菜单项名称后带下划线的英文字母键），会弹出相应的下拉菜单。例如，用鼠标单击【文件】菜单项（或按【Alt+F】组合键），将弹出【文件】下拉菜单，如图2.31所示。

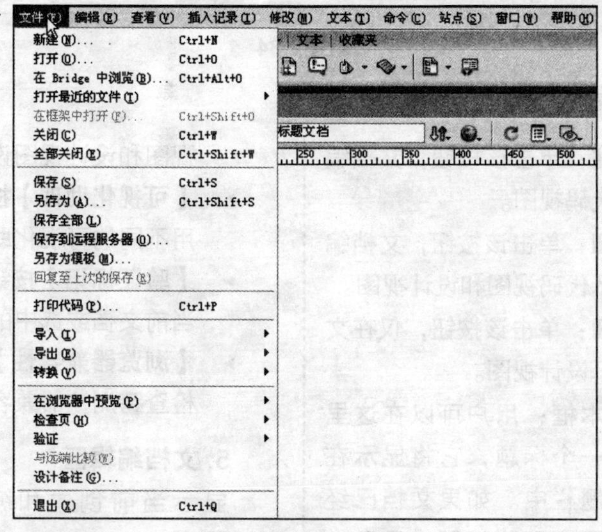


★ 图2.31

弹出下拉菜单后，可以使用上、下光标控制键选择菜单命令。

**说 明**

如果菜单命令右侧有一个向右的箭头，表示此菜单命令有下一级菜单命令，将指针移到该项菜单命令时，会弹出下一级菜单。例如，在如图2.31所示的【文件】下拉菜单中，移动鼠标指针到【导入】命令项上，则会弹出【导入】子菜单。

### 3.【插入】栏

【插入】栏位于菜单栏的下面，包含用于将各种类型的对象（如图像、表格和层等）插入文档的按钮，如图2.32所示。

★ 图2.32

【插入】栏按钮的作用与相应的菜单命令项是一样的，只是更加方便快捷。移动鼠标指针到一个按钮上时，会出现该工具按钮相应的提示，其中包含该按钮的名称，如图2.33所示。

★ 图2.33

### 4. 文档工具栏

为用户提供了【代码】、【拆分】和【设计】视图按钮，还有【文件管理】、【在浏览器中预览/调试】、【刷新设计视图】、【视图选项】、【可视化助理】、【验证标记】和【检查浏览器兼容性】等按钮，如图2.34所示。

★ 图2.34

文档工具栏中各项工具的作用如下。

- **【代码】按钮：**单击该按钮，文档编辑区只显示代码视图。
- **【拆分】按钮：**单击该按钮，文档编辑区同时显示代码视图和设计视图。
- **【设计】按钮：**单击该按钮，仅在文档编辑区显示设计视图。
- **【标题】文本框：**用户可以在这里为文档输入一个标题，它将显示在浏览器的标题栏中。如果文档已经有了一个标题，则该标题将显示在该文本框中。
- **【文件管理】按钮：**单击此按钮，弹出【文件管理】下拉菜单。
- **【在浏览器中预览/调试】按钮：**允许用户在浏览器中预览或调试文档，从单击该按钮弹出的下拉菜单中选择浏览器。
- **【刷新设计视图】按钮：**当用户在代码视图下进行编辑后，单击该按钮，可以刷新相应的设计视图。

> **提示**
>
> 在保存文件或单击该按钮之前，用户在代码视图中所做的更改不会在设计视图中自动更新。

- **【视图选项】按钮：**允许用户为代码视图和设计视图设置选项参数。
- **【可视化助理】按钮：**使用户可以使用不同的可视化助理来设计页面。
- **【验证标记】按钮：**使用户可以验证当前文档或选中的标签。
- **【浏览器兼容性】按钮：**使用户可以检查跨浏览器兼容性。

### 5. 文档编辑区

显示当前创建和编辑的文档，如图2.35所示。

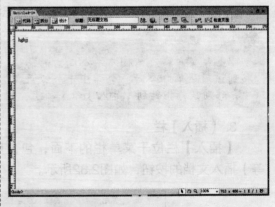

★ 图2.35

### 6. 状态栏

状态栏用来显示当前编辑的文档状态，由选取、手形和缩放工具，以及缩放比率、窗口大小和下载文件大小/下载时间

等信息组成，如图2.36所示。

★ 图2.36

### 7.【属性】面板

用于查看和更改所选对象或文本的各种属性，如图2.37所示，【属性】面板一般显示在文档编辑区下方。

★ 图2.37

【属性】面板是一个综合性的面板，会随着选择对象的不同而显示不同的内容。

单击【属性】面板右下角的倒三角形按钮，可以展开或隐藏【页面属性】栏，如图2.38所示。

★ 图2.38

单击【属性】面板右上角的按钮，在弹出的下拉菜单中选择【关闭面板组】命令，可以关闭【属性】面板，如图2.39所示。

要想显示【属性】面板，选择【窗口】→【属性】命令即可，如图2.40所示。

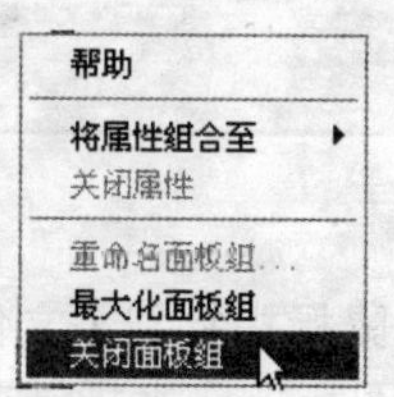


★ 图2.39

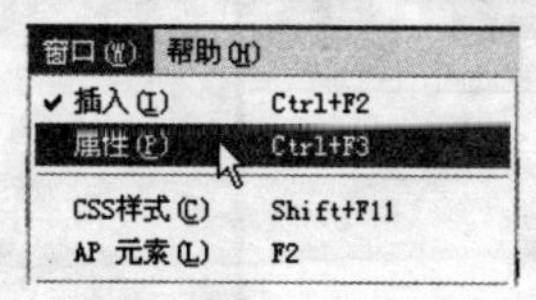


★ 图2.40

### 8. 控制面板组

控制面板组是相关面板的集合。单击面板组名称左侧的【展开】按钮，可展开对应的面板。面板组展开后，【展开】按钮就会变为【折叠】按钮，单击该按钮则可以折叠该面板组，只显示面板组的名称，如图2.41所示。

★ 图2.41

### 9.【文件】面板

用来管理站点文件和文件夹，如图2.42所示。

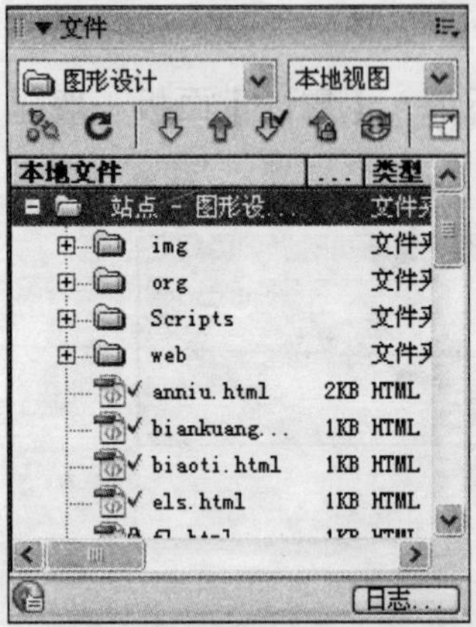

★ 图2.42

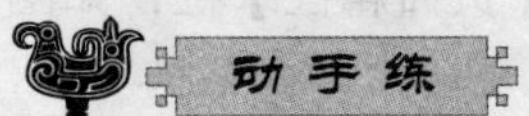

有时在启动Dreamweaver CS3后，【文件】面板没有自动显示，下面练习如何显示【文件】面板。

**1** 启动Dreamweaver CS3，【文件】面板没有自动显示，如图2.43所示。

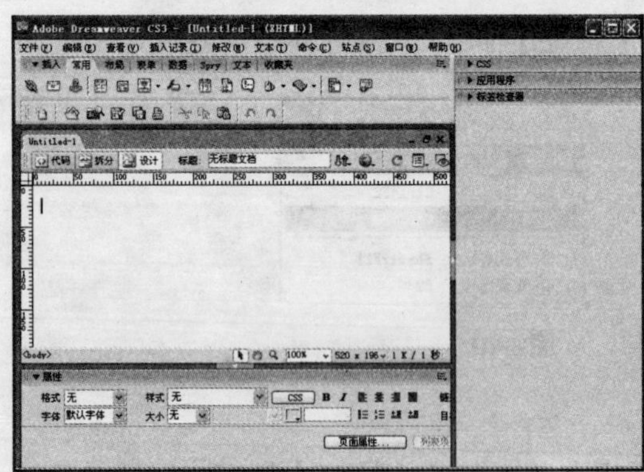

★ 图2.43

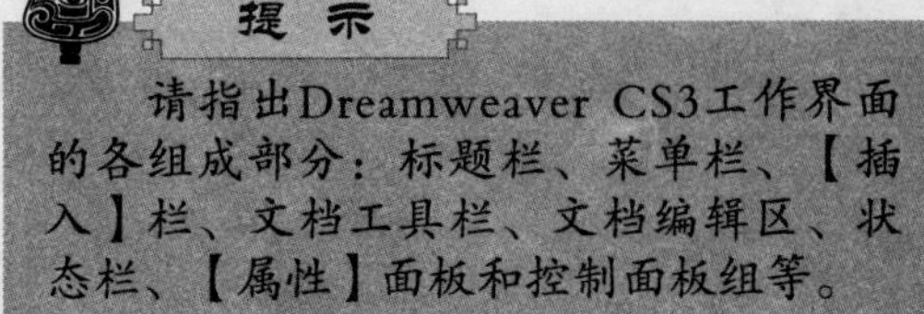

**2** 单击菜单栏中的【窗口】菜单项，从弹出的下拉菜单中选择【文件】选项（或按【F8】键），如图2.44所示。

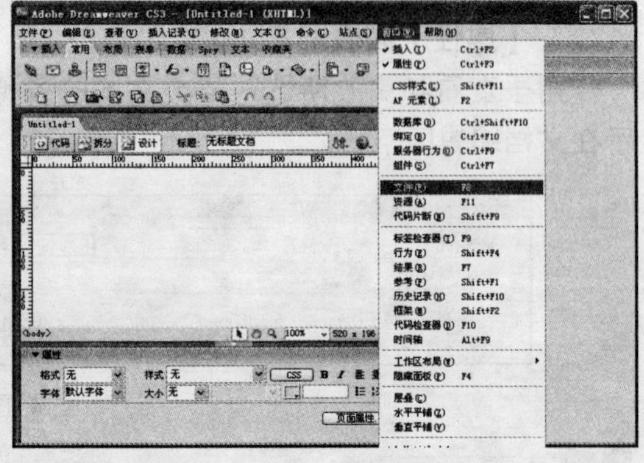

★ 图2.44

**3** 这时在控制面板组下方就会显示【文件】面板，如图2.45所示。

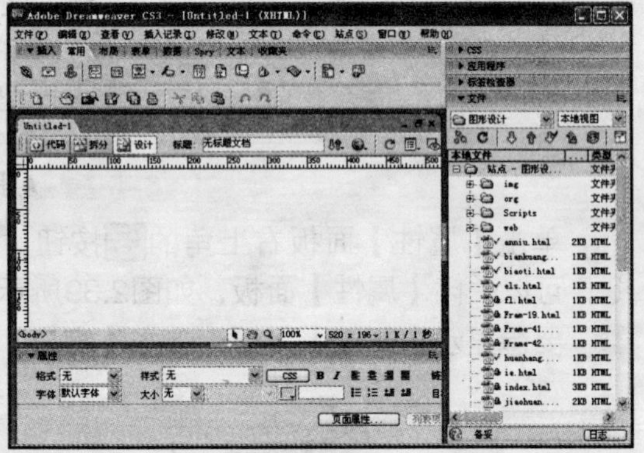

★ 图2.45

**4** 移动鼠标指针到【文件】面板名称左侧的图标上，当指针变为✥形状时，按住鼠标左键并拖动鼠标，可以让【文件】面板独立出来，如图2.46所示。

**5** 选择【窗口】→【资源】命令（或按【F11】键），打开【资源】面板组，如图2.47所示。

**6** 在【资源】面板组名称上单击鼠标右键，从弹出的快捷菜单中选择【将资源组合至】→【文件】命令，如图2.48所示。

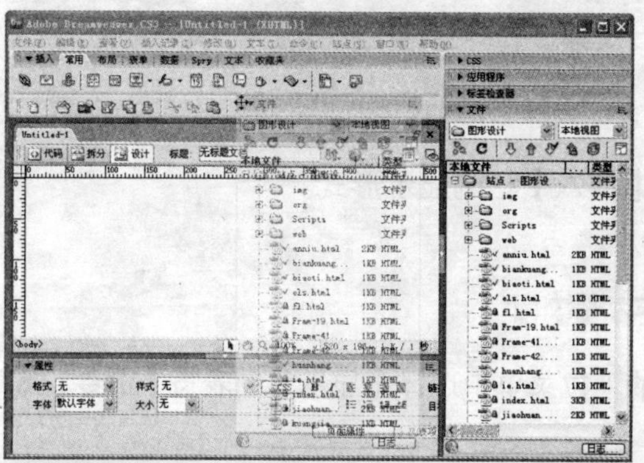

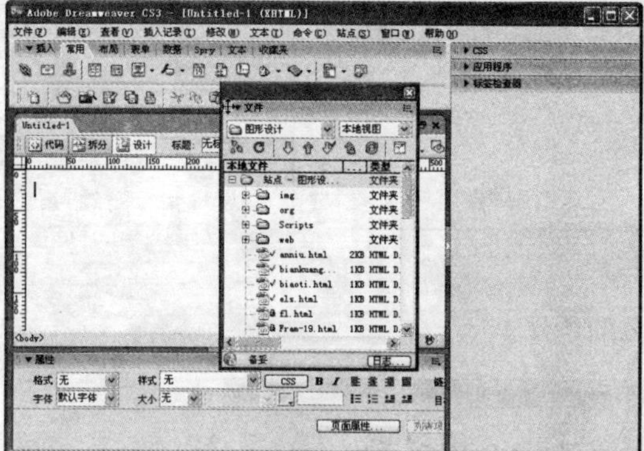

★ 图2.46

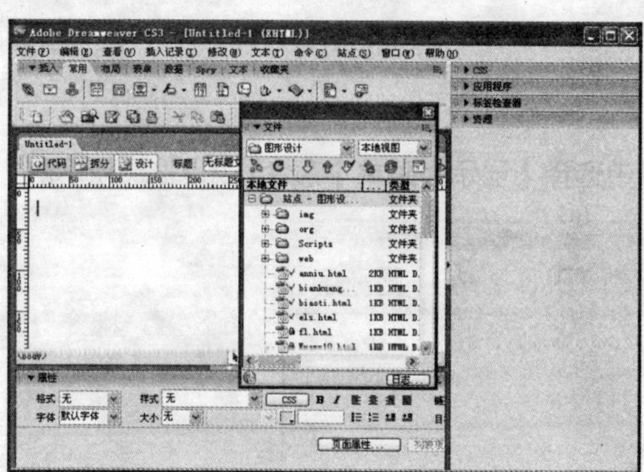

★ 图2.47

**7** 这时【资源】面板组会组合到【文件】面板中，如图2.49所示。

**8** 移动指针到【文件】面板的▦图标上，当指针变为✥形状时，按住鼠标左键将其拖动到控制面板组的下方，当出现黑色的标示条时释放鼠标，【文件】面板就会显示在控制面板组下方，如图2.50所示。

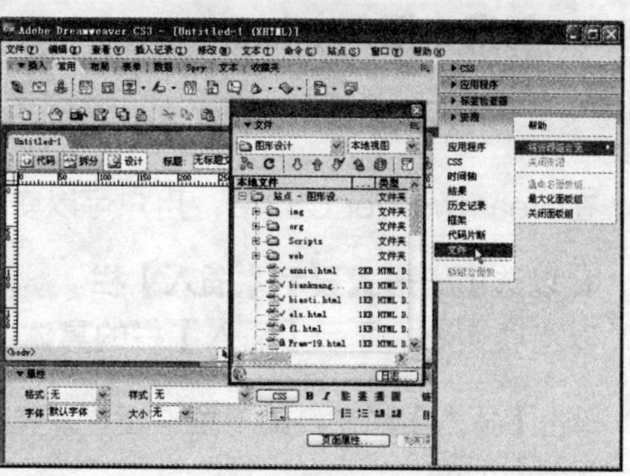

★ 图2.48

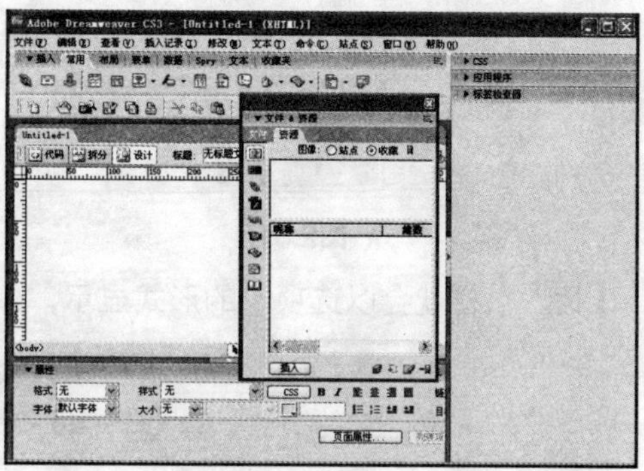

★ 图2.49

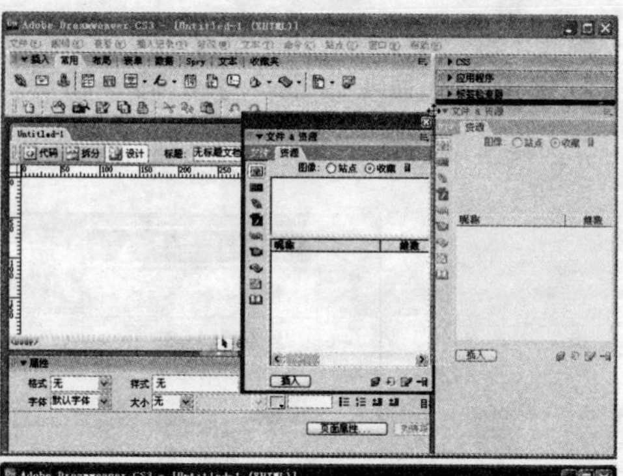

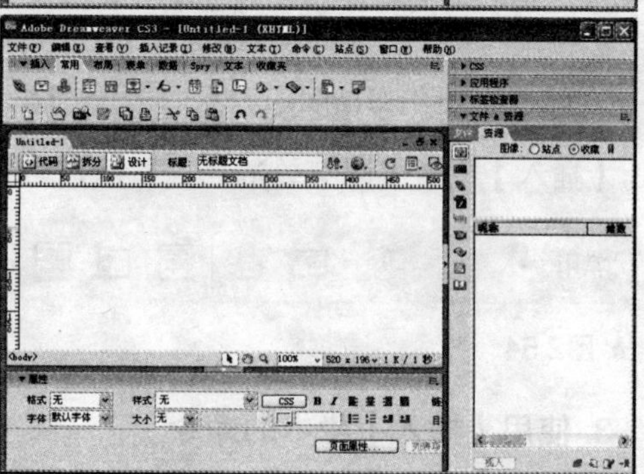

★ 图2.50

## 2.3.2 使用【插入】栏

知识点讲解

在Dreamweaver CS3中，用户可以变换【插入】栏的显示形式。

### 1. 以选项卡形式显示【插入】栏

以选项卡形式显示【插入】栏的具体操作步骤如下：

1 单击【插入】栏左侧的下拉按钮，从弹出的下拉菜单中选择【显示为制表符】命令，如图2.51所示。

★ 图2.51

2 【插入】栏就会以选项卡的形式显示，如图2.52所示。

★ 图2.52

### 2. 以菜单形式显示【插入】栏

以菜单形式显示【插入】栏的具体操作步骤如下：

1 在选项卡上单击鼠标右键，从弹出的快捷菜单中选择【显示为菜单】命令，如图2.53所示。

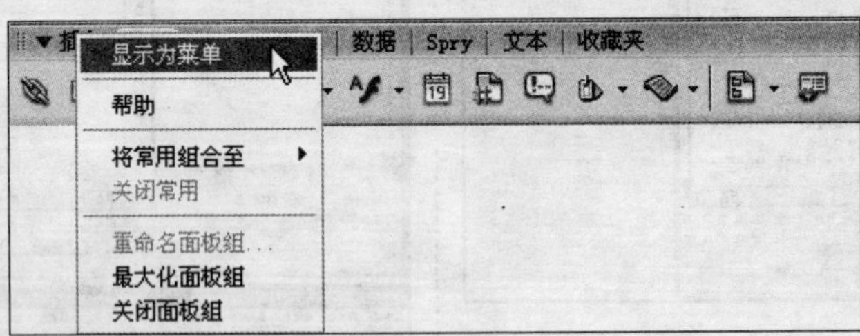


★ 图2.53

2 【插入】栏就会以菜单的形式显示，如图2.54所示。

常用 ▼

★ 图2.54

### 3. 使用【插入】栏中的命令

要使用【插入】栏中的命令，可以直接单击相应的命令按钮，或者单击对应的下拉

按钮，在弹出的下拉菜单中选择相应的命令即可，如图2.55所示。

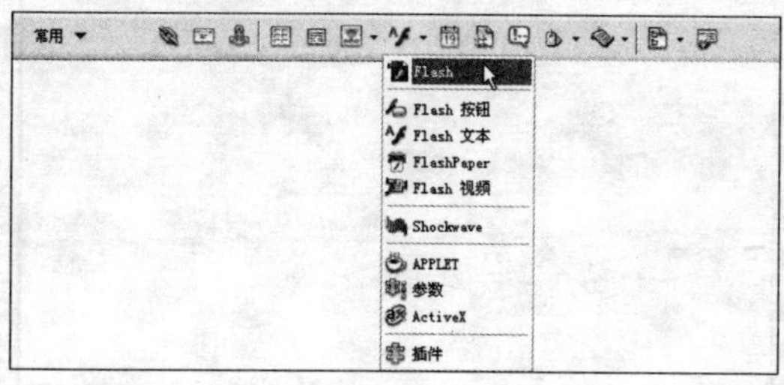


★ 图2.55

下面做一些关于【插入】栏的练习。

**1.【插入】栏的折叠和展开**

在如图2.53所示的【插入】栏中，单击【折叠】按钮，就会折叠各选项卡，同时【折叠】按钮变为【展开】按钮，如图2.56所示。单击【展开】按钮，又会展开各选项卡。

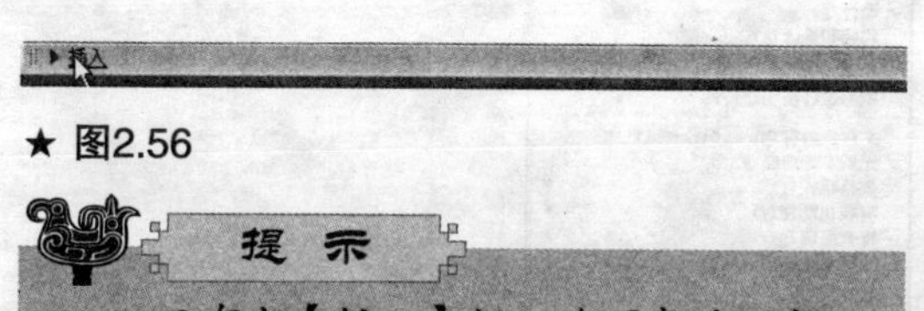

★ 图2.56

提 示

只有当【插入】栏以选项卡的形式显示时，才可以折叠和展开【插入】栏。

**2. 隐藏和显示【插入】栏**

在【插入】栏显示的状态下，选择【窗口】→【插入】命令（或按【Ctrl+F2】组合键），可以隐藏【插入】栏，如图2.57所示。再次选择该命令，可以显示【插入】栏。

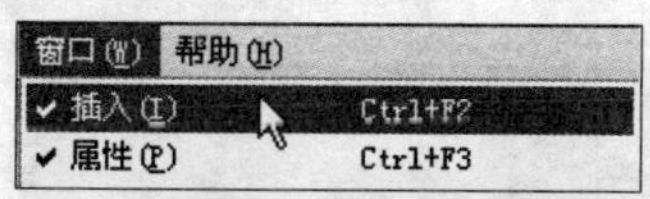


★ 图2.57

## 2.3.3 Dreamweaver CS3的视图模式

Dreamweaver CS3有3种视图模式：代码视图、拆分视图和设计视图模式，下面分别进行介绍。

**1. 代码视图**

又称为显示代码视图。在这种视图模式下，用户可以编写和编辑HTML、JavaScript、服务器语言代码（如PHP或ColdFusion标记语言CFML）以及任何其他类型的代码。代码视图模式是为非常熟悉HTML语言的人员提供的，如图2.58所示。

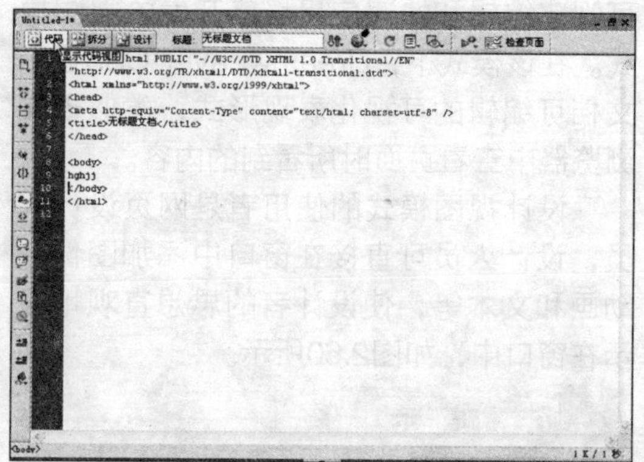

★ 图2.58

在代码视图模式下，用户可以对网页进行代码设计，但不会看到网页的可视化界面。

**2. 拆分视图**

又称为显示代码视图和设计视图模式。在该视图模式下，用户可以同时看到义档的代码和设计。拆分视图是设计人员查看代码或检查代码错误的视图模式，在该模式下，用户可以将代码与设计效果进行对比，如图2.59所示。

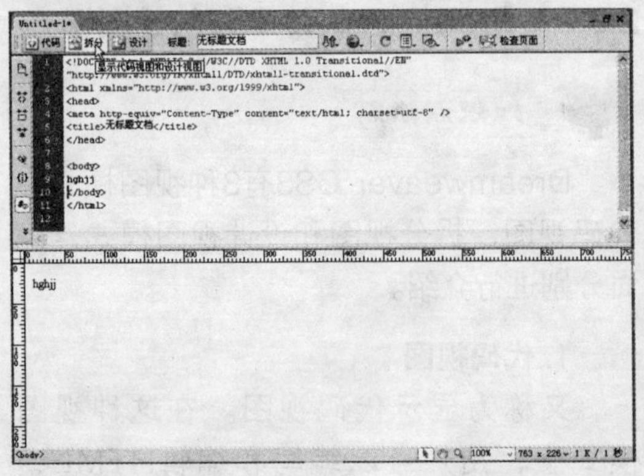

★ 图2.59

在拆分视图模式下，用户可以对网页同时进行可视化设计和代码设计。

**3. 设计视图**

它是为用户提供可视化页面布局、可视化编辑和快速应用程序开发的视图模式。在该模式下，Dreamweaver CS3显示文档可编辑的可视化表现形式，类似于在浏览器中查看页面时所看到的内容。

设计视图模式的使用者是网页设计人员，设计人员可直接在窗口中添加图像、动画和文本等，使设计者的思想直观地显示在窗口中，如图2.60所示。

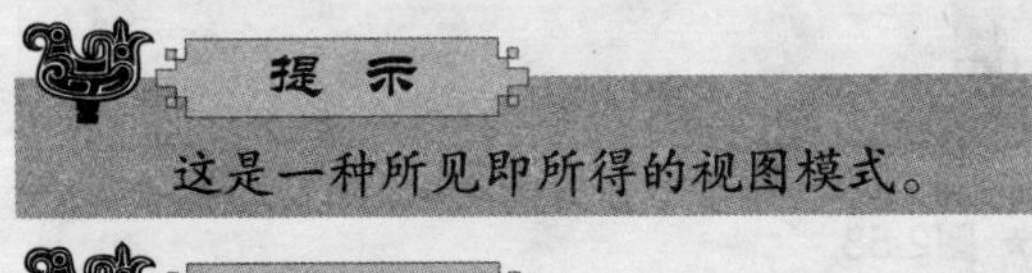

提示

这是一种所见即所得的视图模式。

动手练

请读者根据提示练习在窗口中切换视图模式。

★ 图2.60

在Dreamweaver CS3的工作界面下，可以通过以下两种方法来切换视图模式：

**1** 选择【查看】下拉菜单中的相关命令，如图2.61所示。

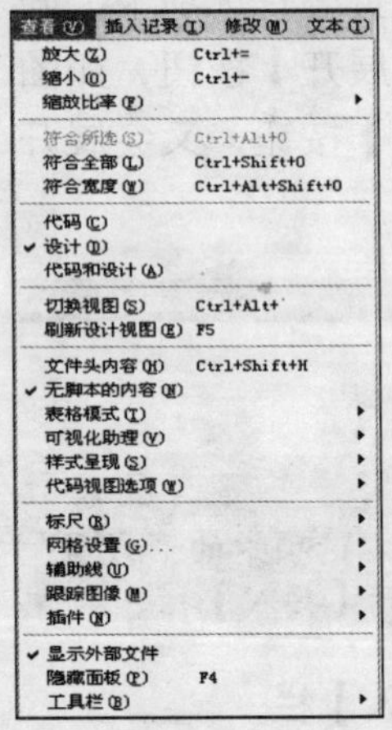


★ 图2.61

**2** 单击文档工具栏中的相应按钮，如图2.62所示。

★ 图2.62

## 2.4 Dreamweaver CS3的基本操作

知识点讲解

Dreamweaver CS3的基本操作包括新建、保存以及打开文件。在学习这些内容之前，首先来了解一下Dreamweaver CS3文件的基本类型。

### 1. Dreamweaver CS3的文件类型

在Dreamweaver CS3中，选择【文件】下拉菜单中的【新建】命令，弹出【新建文档】对话框，如图2.63所示。

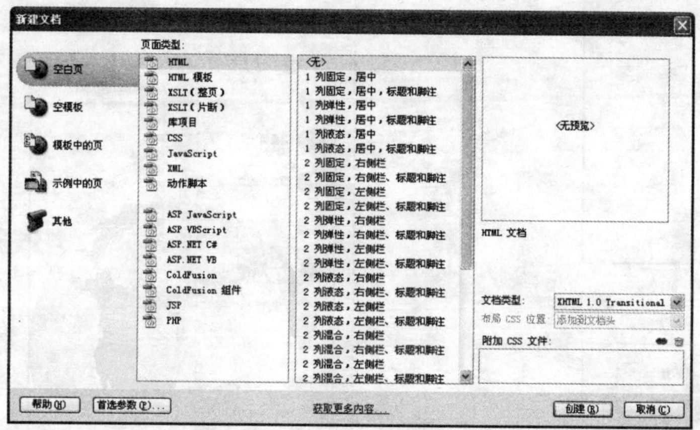


★ 图2.63

在该对话框中能看到可以创建的Dreamweaver CS3文件的基本类型。

- **【空白页】选项卡**：选择此选项卡，可以在右侧选择创建标准的HTML文档、HTML模板、Dreamweaver的库项目、CSS文档、JavaScript文档、XML文档和动作脚本等，如图2.64所示。
- **【空模板】选项卡**：选择此选项卡，可以选择创建ASP和JSP等类型的模板文档，如图2.65所示。

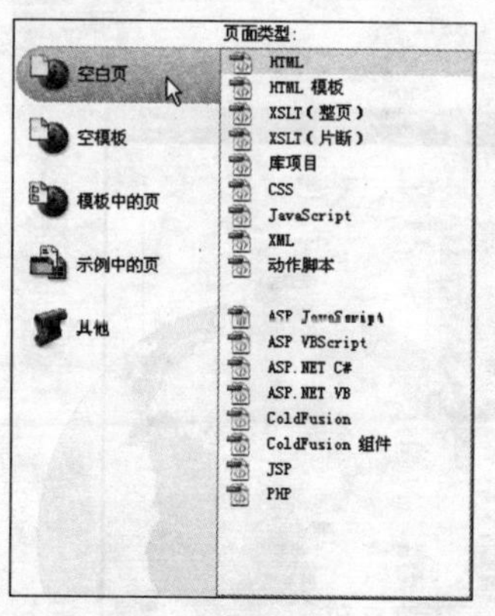


★ 图2.64

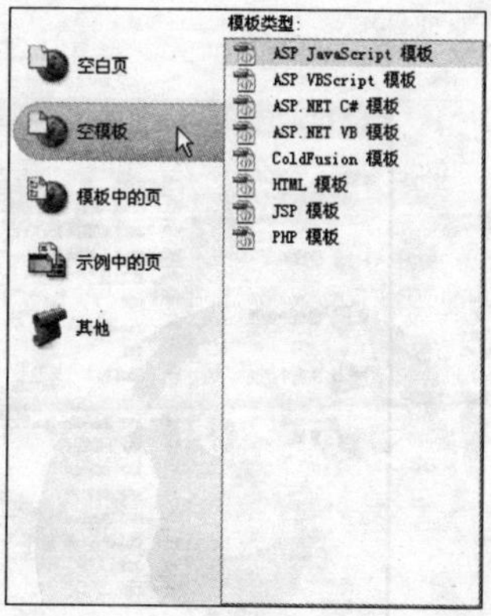

★ 图2.65

- **【模板中的页】选项卡**：选择此选项卡，出现站点项，如图2.66所示。

**提　示**

只有建立站点后，才有显示。

- **【示例中的页】选项卡**：选择此选项卡，可以创建CSS样式表和框架集等，如图2.67所示。

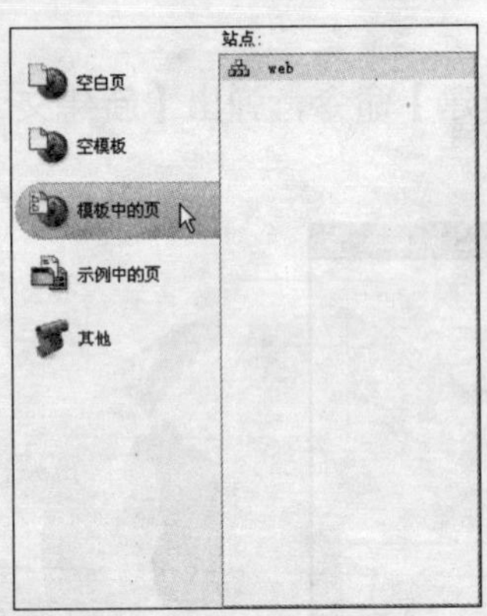

★ 图2.66

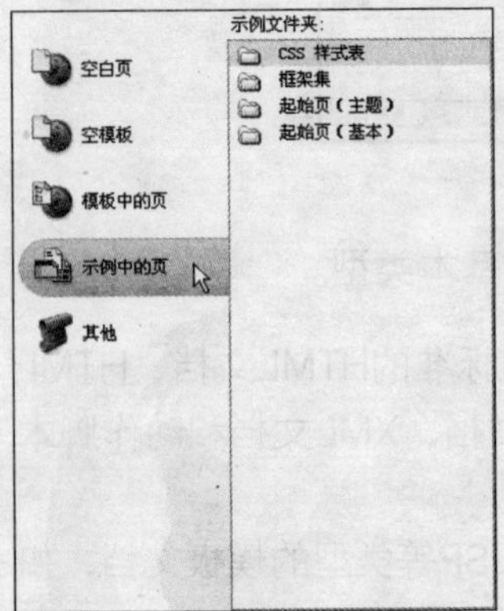

★ 图2.67

▶ **【其他】选项卡**：选择此选项卡，可以创建其他类型的各种文档，如文本文档、脚本文档和编程语言代码文档等，如图2.68所示。

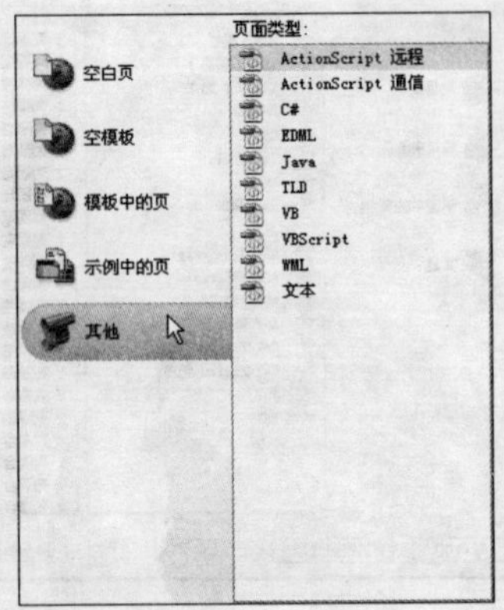

★ 图2.68

### 2. 创建新文件

在Dreamweaver CS3工作界面下，可以通过下面的步骤来创建新文件：

**1** 选择【文件】→【新建】命令，弹出【新建文档】对话框，如图2.69所示。

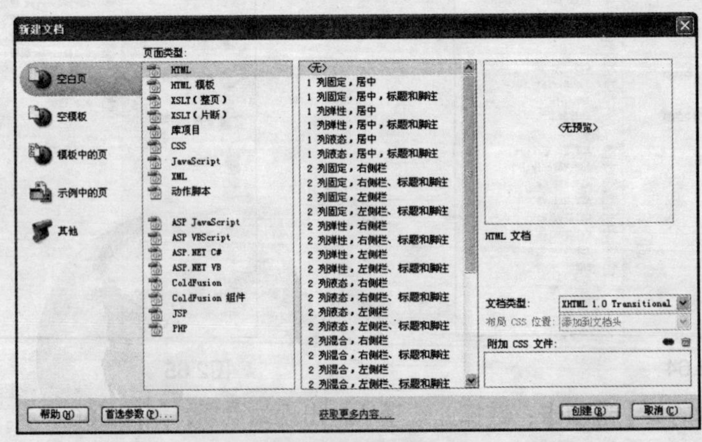

★ 图2.69

**2** 在左侧选择合适的选项卡，在右侧展开的列表框中选择要创建的文档格式，例如选择【空白页】选项卡，在右侧选择【HTML】选项。

**3** 单击左下角的【首选参数】按钮，弹出如图2.70所示的【首选参数】对话框。

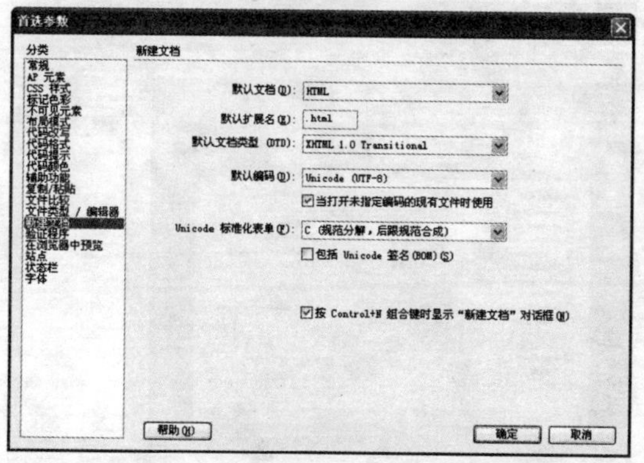


★ 图2.70

4　在右侧的【新建文档】栏中设置默认文档的格式、默认扩展名、默认文档类型以及默认编码等内容。

5　设置完成后单击【确定】按钮，返回到【新建文档】对话框中。

6　单击【创建】按钮，即可新建一个空白HTML页，如图2.71所示。

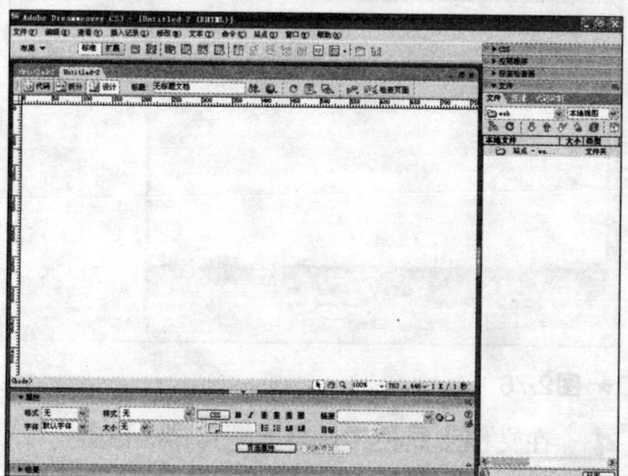

★ 图2.71

### 3. 保存文件

在Dreamweaver CS3中，可以将文件保存为所支持的任意类型。文件保存的类型与文件的扩展名一般存在对应的关系，如网页HTML文件就应该保存为*.htm。

在Dreamweaver CS3中保存文件的操作步骤如下：

1　单击菜单栏中的【文件】菜单项，如图2.72所示。

★ 图2.72

2　选择【保存】命令，弹出如图2.73所示的【另存为】对话框。在该对话框的【保存在】下拉列表中可以选择文件保存的位置，然后在【文件名】文本框中输入要保存的文件名称。

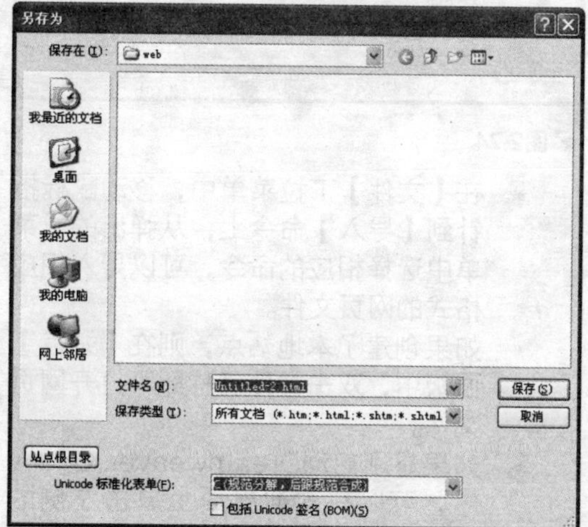


★ 图2.73

3　单击【保存】按钮即可将文件保存起来。

**提　示**

选择【文件】→【另存为】命令，可以保存文件的副本；选择【文件】→【保存全部】命令，也会弹出【另存为】对话框，对所有没有进行保存的文件逐一保存；选择【文件】→【另存为模板】命令，可以将目前制作的网页保存为模板。

### 4. 打开文件

打开网页的方法很多，常用的有以下几种。

- 选择【文件】→【打开】命令，弹出如图2.74所示的【打开】对话框，从其中选择需要打开的网页文件，然后单击【打开】按钮即可。

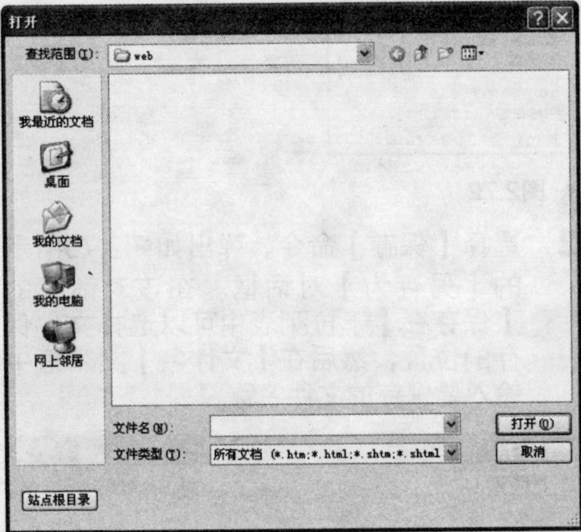

★ 图2.74

- 在【文件】下拉菜单中，移动鼠标指针到【导入】命令上，从弹出的子菜单中选择相应的命令，可以导入相应格式的网页文件。
- 如果创建了本地站点，则在【站点】面板中，双击文件名称即可打开网页文件。
- 如果是刚启动Dreamweaver CS3程序，可以在欢迎界面上单击左侧的【打开最近的项目】栏中的文件名按钮，打开最近编辑或修改过的文件。

**动手练**

下面练习Dreamweaver CS3中文档的新建和保存。

1 双击桌面上的Dreamweaver CS3快捷方式图标，启动Dreamweaver CS3程序，进入Dreamweaver CS3的欢迎界面。

2 在欢迎界面的【新建】栏中单击【HTML】按钮，如图2.75所示。

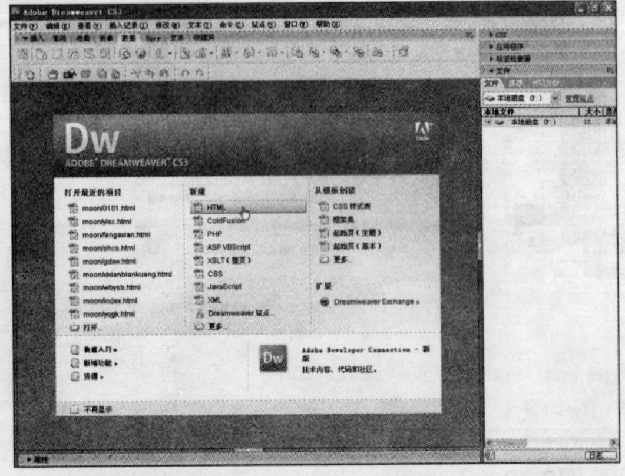

★ 图2.75

3 在新建的空白HTML页文档编辑区中输入文字“我的第一个网页”，如图2.76所示。

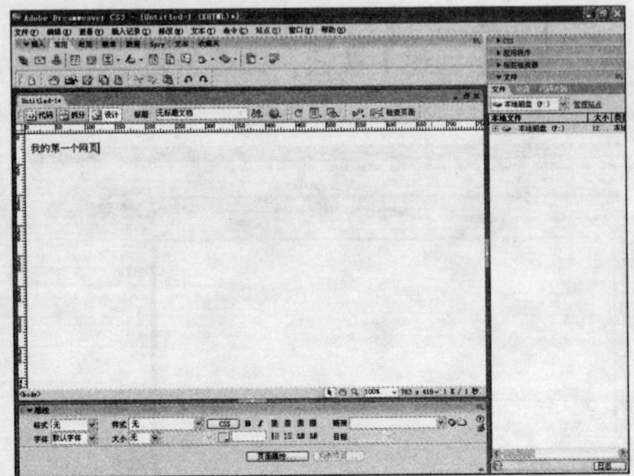

★ 图2.76

4 在文档工具栏中设置标题为“Welcome”，如图2.77所示。

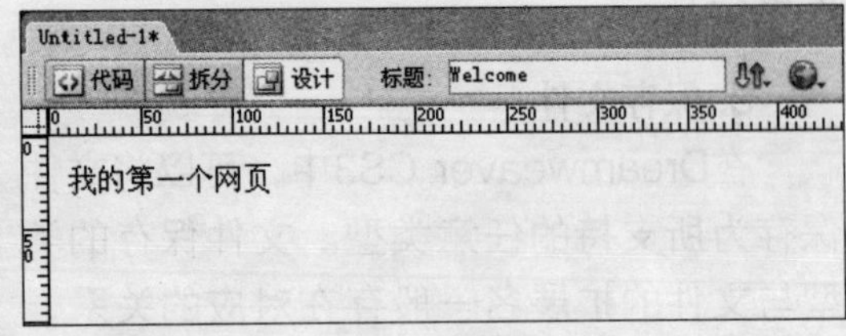


★ 图2.77

5 选择【文件】→【保存】命令。

6 在弹出的【另存为】对话框的【保存在】下拉列表中选择文件保存的位置，然后在【文件名】文本框中输入要保存的文件名称“第一个网页”，如图2.78所示。

★ 图2.78

**7** 单击右下角的【保存】按钮将文件保存起来，这时的标题栏如图2.79所示。

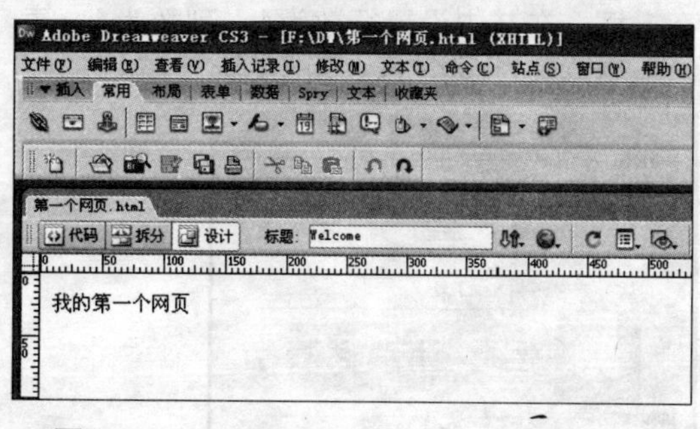


★ 图2.79

**8** 选择【文件】→【新建】命令，弹出【新建文档】对话框，在右侧选择【HTML】选项，如图2.80所示。

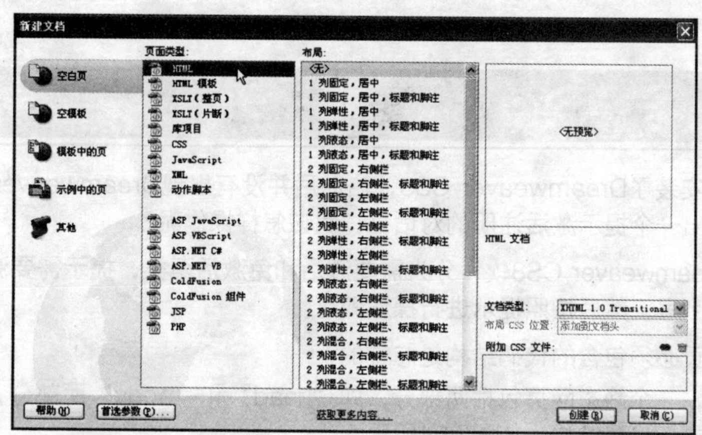


★ 图2.80

**9** 单击【创建】按钮，即可新建一个空白网页，如图2.81所示。

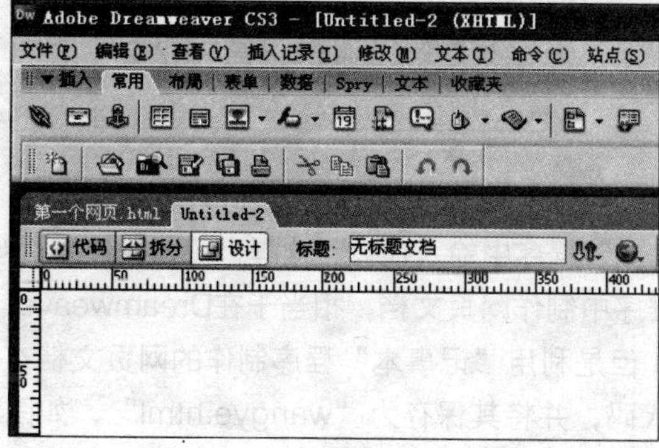


★ 图2.81

**10** 单击【插入】栏【常用】选项卡下的【表格】按钮，弹出【表格】对话框，在其中设置行数为4，列数为4，表格宽度为200像素，如图2.82所示。

★ 图2.82

**11** 单击【确定】按钮，插入一个表格，如图2.83所示。

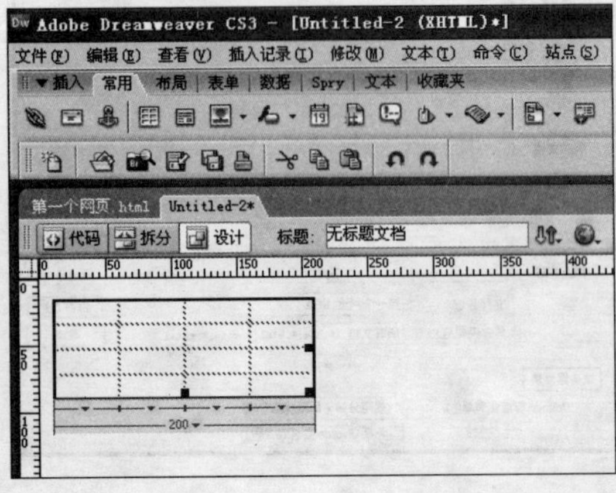


★ 图2.83

## 疑难解答

**问** 我在电脑上安装了Dreamweaver CS3，启动后并没有出现Dreamweaver CS3的工作界面，而是弹出一个提示激活注册的对话框，我该怎样操作呢？

**答** 这是因为Dreamweaver CS3软件分为需要激活和免激活两类，提示需要激活注册时只需输入产品序列号，然后按照提示进行操作即可。

**问** 一个静态网页必须包含的代码结构是怎样的？

**答** 通常情况下，一个静态网页包括两部分，即“head”和“body”两部分，在代码视图中可以看到基本的代码结构，如图2.84所示。

```
<html>
<head>
<title>在这里输入网页标题 </title>
</head>

<body>这是设置在浏览器中显示的内容
</body>
</html>
```

★ 图2.84

**问** 我看到有人在“记事本”程序中输入代码，这样也可以制作网页吗？

**答** 可以在“记事本”程序中制作网页文档，相当于在Dreamweaver CS3的代码视图中通过输入代码制作网页，但是利用“记事本”程序制作的网页文档在编辑时不方便。在“记事本”程序中输入代码，并将其保存为“wangye.html”，如图2.85所示，关闭程序，然后打开保存的文件，这时可以在浏览器中看到网页效果，如图2.86。

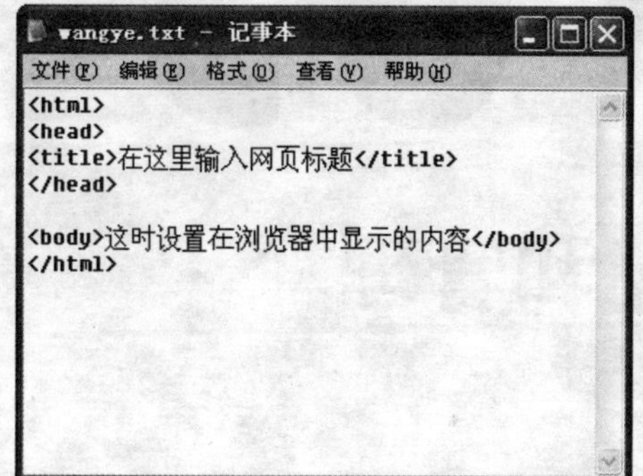


★ 图2.85

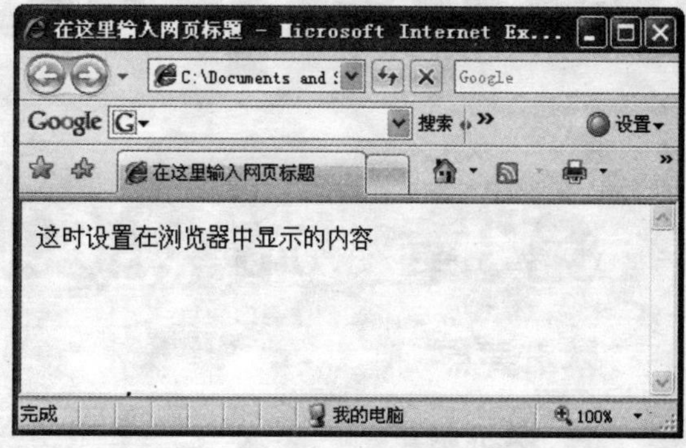


★ 图2.86

**问** 为什么在“记事本”程序中输入相应代码后，预览时的显示效果会如图2.87所示?

**答** 这是因为在输入代码过程中，输入“<”及“>”符号时，错误地输入了全角的“〈”和“〉”，将其全部修改为半角即可。

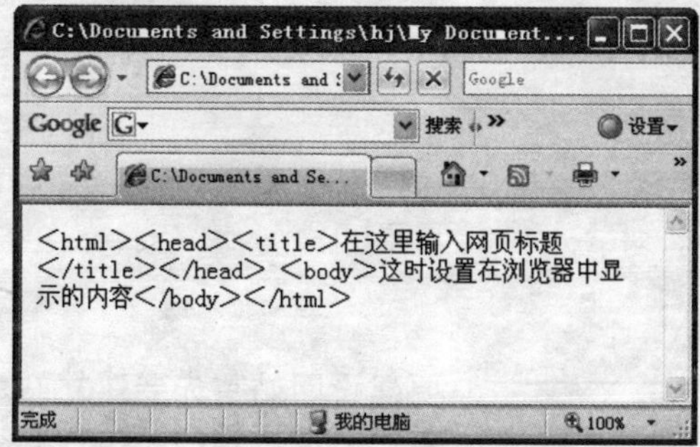


★ 图2.87

# Chapter 03

# 第3章　站点的创建和管理

*本章要点*

- *熟悉站点*
- *站点的创建*
- *编辑站点*
- *站点地图*
- *管理站点资源*
- *配置IIS*

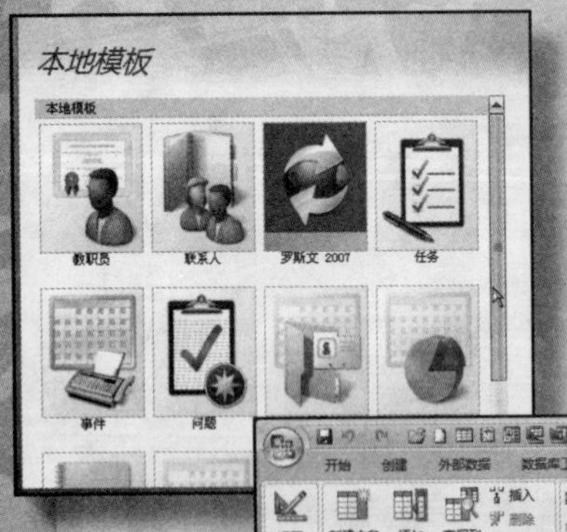


要建设网站首先要建立站点，站点以目录树的形式将网站结构显示出来，使网站建设者和网页设计人员能够了解该网站内容的嵌套层次。Dreamweaver CS3是一个站点创建和管理的工具，使用它不但可以创建单独的网页文档，还可以创建一个完整的Web站点。如果在Web服务器上已经有了一个站点，还可以使用 Dreamweaver CS3来编辑该站点。

# 3.1 熟悉站点

站点可以看做一系列文档的组合，这一系列文档之间通过各种链接以目录树的形式将网站结构显示出来，使网站建设者和网页设计人员能够一目了然地看到该网站内容的嵌套层次。因此，在设计网页之前要先创建站点。

站点信息包含在【文件】面板中。选择【窗口】→【文件】命令（或按【F8】键），可以打开【文件】面板，如图3.1所示。

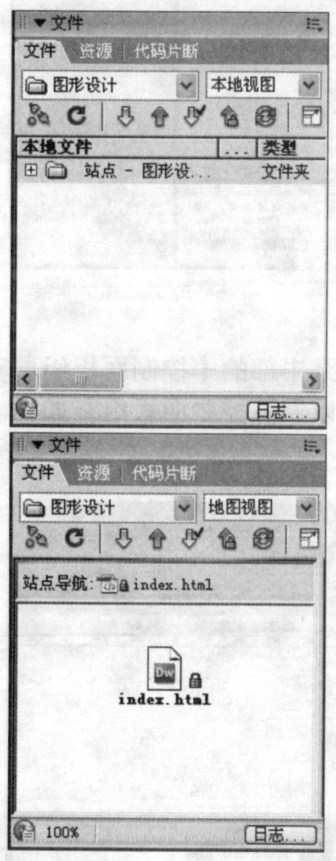

★ 图3.1

上面两图分别为站点的目录结构和站点中文档的链接结构。【文件】面板中各个按钮的含义如下。

- **【连接到远端主机】按钮**：用于连接到远程站点或断开与远程站点的连接。
- **【刷新】按钮**：用于刷新本地和远程目录列表。
- **【获取文件】按钮**：从远程站点中获取文件，即下载文件。
- **【上传文件】按钮**：将本地电脑中的文件上传到远程站点。
- **【取出文件】按钮**：将远程服务器中的文件下载到本地站点，在服务器上将该文件标记为取出。
- **【存回文件】按钮**：将本地文件传输到远程服务器，并且使该文件可供他人编辑。
- **【同步】按钮**：当用户在本地和远端站点上创建文件后，在站点之间进行文件同步。
- **【展开以显示本地和远端站点】按钮**：用于展开或折叠本地和远程站点文件，如图3.2所示即为展开状态。

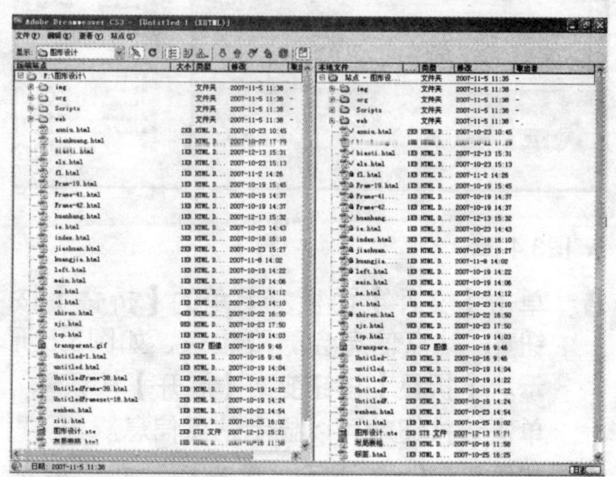

★ 图3.2

站点信息包含在【文件】面板中，下

面练习在启动Dreamweaver CS3后，如何在【文件】面板中显示或隐藏信息，具体操作步骤如下：

**1** 选择【窗口】→【文件】命令，如图3.3所示。

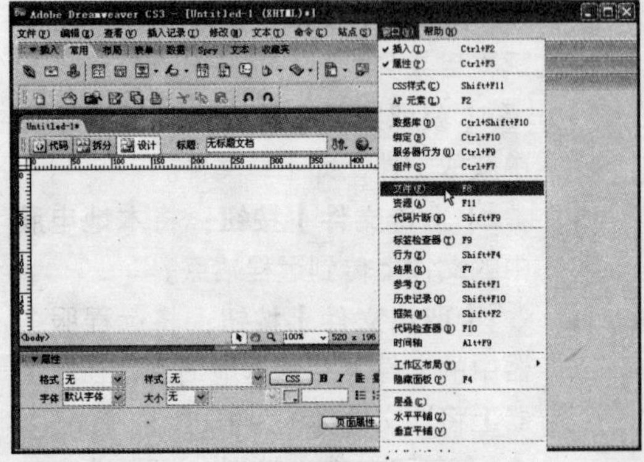

★ 图3.3

**2** 打开【文件】面板，其中包括站点信息，如图3.4所示。

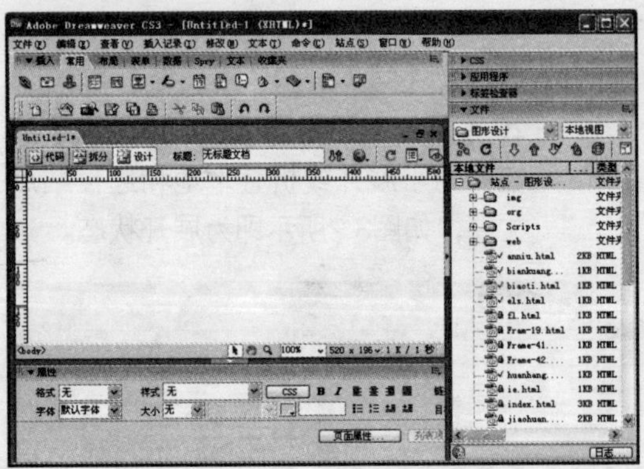

★ 图3.4

**3** 单击【文件】面板左上角的【折叠】按钮▼，站点信息会隐藏起来，如图3.5所示。【折叠】按钮变为【展开】按钮▶，单击该按钮就可以显示站点信息。

**4** 如图3.6（a）所示，单击控制面板组左侧的【控制面板组折叠】按钮，可以隐藏控制面板组。

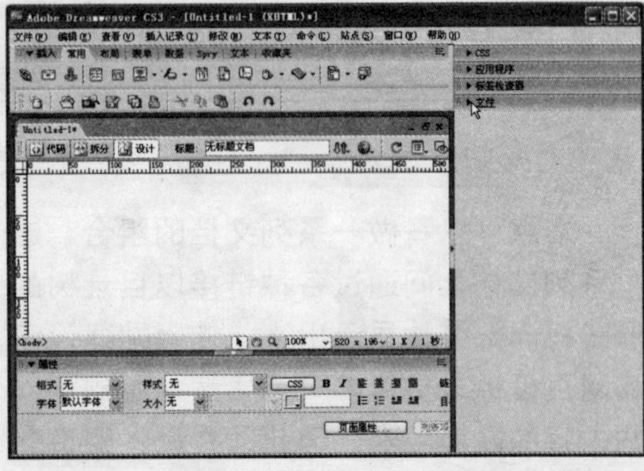

★ 图3.5

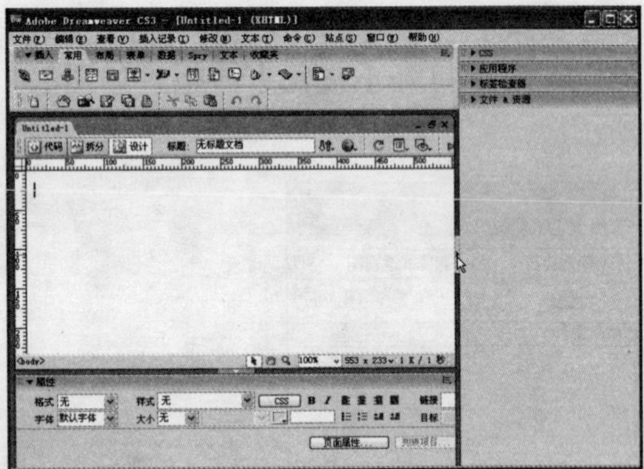

★ 图3.6（a）

**5** 单击窗口右边缘中部的【控制面板组展开】按钮，可以展开控制面板组，如图3.6（b）所示。

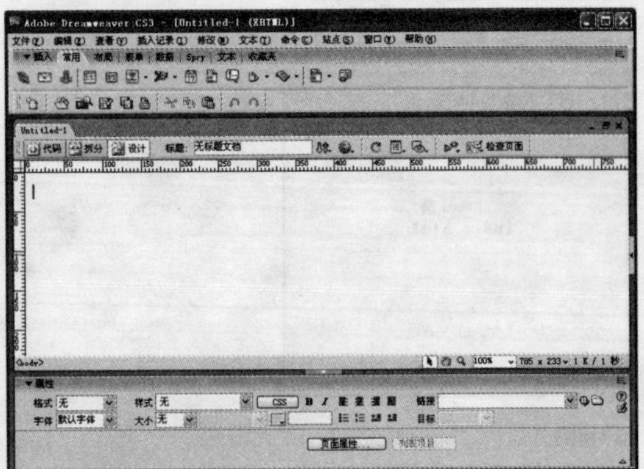

★ 图3.6（b）

## 3.2 站点的创建

网站中可以创建的站点有两种：本地站点和远程站点。一般来说，首先应该在本地计算机上构建本地站点，创建合理的站点结构，使用合理的组织形式来管理站点中的文档。

Dreamweaver CS3站点提供了一种组织所有与 Web 站点有关联的文档的方法。通过在站点中组织文件，可以利用Dreamweaver CS3将站点上传到Web服务器、自动跟踪和维护链接、管理文件和更新站点。

### 3.2.1 本地站点的创建

创建本地站点就是在本地主机的磁盘（一般情况下为硬盘）中建立一个独立的目录，网页中所有文件都存放在该目录中，以方便用户管理。

在Dreamweaver CS3的欢迎界面中单击【Dreamweaver站点】按钮，在弹出的【站点定义】对话框中按提示进行操作，可以创建站点。

另外，通过菜单命令也可以创建站点，操作步骤如下：

**1** 选择【站点】→【管理站点】命令，弹出【管理站点】对话框。

**2** 单击【新建】按钮，在弹出的下拉菜单中选择【站点】命令，弹出【站点定义】对话框，选择【高级】选项卡，如图3.7所示。

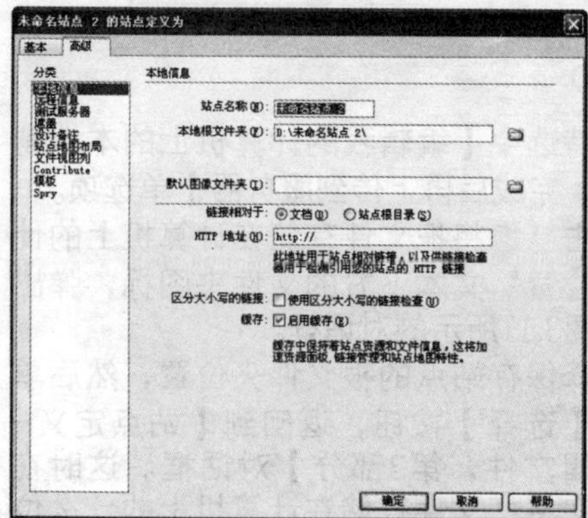



★ 图3.7

**3** 在左侧的【分类】列表框中选择【本地信息】选项，然后在右侧的【本地信息】栏中设置以下参数项。

- **【站点名称】文本框**：在此文本框中输入站点名称。
- **【本地根文件夹】文本框**：设置站点文件的存放位置，可以直接在文本框中输入路径，也可以单击后面的文件夹图标，选择本地站点存放位置。
- **【默认图像文件夹】文本框**：设置默认的图像存储路径。
- **【HTTP地址】文本框**：设置站点的URL。
- **【使用区分大小写的链接检查】复选项**：选中此复选项，程序会启用区分大小写的链接检查功能。
- **【启用缓存】复选项**：选中此复选项，可以创建本地高速缓存，改善链接的速度。

**4** 设置完成后，单击【确定】按钮，返回【站点管理】对话框，其中会显示新创建的本地站点。

**5** 最后单击【完成】按钮即可。

创建站点时需要注意以下几个方面：

- 首页文件index.html或index.htm必须在站点根目录下。后缀为“html”或“htm”，没有太大的区别，但是两个文件不能同时存放在一个站点中。因为服务器在检测时，如果检测到有

index.html，那么index.htm就没有作用了。

- 用户可以先创建文件，也可以先创建文件夹，但站点文件及文件夹的名称必须使用拼音或英文，且文件名必须有后缀“html”或“htm”。
- 要更改已命名好的文件，在站点中连续两次单击文件名，使之变为反白状态即可修改。
- 浏览网页前，必须保证编辑的页面是保存过的，否则浏览的是未保存时的效果。

除了上述创建站点的方法外，还可以选择【站点】→【新建站点】命令，在弹出的对话框中按照步骤提示定义站点。

**动手练**

下面练习通过选择【站点】→【新建站点】命令创建站点的方法，具体操作步骤如下：

**1** 选择【站点】→【新建站点】命令，弹出【站点定义-编辑文件】对话框，选择【基本】选项卡，如图3.8所示。

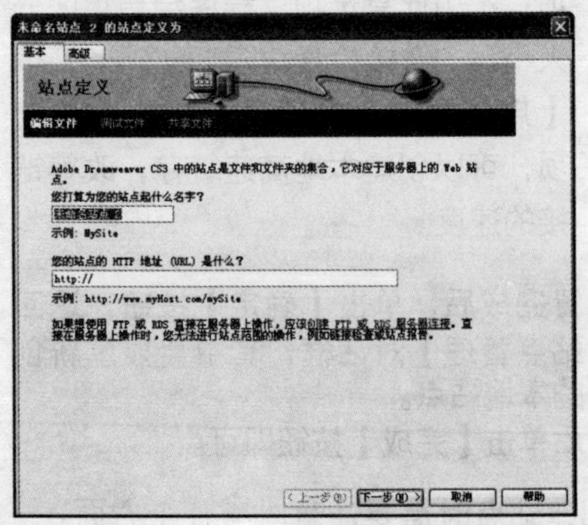


★ 图3.8

**2** 在【您打算为您的站点起什么名字】文本框中输入站点的名称“sit”。如果已经有了HTTP地址，可以在下面的文本框中输入该地址，如果没有，可以不输入。

**3** 单击【下一步】按钮，弹出如图3.9所示的【站点定义-编辑文件，第2部分】对话框。

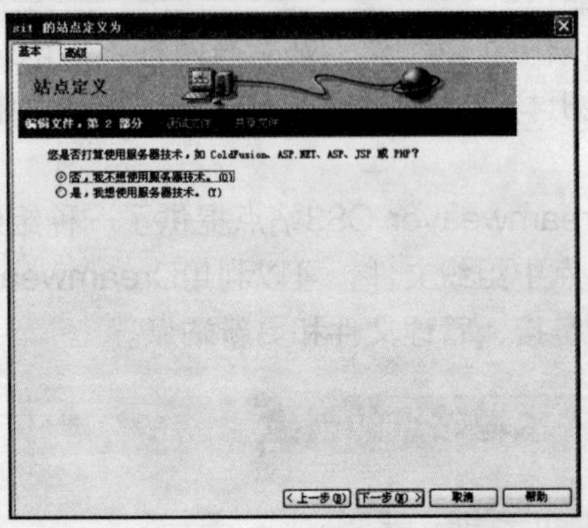


★ 图3.9

**4** 如果要启用服务器技术，可以选中【是，我想使用服务器技术】单选项，然后在激活的【哪种服务器技术】下拉列表框中进行设置（如果不想使用服务器技术，可以保持默认状态）。

**5** 单击【下一步】按钮，弹出如图3.10所示的【站点定义-编辑文件，第3部分】对话框。

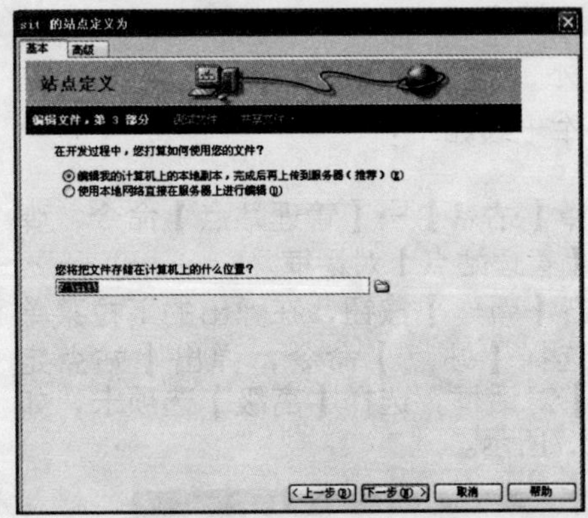


★ 图3.10

**6** 保持选中【编辑我的计算机上的本地副本，完成后再上传到服务器】单选项。

**7** 单击“您将把文件存储在计算机上的什么位置”文本下方的文件夹图标，弹出如图3.11所示的对话框。

**8** 选择保存站点的根文件夹位置，然后单击【选择】按钮，返回到【站点定义-编辑文件，第3部分】对话框。这时在【您将把文件存储在计算机上的什么位置】文本框中将显示用户选择的保存路

径，如图3.12所示。

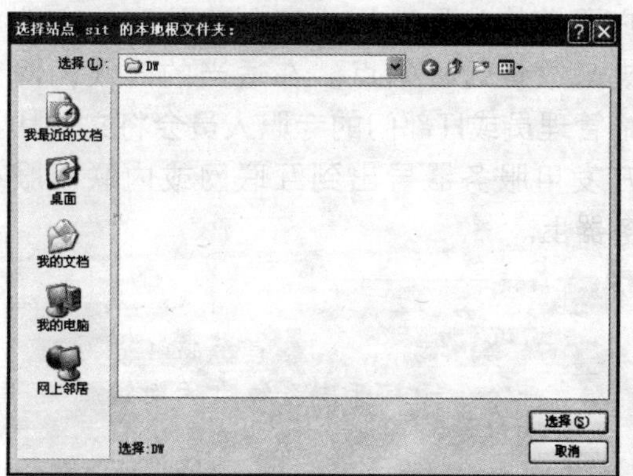

★ 图3.11

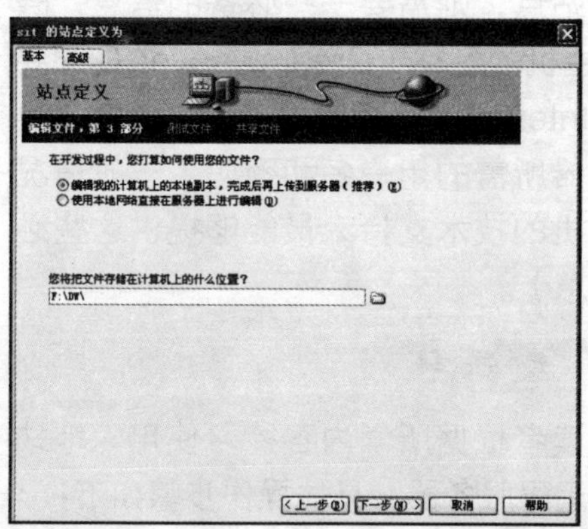

★ 图3.12

**9** 单击【下一步】按钮，弹出如图3.13所示的【站点定义-共享文件】对话框。

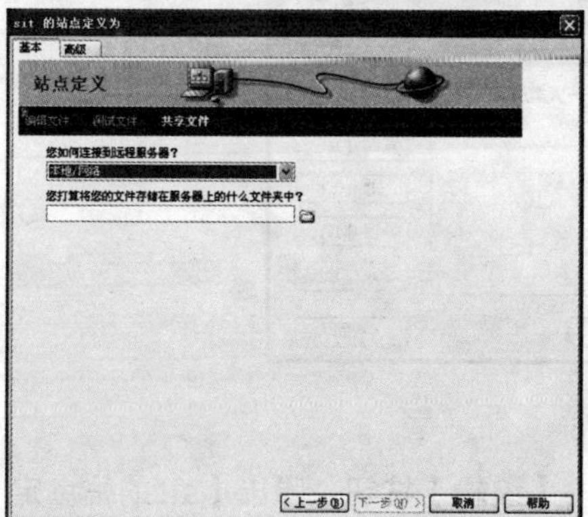

★ 图3.13

**10** 在【您如何连接到远程服务器】下拉列表中选择【本地/网络】选项，然后单击【您打算将您的文件存储在服务器上的什么文件夹中】文本框右侧的文件夹图标，在弹出的对话框中选择一个保存位置，如图3.14所示。

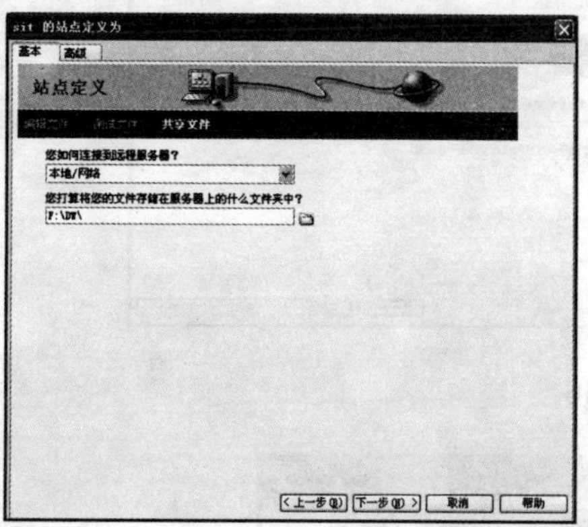

★ 图3.14

**11** 单击【下一步】按钮，弹出如图3.15所示的对话框。

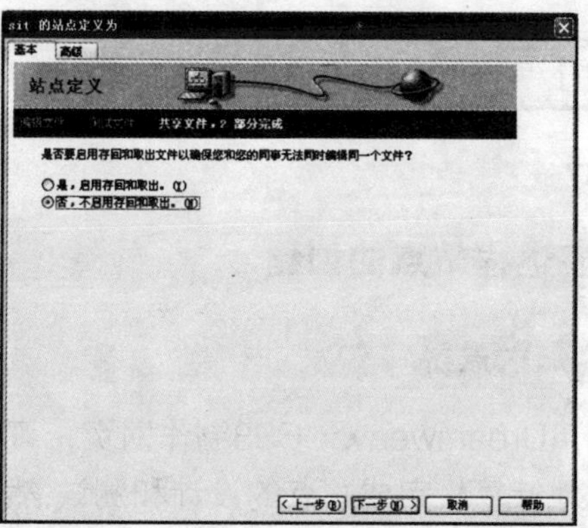

★ 图3.15

**12** 如果选中【是，启用存回和取出】单选项，则需要在下面激活的文本框中输入您的名称和邮件地址（本例默认选中【否，不启用存回和取出】单选项）。

**13** 单击【下一步】按钮，弹出如图3.16所示的【站点定义-总结】对话框。

**14** 单击【完成】按钮，完成本地站点的创建。

**15** 单击【站点】下拉菜单中的【管理站点】命令，即可在弹出的对话框中看到创建的站点，如图3.17所示。

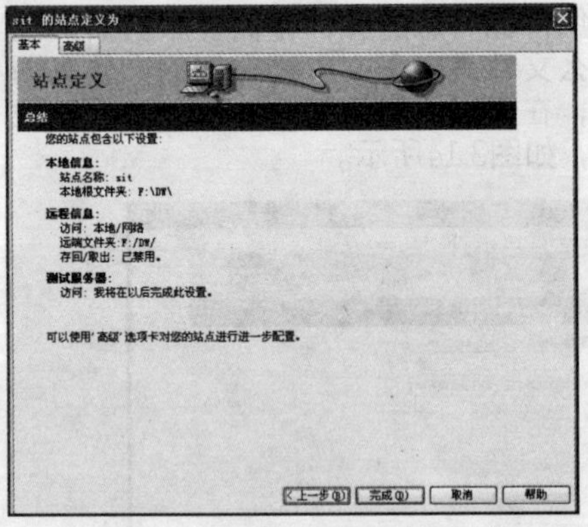


★ 图3.16

管理站点

sit
图形设计
月亮神话——人类登月

新建(N)...
编辑(E)...
复制(P)...
删除(R)
导出(E)...
导入(I)...
完成(D)
帮助

★ 图3.17

## 3.2.2 远程站点的创建

知识点讲解

利用Dreamweaver CS3制作网页，可以在本地计算机完成站点的设计和测试,然后上传到Internet服务器上，从而形成远程站点。

创建远程站点，首先要创建一个本地站点（这个本地站点将与远程站点关联），然后确定站点的位置（即为站点提供的服务器的位置），准备好这些信息后就可将服务器与本地站点关联。

除了确定本地站点根目录，还必须设置与远程站点有关的信息。远程站点可以是一个通过本地网络或者FTP（文件传输协议）访问的文件夹。如果远程站点位于本地网络上（在这种情况下，远程站点通常被说成是在一个开发用服务器），用户要做的就是选择或者创建特定的文件夹来放置远程站点。在适当的时候，网络管理员或IT部门的专职人员会将文件从开发用服务器导出到互联网或内联网服务器上。

注 意

许多Dreamweaver CS3的开发人员都有一个位于其开发系统上的网络服务器，这样就可以把本地站点和远程站点放在同一台机器上。

另一方面，如果通过FTP将文件传送到远程站点，则需要一些必备的信息，除了FTP主机的名称（Dreamweaver CS3要用它在Internet上寻找服务器），还需要登录服务器所需的用户名和密码（一般情况下，主机的技术支持人员能够提供这些必要的信息）。

动 手 练

请读者根据所学内容练习使用本地站点连接远程服务器，具体操作步骤如下:

1 选择【站点】→【管理站点】命令，弹出【管理站点】对话框，选择“sit”这个站点，如图3.18所示。

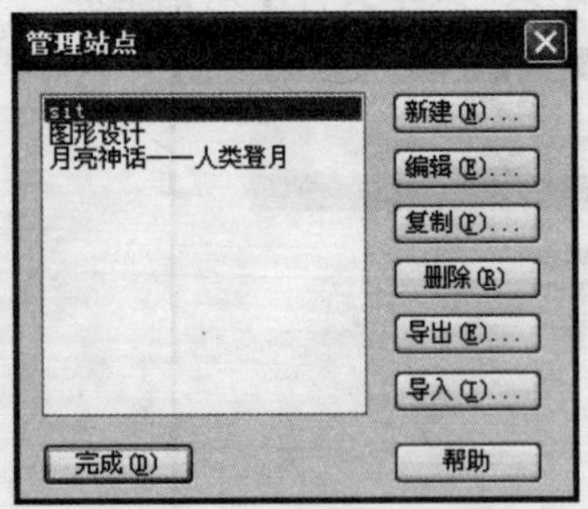


★ 图3.18

2 单击【编辑】按钮，弹出【sit的站点定义为】对话框，在【分类】列表框中选择【远程信息】选项。

3 从右侧的【访问】下拉列表中，选择访问方式，如图3.19所示。

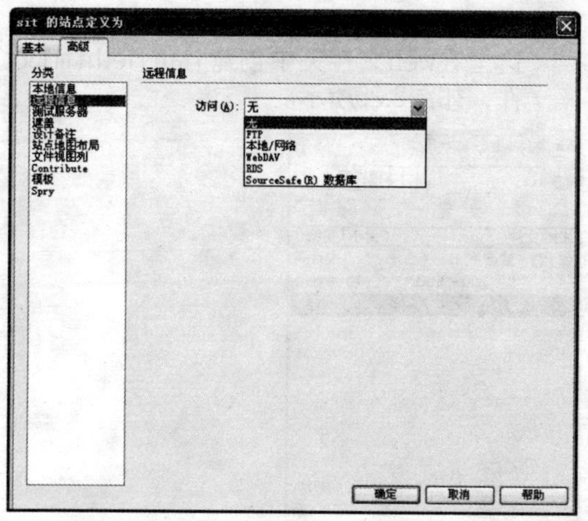


★ 图3.19

**4** 根据不同的访问方式进行相应的设置。

**5** 设置完毕，单击【确定】按钮即可。

【访问】下拉列表中包含【无】、【FTP】、【本地/网络】和【RDS】等选项，各选项意义如下。

- **【无】选项**：如果不打算将站点上传到服务器，选择此选项。
- **【FTP】选项**：如果使用FTP连接到Web服务器，选择此选项。
- **【本地/网络】选项**：如果访问网络文件夹，或者在本地计算机上运行Web 服务器，选择此选项。
- **【WebDAV】选项**：如果使用WebDAV（基于Web的分布式创作和版本控制）协议连接到Web服务器，选择此选项。
- **【RDS】选项**：如果使用RDS（远端开发服务）连接到Web服务器，选择此选项。
- **【SourceSafe（R）数据库】选项**：如果使用Microsoft Visual SourceSafe连接到Web服务器，选择此选项。

## 3.2.3 管理站点文件

对站点文件进行管理，可使操作变得井然有序，使用起来更为方便。一般站点的基本结构是由首页（index.html）、图像文件夹（img）、源文件夹（org）和web文件夹组成的，后三种文件夹在站点中的作用如表3.1所示。

**表3.1　文件夹的作用**

| 文件夹 | 作用 |
|---|---|
| 图像文件夹 | 用于放置网页中用到的图片 |
| 源文件夹 | 用于放置在Photoshop或Fireworks中设计的界面或按钮等原始文件 |
| web文件夹 | 用于放置除index.html以外的其他链接文件 |

有了以上3个文件夹，站点文件会显得更简洁明了。注意，用户需要在根目录下创建一个首页index.html或index.htm，这是最基本的站点元素。

动手练

下面练习创建首页和文件夹，具体操作步骤如下：

**1** 在【文件】面板中单击鼠标右键，弹出快捷菜单，如图3.20所示。

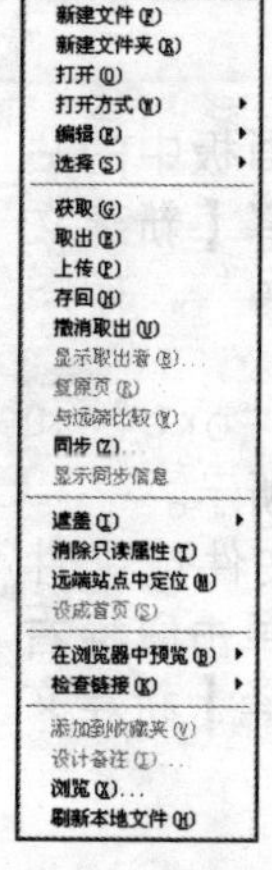


★ 图3.20

**2** 从快捷菜单中选择【新建文件】命令，【文件】面板中就会出现新建的文件，它以反白状态显示，提示用户更名，如图3.21所示。

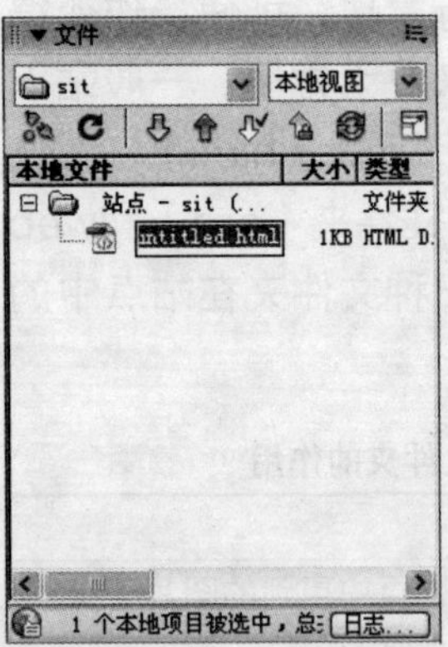

★ 图3.21

**3** 用鼠标选择“html”文本前面的部分，输入“index”，然后按【Enter】键，首页文件创建完成，如图3.22所示。

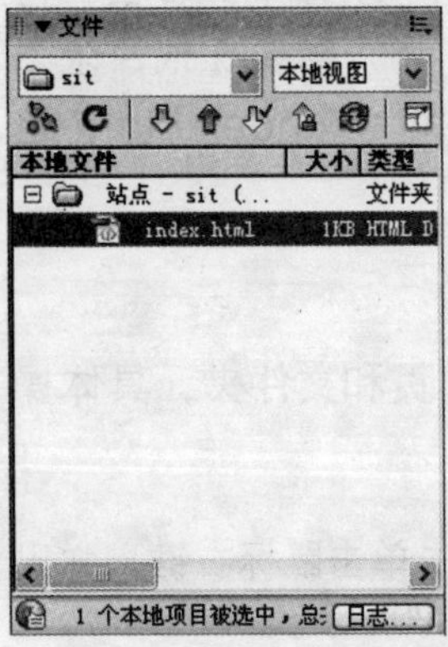

★ 图3.22

**4** 使用鼠标右键单击【文件】面板中的站点，从弹出的快捷菜单中选择【新建文件夹】命令，重命名为“img”，如图3.23所示。

**5** 用同样的方法，创建名为“org”和“web”的文件夹，如图3.24所示。

**6** 如果想要在文件夹中创建文件或文件夹，只需在对应的文件夹上单击鼠标右键，从弹出的快捷菜单中选择【新建文件】命令或【新建文件夹】命令即可。这里在web文件夹中创建jianjie.html文件，如图3.25所示。

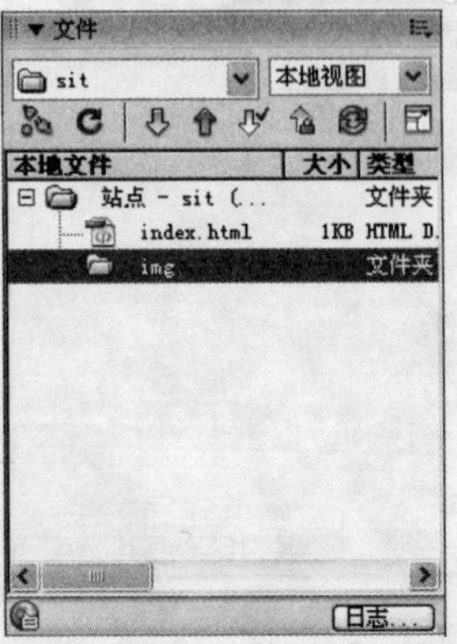

★ 图3.23

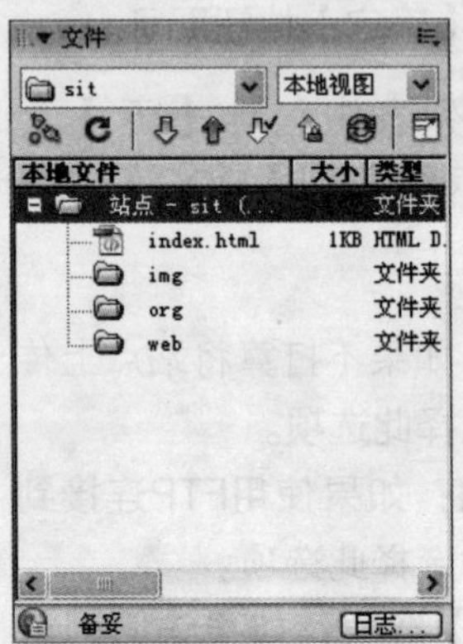

★ 图3.24

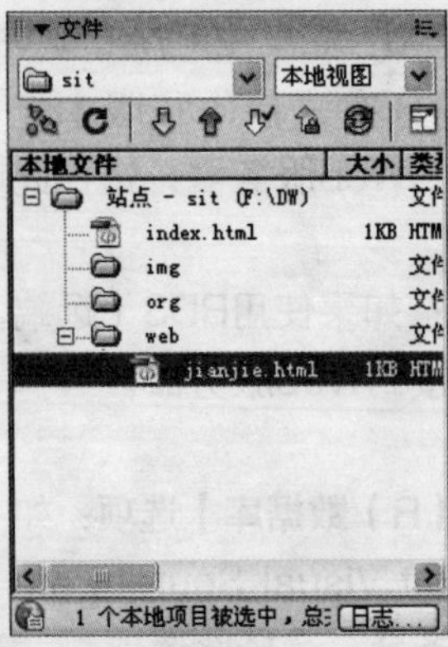

★ 图3.25

## 3.3 编辑站点

在Dreamweaver CS3中可以对站点进行各种编辑，如变更站点路径和复制站点等，用户可以通过【站点】下拉菜单中的【管理站点】命令来改变与本地站点根目录相关联的站点信息。用户可以在弹出的【管理站点】对话框中选择想修改的站点并单击【编辑】按钮，之后可以看到相关信息，对这些信息进行编辑即可。

当一个项目中的任务结束后，可以从自己的站点列表上删除站点。在【管理站点】对话框中，选择要删除的站点并单击【删除】按钮即可。注意这项操作只是把站点从Dreamweaver CS3的内部站点列表上删除，它并没有从硬盘上删除任何文件或文件夹。

在删除站点之前，一定要导出站点设置，方法是在【管理站点】对话框中单击【导出】按钮。导出的站点保存了所有的链接信息，并能在以后通过【管理站点】对话框导入这些信息。导入和导出站点的作用在于保存和恢复站点与本地文件的链接关系。

动手练

请读者根据提示练习下面编辑站点的操作。

### 1. 变更站点路径

练习把“sit”站点的路径改为“F:\网站\”，具体操作步骤如下：

**1** 选择【文件】→【管理站点】命令，弹出【管理站点】对话框，如图3.26所示。

**2** 选择“sit”站点，单击【编辑】按钮，弹出【sit的站点定义为】对话框，如图3.27所示。

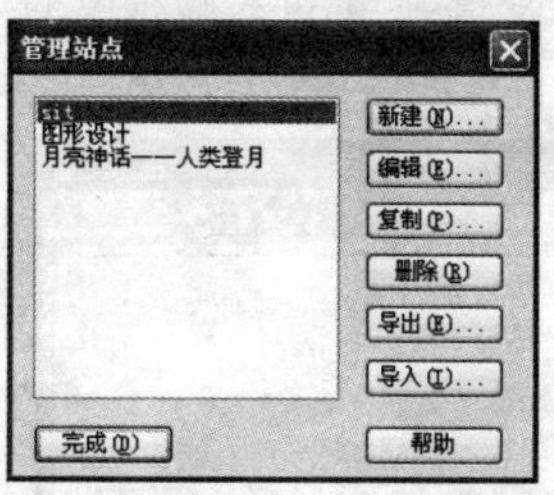


★ 图3.26

★ 图3.27

**3** 选择【高级】选项卡，在【分类】列表框中选择【本地信息】选项，如图3.28所示。

★ 图3.28

4 单击【本地根文件夹】文本框右侧的图标 ，弹出【选择站点sit的本地根文件夹】对话框，设置站点的本地根文件夹为“F：\网站\”，如图3.29所示。

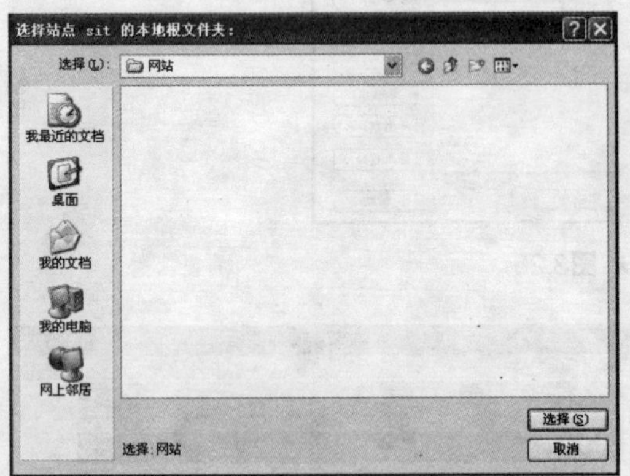

★ 图3.29

5 单击【选择】按钮，文件路径显示在【本地根文件夹】文本框中，如图3.30所示。

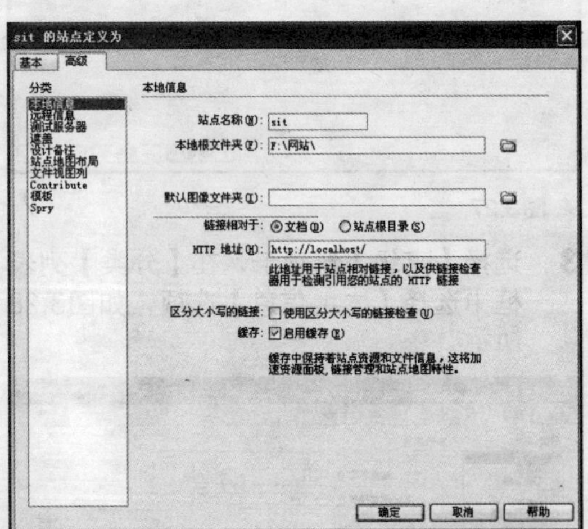

★ 图3.30

6 单击【确定】按钮，返回【管理站点】对话框。

7 单击【完成】按钮，编辑后的站点如图3.31所示。

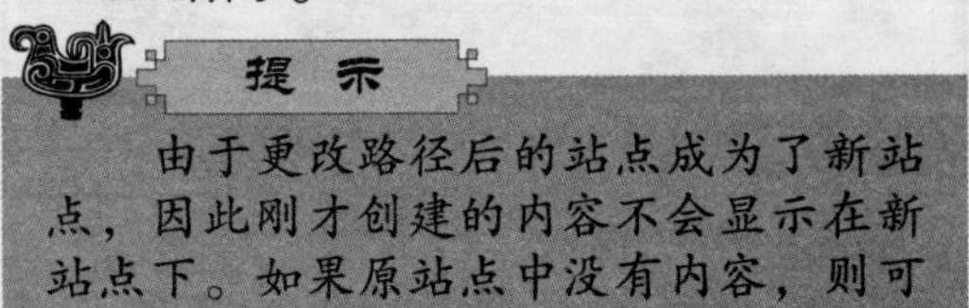

由于更改路径后的站点成为了新站点，因此刚才创建的内容不会显示在新站点下。如果原站点中没有内容，则可以在新站点中直接新建文件及文件夹，但如果有已完成的文件和文件夹，此时可打开【我的电脑】窗口，将先前的文件和文件夹复制到现在的站点所在的文件夹中，如图3.32所示。把文件复制到新站点后，系统并不能将文件及时显示在【文件】面板中，此时单击【刷新】按钮 刷新站点，这时面板中就会显示原来的内容，如图3.33所示。

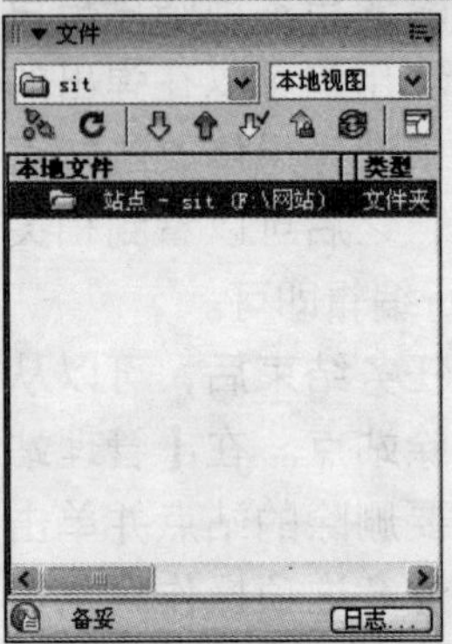

★ 图3.31

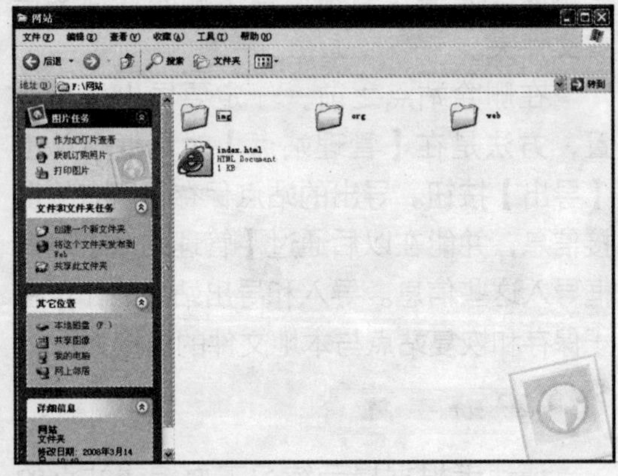

★ 图3.32

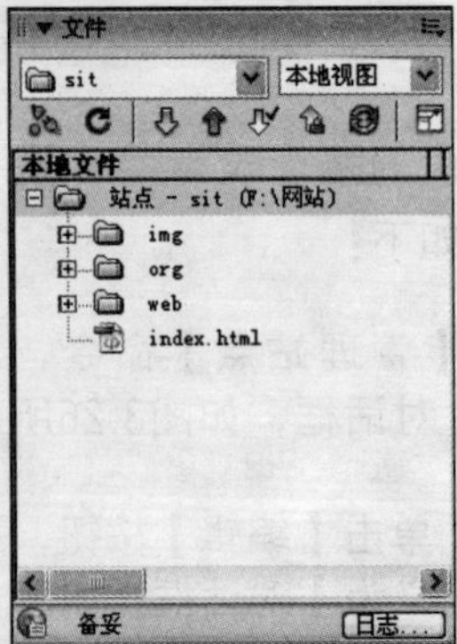

★ 图3.33

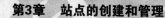

### 2. 复制站点

在【管理站点】对话框中还可以复制整个站点，具体操作步骤如下：

1 选择【文件】→【管理站点】命令，弹出【管理站点】对话框。

2 在站点列表框中选择需要复制的站点，如选择"sit"站点，如图3.34所示。

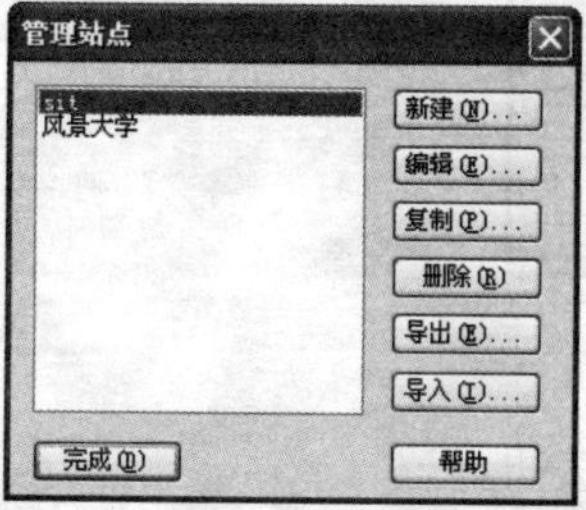

★ 图3.34

3 单击【复制】按钮，这时在站点列表中就会出现一个名为"sit复制"的新站点，如图3.35所示。

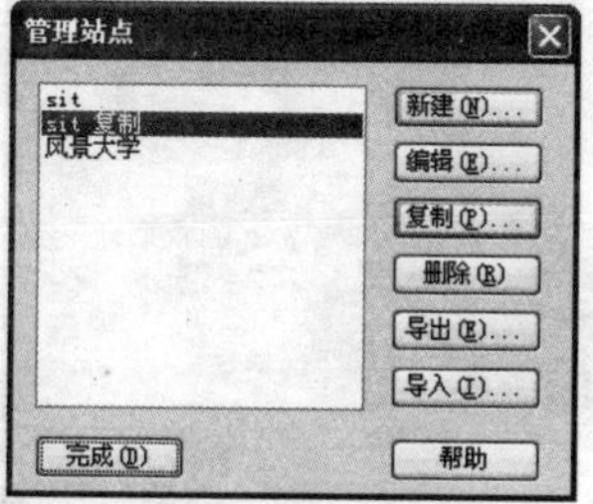

★ 图3.35

4 单击选中复制产生的新站点，可以对其进行相关的编辑操作。

复制站点功能为用户省去了重复建立多个结构相同的站点的操作，既能提高工作效率，也能让这些站点保持一定的相似性。

### 3. 删除站点

如果站点列表中的站点数量过多，则会影响网页设计人员操作，因此网页设计人员应定时对站点列表进行清理，删除无用的站点。删除站点的操作步骤如下：

1 选择【文件】→【管理站点】命令，弹出【管理站点】对话框。

2 清理站点列表，在列表框中选中不用的站点，例如选中"sit 复制"站点，如图3.36所示。

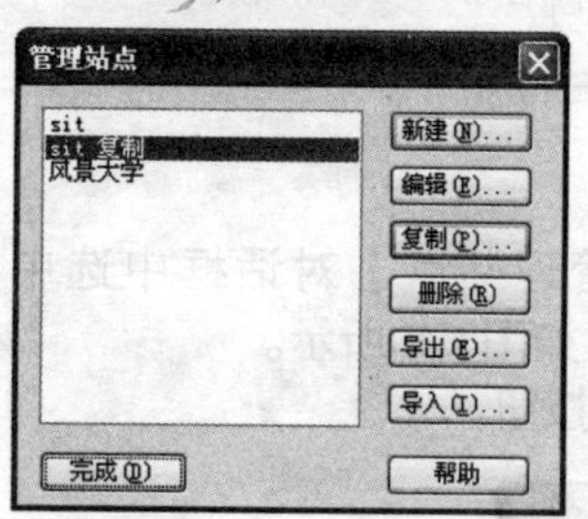

★ 图3.36

3 单击【删除】按钮，系统就会弹出一个提示对话框，如图3.37所示。

★ 图3.37

4 单击【是】按钮，即可从列表中删除选中的"sit 复制"站点，如图3.38所示。

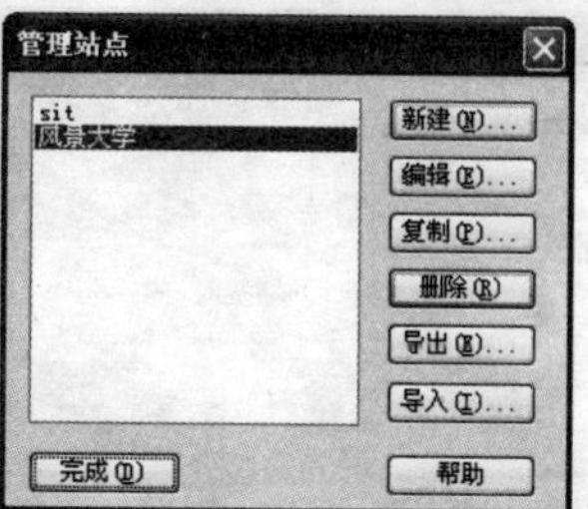

★ 图3.38

### 4. 导出站点

在Dreamweaver CS3的站点编辑中，还可以将现有的站点导出为一个站点文件，导出站点的具体操作如下：

1 在【文件】面板中，单击左上角下拉列表框右侧的下拉按钮，从下拉列表中选择【管理站点】选项，如图3.39所示。

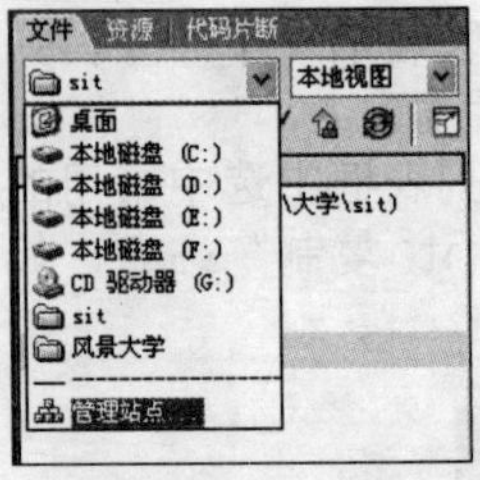

★ 图3.39

2　在弹出的【管理站点】对话框中选中“sit”站点，如图3.40所示。

3　单击【导出】按钮。

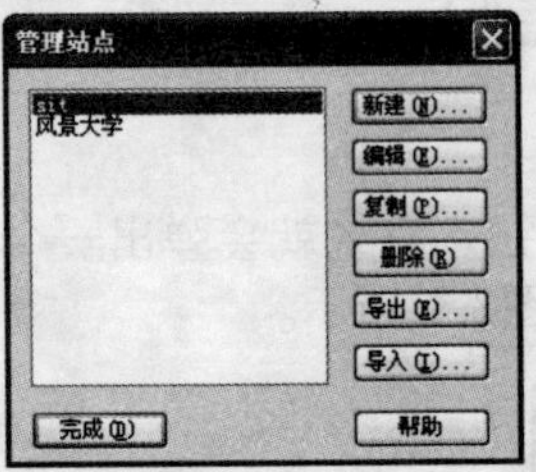

★ 图3.40

4　在弹出的如图3.41所示的【导出站点】对话框中为导出的站点文件命名，可以看出导出文件的扩展名是“ste”。因为选择的导出站点名是“sit”，所以默认的导出文件名是“sit.ste”。

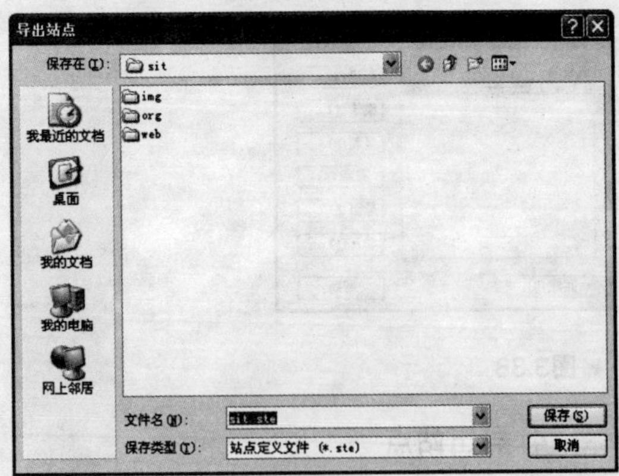

★ 图3.41

5　单击【保存】按钮，即可导出站点文件。

**5. 导入站点**

将站点导出为站点文件（*.ste）之后，可以在需要的时候将其导入到Dreamweaver CS3中，具体操作步骤如下：

1　在【文件】面板中，单击左上角下拉列表框右侧的下拉按钮，从下拉列表中选择【管理站点】选项，弹出【管理站点】对话框，如图3.42所示。

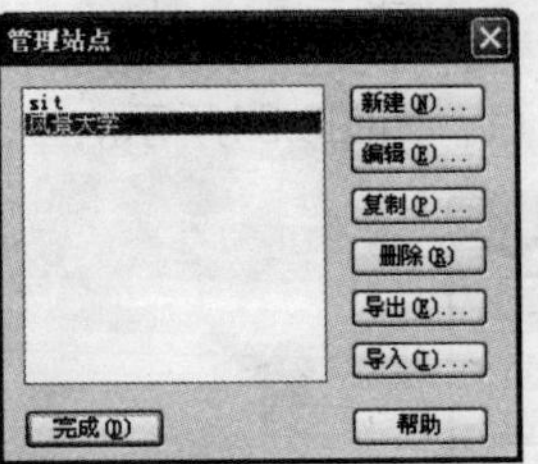

★ 图3.42

2　单击【导入】按钮。

3　在弹出的如图3.43所示的【导入站点】对话框中选择需要导入的站点文件。

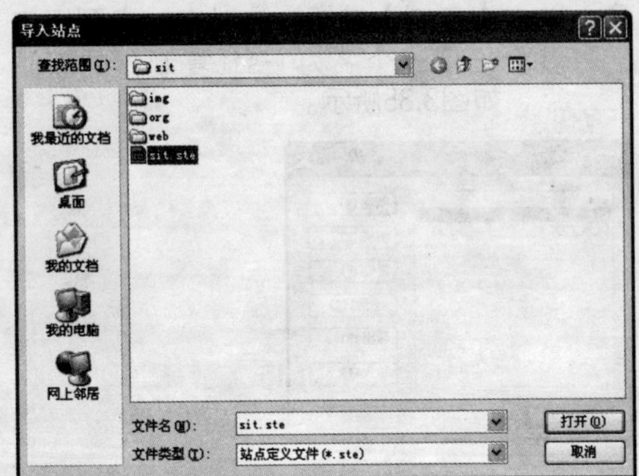

★ 图3.43

4　单击【打开】按钮。

5　如果Dreamweaver CS3中已经有了一个与导入站点同名的站点，则系统会提示对新导入的站点更改名称，如图3.44所示。

★ 图3.44

6　单击【确定】按钮。

7　导入站点后的【管理站点】对话框如图

3.45所示。

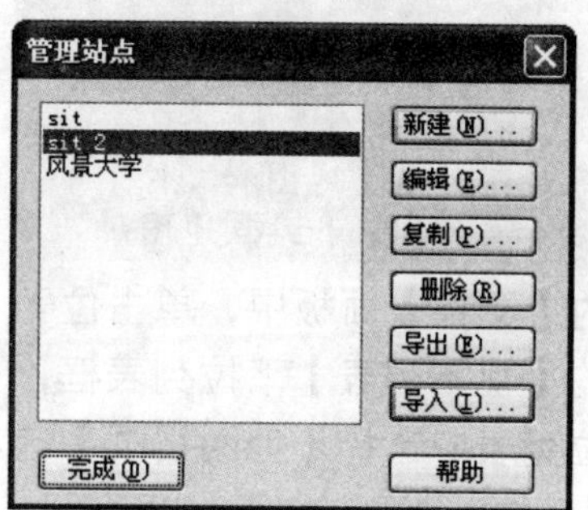

★ 图3.45

**8** 单击【完成】按钮，则完成了站点导入的操作。

### 6. 多个站点的管理

在Dreamweaver CS3中可以很方便地对多个站点进行管理。选择【站点】→【管理站点】命令，在弹出的【管理站点】对话框中选择需要管理的多个站点，进行操作，如图3.46所示。

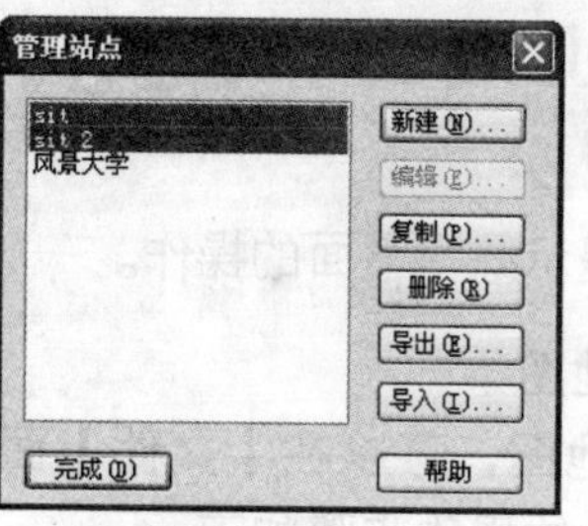

★ 图3.46

在【文件】面板中，也可以很方便地查看站点的列表，如图3.47所示。

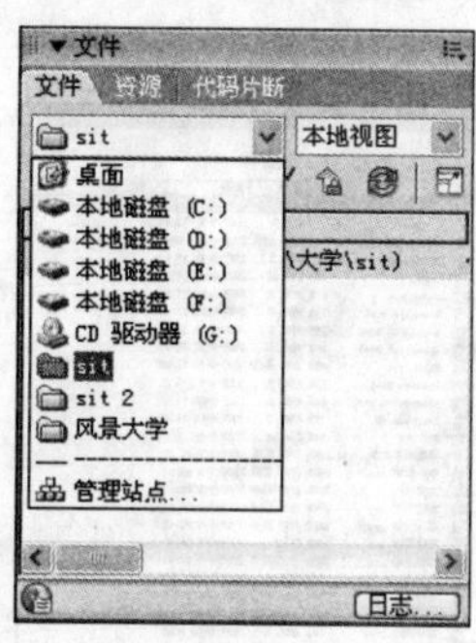

★ 图3.47

## 3.4 站点地图

知识点讲解

在【文件】面板中，不仅可以使用文件列表的方式来组织站点结构和管理站点文件，还可以利用图形化的方式来管理站点，即站点地图。

站点地图将文件显示为图标，从主页开始，显示两级深度的站点结构，并按在源代码中出现的顺序来显示链接。站点地图是理想的站点结构布局工具，用户可以快速地设置整个站点结构，然后创建站点地图的图形图像。

提　示

站点地图仅适用于本地站点。若要创建远端站点的地图，请将远端站点的内容复制到本地磁盘上的一个文件夹中，然后使用【管理站点】命令将该站点定义为本地站点。

在显示站点地图之前，必须先定义站点的主页。所谓主页，是指网站中默认的首页，即在浏览网站时，当在浏览器的地址栏中只输入网站地址而不输入其他任何文档名称时打开的网页。站点的主页不必是站点的主要页面，可以是站点中的任意页面。这种情况下，主页只是地图的起点。

用户可以将现有文件设置为主页，具体操作步骤如下：

**1** 按【F8】键打开【文件】面板。
**2** 在本地站点文件列表中选择要设置为主页的文件。
**3** 在该文件上单击鼠标右键，从弹出的快捷菜单中选择【设置为主页】命令。

动手练

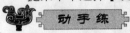

请读者根据提示练习下面的操作。

### 1. 显示站点地图

要显示站点地图，可以在【文件】面板中进行操作，具体操作步骤如下：

**1** 在【文件】面板显示状态下，单击【展开以显示本地和远端站点】按钮，将【文件】面板展开占满窗口，如图3.48所示。

★ 图3.48

**2** 单击工具栏中的【站点地图】下拉按钮，在弹出的下拉菜单中选择【地图和文件】命令，即可显示站点地图，如图3.49所示。

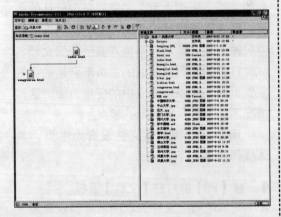

★ 图3.49

提　示

在【站点地图】下拉菜单中，如果选择的是【仅地图】命令，则只显示站点地图；如果选择的是【地图和文件】命令，则同时显示文件列表和站点地图。

在普通的【文件】面板中，单击位于面板右上角的【视图列表】下拉列表框，从弹出的下拉列表中选择【地图视图】选项，也可以显示站点地图，如图3.50所示。

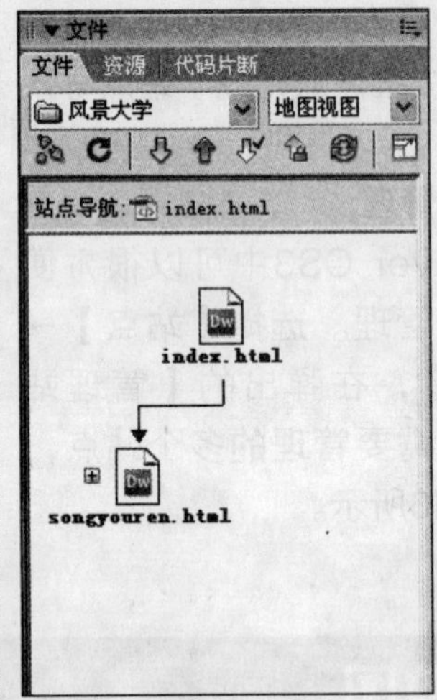


★ 图3.50

### 2. 修改站点地图布局

使用【站点地图布局】选项可自定义站点地图的外观。用户可以更改主页和显示的列数、可以设置图标标签是显示文件名还是显示页标题，是否显示隐藏文件和相关文件等。

要修改站点地图布局，可按下列步骤进行操作：

**1** 在【文件】面板中，单击左上角的下拉按钮，从弹出的下拉列表中选择【管理站点】选项，弹出【管理站点】对话框（或者选择【站点】→【管理站点】命令）。

**2** 单击【编辑】按钮，弹出【站点定义】对话框，选择【高级】选项卡。

**3** 在左侧的【分类】列表框中选择【站点地图布局】选项，如图3.51所示。

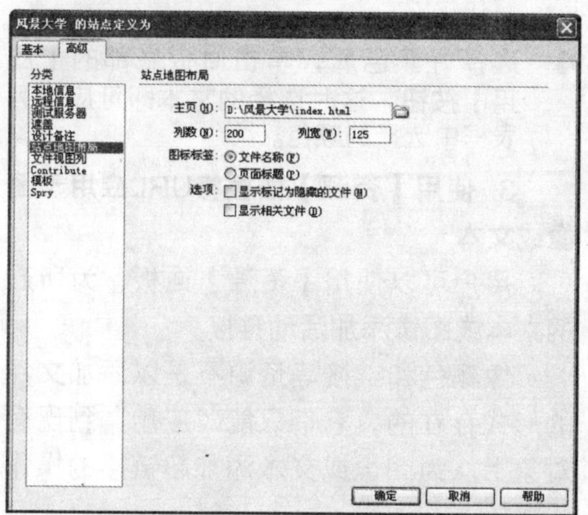


★ 图3.51

**4** 在右侧的【主页】文本框中，输入站点主页的文件路径（也可以单击右侧的文件夹图标浏览并选择文件）。

**5** 在【列数】文本框中，输入一个数字，设置在站点地图中要显示的列数。

**6** 在【列宽】文本框中，输入一个数字，设置站点地图列表的宽度（以像素为单位）。

**7** 在【图标标签】栏中，选择在站点地图中与文档图标一起显示的是文件名称还是页面标题。

**8** 在【选项】栏中，选择要在站点地图中显示的文件，选中【显示标记为隐藏的文件】复选项，则在站点地图中会显示用户已标记为隐藏的文件，如果隐藏了某页，则其名称和链接以斜体显示。选中【显示相关文件】复选项，则会显示该站点层次结构中的所有相关文件（相关文件是在浏览器加载主页时加载的图像或其他非HTML内容）。

**9** 设置完成后，单击【确定】按钮，关闭【站点定义】对话框。

**10** 单击【完成】按钮，关闭【管理站点】对话框。

## 3.5 管理站点资源

所谓资源，实际上就是存储在站点中的可以重复利用的元素，例如颜色、图像、Flash对象和URL地址等。这些内容可以在站点中的多个网页或多个站点中重复使用，通过【资源】面板管理这些资源，在很大程度上可以方便用户的操作。

选择【窗口】→【资源】命令（或按【F11】键），打开【资源】面板。面板左侧显示了可以管理的资源种类，如图3.52所示。

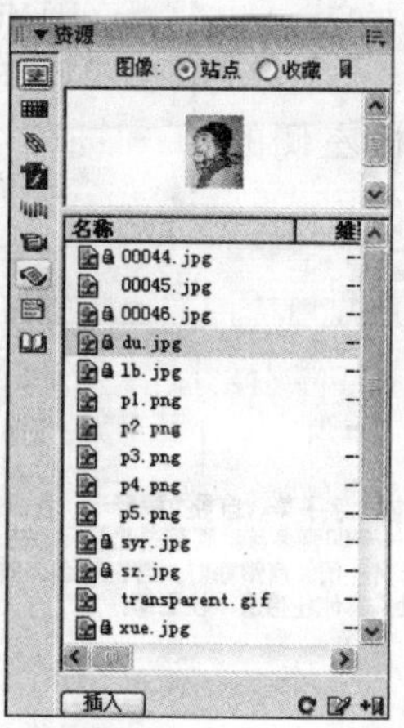


★ 图3.52

### 3.5.1 在文档中添加资源

知识点讲解

利用【资源】面板可以直接向HTML文档中添加资源，不同类型的资源添加方法也不同。下面介绍几种资源的添加方法。

1. 添加图像、Flash和电影等资源

利用【资源】面板添加这些对象，可以按下面的步骤进行操作：

1 将光标定位于编辑窗口中需要插入资源的位置。
2 在【资源】面板上，单击要插入的资源项按钮，然后从右下侧的列表框中选择要添加的资源。
3 单击【资源】面板左下方的【插入】按钮（或将选中的资源从【资源】面板中直接拖动到文档中需要的位置上，释放鼠标），即可完成资源的插入。

2. 使用【资源】面板将颜色应用于文本

【资源】面板中的颜色表示已应用于站点中各种元素的颜色，这些元素包括文本、表格边框和表格背景等。可以对页面中的对象统一应用所选的颜色。

若要更改文档中选定文本的颜色，操作步骤如下：

1 在文档中选中文本。
2 在【资源】面板中，单击面板左侧的【颜色】按钮。
3 在【资源】面板右侧的列表框中选择需要的颜色。
4 选择好颜色后，单击面板底部的【应用】按钮，这时选择的文本即可应用列表框中选择的颜色。

3. 使用【资源】面板将URL应用于图像或文本

用户可以使用【资源】面板，为所选的文本或图像添加活动链接。

像颜色和链接等资源不是以添加文件的形式存在的，它们只能“应用”到现有对象上。为图像或文本添加超链接的操作步骤如下：

1 在文档编辑区中，选中要应用颜色或链接的对象。
2 在【资源】面板中单击【URLs】按钮，选择要应用的URL地址。
3 单击【插入】按钮（该按钮有时会变成【应用】按钮），或是将链接的地址资源从【资源】面板中拖到文档编辑区的选中的对象上，即可添加超链接。

动手练

下面做一个添加资源的练习，具体操作步骤如下：

1 启动Dreamweaver CS3程序，新建一个HTML文档。在文档中输入一段文字并将光标定位在第二行，如图3.53所示。

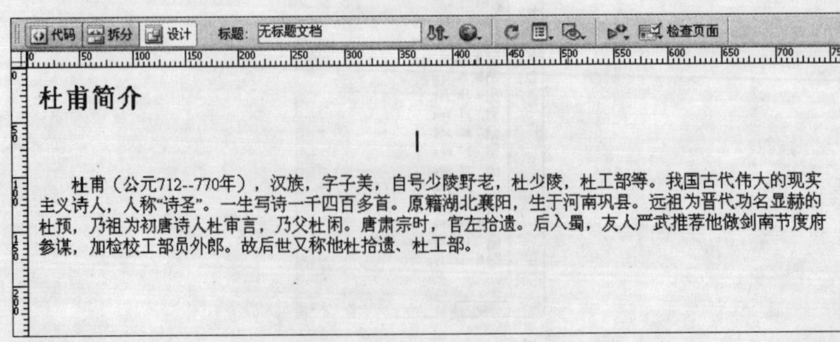


★ 图3.53

2 按【F8】键打开【文件】面板，在其中选择一个已有的站点，如图3.54所示。

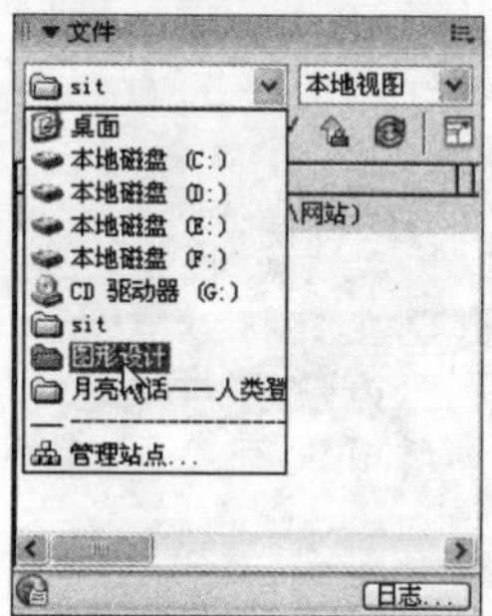

★ 图3.54

3 再按【F11】键打开【资源】面板，单击左侧的【图像】按钮，【资源】面板中会显示所选取站点中的所有图像，如图3.55所示。

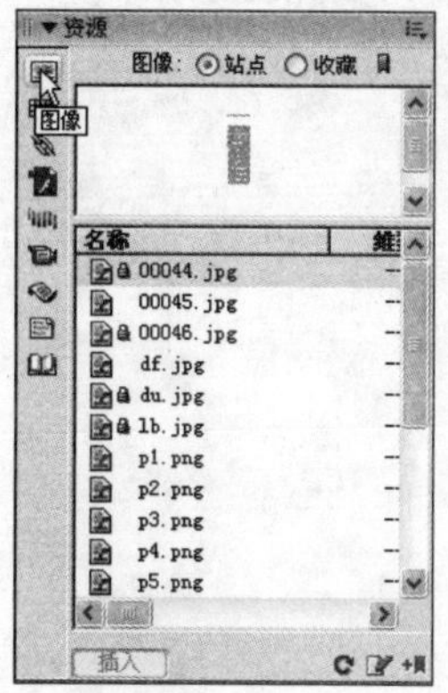

★ 图3.55

4 选择图像选项“df.jpg”，单击面板左下角的【插入】按钮，如图3.56所示。

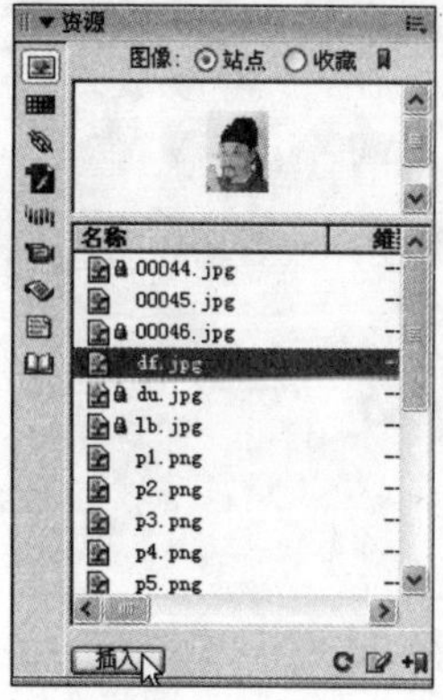

★ 图3.56

5 弹出【图像标签辅助功能属性】对话框，如图3.57所示。

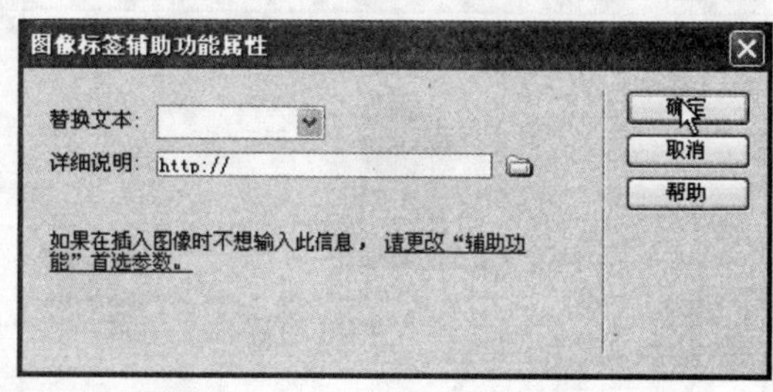

★ 图3.57

6 单击【确定】按钮，选择的图像就插入到光标定位处了，如图3.58所示。

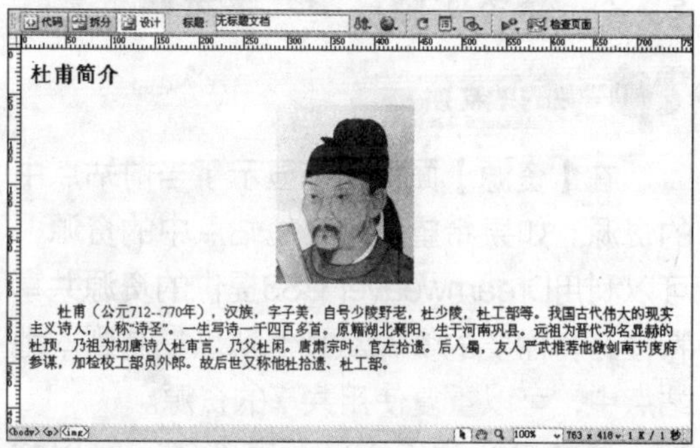

★ 图3.58

7 选中“杜甫简介”文本，单击【资源】面板中的【颜色】按钮，从中选择一种颜色，单击面板左下角的【应用】按钮，如图3.59所示。

★ 图3.59

8 这时选中文字的颜色就会改变，如图

3.60所示。

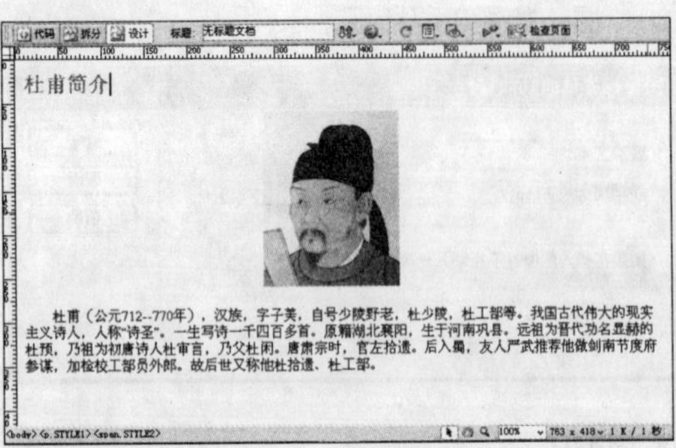

★ 图3.60

## 3.5.2 在多个站点中共享资源

在【资源】面板中只显示了当前站点中的资源。如果希望使用其他站点中的资源，可以利用Dreamweaver CS3提供的资源共享特性，将需要的资源从其他站点复制到本地站点中，可以重复使用共享的资源。

要在多个站点之间共享资源，可以按如下步骤进行操作：

1 在【文件】面板中，从左上角的站点下拉列表中选择包含资源的站点。

2 打开【资源】面扳，单击面板左侧相应按钮，相应的资源显示在右侧的列表框中。

3 从资源列表中选择要复制到其他站点中的资源（可以是多个）（如果当前处于【资源】面板的收藏列表状态，还可以选中收藏文件夹，这样可以将文件夹中的多个资源一次性复制到其他站点中）。

4 单击面板右上角的按钮，在弹出的下拉菜单中打开【复制到站点】子菜单，选择复制资源的目标站点。

**提 示**

资源被添加到目标站点的【站点】列表和【收藏】列表中，位置与它在源站点中所处的位置相对应，Dreamweaver CS3将根据需要在目标站点的层次结构中创建新文件夹。

5 当在目标站点中打开文档时，【资源】面板将切换到该站点，并显示已复制的资源。

**提 示**

如果所复制的资源是颜色或URL，则该资源只会出现在目标站点的【收藏】列表中，而不会出现在目标站点的【站点】列表中。这是因为没有与颜色或URL相对应的文件，所以没有要复制到目标站点中的文件。

**动手练**

下面做一个资源共享的练习，具体操作步骤如下：

1 按【F8】键打开【文件】面板，在其中选择一个已有的站点，如图3.61所示。

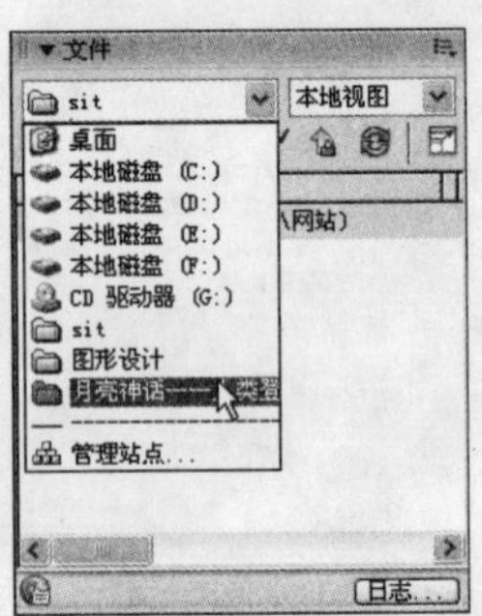

★ 图3.61

2 再按【F11】键打开【资源】面板，单击左侧的【图像】按钮，【资源】面板中会显示所选站点中的所有图像资源，如图3.62所示。

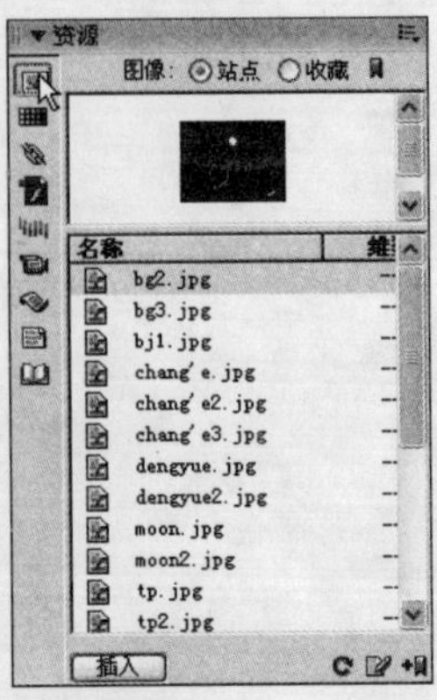

★ 图3.62

**3** 从图像资源列表中选择要复制到其他站点中的资源（按住【Shift】或【Ctrl】键可以选择多个资源），如图3.63所示。

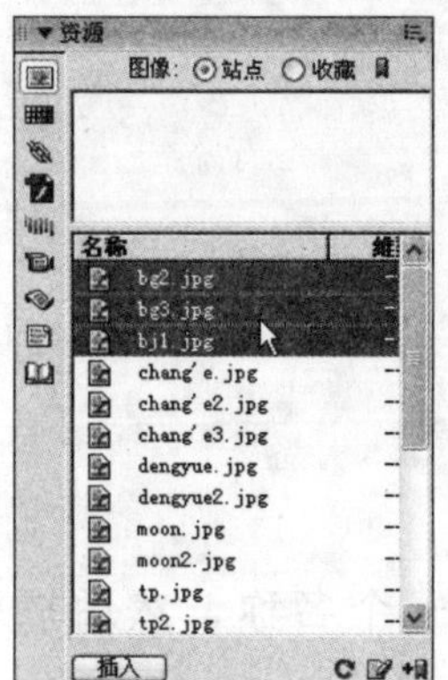

★ 图3.63

**4** 单击面板右上角的按钮，选择【复制到站点】→【sit】命令，如图3.64所示。

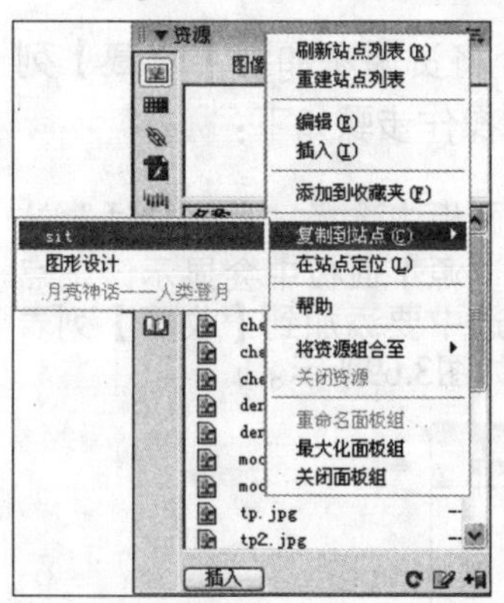

★ 图3.64

**5** 选择站点后会弹出一个对话框，提示资源被添加到"sit"站点，如图3.65所示。

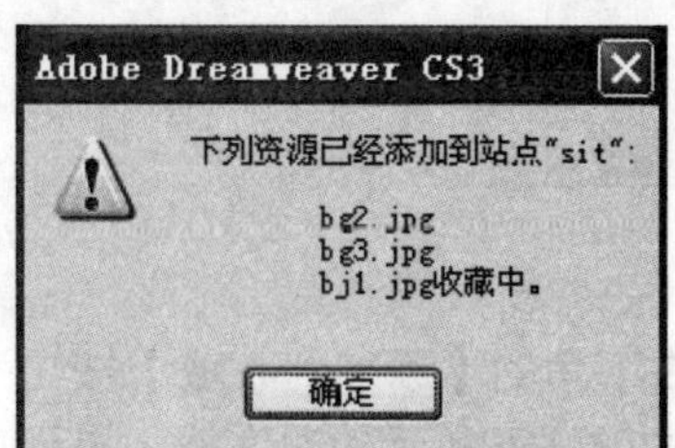

★ 图3.65

**6** 单击【确定】按钮，在【文件】面板中选择"sit"站点，可以看到系统自动新建了一个名为"image"的文件夹，其中包含共享的三个图像资源文件，如图3.66所示。

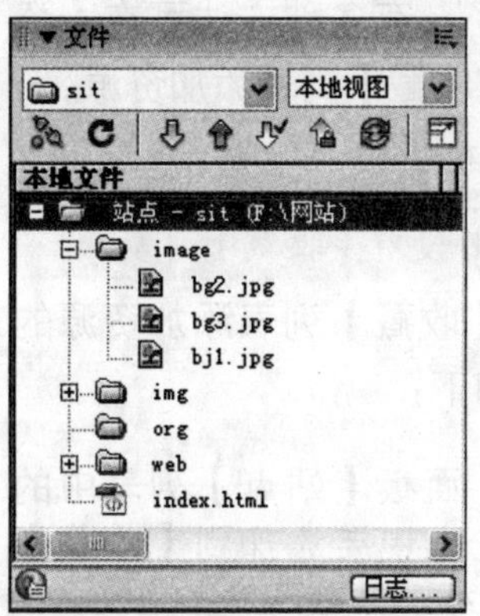

★ 图3.66

**提 示**

共享的三个图像资源文件在源站点中位于image文件夹中，所以系统自动添加了名为"image"的文件夹。

**7** 这时，【资源】面板的【站点】列表中，显示了已共享的资源，如图3.67所示。

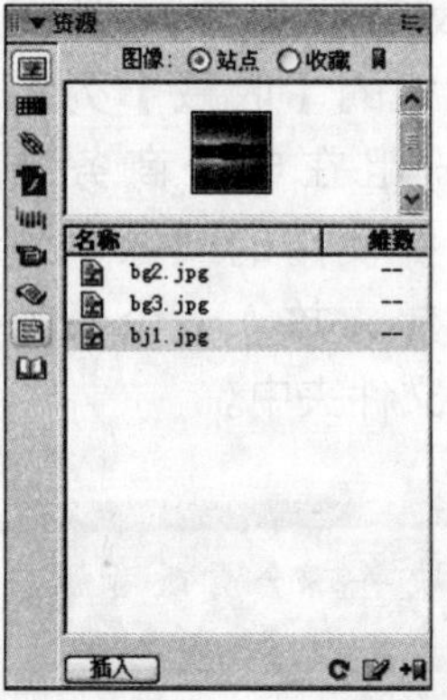

★ 图3.67

## 3.5.3 在【收藏】列表中管理资源

知识点讲解

### 1. 在【收藏】列表中添加资源

当站点的规模较大时，在【资源】面

板中的资源列表会很长，不便选择。这时可以将这些资源放到【收藏】列表中，当需要使用这些资源时，直接在【收藏】列表中选择就可以了。有多种方法可在【资源】面板中，向【收藏】列表添加资源。

**提示**

模板和库项目没有【收藏】列表。

下面介绍向【收藏】列表添加资源的方法，操作步骤如下：

1 对于【资源】面板【站点】列表中的资源，可以先选中要添加到【收藏】列表中的资源，可以是单个，也可以是多个。

2 单击面板右下角的【添加到收藏】按钮（或单击【资源】面板右上角的【选项】按钮，从下拉菜单中选择【添加到收藏夹】命令）。

3 单击【确定】按钮，然后选中【资源】面板顶部的【收藏】单选项，则可以看到添加到该列表下的资源。

**2. 将资源归类到收藏夹中**

在【资源】面板中，用户可以将资源归类到文件夹形式的【收藏】列表中。例如，如果有一组在电子商务站点的许多目录页面上都使用的图像，则可以将它们归类到一起，放入一个名为"CatalogImages"的文件夹中。

**提示**

将资源放入收藏夹并不会更改资源文件在磁盘中的位置。

操作步骤如下：

1 在【资源】面板（选择【窗口】→【资源】命令，打开【资源】面板）中，选中位于面板顶部的【收藏】单选项。

2 单击面板底部的【新建收藏夹】按钮，这时会在【收藏】列表中新建一个文件夹，如图3.68所示。

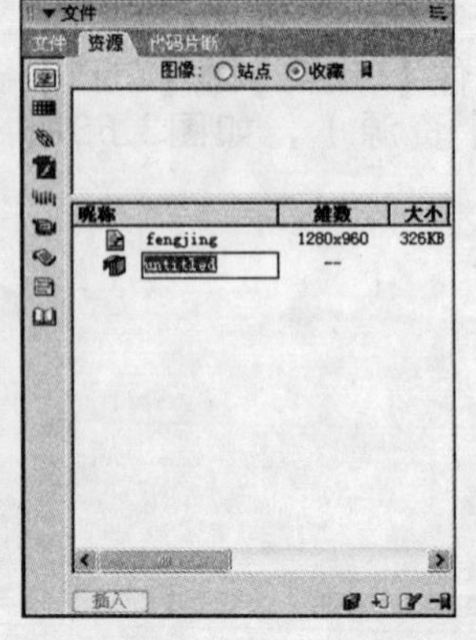


★ 图3.68

3 为该文件夹键入一个名称，然后按【Enter】键确定。

4 将要归类的资源拖动到文件夹中。用户可以新建多个收藏夹，以便将资源分类放置到不同的收藏夹中。

**动手练**

下面做一个将资源添加到【收藏】列表的练习，具体操作步骤如下：

1 在【文件】面板中选择"月亮神话"站点，这时【资源】面板中会显示该站点中的资源，选中要添加到【收藏】列表中的资源，如图3.69所示。

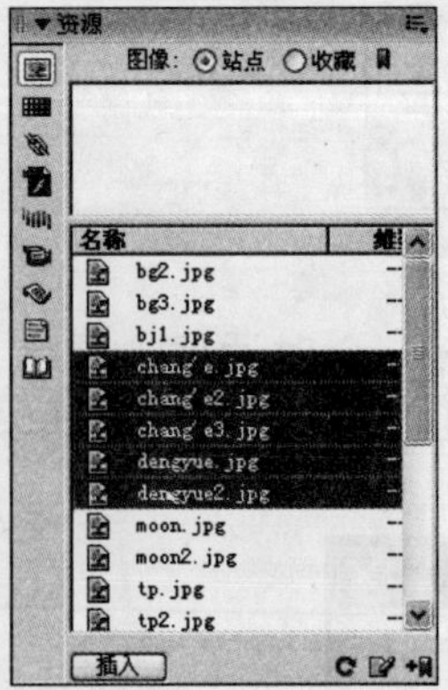


★ 图3.69

2 单击面板右下角的【添加到收藏】按钮，弹出如图3.70所示的对话框，提示用户可以在【收藏】列表中查看添加的效果。

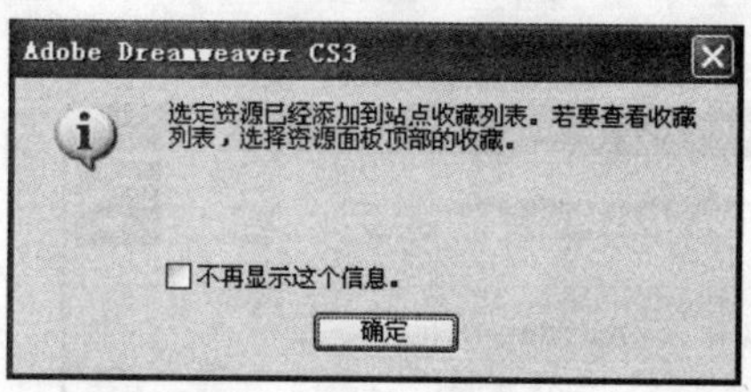


★ 图3.70

**3** 单击【确定】按钮，然后选中【资源】面板顶部的【收藏】单选项，则可以看到添加到【收藏】列表中的资源，如图3.71所示。

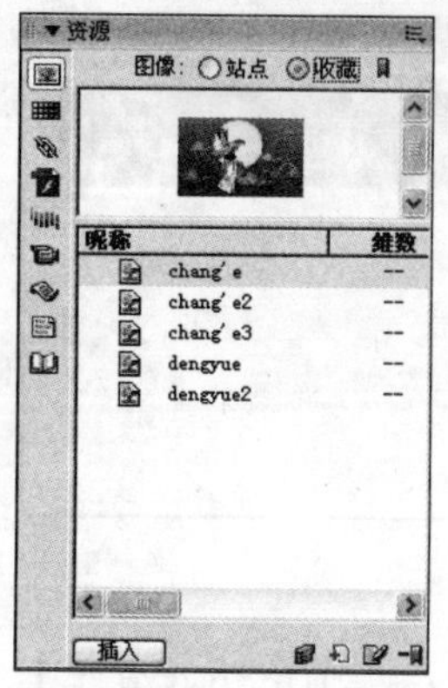


★ 图3.71

## 3.6 配置IIS

要配置IIS，需要从【控制面板】窗口进入【Internet信息服务（IIS）】窗口。用户首先需要添加Internet信息服务组件，然后再在【默认网站属性】对话框中分别设置【网站】、【主目录】和【文档】选项卡。

通过以默认方式配置完IIS后，将在C盘中建立一个名为“Inetpub”的文件夹，如图3.72所示，该文件夹中有一个名为“wwwroot”的文件夹。

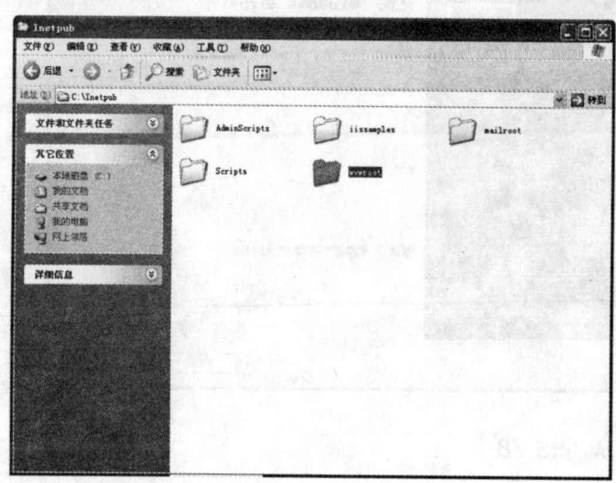


★ 图3.72

在配置IIS服务器时，除了默认的“C:\Inetpub\wwwroot”路径外，还可以在设置【主目录】选项卡时将本地路径指定到其他磁盘或文件夹中。

下面请读者根据提示练习配置IIS，具体操作步骤如下：

**1** 选择【开始】→【控制面板】命令，弹出【控制面板】窗口，如图3.73所示。

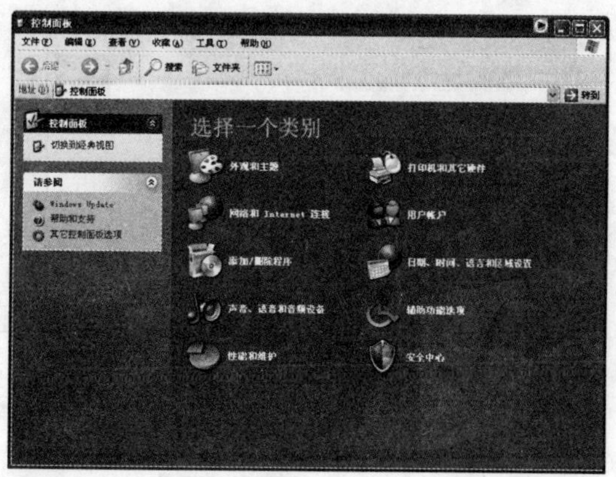


★ 图3.73

**2** 单击【添加/删除程序】超链接，弹出【添加或删除程序】窗口，如图3.74所示。

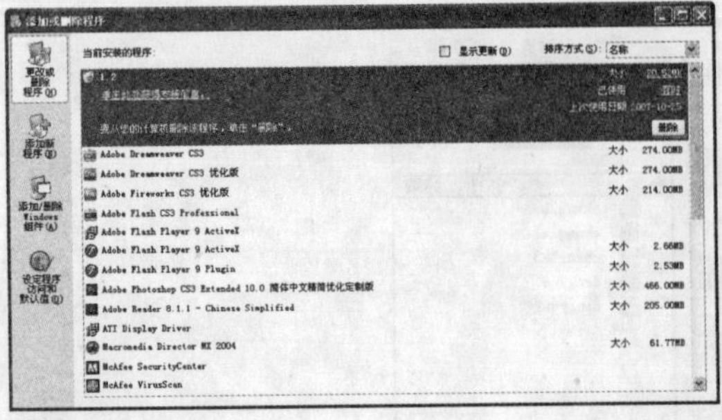

★ 图3.74

3 在左侧单击【添加/删除Windows组件】按钮，弹出【Windows组件向导】对话框，如图3.75所示。

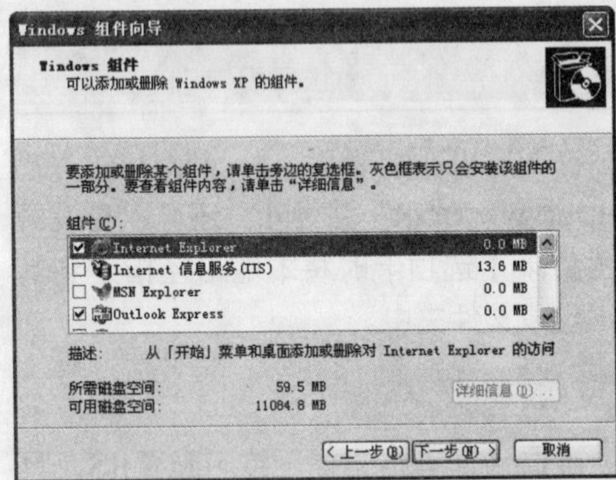


★ 图3.75

4 在【组件】栏中选中【Internet信息服务（IIS）】复选项，如图3.76所示。

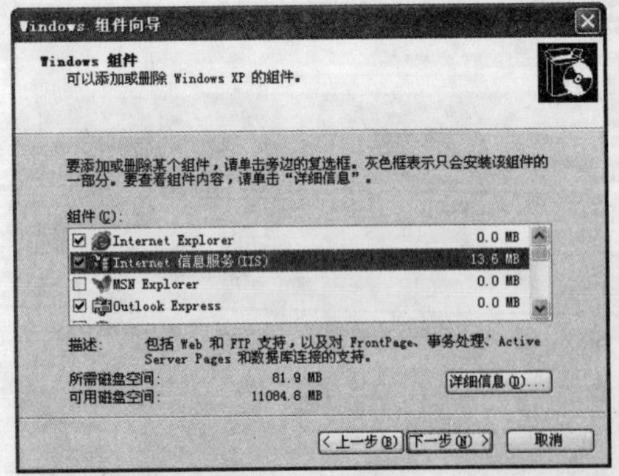


★ 图3.76

5 单击【下一步】按钮，弹出【Windows组件向导】对话框，进行Internet信息服务（IIS）的添加，如图3.77所示。

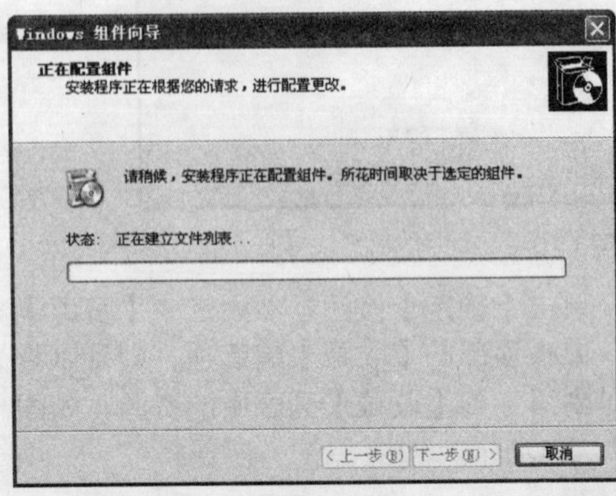


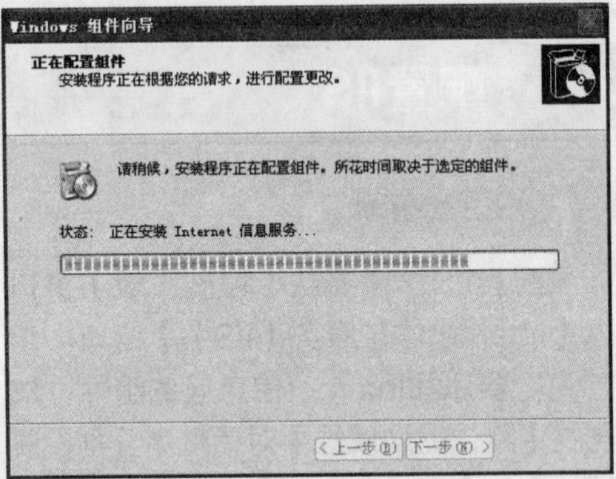


★ 图3.77

6 安装完成后，单击【完成】按钮，关闭此向导，如图3.78所示。

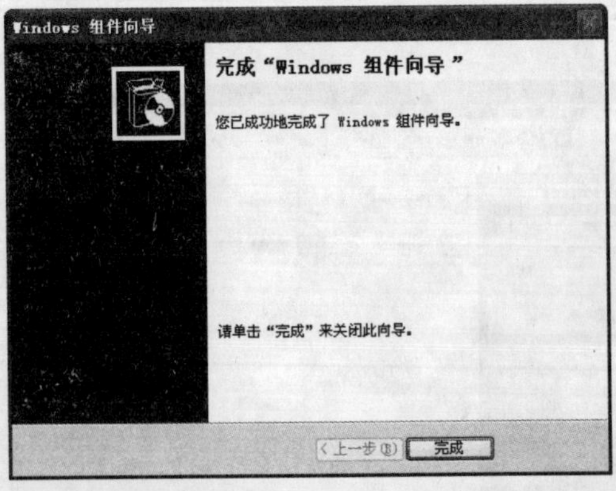


★ 图3.78

7 选择【开始】→【控制面板】→【性能和维护】命令，弹出【性能和维护】对话框，如图3.79所示。

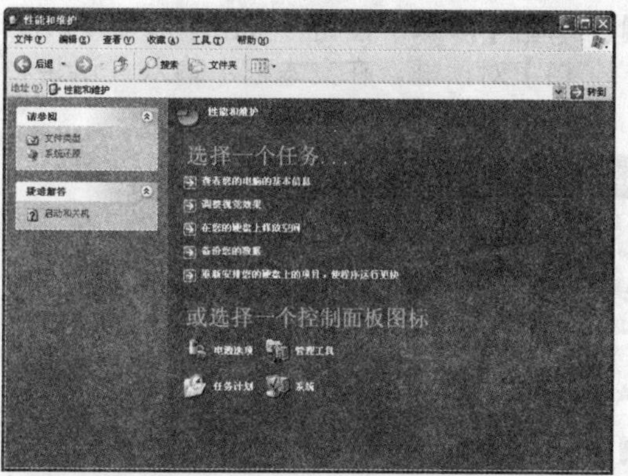


★ 图3.79

**8** 在下方单击【管理工具】超链接（也可以在【控制面板】窗口经典视图下直接双击【管理工具】图标），弹出【管理工具】窗口，如图3.80所示。

★ 图3.80

**9** 双击【Internet 信息服务】图标，弹出【Internet 信息服务】窗口，如图3.81所示。

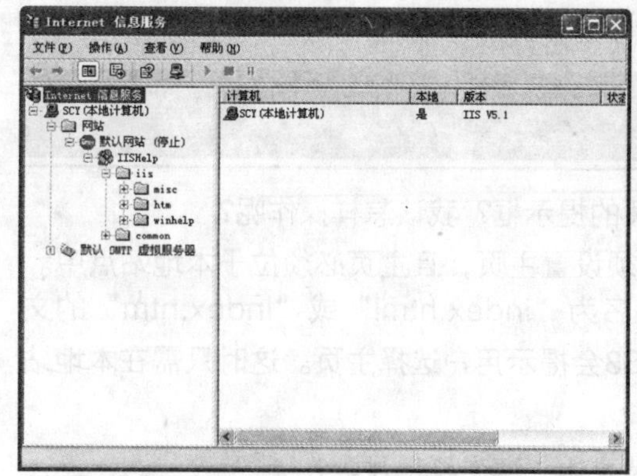


★ 图3.81

**10** 在左侧列表框中的【默认网站】选项上单击鼠标右键，从弹出的快捷菜单中选择【属性】命令，如图3.82所示。

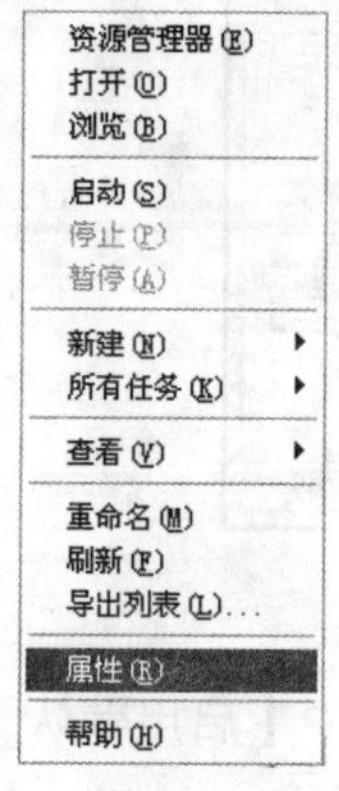


★ 图3.82

**11** 弹出【默认网站属性】对话框，选择【网站】选项卡，如图3.83所示。

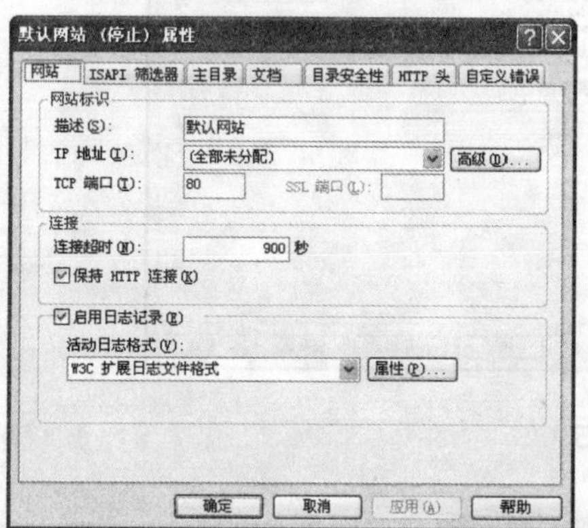


★ 图3.83

**12** 单击【IP地址】下拉按钮，从弹出的下拉列表中选择一个IP地址。

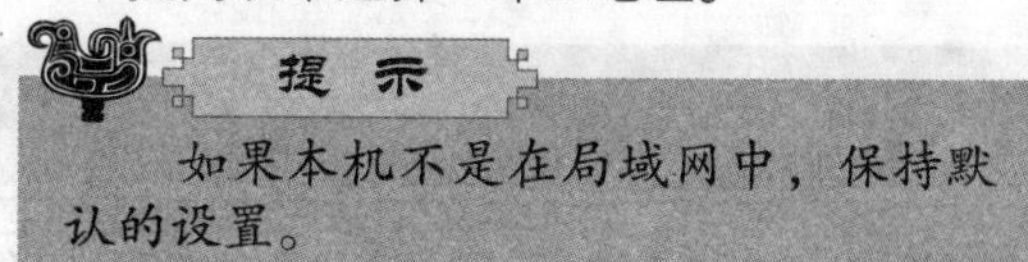

提　示

如果本机不是在局域网中，保持默认的设置。

**13** 选择【主目录】选项卡，在【本地路径】文本框中设置放置站点的地址，默认路径是“C:\Inetpub\wwwroot”。

**14** 为了便于修改，这里需要选中【本地路径】文本框下方的【写入】和【目录浏览】复选项，如图3.84所示。

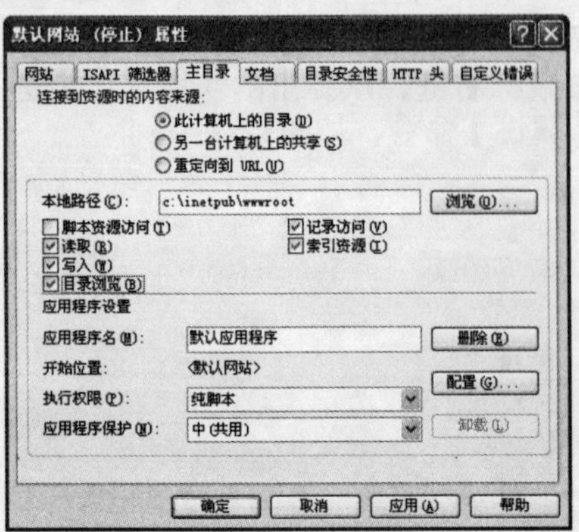


★ 图3.84

**15** 选择【文档】选项卡，选中【启用默认文档】复选项，如图3.85所示。

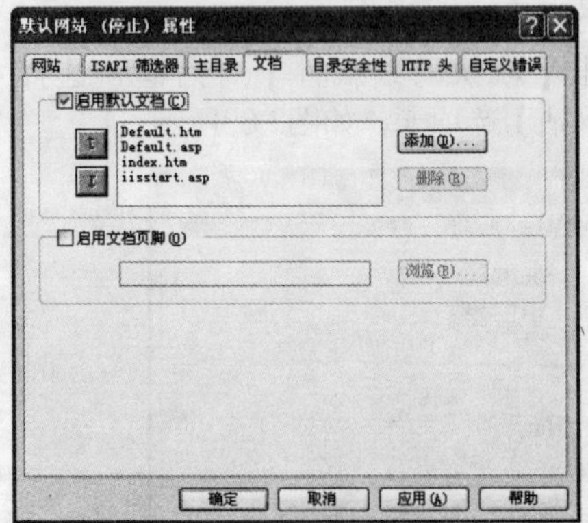


★ 图3.85

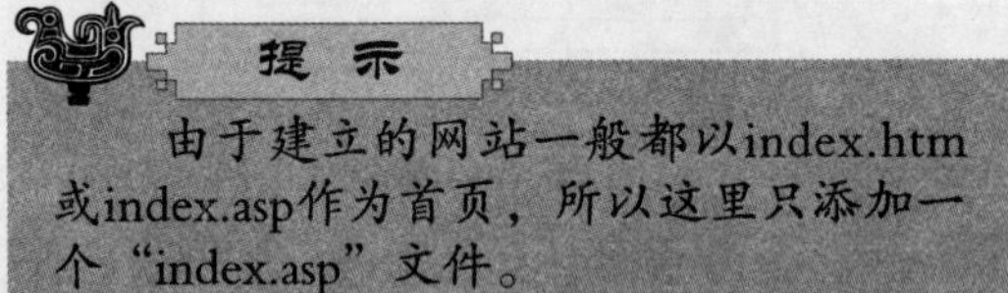

**提　示**

由于建立的网站一般都以index.htm或index.asp作为首页，所以这里只添加一个“index.asp”文件。

**16** 单击【添加】按钮，弹出【添加默认文档】对话框，在文本框中输入“index.asp”，如图3.86所示。

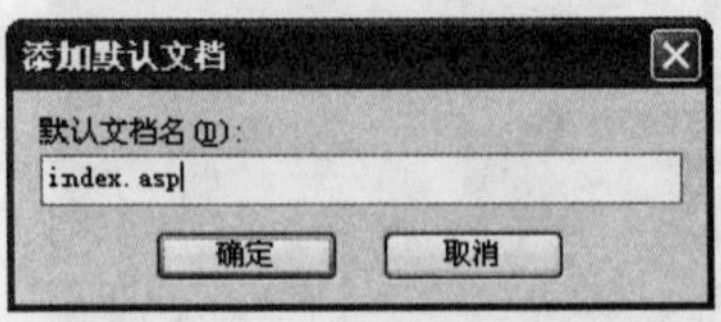


★ 图3.86

**17** 单击【确定】按钮，将默认的文档添加到列表框中，单击按钮将此文档移到列表框的顶部，如图3.87所示。

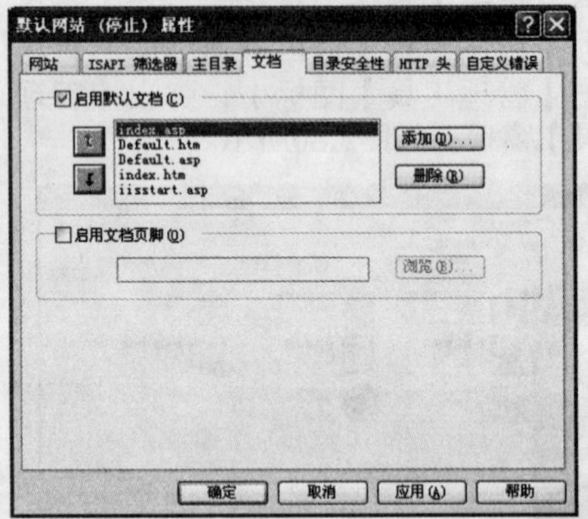


★ 图3.87

**18** 单击【应用】和【确定】按钮，完成配置。

## 疑难解答

**问** 我在打开站点地图时，为什么会出现选择主页的提示框？我该怎样操作呢？

**答** 在Dreamweaver CS3中打开站点地图前，必须设置主页，且主页必须位于本地站点中。如果未指定主页，或者如果在根目录下没有名为“index.html”或“index.htm”的文件，则当打开站点地图时，Dreamweaver CS3会提示用户选择主页。这时只需在本地站点上设置主页文件即可。

**问** 我想把文档编辑窗口中的对象资源添加到收藏夹中，要怎样操作呢？

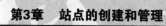

**答** 对于编辑窗口中的某个资源，如果是图像，可以用鼠标右键单击该图像，从弹出的快捷菜单中选择【添加到图像收藏】命令，则该图像资源会被添加到【收藏】列表中；如果是文字，则根据不同的情况（普通文字或URL链接文字），从弹出的快捷菜单中选择【添加到颜色收藏】或【添加到URL收藏】命令。

**问** 在Dreamweaver中删除创建的站点后，是否连创建的站点内的所有网页都从计算机中删除了？

**答** 不会的。在Dreamweaver中删除创建的站点后，站点文件夹及其所有内容仍然存在，并没有从计算机中删除。要恢复站点，需在Dreamweaver中重新配置站点，并指定本地根文件夹为相应的文件夹即可。

**问** 如何进行IIS相关知识的学习？

**答** 在正确安装IIS组件后，在默认站点下自动创建了一个名为“IISHelp”的虚拟目录，选中该目录，在右侧的列表框中的“default.htm”网页选项上单击鼠标右键，从弹出的快捷菜单中选择【浏览】命令，在打开的IE浏览器中即可看到IIS的帮助网页，单击相应的超链接即可学习IIS的相关知识。

# Chapter 04

# 第4章　网页整体效果的设置

*本章要点*

- *设置文件头*
- *设置页面属性*
- *辅助设计的使用*

设置网页的整体效果有助于访问者更加方便地浏览并了解网站，也可以使站点更容易地被搜索引擎搜索到。本章将介绍如何设置网页的文件头和页面属性等知识。

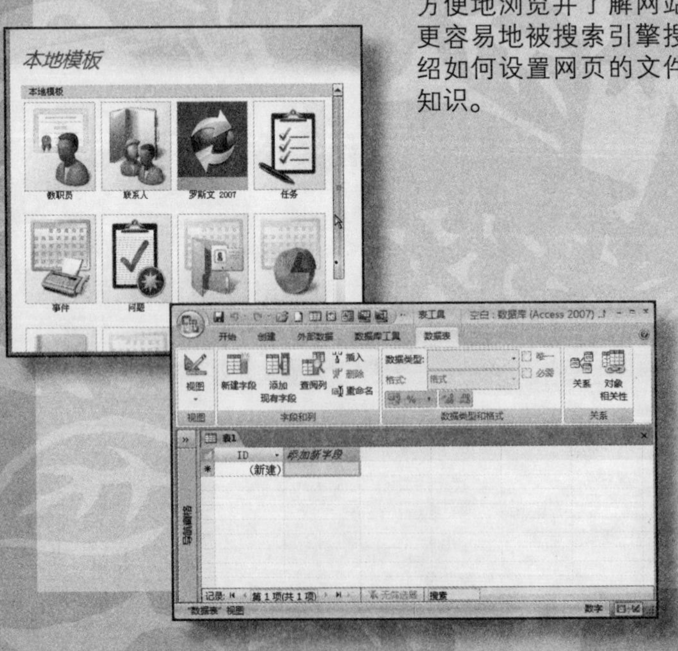

# 4.1 设置文件头

文件头主要用于对网站进行注释和描述，大部分内容不会在网页上直接显示。网页文件头的设置主要包括设置标题，插入META、关键字、说明和刷新等。

## 4.1.1 设置网页标题

网页标题主要是由中文、英文或符号组成的，它一般在浏览器的标题栏中显示，如图4.1所示。

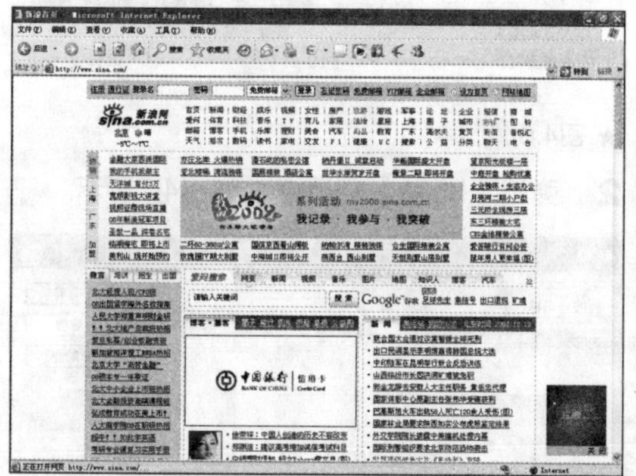

★ 图4.1

如果要设置网页标题，只需在网页的设计视图下直接输入标题内容即可。例如，为站点“温馨家园”设置标题，打开首页文件index.html，直接在【标题】文本框中输入“温馨家园”，如图4.2所示。完成以上操作后，网页标题的制作就完成了。

★ 图4.2

在浏览到需要的网页后，会想着将它保存起来以便以后使用。对于简单的网址，可以把它记住，下次使用时直接在地址栏里输入该网址即可。但有些网址非常长，记忆起来很困难，这时，就可以把该网页添加到收藏夹里，使用时直接在收藏夹中选择网页标题即可。

将网页添加到收藏夹的步骤如下（以IE浏览器为例）：

**1** 打开要收藏的网页，选择【收藏】→【添加到收藏夹】命令，如图4.3所示。

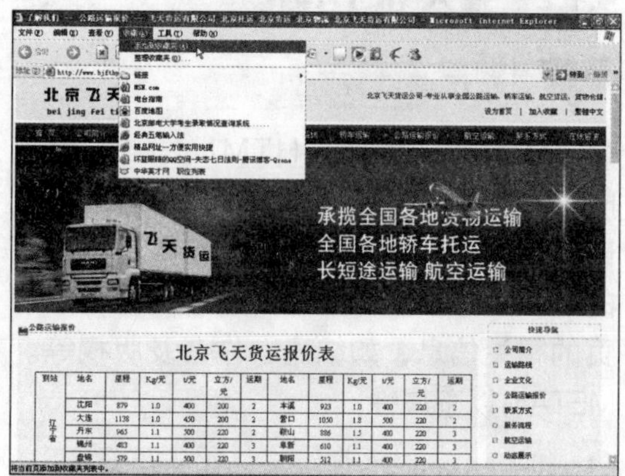


★ 图4.3

**2** 弹出【添加到收藏夹】对话框，如图4.4所示，系统自动在【名称】文本框中添加当前的网页标题。

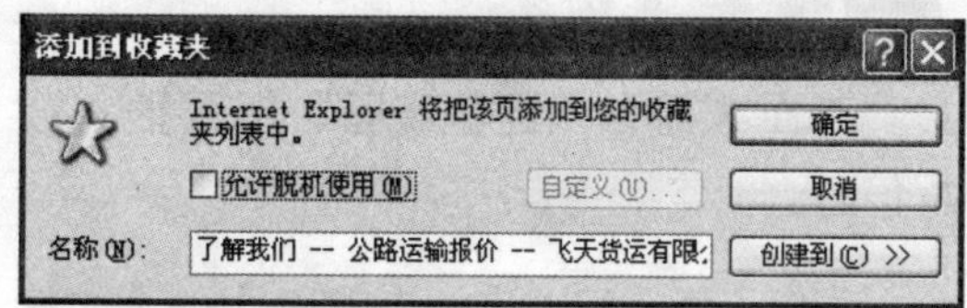


★ 图4.4

**3** 单击【确定】按钮，这样，网页就保存到收藏夹中了。

**4** 在浏览器中，单击工具栏中的【收藏夹】按钮，网页窗口左侧就会出现【收藏夹】窗格，在其中可以看到保存的网页，如图4.5所示。

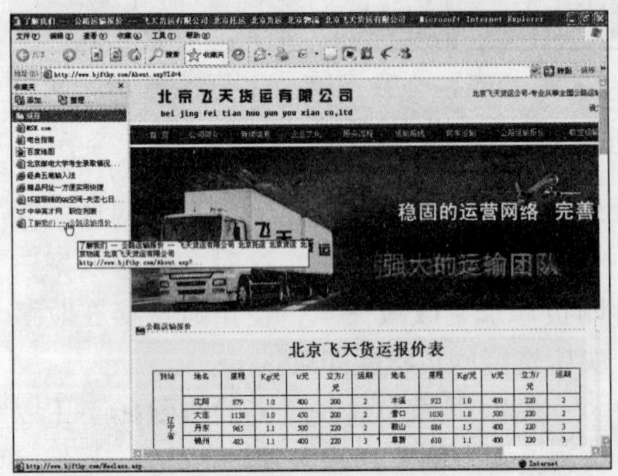


★ 图4.5

## 4.1.2 插入META标签

知识点讲解

META是用来在HTML文档中模拟HTTP协议的响应头报文。META 标签是内嵌在网页中的特殊HTML标签，用于网页的<head>与</head>标记中，用来记录网页的相关信息，如编码、作者及版权等。META有以下属性：

http-equiv=〃....〃　响应的标题头。

name=〃.....〃　信息的名称。

content=〃....〃　信息的具体内容。

scheme=〃...〃　信息的图解。

动手练

下面练习为“温馨家园”网页插入版权信息。

**1** 选择【插入记录】→【HTML】→【文件头标签】→【Meta】命令，如图4.6所示。

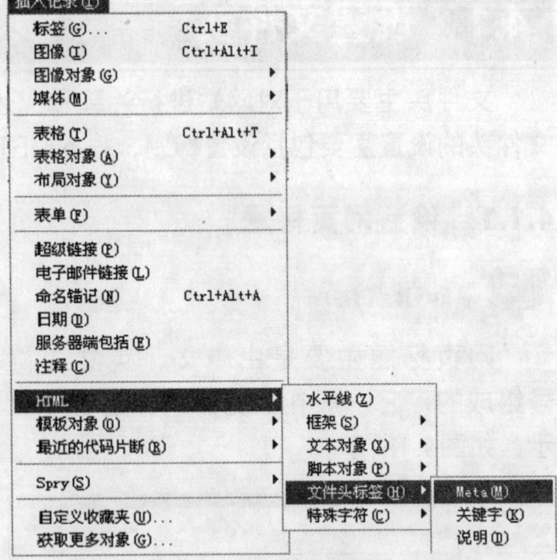


★ 图4.6

**2** 弹出【META】对话框，如图4.7所示。

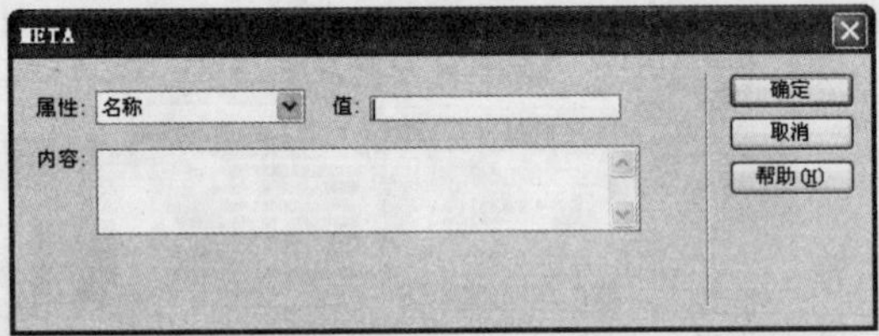


★ 图4.7

**3** 在【值】文本框中输入“copyright”，在【内容】文本框中输入版权信息，如图4.8所示。

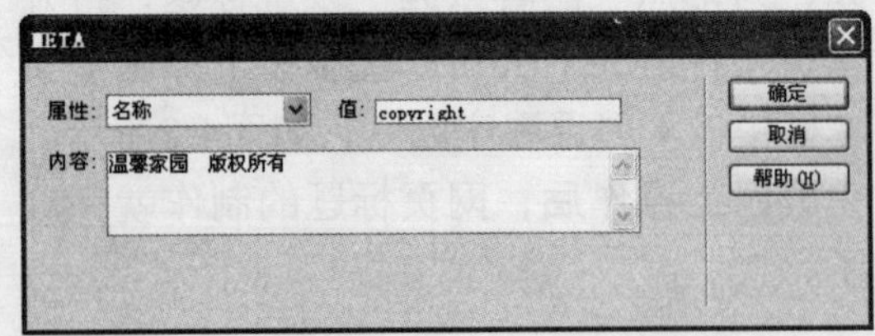


★ 图4.8

**4** 单击【确定】按钮，就完成了版权信息的插入。

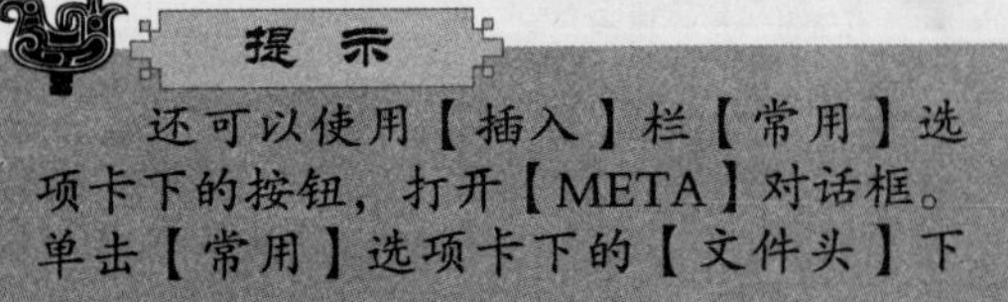

提 示

还可以使用【插入】栏【常用】选项卡下的按钮，打开【META】对话框。单击【常用】选项卡下的【文件头】下

拉按钮 ，从弹出的下拉菜单中选择【META】命令即可，如图4.9所示。

★ 图4.9

### 4.1.3 插入关键字、说明和刷新

搜索引擎在搜索网页时一般都要用到关键字，这些关键字不会出现在浏览器的显示中。关键字设置地准确，搜索引擎就能很快地找到该网页，进而提高网页的访问量。

例如一个音乐网站，为了提高在搜索引擎中被搜索到的几率，可以设定多个和音乐主题相关的关键字以便搜索。需要注意的是，大多数搜索引擎检索时都会限制关键字的数量，有时关键字过多，该网页会在检索中被忽略。所以关键字不宜过多，应切中要害。另外，关键字之间应用逗号分割。

同关键字的作用一样，说明也可以帮助搜索引擎搜索网页。说明存储在搜索引擎的服务器中，当用户搜索时会随时被调用出来。由于搜索引擎会限制说明的字数，所以其内容也要简明扼要。

在网页制作过程中，需要插入刷新的情况主要有以下两种。

- **网页地址发生变化：**通过刷新功能，当用户访问旧的网址时，规定在若干秒后让浏览器自动跳转到新的网页。
- **网页经常更新：**通过刷新功能，规定浏览器在若干秒后自动刷新网页。

动手练

下面几部分主要练习如何插入关键字、说明和刷新。

**1. 插入关键字**

插入关键字的步骤如下：

**1** 选择【插入记录】→【HTML】→【文件头标签】→【关键字】命令，弹出【关键字】对话框，如图4.10所示。

★ 图4.10

**2** 在【关键字】文本框中输入关键字，多个关键字之间用逗号分开，如图4.11所示。

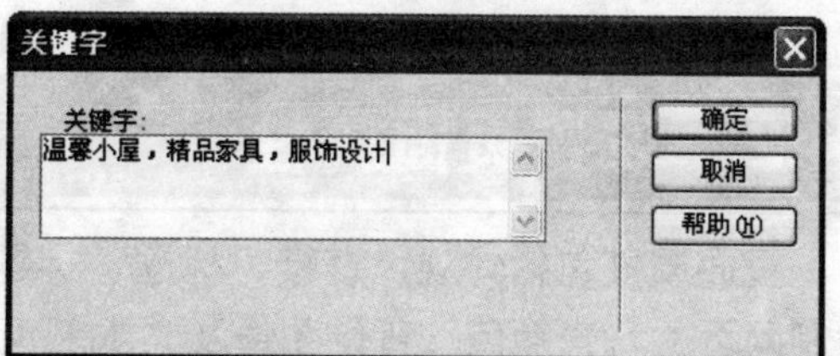


★ 图4.11

**3** 单击【确定】按钮，完成关键字的插入。

**2. 插入说明**

插入说明的具体操作步骤如下：

**1** 选择【插入记录】→【HTML】→【文件头标签】→【说明】命令，弹出【说明】对话框，如图4.12所示。

★ 图4.12

2 在【说明】文本框中输入关于网站的介绍性文字，如图4.13所示。

★ 图4.13

3 单击【确定】按钮，完成说明的插入。

3. 插入刷新

插入刷新的具体操作步骤如下：

1 选择【插入记录】→【HTML】→【文件头标签】→【刷新】命令，弹出【刷新】对话框，如图4.14所示。

2 在对话框中的【延迟】文本框中设置延迟时间，选中【转到URL】单选项，在后面的文本框中输入跳转的网页地址，如图4.15所示。

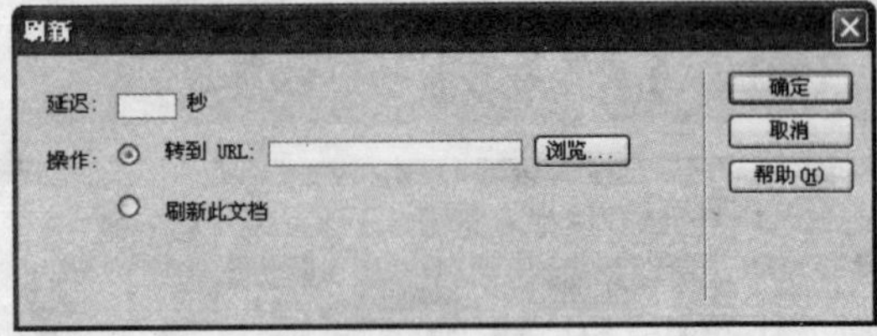


★ 图4.14

★ 图4.15

3 单击【确定】按钮，完成刷新的插入。

## 4.2 设置页面属性

页面属性包括外观、链接、标题、标题/编码和跟踪图像等。通过设置页面属性可以控制网页的背景颜色、背景图像及文本颜色等。

### 4.2.1 设置页面外观

知识点讲解

外观设置主要用来设置页面的一些基本属性。选择【修改】→【页面属性】命令，弹出【页面属性】对话框，从左侧的【分类】列表框中选择【外观】选项，如图4.16所示。

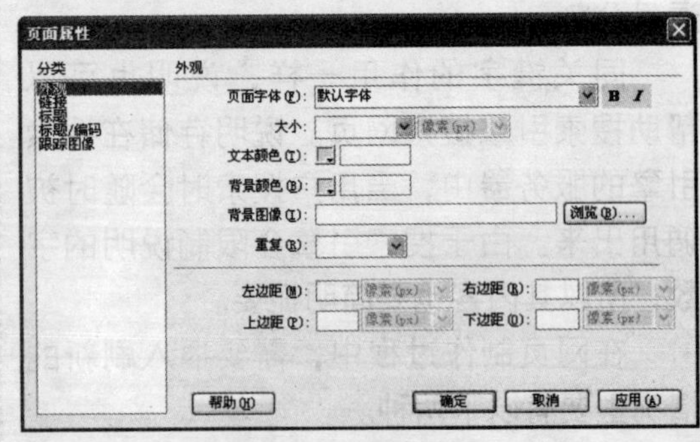


★ 图4.16

右侧【外观】栏的各项参数的含义如下。

- **【页面字体】下拉列表框**：设置网页中默认的文本字体。
- **【大小】下拉列表框**：设置网页中文本的字号，有像素（px）和点数等几种单位，一般设置为12px。
- **【文本颜色】文本框**：单击【颜色

选择】按钮，可以设置网页中文本的颜色。

- 【背景颜色】文本框：单击【颜色选择】按钮，可以设置网页的背景颜色。
- 【背景图像】文本框：单击【浏览】按钮或输入文件路径，可以为网页设置背景图像（可用自己制作的图片作为背景）。默认情况下，图像会自动平铺在整个网页上。当同时选择了背景图像与背景颜色时，只能显示背景图像，背景色会被覆盖。
- 左、右、上、下边距：用于设置网页内容距网页边界的距离，默认情况下有2px的间距。

下面做一个为如图4.17所示的网页设置外观颜色的练习。

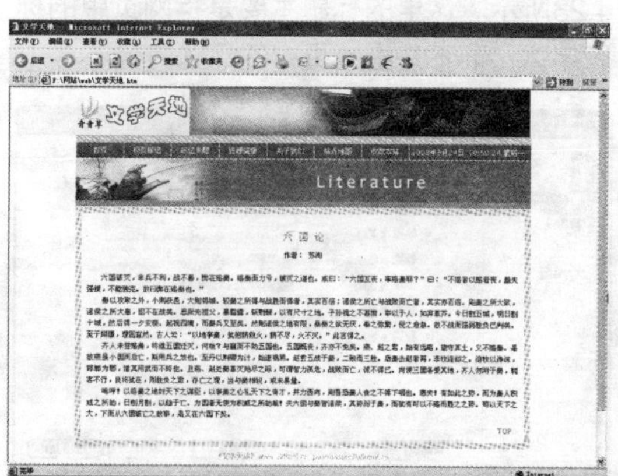


★ 图4.17

设置网页外观颜色的具体操作步骤如下：

**1** 在Dreamweaver CS3中打开如图4.17所示的网页，选择【修改】→【页面属性】命令，如图4.18所示。

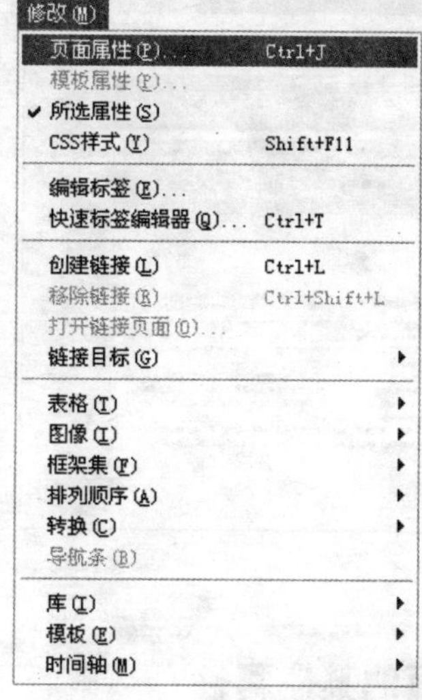


★ 图4.18

**2** 弹出【页面属性】对话框，如图4.19所示。

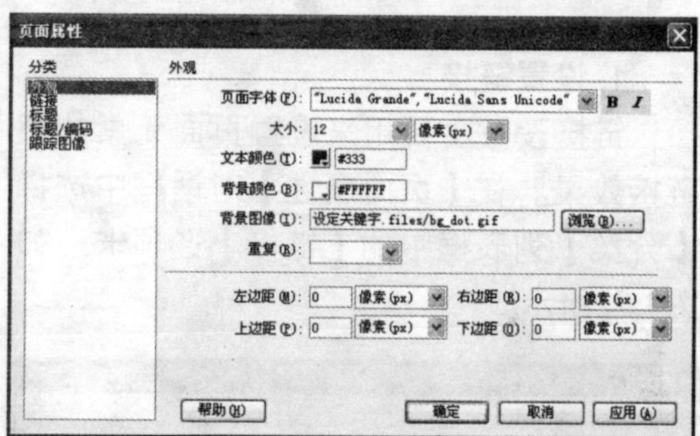


★ 图4.19

**3** 在【外观】栏中设置背景颜色为浅灰色（#C1C1C1），如图4.20所示。

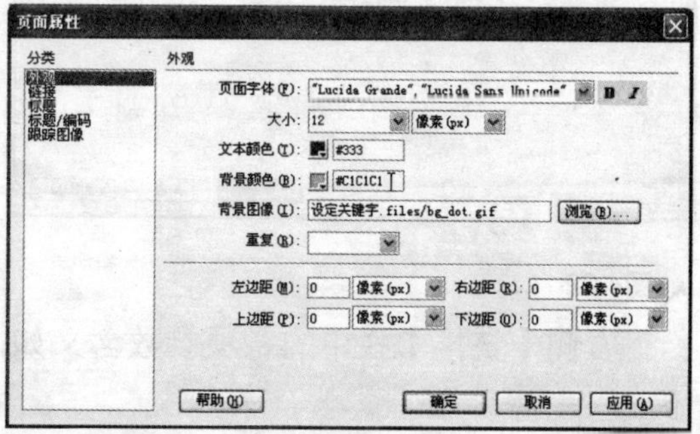


★ 图4.20

**4** 单击【确定】按钮，完成设置。

更改文本颜色后的网页效果如图4.21所示。

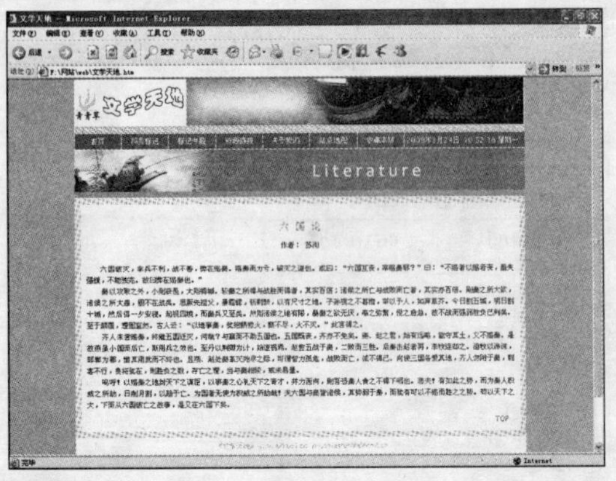


★ 图4.21

## 4.2.2 设置页面的其他属性

### 1. 设置链接

链接设置主要用来设置页面元素的超链接效果。在【页面属性】对话框中选择【分类】列表框中的【链接】选项卡，如图4.22所示。

★ 图4.22

右侧【链接】栏中的各项参数含义如下。

- **【链接字体】下拉列表框**：设置网页中超链接文本的字体。
- **【大小】下拉列表框**：设置网页中超链接文本的字号。
- **【链接颜色】文本框**：单击【颜色选择】按钮，可以设置网页中超链接文本的颜色。
- **【变换图像链接】文本框**：单击【颜色选择】按钮，可以设置当鼠标移至超链接上时的文本颜色。
- **【已访问链接】文本框**：单击【颜色选择】按钮，为已访问过的超链接设置颜色。
- **【活动链接】文本框**：单击【颜色选择】按钮，设置活动超链接的文本颜色。
- **【下划线样式】下拉列表框**：可以设置超链接的文本是否有下划线。

### 2. 设置标题

标题主要应用于文字较多并且级别分明的网页中。在【页面属性】对话框中选择【分类】列表框中的【标题】选项，如图4.23所示。这里的标题主要是指网页中的标题字体，而不是指网页中的标题内容。

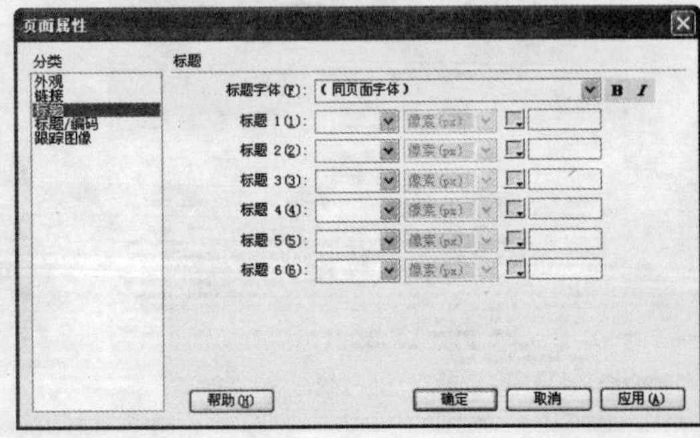


★ 图4.23

在右侧的【标题】栏中可以设置文档内容中各个标题的样式。文档内容的标题有1~6级，其中标题1最大，标题6最小。

### 3. 设置标题/编码

标题/编码设置可以设置网页的标题和文字编码。在【页面属性】对话框中选择【分类】列表框中的【标题/编码】选项，如图4.24所示。

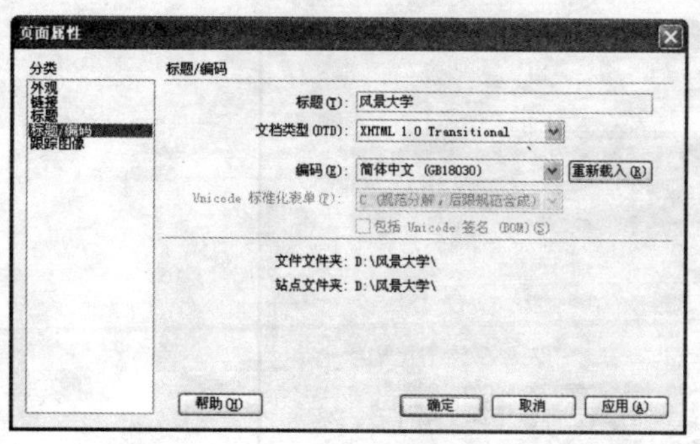


★ 图4.24

右侧的【标题/编码】栏中主要参数项的含义如下。

- **【标题】文本框**：可在该文本框中输入公司的名称或一些广告语。
- **【编码】文本框**：默认为“简体中文”。如果文档中出现乱码，那就是因为该处显示了其他国家的语言编码，此时就需要重新选择语言编码，并单击【重新载入】按钮，进行修正。

**4. 设置跟踪图像**

跟踪图像设置可以设置网页的跟踪图像和图像的透明度。在【页面属性】对话框中选择【分类】列表框中的【跟踪图像】选项，如图4.25所示。

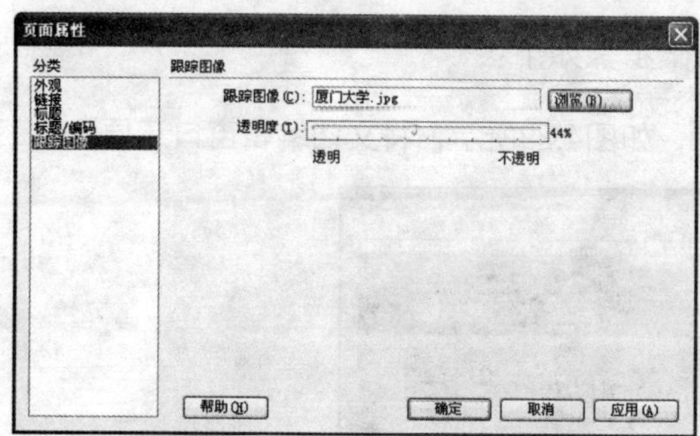


★ 图4.25

跟踪图像就是网页设计的草图，作为背景铺在编辑页面的下面，用来引导网页的设计。例如，可以按照跟踪图像的指示在编辑页面上添加按钮、导航条、图片、文本和动画等。

**动手练**

下面练习为网页中的作者名字设置链接样式，具体操作步骤如下：

**1** 在Dreamweaver CS3中打开如图4.26所示的网页。

★ 图4.26

**2** 选择【修改】→【页面属性】命令，弹出【页面属性】对话框。

**3** 在【分类】列表框中选择【链接】选项。

**4** 分别设置链接、变换图像链接和已访问链接的颜色。

**5** 在【下划线样式】下拉列表中选择【始终有下划线】选项，如图4.27所示。

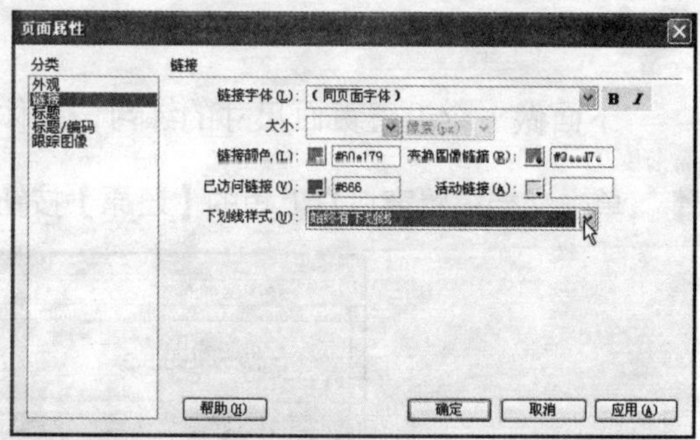


★ 图4.27

**6** 单击【确定】按钮完成设置。

**7** 按【F12】键，在浏览器中预览网页效果，如图4.28所示。

★ 图4.28

## 4.3 辅助设计的使用

使用Dreamweaver CS3的辅助设计功能，用户可以将页面制作得更加精美，同时，页面设计工作也会变得更加轻松。下面介绍Dreamweaver CS3的辅助设计。

### 4.3.1 页面尺寸的设置

知识点讲解

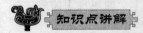

电脑显示器的分辨率有800×600像素和1024×768像素等，网页在不同分辨率下的效果是不同的。

为适应显示器的分辨率，单击文档编辑区下方状态栏中的【窗口大小】按钮，可以在其中选择一种页面尺寸方案。

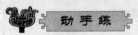

下面做一个设置页面尺寸的练习，具体操作步骤如下：

**1** 单击文档编辑窗口右上角的【还原】按钮，如图4.29所示，将文档编辑窗口还原。

★ 图4.29

**2**　这时的工作界面如图4.30所示，文档缩辑窗口的【还原】按钮变为【最大化】按钮。

★ 图4.30

**3**　在文档编辑区下方的状态栏中单击【窗口大小】按钮，从弹出的下拉菜单中选择一种页面尺寸方案，如图4.31所示。

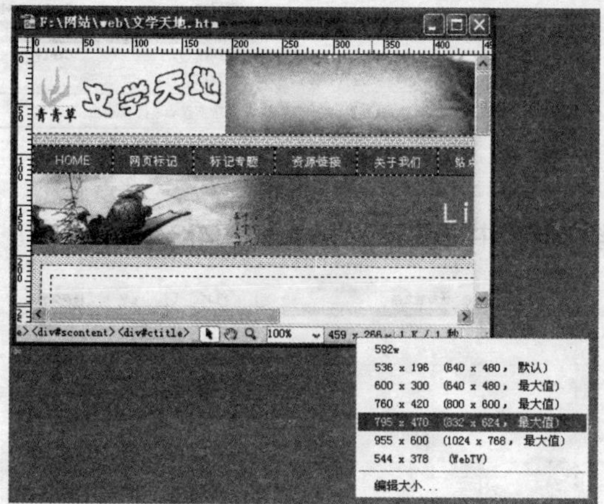


★ 图4.31

选择页面尺寸后的效果如图4.32所示。

★ 图4.32

## 4.3.2 使用网格和标尺

在设计视图下对AP Div进行绘制、定位或者调整大小都是通过网格来实现的，通过使用网格，用户可以使页面元素自动靠齐到网格。使用标尺，用户可以更精确地估计所编辑页面的尺寸，使页面的设计更加精确。

下面练习使用网格和标尺。

### 1. 显示网格

**1** 单击文档编辑窗口工具栏中的【视图选项】下拉按钮。

**2** 在弹出的下拉菜单中选择【网格】命令，如图4.33所示。

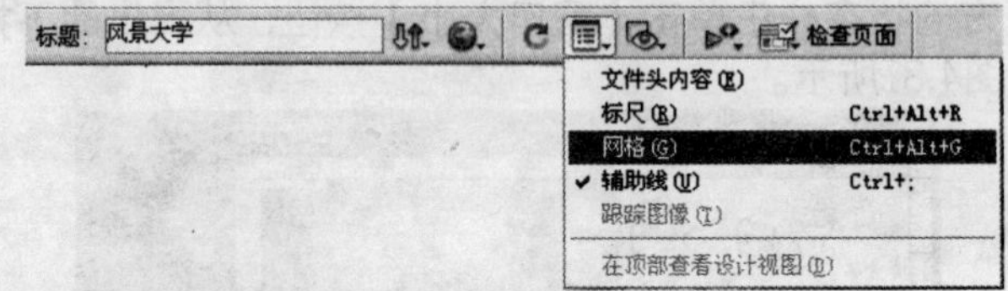


★ 图4.33

此时，网页的文档编辑区中会显示网格，如图4.34所示。

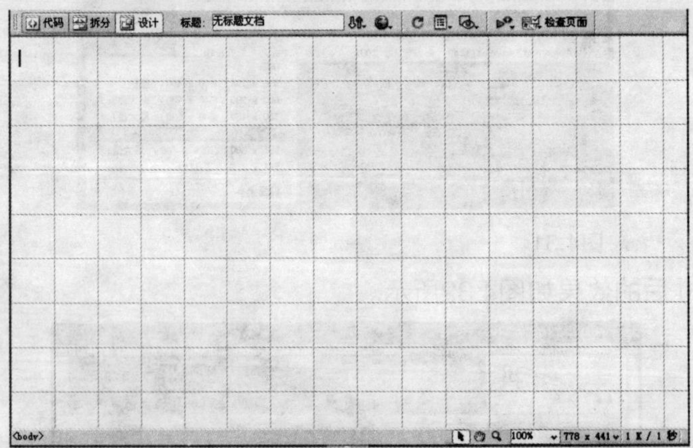


★ 图4.34

### 2. 显示标尺

**1** 单击文档编辑窗口工具栏中的【视图选项】下拉按钮。

**2** 从弹出的下拉菜单中选择【标尺】命令，如图4.35所示。

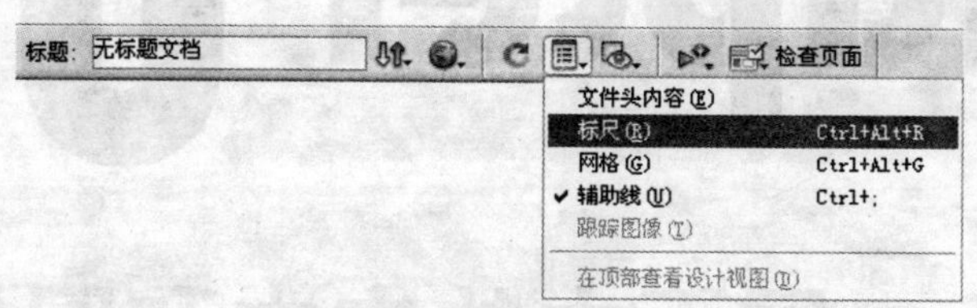


★ 图4.35

此时在网页的编辑区中会显示标尺，如图4.36所示。

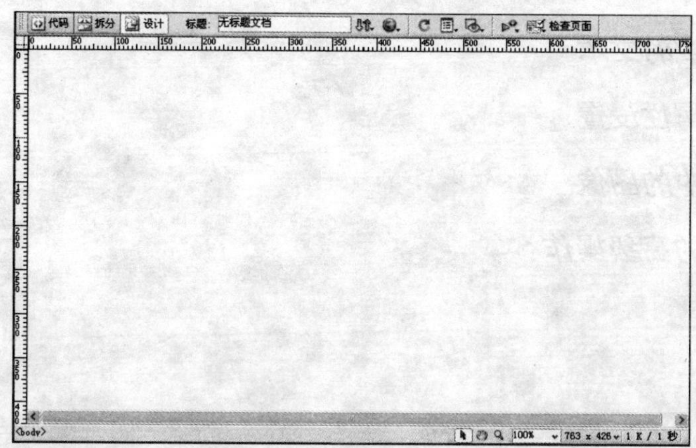


★ 图4.36

提　示

再次选择【网格】或【标尺】命令，编辑区中显示的网格或标尺会隐藏起来。

## 疑难解答

**问** 我打开了一个公司的网页，在浏览时，没有单击任何超链接，网页就自动跳转了，这是怎么回事呢?

**答** 这是由于该网页设置了刷新的缘故。你浏览的网页可能是旧的网页地址，通过设置刷新，在若干秒后让浏览器自动跳转到了新的网页。另一种可能是该网页更新比较频繁。

**问** 跟踪图像都支持哪些文件格式呢?

**答** 跟踪图像支持的文件格式可以是GIF、JPEG或PNG。其中GIF和JPEG格式的应用较普遍，并且大多数浏览器都支持。PNG格式受版本影响，只有部分版本支持PNG图像的显示。

**问** 单击文档编辑窗口工具栏中的【视图选项】下拉按钮，在弹出的下拉菜单中选择【网格】命令，但是在编辑区中并没有出现网格，这是为什么呢?

**答** 这可能是因为你的操作是在代码视图下进行的，在Dreamweaver CS3的代码视图下不会显示网格，所以将视图模式切换到设计视图模式即可。

# Chapter 05

# 第5章　网页中的文本和图像

*本章要点*

- *网页中的文本*
- *文本属性设置*
- *网页中的图像*
- *图像的高级操作*

文本和图像是网页制作的重要构成元素，无论制作什么类型的网页，它们都是不可缺少的。本章将介绍文本和图像的相关知识，要学好网页制作，熟练掌握这些内容是非常必要的。

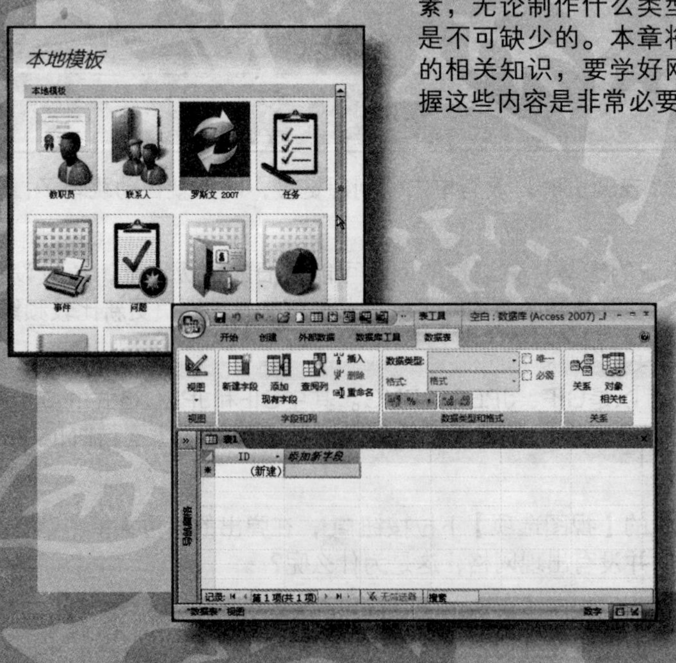

# 5.1 网页中的文本

网页中最简单也最基本的部分就是文本，文本是网页的主体，是浏览者获取信息最主要的途径。从某种意义上说，文本是网页存在的基础，是网页中不可或缺的元素，其信息传递的方式是其他任何一种网页元素都无法代替的。

## 5.1.1 输入普通文本

在编辑窗口中可以直接输入文本信息，也可以将其他应用程序中的文本直接粘贴到编辑窗口中。

### 1. 直接输入文本

在Dreamweaver CS3中输入文本，可采用与在“记事本”程序或Word中输入文本相同的方法进行，当打开已有的网页或新创建一个网页后，一个闪烁的光标会出现在编辑窗口的左上角，这就是文本插入点的默认位置。

在Dreamweaver CS3中，文本换行有下列3种方式。

- **自动换行**：在输入文字时，当一行的长度超过了编辑窗口的显示范围时，文字将自动换到下一行。采用这种方式换行，其好处是不用考虑浏览器窗口的大小，出现在网页中的文本都将依照窗口的大小自动换行，避免超出页码之外就需要拖动滚动条的情况。
- **利用【Enter】键换行**：在输入文本后按【Enter】键，文本被分段，且上下段之间会出现一个空白行。
- **利用【Shift+Enter】组合键换行**：如果不想在段落间留有空行，可以按【Shift+Enter】组合键。

### 2. 复制文本

在其他文档（如“记事本”程序编辑的文档、Word文档等）中选中需要的文本，按【Ctrl+C】组合键将其复制到剪贴板中，将光标定位到网页中需输入文本的位置，按【Ctrl+V】组合键即可将剪贴板中的文本粘贴到当前编辑窗口中。

### 3. 输入空格

在Dreamweaver CS3中，一般情况下空格键只生效一次，即当连续按下多次空格键时，输入的空格也只有一个。要输入多个空格，可在中文输入法的全角状态下输入空格，这时在Dreamweaver CS3编辑窗口中就可以直接看到输入连续空格的效果。

下面做一个文本输入的练习。

**1** 打开其他应用程序（如Word或“记事本”程序等），选择需要的文本，单击鼠标右键，从弹出的快捷菜单中选择【复制】命令，复制选中的文本，如图5.1所示。

★ 图5.1

**2** 切换到Dreamweaver CS3窗口下，选择【编辑】→【粘贴】命令（或按【Ctrl+V】组合键），将选择的文本信息粘贴到编辑窗口中，如图5.2所示。

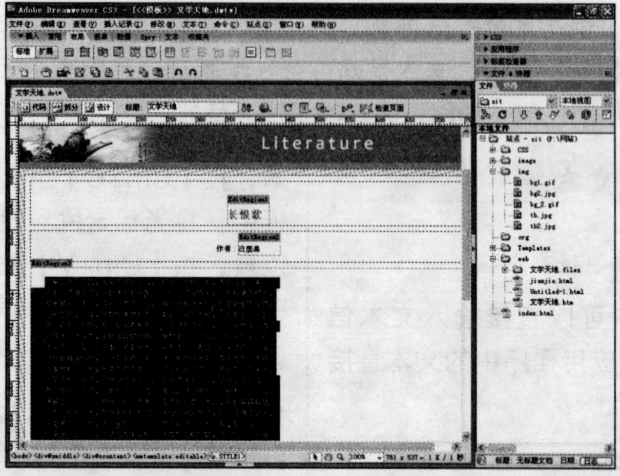


★ 图5.2

**3** 新建一个HTML文档，在编辑窗口中输入三段文本，第一段自动换行，第二段利用【Enter】键换行，第三段利用【Shift+Enter】组合键换行，如图5.3所示的是这3种不同换行方式的效果对比。

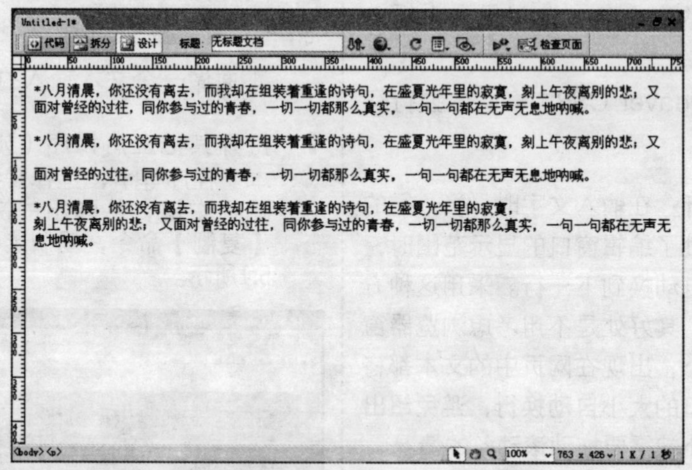


★ 图5.3

**4** 将输入法切换到全角状态下，在第三段结尾处连续按空格键输入连续空格，然后再输入一段文字，如图5.4所示。

## 5.1.2 插入特殊字符

在网页中输入文字时，有时需要输入特殊字符，而一些字符无法通过键盘正常输入，例如“_”和“‰”等。在Dreamweaver CS3中，要输入特殊字符，可以通过【插

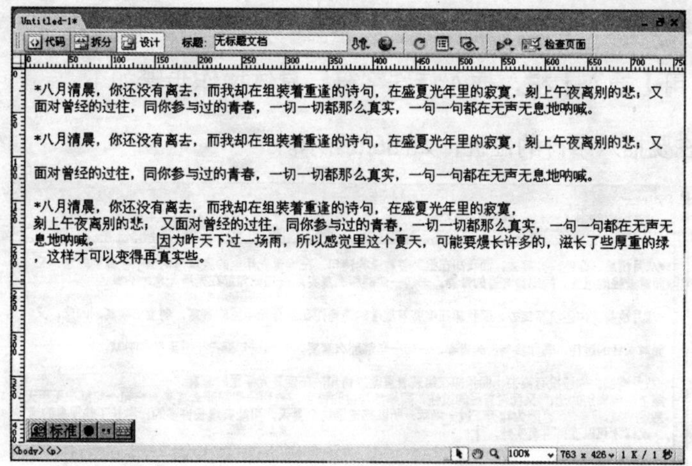

★ 图5.4

入记录】下拉菜单中的命令或【插入】栏来完成。利用【插入记录】下拉菜单插入特殊字符的具体操作如下：

1 将光标定位到需要输入特殊字符的位置。

2 选择【插入记录】→【HTML】→【特殊字符】命令，从弹出的子菜单中选择合适的字符命令，如图5.5所示。

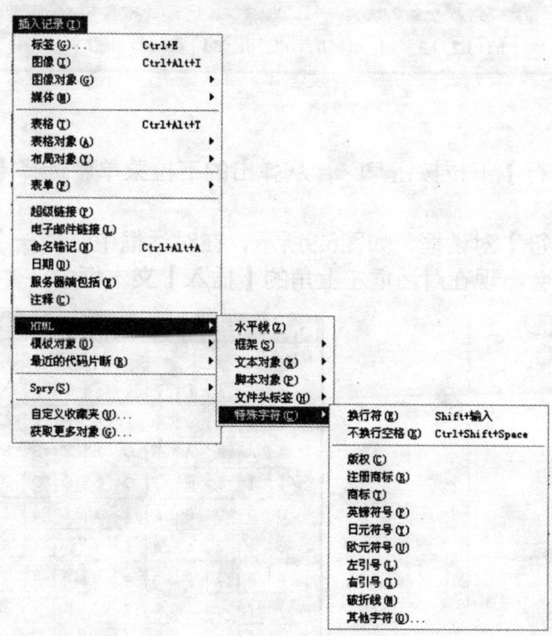

★ 图5.5

3 如果在该子菜单中没有找到需要的字符，则可选择【其他字符】命令，在弹出的【插入其他字符】对话框中有更多的特殊字符可供选择（单击选择需要添加的字符，再单击【确定】按钮即可将所选符号添加到编辑窗口中）。

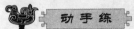

## 动手练

下面练习利用【插入】栏，插入特殊字符，具体操作步骤如下：

**1** 将光标定位在要插入字符的位置，如图5.6所示。

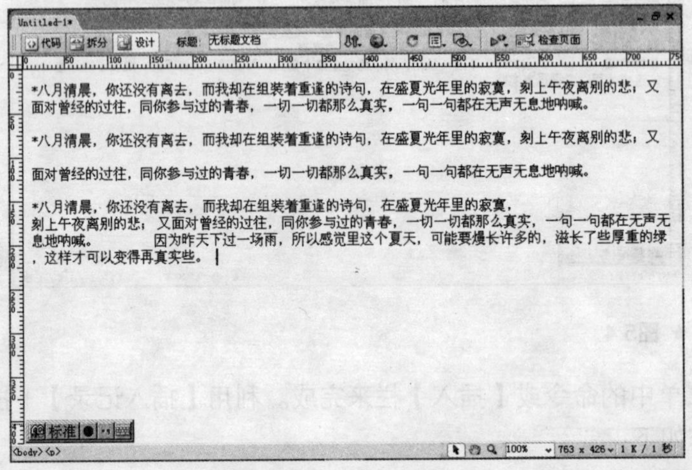


★ 图5.6

**2** 在【插入】栏中选择【文本】选项卡，如图5.7所示。

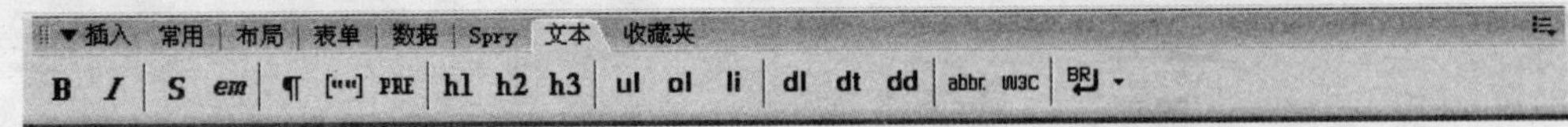


★ 图5.7

**3** 单击最右侧的【字符】下拉按钮，从弹出的下拉菜单中选择【其他字符】命令，如图5.8所示。

**4** 弹出【插入其他字符】对话框，如图5.9所示，在对话框中选择一个字符，例如“¥”，这时该符号的代码会出现在对话框左上角的【插入】文本框中。

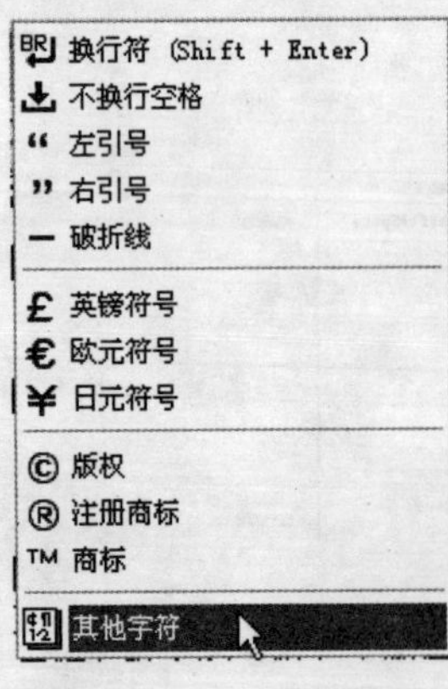


★ 图5.8

★ 图5.9

**5** 单击【确定】按钮，在编辑窗口即可插入该字符，如图5.10所示。

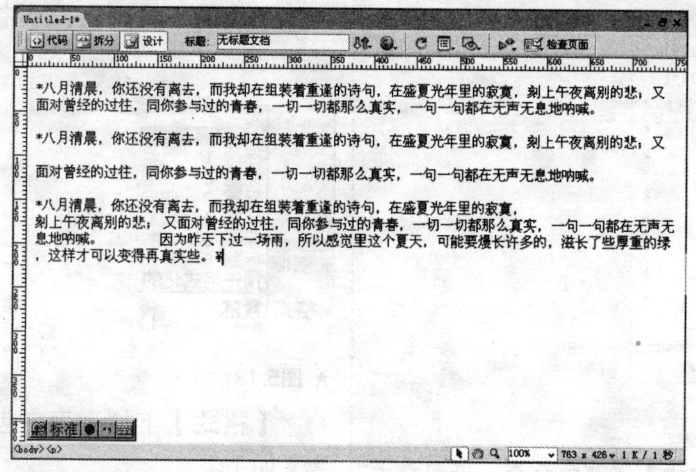


★ 图5.10

在代码中使用尖括号“<>”表示HTML标记的开始和结束，但用户可能需要表示大于或小于这样的特殊字符，而不需要Dreamweaver CS3将它们理解为代码。在这种情况下，可以使用“>”表示大于（>），使用“<”表示小于（<）。

## 5.2 设置文本属性

在编辑窗口中添加文本信息后，可以对文本的字体、字号、颜色及对齐方式等属性进行设置。设置文本属性有两种方式，一是使用【属性】面板，二是使用菜单命令。

使用【属性】面板设置文本属性，设置的属性会立刻在选中的文本信息上显示出来。如果窗口中没有打开【属性】面板，可以选择【窗口】下拉菜单中的【属性】命令（或按【Ctrl+F3】组合键）打开【属性】面板，如图5.11所示。

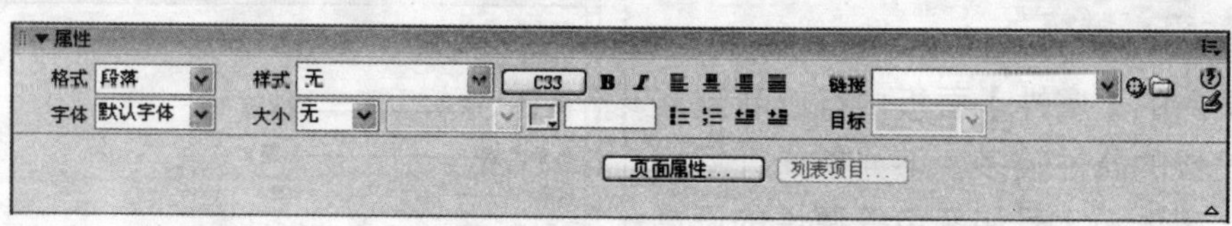


★ 图5.11

另外，还可以使用【文本】下拉菜单中的【字体】、【样式】和【大小】等命令进行设置，如图5.12所示。

【文本】下拉菜单中主要命令的功能如下。

- **【缩进】命令**：用于增加文本的缩进量（可以使用【Ctrl+Alt+]】组合键来增加缩进量）。
- **【凸出】命令**：用于减少文本的缩进量（可以使用【Ctrl+Alt+[】组合键来减少缩进量）。

文本(T)
缩进(I)　Ctrl+Alt+]
凸出(O)　Ctrl+Alt+[
段落格式(F)
对齐(A)
列表(I)
字体(N)
样式(S)
CSS样式(C)
大小(Z)
改变大小(H)
颜色(R)...
检查拼写(K)　Shift+F7

★ 图5.12

- 【段落格式】子菜单命令：设置文本的格式。
- 【对齐】子菜单命令：设置文本对齐方式。
- 【字体】子菜单命令：设置文本字体格式。
- 【样式】子菜单命令：可将文本设置为粗体、斜体、下划线、删除线、强调、示例或关键字等样式。
- 【大小】和【改变大小】子菜单命令：可以用来设置文本字号。
- 【颜色】命令：设置文本颜色。

## 5.2.1 设置文本格式

在文本的【属性】面板中可以看到，文本需设置的属性较多，下面首先介绍标题格式、字体、字号和颜色等属性的设置方法。

### 1. 设置标题格式

根据HTML语言规定，网页中的文本有6种标题格式，它们所对应的字号大小和段落对齐方式都是设定好的。

在文本的【属性】面板中，格式指文本格式，用于设置文本的标题格式。单击面板中的【格式】下拉按钮，弹出如图5.13所示的下拉列表，从中选择所需的格式即可。

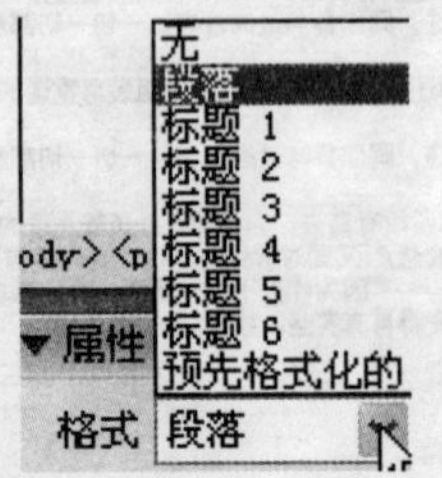


★ 图5.13

【格式】下拉列表中包括的各选项的含义如下。

- 【无】：无特殊格式。
- 【段落】：正文段落，在文字的开始与结尾处有换行功能，行间距较小。
- 【标题1】~【标题6】：标题的6种格式，大约相当于一号字到六号字。
- 【预先格式化的】：是预定义格式，使用此格式可以使浏览器把预定义的格式按其在文本编辑窗口中的格式原封不动地显示出来。

如图5.14所示为设置了不同格式后的文本效果。

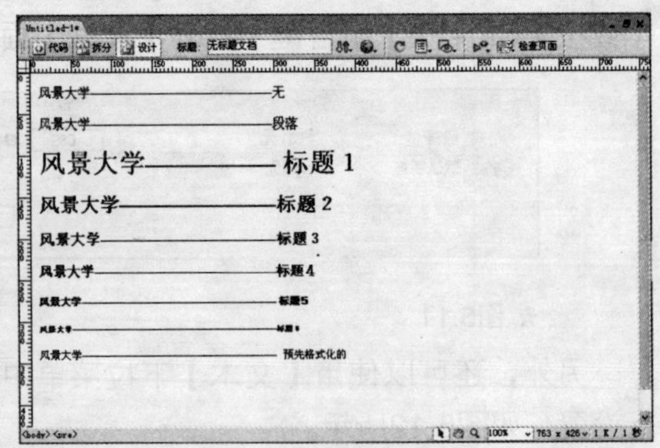


★ 图5.14

### 2. 设置字体

如果要设置字体，可以先选中要设置字体的文本，在【属性】面板中单击【字体】下拉按钮，弹出【字体】下拉列表，

用户可从下拉列表中选择需要的字体或字体组合，如图5.15所示。

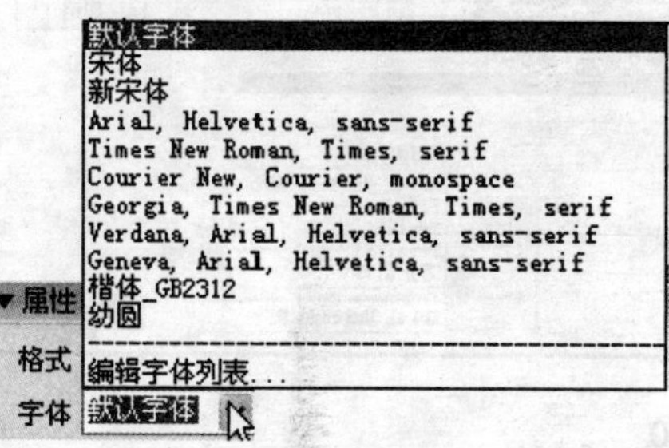


★ 图5.15

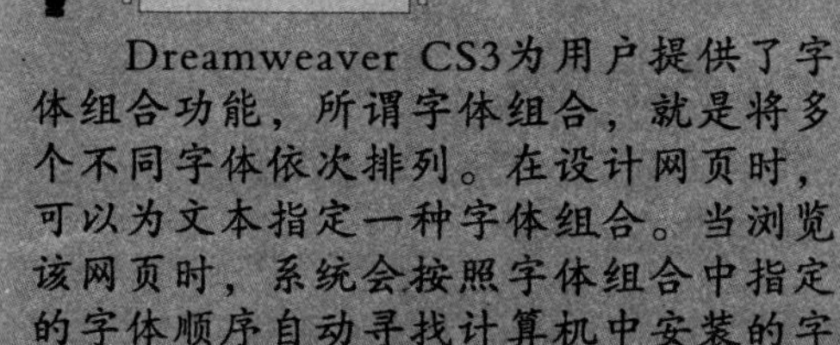

提 示

Dreamweaver CS3为用户提供了字体组合功能，所谓字体组合，就是将多个不同字体依次排列。在设计网页时，可以为文本指定一种字体组合。当浏览该网页时，系统会按照字体组合中指定的字体顺序自动寻找计算机中安装的字体。字体组合是可以自定义的，具体操作参考后面的练习。

### 3. 设置字号

如果要设置文本的字号大小，可以先将文本选中，然后在【属性】面板中单击【大小】下拉按钮，在弹出的下拉列表中进行选择，如图5.16所示。

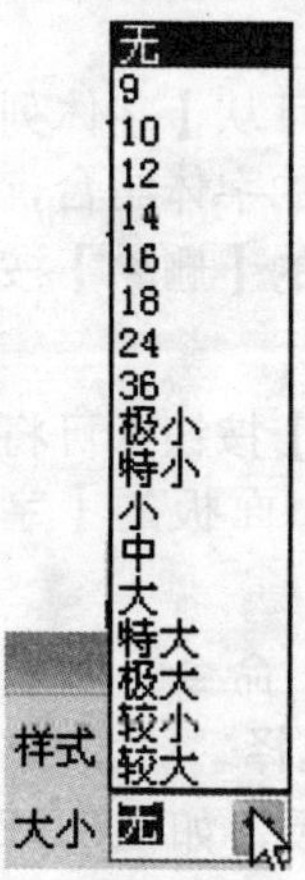


★ 图5.16

【大小】下拉列表包括很多选项，用户可根据设计需要选择合适的文本字号。

### 4. 设置文本颜色

单击【属性】面板中的【文本颜色】按钮，可打开如图5.17所示的颜色选择面板，其中列出了216种颜色。可根据需要选择合适的颜色，对颜色值熟悉的用户也可以直接在【文本颜色】按钮右侧的文本框中输入文本颜色值。如图5.18所示为设置文本颜色为红色时的文本效果。

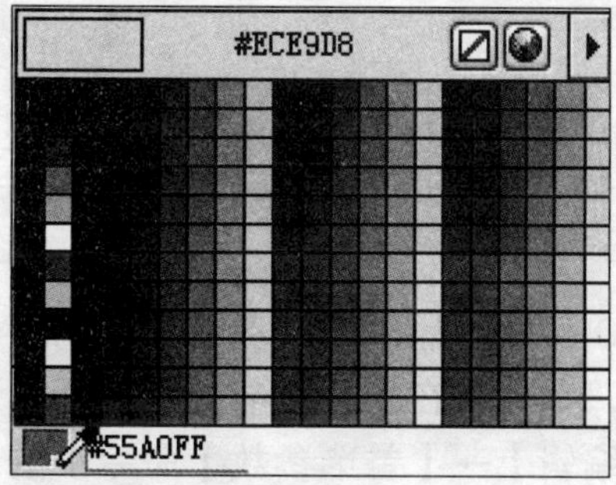


★ 图5.17

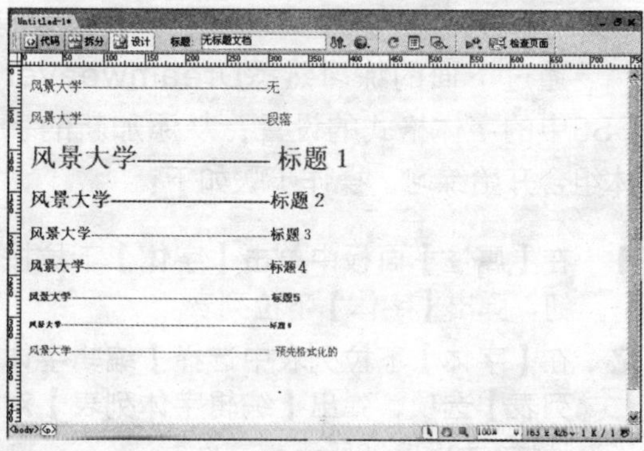


★ 图5.18

如果图5.17所示的颜色选择面板中没有用户需要的颜色，用户可以单击面板右上角的按钮，弹出【颜色】对话框，如图5.19所示，从中选择需要的颜色。

### 5. 文本的粗体和斜体设置

在【属性】面板中单击**B**按钮可以设置或取消文本的粗体格式，单击*I*按钮可以设置或取消文本的斜体格式。

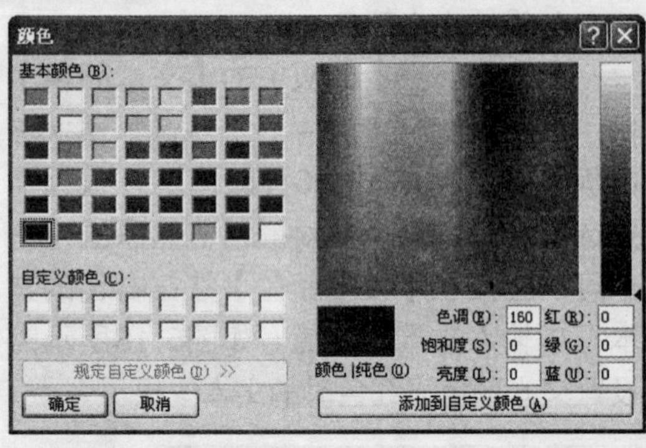

★ 图5.19

在使用【属性】面板应用粗体或斜体样式时，Dreamweaver CS3分别自动应用<strong>和<em> 标签。如果用户正在为使用IE 3.0 或更早版本的浏览器的使用者设计页面，则应该在【首选参数】对话框（选择【编辑】→【首选参数】命令）的【常规】选项卡下更改此首选参数。

**动手练**

通过下面的练习熟悉Dreamweaver CS3中的字体格式的设置，从添加新的字体组合开始练习，操作步骤如下：

**1** 在【属性】面板中单击【字体】下拉按钮，弹出【字体】下拉列表。

**2** 在【字体】下拉列表中选择【编辑字体列表】选项，弹出【编辑字体列表】对话框，如图5.20所示。

**3** 在【可用字体】列表框中选择要添加的字体，然后单击该框左侧的【添加】按钮<<，即可将选择的字体添加到【选择的字体】列表框中，同时显示在【字体列表】列表框中。

**4** 若有添加错了的字体，可以从【选择的字体】列表框选择该字体，然后单击>>按钮将其删除。

★ 图5.20

**5** 如果还要增加字体组合，可以单击【字体列表】列表框左上角的+按钮，在该列表框中添加【在以下列表中添加字体】选项，然后按上述步骤添加字体组合即可。如图5.21所示是添加字体组合后的对话框。

★ 图5.21

**6** 如果要删除字体组合中，可从【字体列表】列表框中选择要删除的字体组合，然后单击该列表框左上角的【删除】按钮-。

**7** 设置完成后，单击【确定】按钮即可将字体组合添加到【属性】面板的【字体】下拉列表中。

**8** 选择【文件】→【新建】命令，弹出【新建文档】对话框，选择“sit”站点下的“文学天地”模板，如图5.22所示。

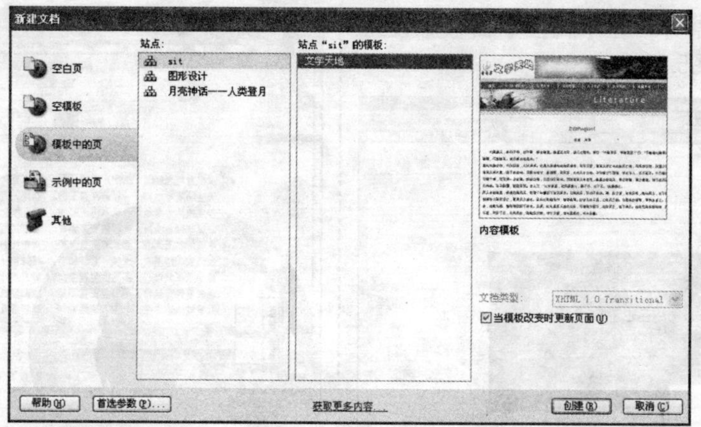

★ 图5.22

**9** 单击【创建】按钮，新建一个模板文档，如图5.23所示。

★ 图5.23

**10** 在文档的编辑区输入内容，如图5.24所示。

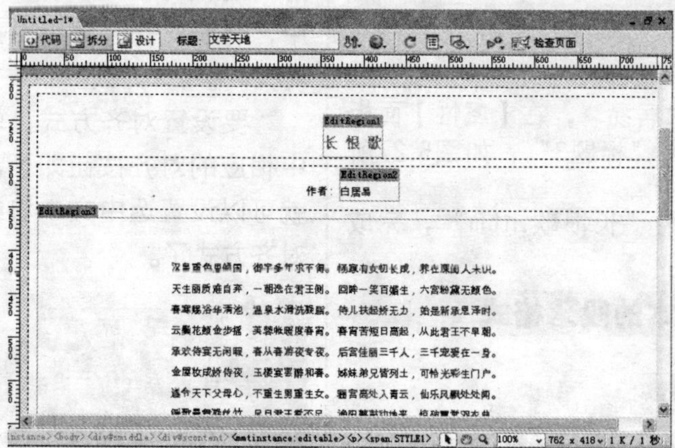

★ 图5.24

**11** 选中正文部分，在【属性】面板中设置字体，如图5.25所示。

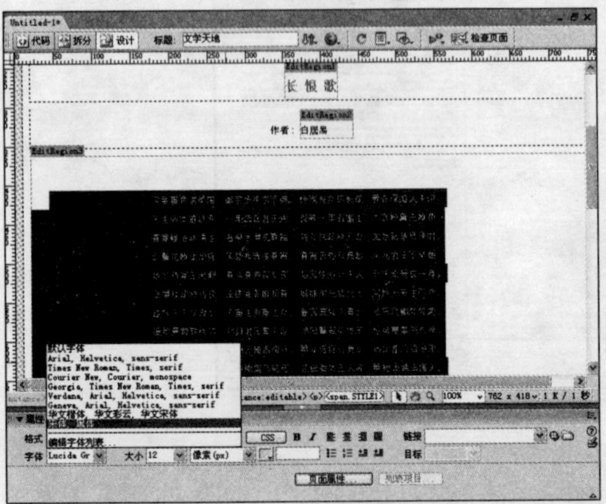

★ 图5.25

**12** 在【属性】面板中设置字号和文本颜色，如图5.26所示。

★ 图5.26

**13** 选中文本“白居易”，在【属性】面板中设置格式为“标题3”，如图5.27所示。

**14** 将文档保存为“长恨歌.htm”，完成操作。

## 5.2.2 设置文本的段落格式

段落格式设置包括文本的对齐方式和缩进量设置等，下面分别进行介绍。

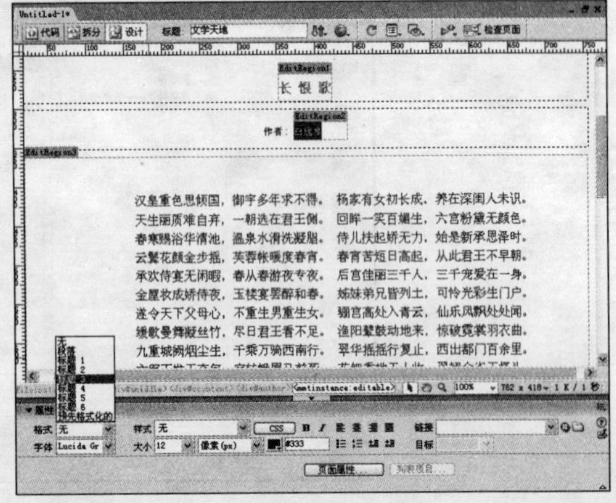

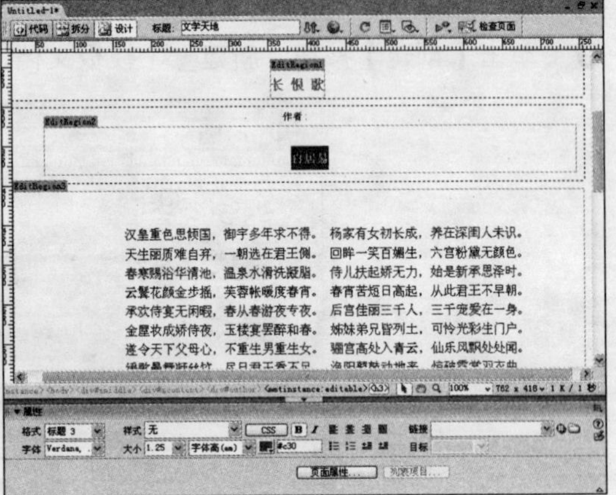

★ 图5.27

### 1. 设置对齐方式

文本的对齐方式是指多行文字在水平方向的相对位置，在Dreamweaver CS3中，有左对齐、居中对齐、右对齐和两端对齐4种对齐方式。

要设置对齐方式，单击【属性】面板中相应的对齐按钮即可，如图5.28所示，就可以设置选中文本块或光标所在段落的对齐方式了。

提 示

可以居中对齐整个文本块，但不能居中对齐标题或段落的某一部分。

★ 图5.28

### 2. 设置缩进量

在对齐方式按钮组的右下侧有两个按钮，它们分别是【文本凸出】按钮和【文本缩进】按钮，如图5.28所示。用户可以通过单击这两个按钮设置文本的缩进量（每次单击可以移动两个单位）。

当单击【文本缩进】按钮增加缩进量时，选择的文本行将向编辑窗口的右侧移动；当单击【文本凸出】按钮减小缩进量时，选中的文本行将向编辑窗口的左侧移动。

提　示

可以对段落应用多重缩进。每执行一次该命令，文本就从文档的两侧进一步缩进。

动手练

下面做一个设置段落格式的练习，具体操作如下：

**1** 新建一个HTML文档，在编辑窗口中输入文本，如图5.29所示。

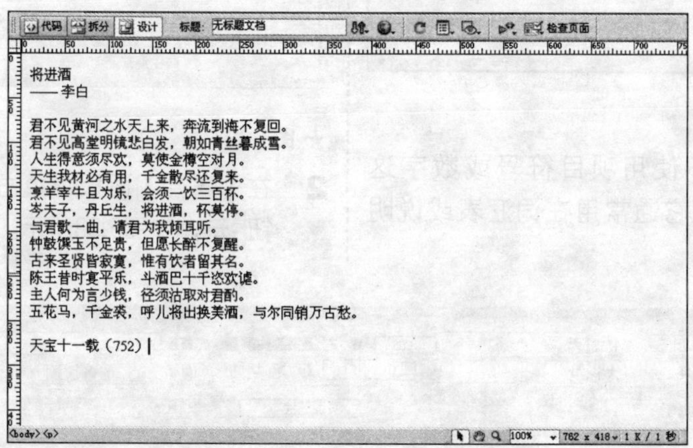


★ 图5.29

**2** 选中文本“将进酒”，单击【属性】面板中的【居中对齐】按钮，设置选中的文本居中对齐，如图5.30所示。

**3** 分别对其他文本进行对齐方式设置，效果如图5.31所示。

## 5.2.3 创建列表

知识点讲解

在网页编辑过程中，有时会使用列表。列表包括编号列表、项目列表和定义列表。在编辑窗口中，可以用现有文本或新文本创建编号列表（排序）、项目列表（不排序）和定义列表。

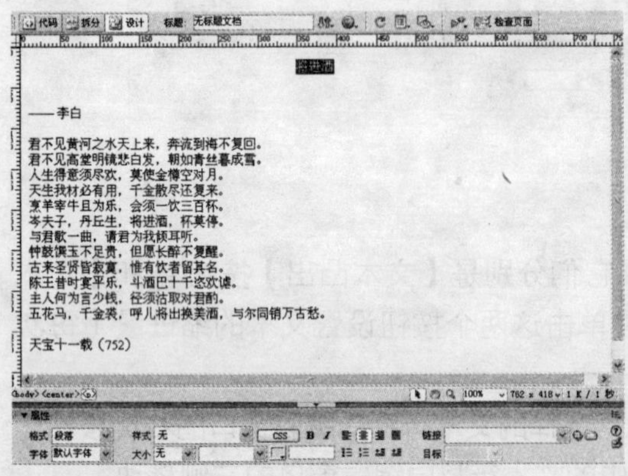

★ 图5.30

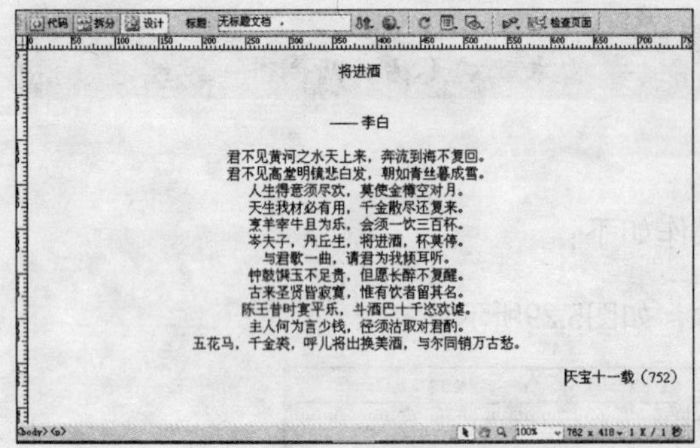


★ 图5.31

定义列表不使用项目符号或数字这样的前导符号，它通常用在词汇表或说明中。列表还可以嵌套，嵌套列表是指包含其他列表的列表。

下面分别介绍这3种列表的相关内容。

#### 1. 编号列表

当网页内文本需要按序排列时，就应该使用编号列表。编号列表的符号可以是阿拉伯数字、罗马数字或英文字母。

要添加编号列表可按如下步骤进行操作：

**1** 将插入点放置到编号列表出现的位置，如图5.32所示。

★ 图5.32

**2** 在【属性】面板中单击【编号列表】按钮，如图5.33所示。

★ 图5.33

也可以通过选择【文本】→【列表】→【编号列表】命令来插入编号列表，如图5.34所示。

**3** 此时编辑窗口将出现列表的序号，如图5.35所示。

**4** 在序号后输入第1条内容，按【Enter】键，出现第2个序号，如图5.36所示。

**5** 重复第4步的操作，完成其他内容的输入。在输入文本过程中，当文本超出编辑窗口的大小时会自动换行。在浏览器中预览时，会根据窗口大小自动调整显示内容。

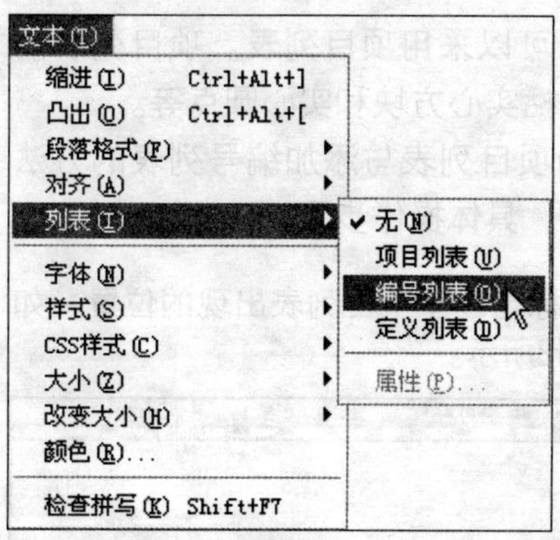


★ 图5.34

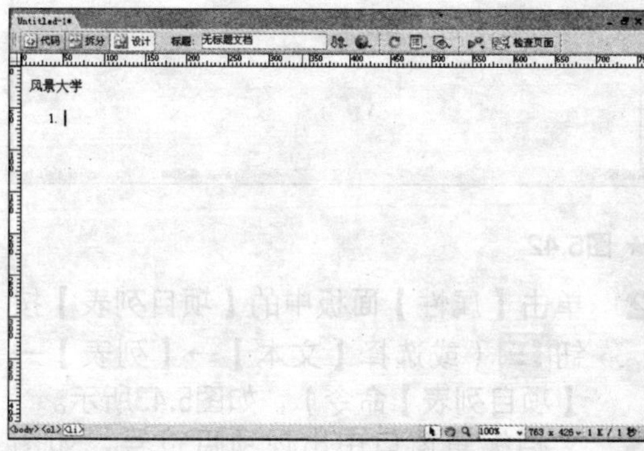

★ 图5.35

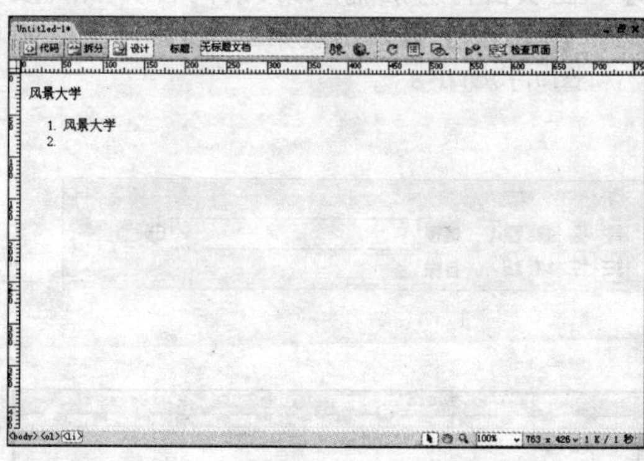

★ 图5.36

**6** 连续按两次【Enter】键，结束本次添加编号列表的操作，这时的编号列表如图5.37所示。

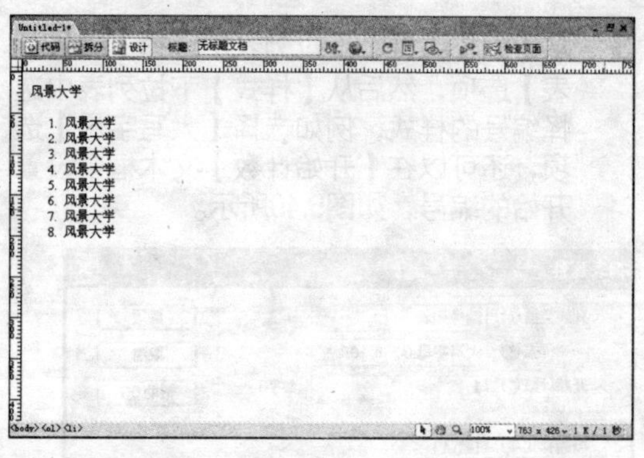

★ 图5.37

Dreamweaver CS3默认情况下使用阿拉伯数字作为编号列表的序号。如果要使用其他格式的序号，可以按下列步骤操作：

**1** 选择【文本】→【列表】→【属性】命令（或者在【属性】面板中单击 列表项目... 按钮），如图5.38所示。

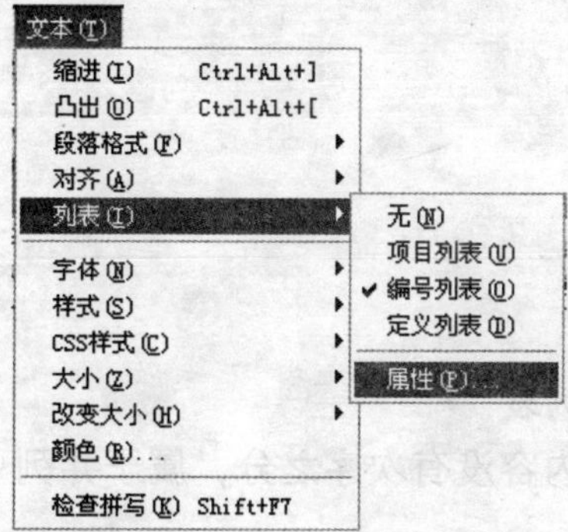


★ 图5.38

**2** 弹出【列表属性】对话框，如图5.39所示。

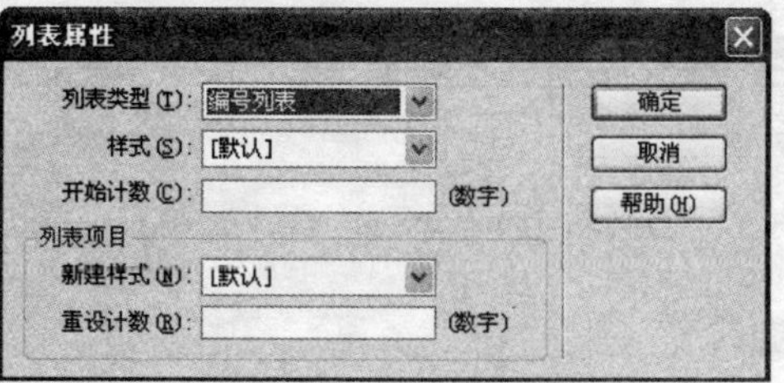


★ 图5.39

**3** 从【列表类型】下拉列表中选择【编号列表】选项，然后从【样式】下拉列表中选择编号的样式，例如选择【大写字母】选项，还可以在【开始计数】文本框中设置开始的编号，如图5.40所示。

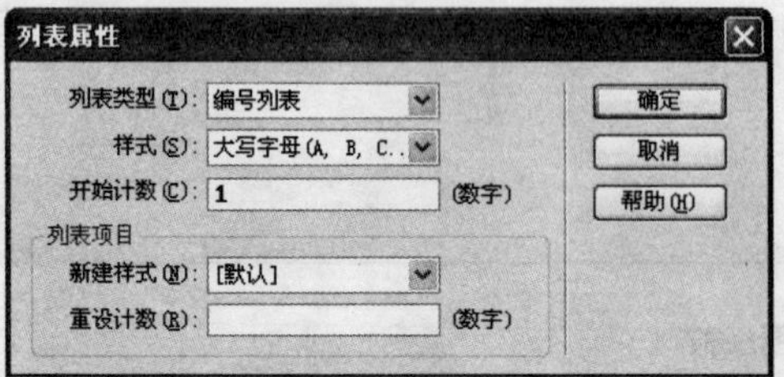


★ 图5.40

**4** 单击【确定】按钮，即可看到将编号样式改为大写字母后的效果，如图5.41所示。

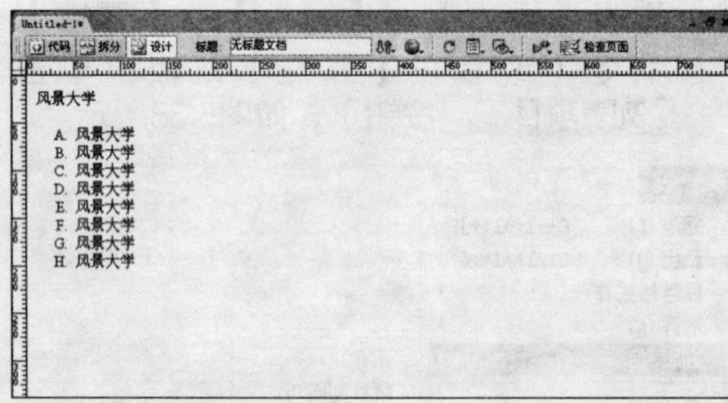


★ 图5.41

### 2. 项目列表

当网页内容没有次序之分，属于并列内容时，可以采用项目列表。项目列表前的符号包括实心方块和实心圆点等。

添加项目列表与添加编号列表的方法基本相同，具体操作步骤如下：

**1** 将光标定位于项目列表出现的位置，如图5.42所示。

★ 图5.42

**2** 单击【属性】面板中的【项目列表】按钮 （或选择【文本】→【列表】→【项目列表】命令），如图5.43所示。

**3** 文档编辑窗口中出现项目符号，如图5.44所示。

**4** 在项目符号后输入第1条内容，然后按【Enter】键，出现第2个项目符号，如图5.45所示。

★ 图5.43

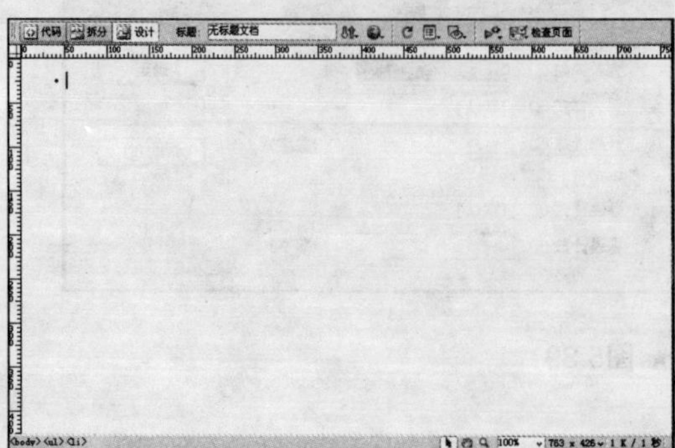

★ 图5.44

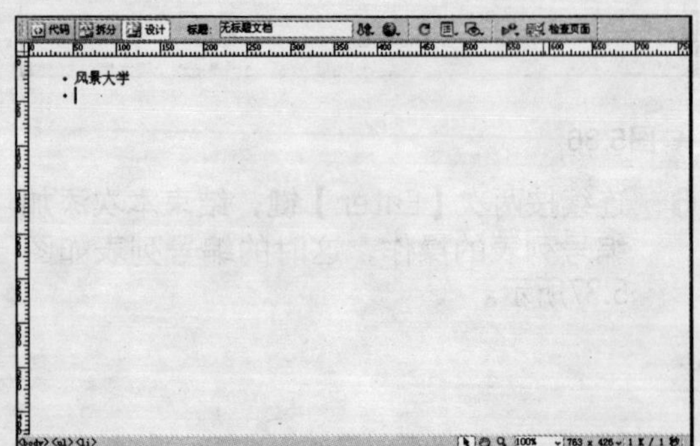


★ 图5.45

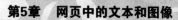

5　重复上一步的操作，完成其他内容的输入。

6　添加项目列表后的效果如图5.46所示。

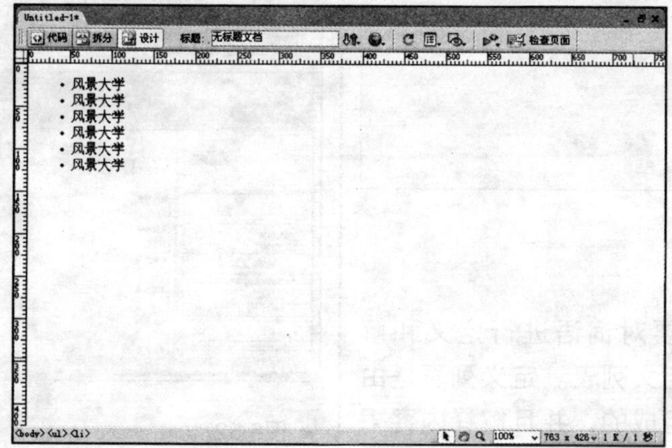


★ 图5.46

Dreamweaver CS3默认使用的项目符号样式是实心圆点，如果要使用其他的项目符号，操作步骤如下：

1　在【属性】面板中单击 列表项目... 按钮（或者选择【文本】→【列表】→【属性】命令），如图5.47所示。

★ 图5.47

2　弹出如图5.48所示的【列表属性】对话框。

3　从【列表类型】下拉列表中选择【项目列表】选项，然后从【样式】下拉列表中选择【正方形】选项，如图5.49所示。

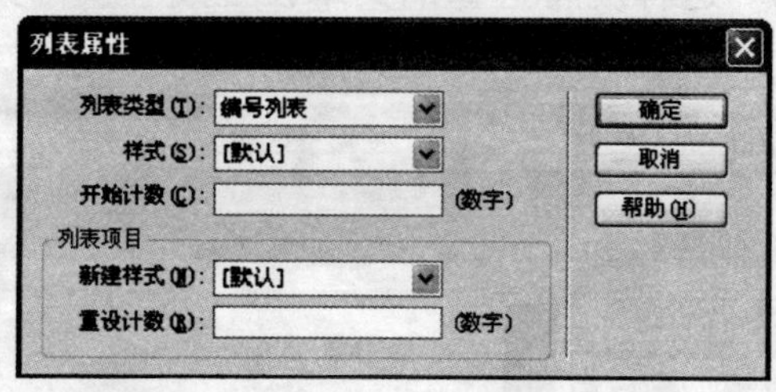


★ 图5.48

★ 图5.49

4　单击【确定】按钮，这时的项目列表效果如图5.50所示。

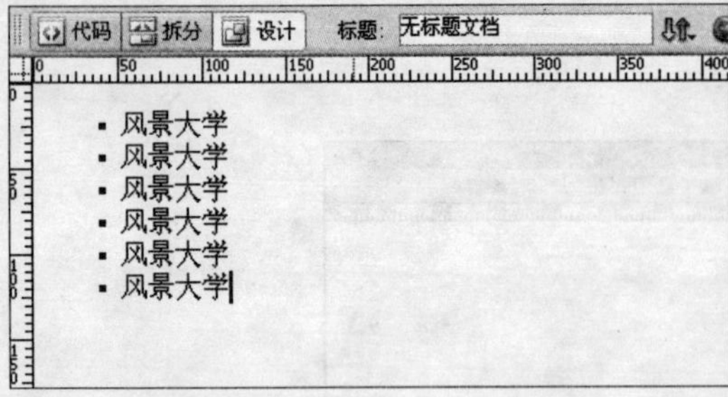
★ 图5.50

### 3. 定义列表

在网页内需要对词语进行定义和解释时，可以使用定义列表。定义列表是由词语和解释内容组成的，并且解释内容相对于词语向右缩进排列，即通常状态下采用这种列表方式的效果是：奇数行向左缩进，偶数行向右缩进。

将文本设置为定义列表的操作步骤如下：

1 选中要使用定义列表的文本。

2 选择【文本】→【列表】→【定义列表】命令，（或者将文本选中，单击鼠标右键，从弹出的快捷菜单中选择【列表】→【定义列表】命令），此时选中的文本即显示为应用定义列表后的效果，如图5.51所示。

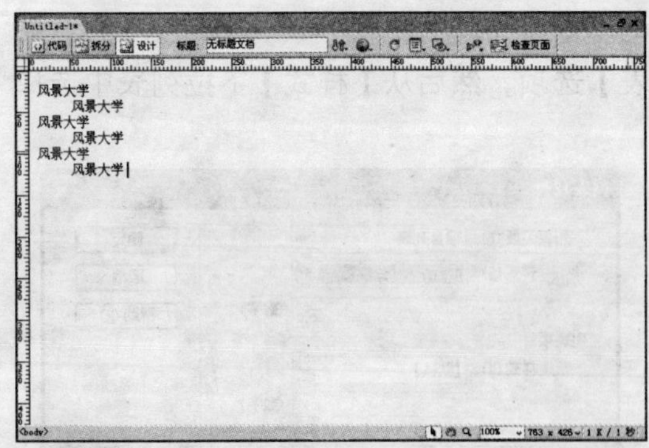
★ 图5.51

下面练习先输入文本，再将文本设置为列表的操作方法，步骤如下：

1 打开“古诗词文.htm”文件，在右侧分段（按【Enter】键），输入该网页的文本，如图5.52所示。

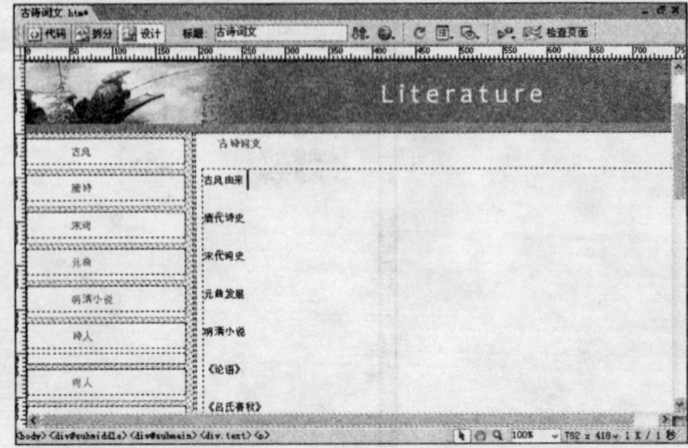
★ 图5.52

2 选中输入的文本，单击【属性】面板中的【项目列表】按钮，如图5.53所示。

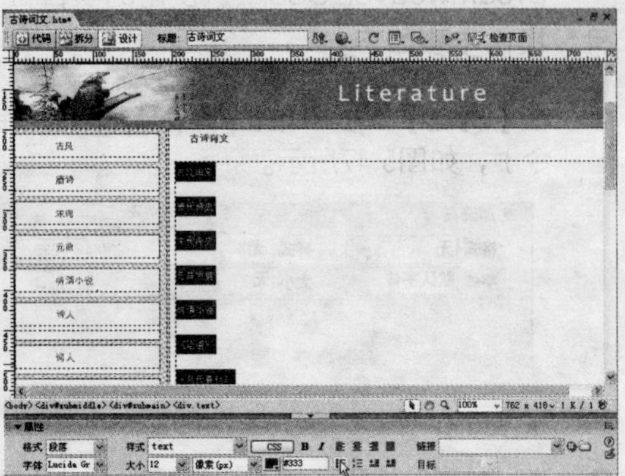
★ 图5.53

3 这样就将选择的文本设置成了项目列表，如图5.54所示。

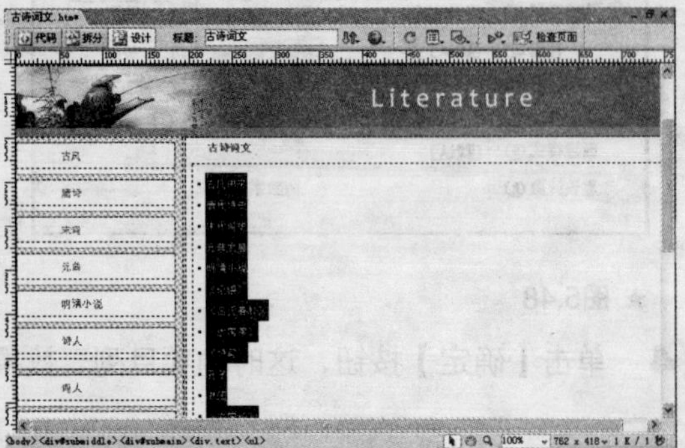
★ 图5.54

4 单击【属性】面板中的【编号列表】按钮，可将选择的文本创建成编号列表，如图5.55所示。

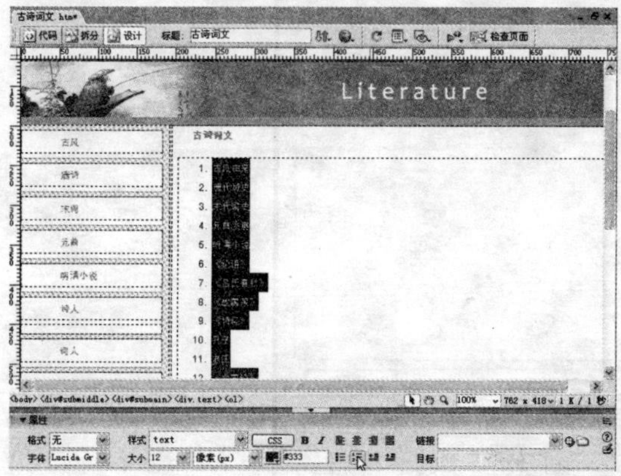


★ 图5.55

## 5.2.4 创建文本超链接

超链接能够实现页面与页面之间的跳转，从而有机地将网站中的每个页面联系起来，是网页中非常重要的元素。

超链接由源端点和目标端点两部分组成，有超链接的一端称为超链接的源端点（鼠标指针移到其上时，通常会变为小手形状），跳转到的页面称为超链接的目标端点，通常单击超链接的源端点即可跳转到超链接的目标端点，打开相应的网页。

在创建超链接时，最重要的是弄清楚链接的路径，根据链接路径的不同可将超链接分为绝对链接、文档相对路径和站点根目录相对路径三种类型。

- **绝对链接：**这类链接给出了链接目标端点完整的URL地址，包括使用的协议（网页中常用的协议为HTTP协议），如“http://www.sina.com/index.asp”。绝对链接在网页中主要用来创建具有固定地址的链接，如要建立到网易网站的链接就可以使用绝对链接（http://www.163.com），因为网易网站的URL是固定不变的。
- **文档相对路径：**文档相对路径是本地站点链接中最常用的链接形式，使用相对路径无须给出完整的URL地址，可省去协议部分，只保留不同的部分即可，如“pic/bg.jpg”。相对链接的文件之间相互关系并没有发生变化，当移动整个文件夹时不用更新建立的链接，因此使用文档相对路径创建的超链接在上传文件时非常方便。
- **站点根目录相对路径：**这类链接是基于站点根目录的，如“/movie/top.swf”，在同一个站点中的网页链接可采用这种方法。

文本超链接是网页制作过程中最常用的元素之一。浏览一个网页时，经常会遇到文本超链接，将指针指向某个文本，文本的颜色会发生改变，单击鼠标左键，即可链接到与此文本相关连的位置。

动手练

下面练习设置文本超链接，具体操作步骤如下：

1 在编辑窗口中选中要作为链接的文本，单击【属性】面板【链接】下拉列表框右侧的【浏览文件】按钮，如图5.56所示。

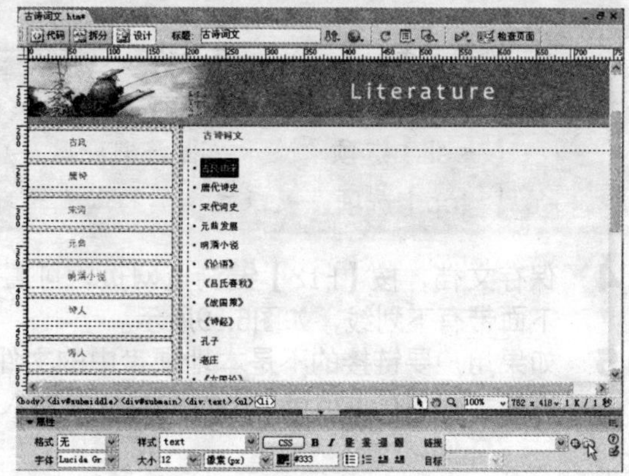


★ 图5.56

**2** 弹出【选择文件】对话框，如图5.57所示，从中选择要链接的文件。

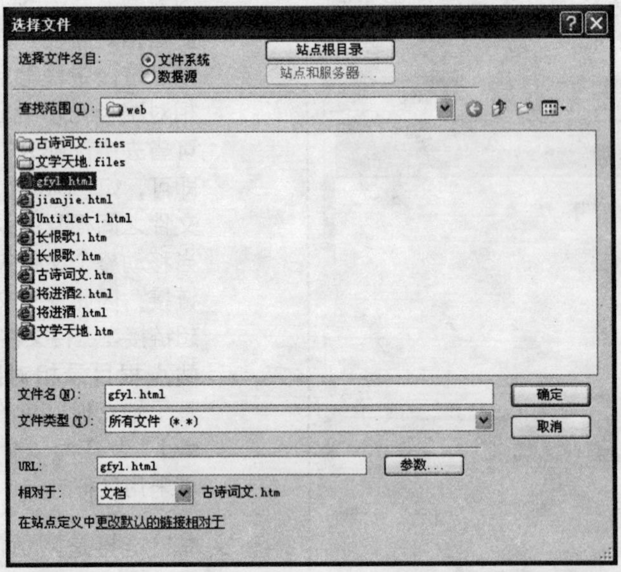

★ 图5.57

**3** 单击【确定】按钮，在【属性】面板的【目标】下拉列表中选择目标端点打开的方式，如图5.58所示。

★ 图5.58

**提 示**

【属性】面板的【目标】下拉列表中有【_blank】、【_parent】、【_self】和【_top】4个选项，其含义分别如下。

- 【_blank】选项：表示单击超链接会重新启动一个浏览器窗口载入被链接的网页。
- 【_parent】选项：表示在上一级浏览器窗口中显示链接的网页文档。
- 【_self】选项：表示在当前浏览器窗口中显示链接的网页文档。
- 【_top】选项：表示在顶端的浏览器窗口中显示链接的网页文档。

**4** 保存文档，按【F12】键浏览网页，可看到设置了超链接的文本改变颜色，并且在文本下面带有下划线，如图5.59所示。

**5** 如果用户要链接的不是本地硬盘中的文件，而是某个网站的文件，例如，要链接到搜狐网站，那么在【链接】下拉列表框中输入“http://www.sohu.com”即可。

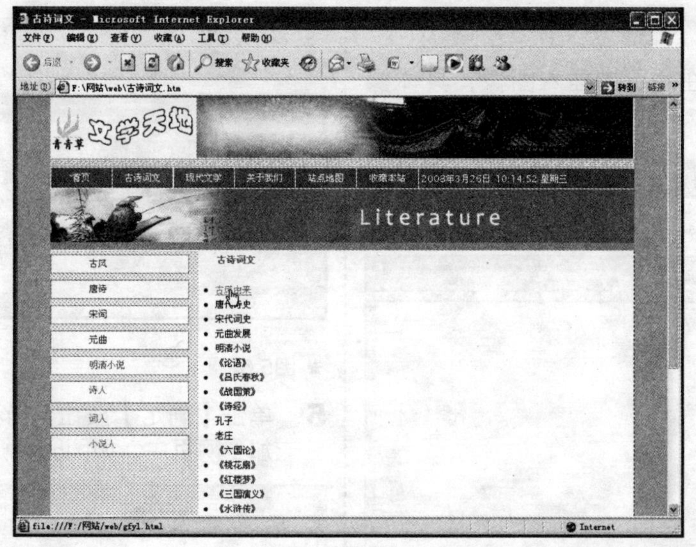

★ 图5.59

## 5.3 网页中的图像

除文本外，图像也是网页重要的组成部分。图像在整个网页中可以起到画龙点睛的作用，图文并茂的网页比纯文本更能吸引人的注意力。为了增强网页的魅力，现在几乎所有的网页都或多或少地使用了图像。图像可以把动画与网页联系起来，构成有机的整体。

### 5.3.1 插入图像

一个好的网页除了有文本之外，还应该有图像，在页面中恰到好处地使用图像，网页会更加生动和美观。图像也是网页中不可缺少的元素，正是由于图像的存在，网页内容才变得更加丰富多彩。

图像文件的格式有很多，但是目前在网页中常用的图像格式只有GIF，JPEG和PNG三种。

GIF格式图像最多只能有256种颜色，适合显示对质量要求不高或色彩比较单一的图像。它支持透明效果并可制作动画效果，网页中大量的动画图像都是GIF格式的。

JPEG格式通常用来显示静态图像，它可以在有效压缩图像大小的同时，最大限度地保证图像的质量，因此，对图像显示效果有较高的要求时，通常使用该格式。

PNG格式是一种集JPEG格式和GIF格式优点于一身的图片格式，它可以实现背景透明的效果，并具有JPEG格式处理精美图像的优势，但目前在网页中应用还不太广泛。

在Dreamweaver CS3的网页中插入图像有以下两种方法：

- 选择【插入记录】→【图像】命令。
- 在【插入】栏的【常用】选项卡下单击【图像】下拉按钮，在弹出的下拉菜单中选择相应的命令。

下面练习在网页中插入图像，具体操作步骤如下：

**1** 将光标定位到需要添加图像的位置，如图5.60所示。

★ 图5.60

**2** 选择【插入记录】→【图像】命令，弹出【选择图像源文件】对话框，如图5.61所示。

★ 图5.61

**3** 在【查找范围】下拉列表中选择要插入的图像所在的文件夹，然后在【文件名】文本框中输入要插入图像文件的名称（或直接在中间的列表框中选择要插入的文件）。

**4** 单击【确定】按钮，弹出【图像标签辅助功能属性】对话框，如图5.62所示。可在【替换文本】下拉列表框中输入文本，也可单击【替换文本】下拉按钮，从弹出的下拉列表中选择【<Empty>】选项。

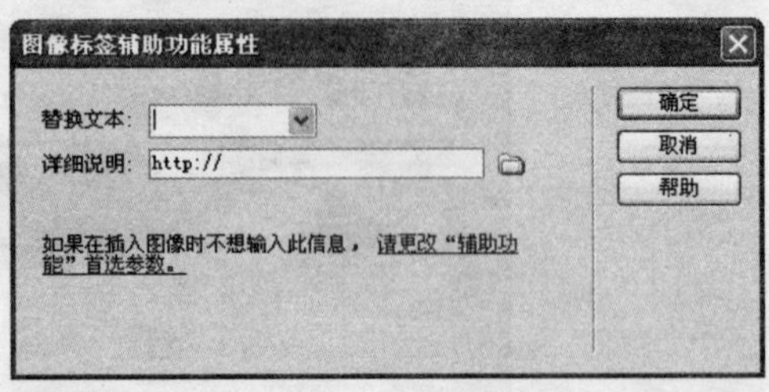


★ 图5.62

**5** 单击【确定】按钮，所选择的图像就添加到网页中，如图5.63所示。

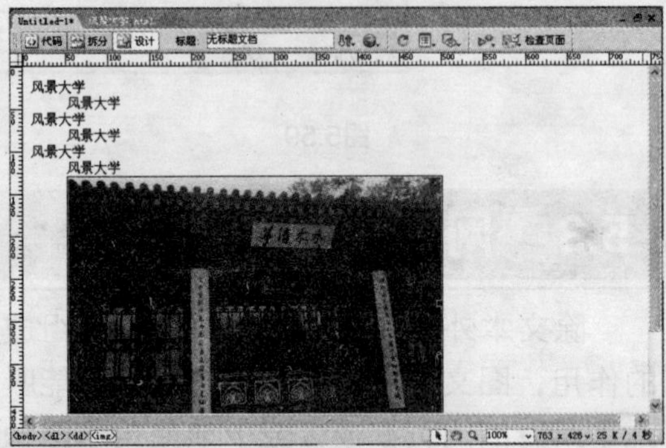

★ 图5.63

如果所选择的图像与本地站点不在同一目录中，则在单击【选择图像源文件】对话框中的【确定】按钮后，还需要进行如下操作：

**1** 单击【确定】按钮后，会弹出一个对话框，询问是否要将该图像文件复制到当前站点中，如图5.64所示。

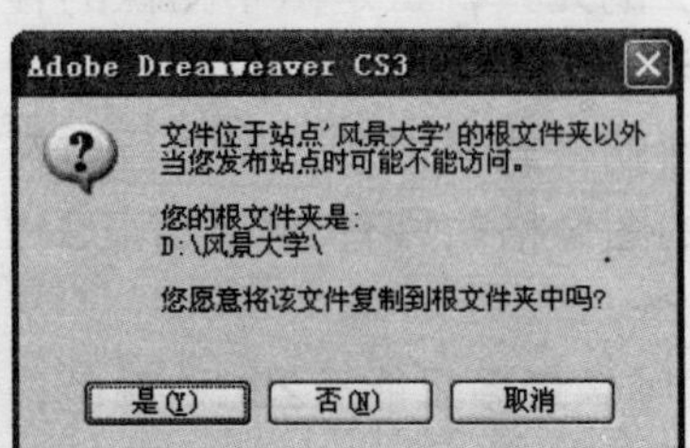


★ 图5.64

**2** 单击【是】按钮，弹出【复制文件为】对话框，如图5.65所示。

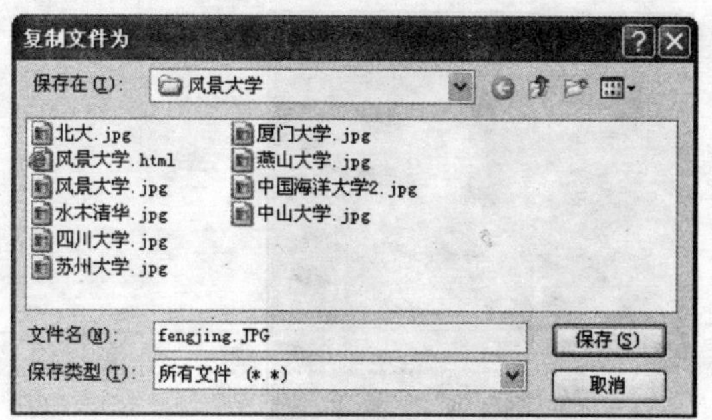


★ 图5.65

**3** 单击【保存】按钮，将选中的图像复制到本地站点目录中，同时弹出如图5.66所示的对话框。

**4** 在【图像标签辅助功能属性】对话框中进行设置后，单击【确定】按钮，即可将选择的图像插入到光标所在的位置。

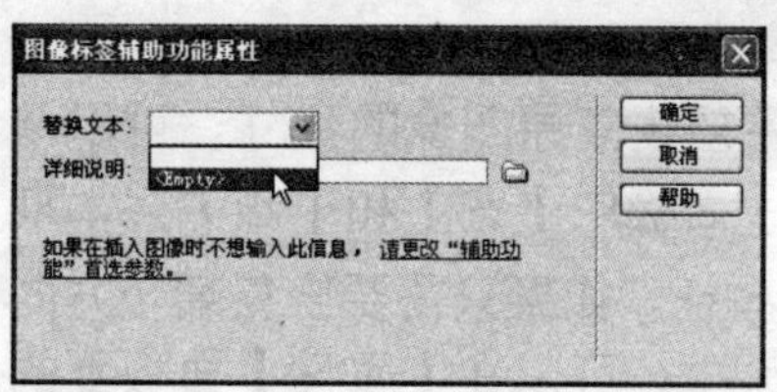


★ 图5.66

## 5.3.2 设置图像大小

在Dreamweaver CS3的编辑窗口中，选择网页中插入的图像，在【属性】面板将显示图像的所有属性，如图5.67所示。通过该面板可以方便地设置图像大小和位置等属性。

★ 图5.67

要设置图像大小，有以下两种方法。

**1. 通过【属性】面板**

在网页中插入图像后，会自动在【属性】面板中的【宽】和【高】文本框中显示图像的原始尺寸（如图5.67所示）。如果要修改图像的大小，可以直接在这两个文本框中输入相应的图像宽度值和高度值。

**2. 直接拖动控制点**

除了使用【属性】面板，也可以直接使用鼠标拖动来改变插入图像的尺寸。

在编辑窗口中选中图像，可以看到此时图像上出现一个带有3个控制点（也叫控点或控制手柄）的调整框，用鼠标拖动控制点就可以随意改变图像尺寸，如图5.68所示。

★ 图5.68

拖动右侧的控制点可以改变图像的宽度，拖动下方的控制点可以改变图像的高度，而拖动右下角的控制点则可以同时改变图像的宽度和高度。

如果希望恢复原图像的尺寸，可以单击【属性】面板中【宽】和【高】文本框右侧的按钮。如果只需要恢复某个方向上的原始大小，可以在【属性】面板上的“宽”或“高”文字上单击鼠标左键，如图5.69和图5.70所示的是分别单击“宽”或“高”的效果对比。

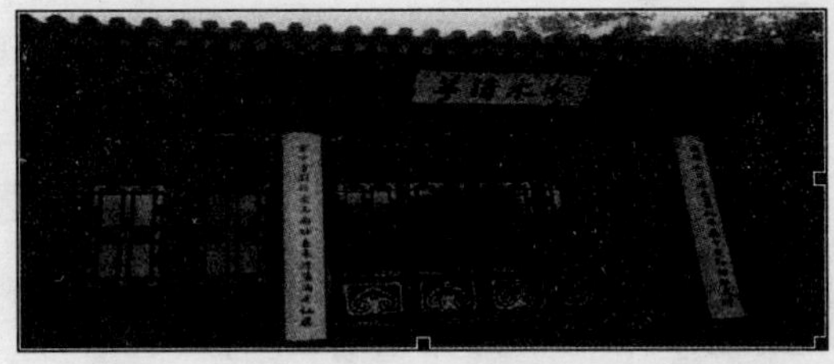

★ 图5.69

★ 图5.70

**动手练**

练习修改网页中图像的大小，具体操作步骤如下：

1 在编辑窗口中选中要调整大小的图像，如图5.71所示。

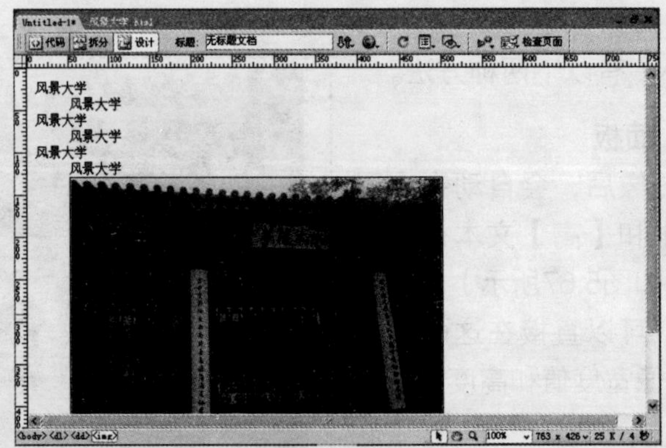

★ 图5.71

2 在【属性】面板中的【宽】文本框中输入“220”，在【高】文本框中输入数值“160”，如图5.72所示。

★ 图5.72

**3** 按【Enter】键，图像即会显示为调整后的大小，如图5.73所示。

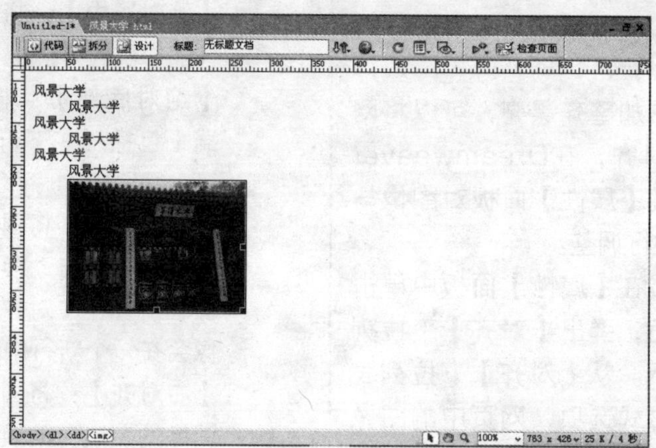


★ 图5.73

**4** 在【属性】面板中的【替换】下拉列表框中输入说明性的文本“清华”，如图5.74所示，这样当网页中的图像没有显示时，将以【替换】下拉列表框中的内容显示在网页中。

★ 图5.74

**5** 按【F12】键，在浏览器中没有显示图像时的网页效果如图5.75所示。

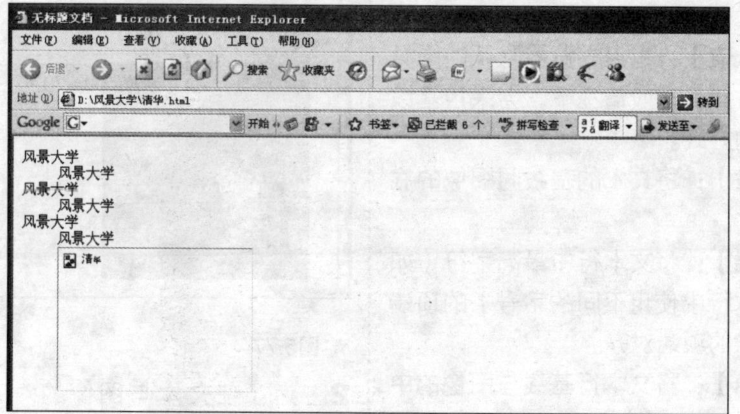


★ 图5.75

**提 示**

也可以将【替换】内容设置为空，这样在浏览网页时，即使图像没有被显示，图像在页面中占用的空间仍然保留，不会破坏版面的整体效果。

## 5.3.3 图像的对齐设置

知识点讲解

为了使版面更加整齐漂亮，可以将网页的图像与文字对齐，在Dreamweaver CS3中，可以通过【属性】面板对图像与文本的对齐方式进行调整。

选中图像后，在【属性】面板中单击【对齐】下拉按钮，弹出【对齐】下拉列表，如图5.76所示。从【对齐】下拉列表中选择某种对齐方式选项，网页中的图像和文本即可按指定的对齐方式进行排列。

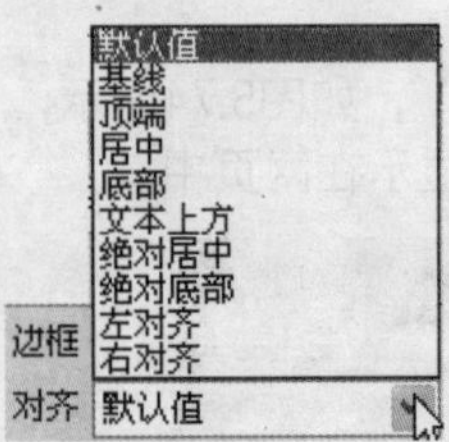


★ 图5.76

【对齐】下拉列表中各个选项的含义如下。

- 【默认值】：采用浏览器默认的图像对齐方式，一般情况下，会采用基线对齐的方式。
- 【基线】：将文本的基线同图像的底部对齐。
- 【顶端】：将文本行中最高字符（如果文本行中使用不同的字号）的顶端同图像的项端对齐。
- 【居中】：将文本行基线与图像的中部对齐。
- 【底部】：将文本行基线与图像的底部对齐，与基线对齐方式一样。
- 【文本上方】：将文本行中最高字符同图像的顶端对齐，请注意该项与顶端对齐方式的差别，但在大多数情况下，对齐效果是一样的。
- 【绝对居中】：将文本行的中部与图像的中部对齐。
- 【绝对底部】：将文本行的绝对底端（包括一些下行字母，例如“g”等）同图像的底部对齐。
- 【左对齐】：将图像左对齐，文本在图像的右边自动换行。如果在插入图像之前存在左对齐的文本，则插入图像会在一个新行中进行左对齐。
- 【右对齐】：将图像右对齐，文本在图像的左边自动换行。如果在插入图像之前存在右对齐的文本，则插入图像会在一个新行中进行右对齐。

动手练

下面做一个调整图像大小的练习，具体操作步骤如下：

1 在编辑窗口中选中要调整大小的图像，如图5.77所示。

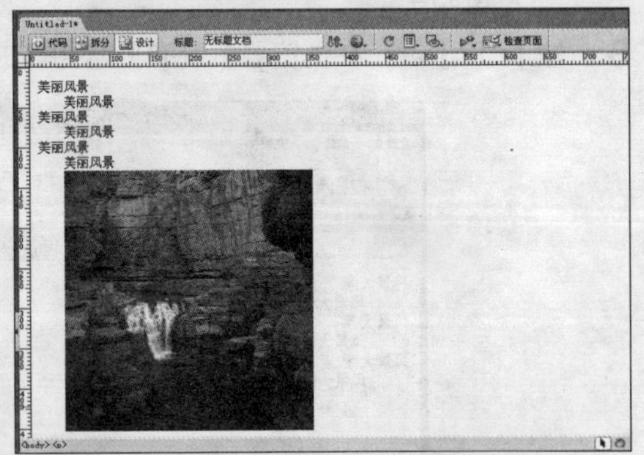


★ 图5.77

2 为了使文本与图像的对齐效果更加明显，可先将选中的图像移动到如图5.78所示的位置，然后再进行对齐设置。

3 在【属性】面板中单击【对齐】下拉按钮，弹出【对齐】下拉列表，从中选择【左对齐】选项，网页中的图像和文本的排列如图5.79所示。

★ 图5.78

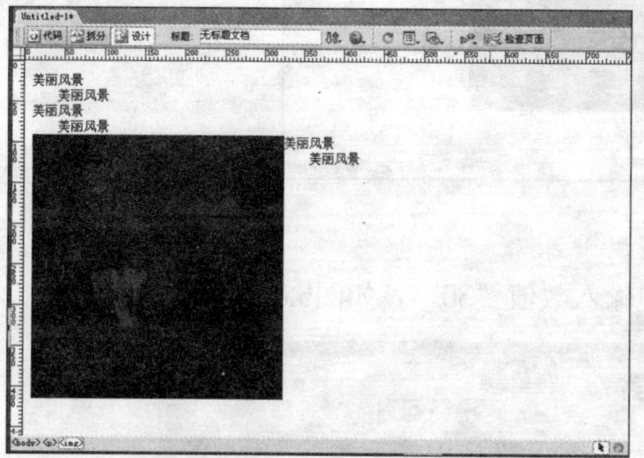

★ 图5.79

**4** 从【对齐】下拉列表中选择【右对齐】选项，网页中的图像和文本的排列如图5.80所示。

**5** 从【对齐】下拉列表中选择【居中】选项，网页中的图像和文本的排列如图5.81所示。

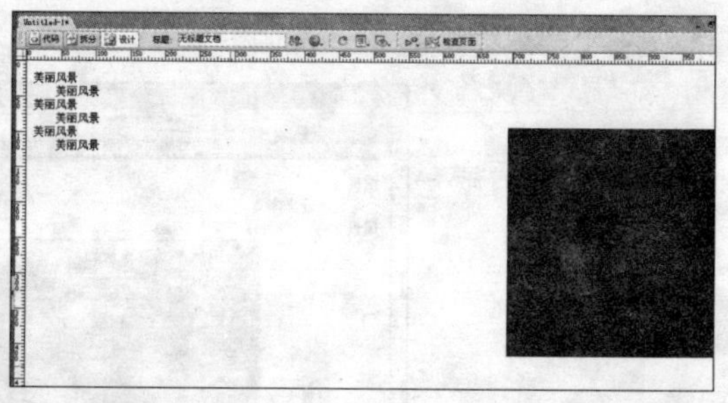

★ 图5.80

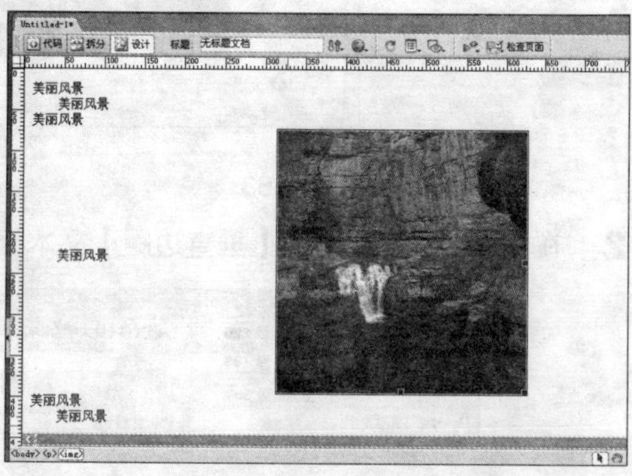

★ 图5.81

## 5.3.4 图像间距及边框设置

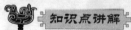

插入到网页中的图像，如果与文字靠得太近就会显得拥挤，这时可以适当调整图像的间距。在Dreamweaver CS3中可以通过【属性】面板中的【垂直边距】文本框和【水平边距】文本框对图像与文本之间的间距进行调整。

如果要为图像添加一个边框，可以通过【属性】面板中的【边框】文本框进行设置，如图5.82所示。在【边框】文本框中输入一个数值，系统即可将该值作为边框的大小。

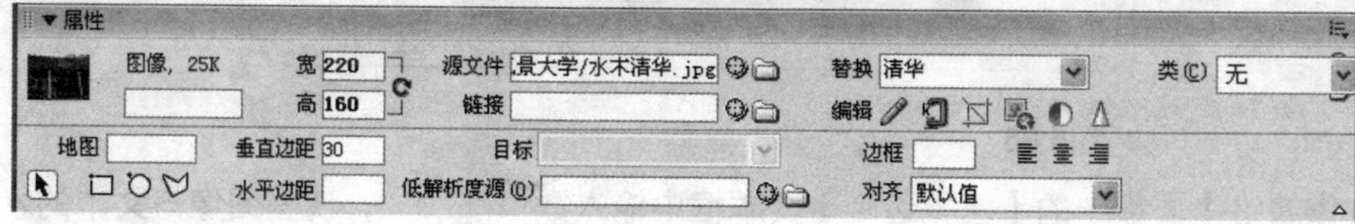


★ 图5.82

下面练习调整图像间距及为图像添加边框，具体操作步骤如下：

1 选中网页中的图像，如图5.83所示。

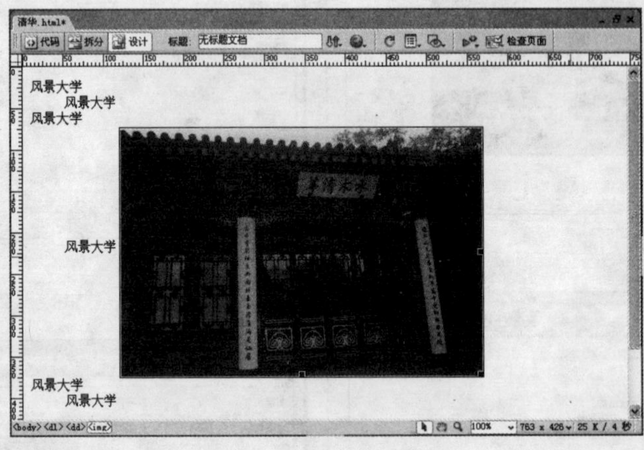

★ 图5.83

2 在【属性】面板中的【垂直边距】文本框中输入数值“30”，如图5.84所示。

★ 图5.84

3 按【Enter】键，这样就调整了图像与文本的垂直间距，如图5.85所示，图像与上边文本之间的垂直间距加大了。

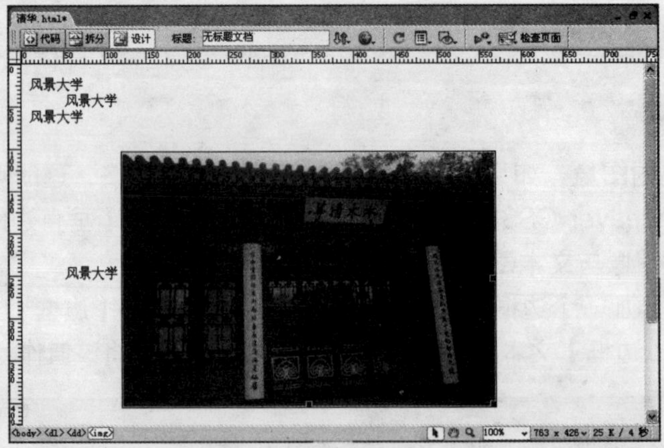

★ 图5.85

4 在【属性】面板中的【水平边距】文本框中输入数值“20”，调整图像与文本的水平间距，效果如图5.86所示。

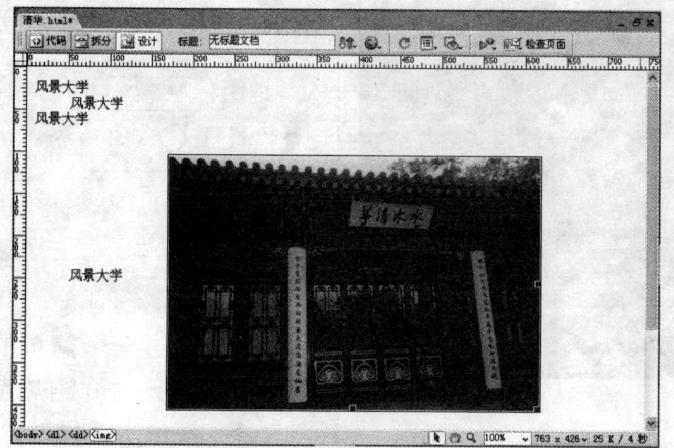


★ 图5.86

**5** 在【属性】面板中的【边框】文本框中输入数值“5”，如图5.87所示。

★ 图5.87

**6** 按【Enter】键确认，此时图像上就会出现一个边框，如图5.88所示。

★ 图5.88

**提 示**

图像添加边框后，边框颜色默认为黑色，如果为图像创建了超链接，则边框将自动改变颜色，它会随默认的超链接文字颜色的变化而变化，如图5.89所示是为图像添加超链接后的边框颜色变化效果。

**7** 如果想取消图像的边框，则只需删除【边框】文本框中的数值，或者将数值修改为“0”即可。

★ 图5.89

## 5.3.5 创建图像热区

在打开带有图片的网页时，有时会看到这样的情况：移动鼠标指针指向图片的不同部位时，可以打开不同的超链接，这种技术我们称之为网页图像热区。

有时想在一幅图像中创建多个链接区域，就需要在Dreamweaver CS3中通过为图像定义不同的热区来实现，设置了热区的图像称为“映射图”。

所谓热区指的是利用热点工具在图像中制作的超链接区域，热区的基本形状有矩形、圆形和多边形3种。在图像的【属性】面板中，有一组专门用来创建图像映射的热点工具，如图5.90所示。

★ 图5.90

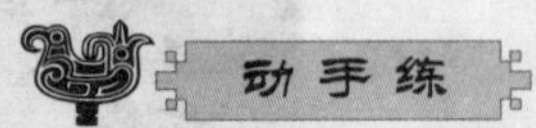


下面通过一个简单的例子练习如何创建图像热区，并介绍热点工具的功能和使用方法，操作步骤如下：

**1** 在编辑窗口中选中一幅图像，如图5.91所示。

★ 图5.91

**2** 单击【属性】面板中【地图】文本框下的【矩形热点工具】按钮，如图5.92所示。

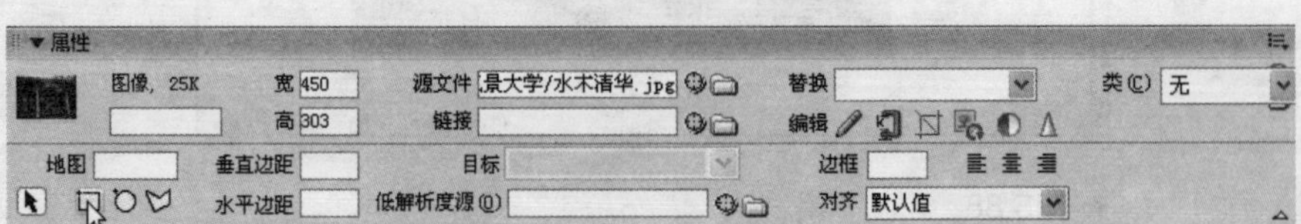


★ 图5.92

**3** 然后在图像左侧部分按住鼠标左键并拖动鼠标，创建一个矩形热区，如图5.93所示。从图中可以看到创建的热区周边有淡蓝色的热点，即热区4个角的小方块。

**4** 在【属性】面板中【地图】文本框下方单击【指针热点工具】按钮，然后单击热区就可以选中热区，拖动鼠标即可移动热区的位置，拖动热区控制点即可调整热区的形状，如图5.94所示。

★ 图5.93

★ 图5.94

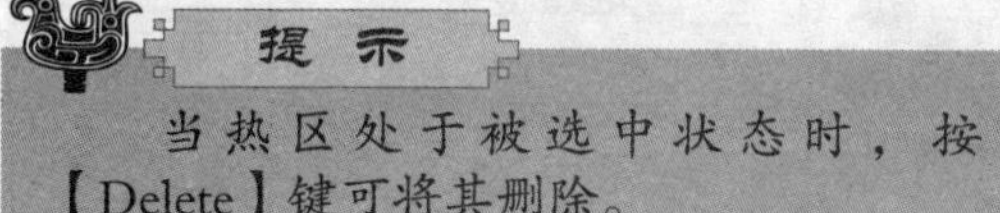

提 示

当热区处于被选中状态时，按【Delete】键可将其删除。

5 按照上述方法，在【属性】面板中单击【椭圆热点工具】按钮，在图像中按住鼠标左键并拖动鼠标，可以创建一个圆形热区，如图5.95所示。

6 在【属性】面板的【地图】文本框下单击【多边形热点工具】按钮，在图像上依次单击鼠标左键，可创建出一个多边形的热区，此时图像中的3个热区如图5.96所示。

★ 图5.95

★ 图5.96

7 创建热区后，单击【指针热点工具】按钮选择矩形热区，在【属性】面板的【链接】文本框中输入对应的URL链接地址，或是单击【浏览文件】按钮，在弹出的【选择文件】对话框中选择要链接到的文件，如图5.97所示。

★ 图5.97

8 用同样的方法为其他热区设置超链接地址。按【F12】键，将修改保存起来，即可在浏览器窗口中看到热区的链接效果：移动鼠标指针到热区时，鼠标指针会变为小手形状，如图5.98所示，单击鼠标左键即可链接到目标对象。

★ 图5.98

## 5.4 图像的高级操作

Dreamweaver CS3为用户提供了图像占位符和鼠标经过图像等实用的网页编辑工具，下面对这些工具的使用分别进行介绍。

### 5.4.1 插入图像占位符

图像占位符是在将准备好的最终图形添加到网页之前使用的图形，在Dreamweaver CS3中可以设置占位符的大小和颜色，并为占位符添加替换文本等。通过使用图像占位符，可以在真正创建图像之前确定图像在页面上的位置。在站点发布之前，应该用适用于网页的图形文件（例如GIF文件或JPEG文件）替换所添加的图像占位符。

**1. 插入图像占位符**

可通过以下步骤插入图像占位符：

**1** 在文档编辑窗口中，将插入点定位到要插入图像占位符的位置。

**2** 选择【插入】→【图像对象】→【图像占位符】命令（或单击【插入】栏【常用】选项卡下的【图像】下拉按钮，在弹出的下拉菜单中选择【图像占位符】命令）。

**3** 弹出【图像占位符】对话框，如图5.99所示。

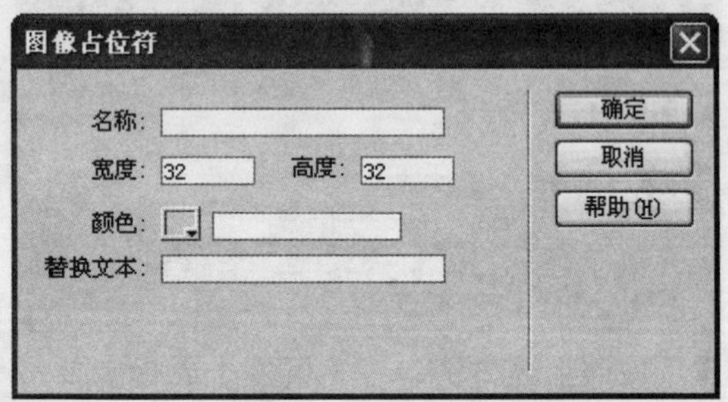


★ 图5.99

**4** 在【图像占位符】对话框中对图像占位符的宽度、高度、颜色和替换文本进行设置。

**2. 设置图像占位符属性**

如果要设置图像占位符的属性，可以在编辑窗口中选择图像占位符，然后打开【属性】面板，在这里可以为图像占位符设置各种属性，例如设置名称、宽度、高度、图像源文件、替代文本说明、对齐方式和颜色等，如图5.100所示。

★ 图5.100

图像占位符的【属性】面板中各项参数的含义如下：

- **【占位符】文本框**：在文本框中可以设置图像占位符的名称。
- **【宽】和【高】文本框**：在【宽】和【高】文本框中可以以像素为单位设置图像占位符的宽度和高度（改变此值即可改变图像占位符的大小）。
- **【源文件】文本框**：指定图像的源文件。对于占位符图像，此文本框为空。单击右侧的【浏览文件】按钮，可以为占位符图形选择替换图像。
- **【链接】文本框**：为图像占位符指定超链接，可拖动【指向文件】图标到【文件】面板站点文件列表中的某个文件上，或单击【浏览文件】按钮选择目标文件，还可以手动键入URL地址。
- **【替换】下拉列表框**：指定只显示文本的浏览器或已设置为手动下载图像的浏览器中代替图像显示的替代文本。在某些浏览器中，当鼠标指针滑过图像时也会显示该文本。
- **【创建】按钮**：单击此按钮可以启动Fireworks，创建替换图像。如果在用户的计算机上还没有安装Fireworks，则【创建】按钮处于不可用状态。
- **【颜色】文本框**：用于为图像占位符指定颜色。
- **【对齐】下拉列表框**：用于指定图像占位符在网页中的对齐方式。

**动手练**

下面是插入图像占位符的练习，具体操作步骤如下：

1 在编辑窗口中，将光标插入点定位到要插入图像占位符的位置。

2 单击【插入】栏【常用】选项卡下的【图像】下拉按钮，在弹出的下拉菜单中选择【图像占位符】命令，如图5.101所示。

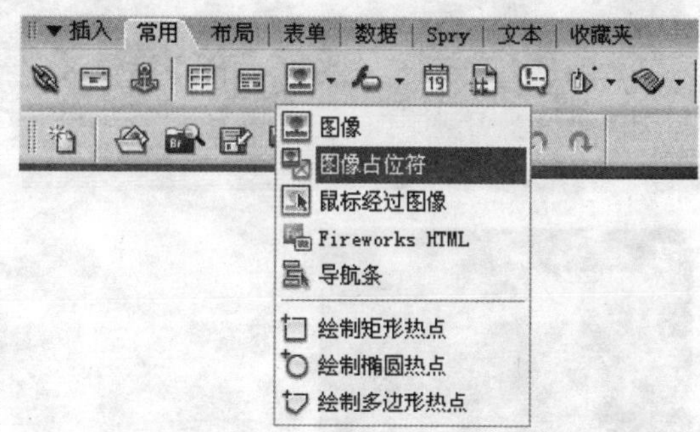


★ 图5.101

3 弹出【图像占位符】对话框，在【名称】文本框中输入图像占位符的名称“image”。

4 在【宽度】和【高度】文本框中输入数值“200”和“150”，设置图像占位符的宽度和高度。单击【颜色选择】按钮，从弹出的颜色选择面板中选择一种颜色，作为图像占位符的颜色，如图5.102所示。

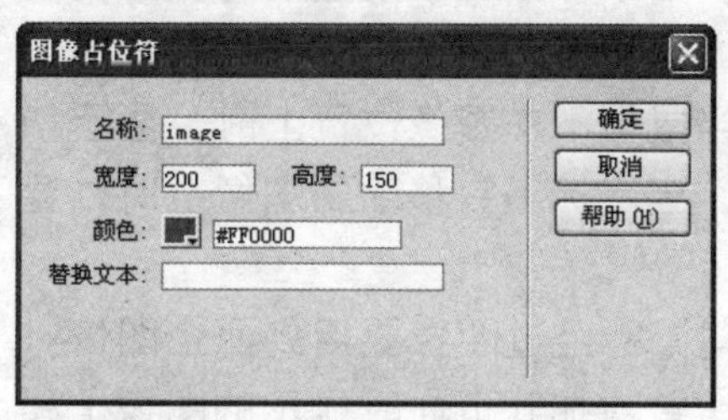


★ 图5.102

提　示

在【替换文本】文本框中设置图像占位符的替换文本，当不显示图像时，将显示该文本内容。

**5** 设置完成后，单击【确定】按钮，此时网页中即会出现用户插入的图像占位符，如图5.103所示。

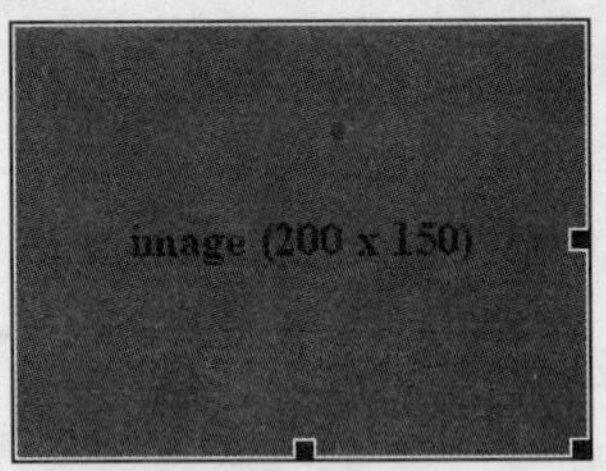


★ 图5.103

提　示

在浏览器中预览图像占位符的效果时，不会显示图像占位符名称和占位符大小，如图5.104所示。

★ 图5.104

## 5.4.2 创建鼠标经过图像

知识点讲解

鼠标经过图像功能是一种在浏览器中查看时，当鼠标指针移动过它时发生变化的图像。鼠标经过图像实际上由两个图像组成，当鼠标不在图像位置上时，显示初始图像，当鼠标指针移动到图像上时，显示另一幅图像。

创建鼠标经过图像要用到两个图像：主图像（首次加载页面时显示的图像）和次图像（鼠标指针移过主图像时显示的图像）。鼠标经过图像中的这两个图像应大小相等，如果这两个图像大小不同，Dreamweaver 将调整第二个图像的大小与第一个图像匹配。

一般，鼠标经过图像自动设置为响应onMouseOver事件。此外，还可以将图像设置为响应不同的事件，例如鼠标单击事件，用户可以更改已创建的鼠标经过图像。

创建鼠标经过图像的步骤如下：

**1** 在文档编辑窗口中，将光标定位到要创建鼠标经过图像的位置。

**2** 在【插入】栏的【常用】选项卡下，单击【图像】下拉按钮，然后选择【鼠标经过图像】命令（或选择【插入记录】→【图像对象】→【鼠标经过图像】命令）。

**3** 弹出【插入鼠标经过图像】对话框，如图5.105所示，在其中进行参数设置。

插入鼠标经过图像

图像名称： Image1　　确定
原始图像：　　浏览...　　取消
鼠标经过图像：　　浏览...　　帮助
☑ 预载鼠标经过图像
替换文本：
按下时，前往的 URL：　　浏览...

★ 图5.105

**4** 完成后，单击【确定】按钮。

【插入鼠标经过图像】对话框中各项设置的含义如下：

- **【图像名称】文本框**：鼠标经过图像的名称。
- **【原始图像】文本框**：页面加载时要显示的图像，在文本框中输入路径，或单击【浏览】按钮并选择图像。
- **【鼠标经过图像】文本框**：鼠标指针经过原始图像时要显示的图像，输入路径或单击【浏览】按钮选择图像。
- **【预载鼠标经过图像】复选项**：选中

该复选项，系统将图像预先加载到浏览器的缓存中，以便用户移动鼠标指针经过图像时不会发生延迟。

- **【替换文本】文本框**：设置图像的替换文本。
- **【按下时，前往的 URL】文本框**：设置用户单击鼠标时前往的URL（输入路径或单击【浏览】按钮进行选择）。

**提　示**

如果不为该图像设置链接，Dreamweaver CS3将在HTML源代码中插入一个空链接，该链接上将附加鼠标经过图像行为。如果删除空链接，鼠标经过图像将不再起作用。

**动手练**

通过下面的练习学会如何设置鼠标经过图像，具体操作步骤如下：

**1** 打开一个网页文件，将光标放置到需要插入图片的位置，如图5.106所示。

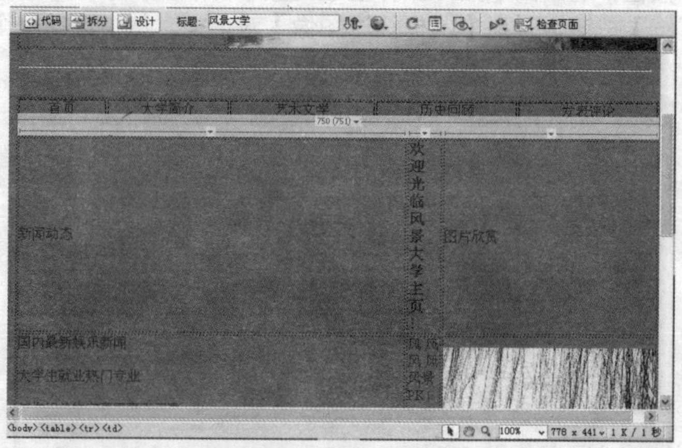


★ 图5.106

**2** 在【常用】选项卡下单击【图像】下拉按钮，在弹出的下拉菜单中选择【鼠标经过图像】命令，如图5.107所示。

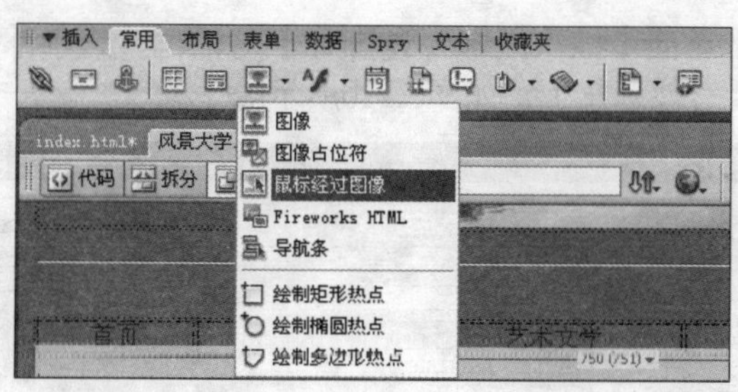


★ 图5.107

**3** 弹出【插入鼠标经过图像】对话框，在【图像名称】文本框中输入鼠标经过图像的名称。

**4** 在【原始图像】文本框内输入初始图像的路径或单击文本框后的【浏览】按钮，在弹出的【原始图像】对话框中选择初始图像文件，如图5.108所示。

★ 图5.108

**5** 单击【确定】按钮，返回到【插入鼠标经过图像】对话框，单击【鼠标经过图像】文本框右侧的【浏览】按钮，弹出【鼠标经过图像】对话框，从中选择一个作为鼠标经过时显示的图像，如图5.109所示。

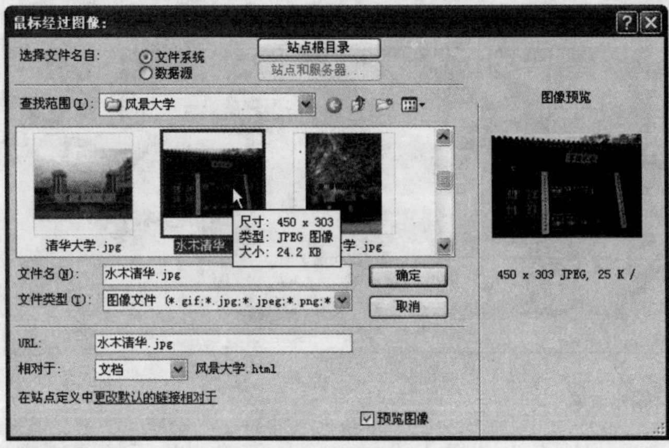


★ 图5.109

**6** 单击【确定】按钮，返回【插入鼠标经过图像】对话框，选中【预载鼠标经过图像】复选项（这样，就不会有停顿感），如图5.110所示。

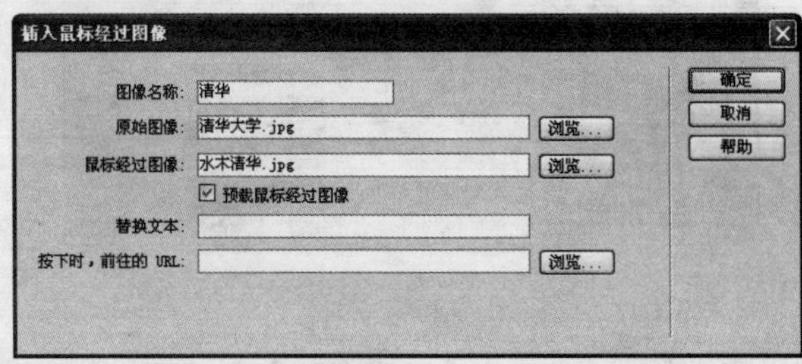


★ 图5.110

**7** 在【按下时，前往的URL】文本框内输入单击的超链接，如果不需要建立超链接，该项可以不进行设置。

**8** 在【替换文本】文本框中，设置替换文本。
**9** 单击【确定】按钮，关闭该对话框。
**10** 按【F12】键，在浏览器中即可看到原始图像及鼠标经过该图像时的效果。

### 5.4.3 导航栏图像的设置

导航栏图像具有更丰富的表现力，它根据单击图像的动作决定图像的显示状态，包括单击前显示的初始图像和鼠标经过的翻转图像，单击后显示的初始图像与翻转图像等。使用【设置导航栏图像】命令可将某个图像变为导航栏图像，还可以更改导航栏中图像的显示和动作。

编辑设置导航栏图像可按如下步骤进行：

**1** 选中图像，选择【窗口】→【行为】命令。
**2** 在【行为】面板的【添加行为】下拉菜单中，选择【设置导航栏图像】命令。
**3** 在【设置导航栏图像】对话框的【基本】选项卡下，进行设置。

使用【设置导航栏图像】对话框的【基本】选项卡可以创建或更新导航栏图像，更改用户单击导航栏图像时显示的URL，以及选择用于显示链接URL的其他窗口。

使用【设置导航栏图像】对话框的【高级】选项卡可设置根据当前按钮的状态，改变文档中其他图像的状态。

动手练

下面做一个设置导航栏图像的练习，具体操作步骤如下：

**1** 选择网页中的图像。
**2** 选择【窗口】→【行为】命令（或按【Shift+F4】组合键），打开【行为】面板。单击【添加行为】下拉按钮，在弹出的下拉菜单中选择【设置导航栏图像】命令，如图5.111所示。

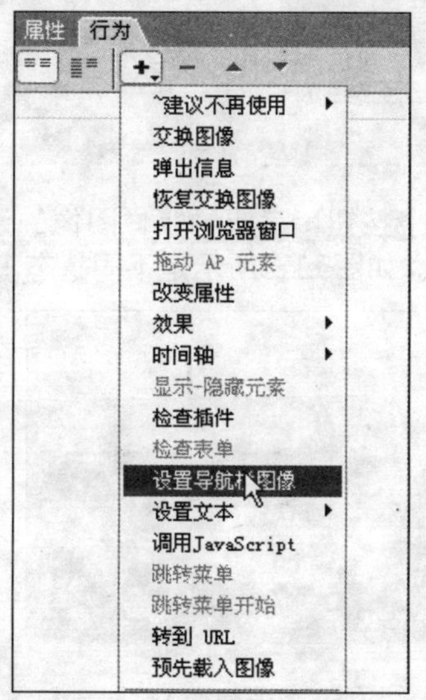


★ 图5.111

**3** 弹出【设置导航栏图像】对话框，如图5.112所示。

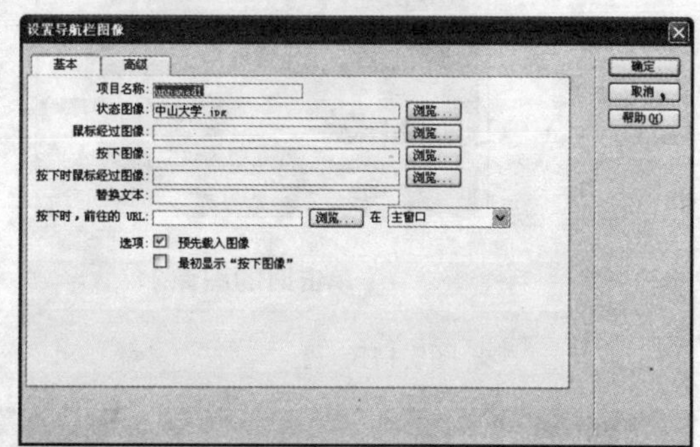


★ 图5.112

**4** 在【鼠标经过图像】文本框中输入鼠标指向图像时翻转图像的路径，或单击右侧的【浏览】按钮，从弹出的对话框中选择图像文件。
**5** 在【按下图像】文本框中输入单击后需要显示的图像的路径，或单击右侧的【浏览】按钮，从弹出的对话框中选择图像文件。
**6** 在【按下时鼠标经过图像】文本框中输入单击后鼠标再指向图像时翻转图像的路径，或单击右侧的【浏览】按钮，从弹出的对话框中选择图像文件。

提示

【按下时，前往的URL】和【按下时鼠标经过图像】文本框不能同时设置，否则单击时将链接到前往的URL地址，而不会显示【按下鼠标经过的图像】文本框中设置的图像。

**7** 单击【确定】按钮，完成导航栏图像的设置，按【F12】键即可在浏览器中查看导航栏图像的效果。如图5.113所示是不同状态下的图像效果。

（原始图像）

（鼠标经过时的图像）

（单击时的图像）

（单击时鼠标经过图像）

★ 图5.113

## 疑难解答

**问** 在编辑窗口中已经输入了文本，我想为这些文本添加编号，制作成列表，要怎样操作呢?

**答** 对于编辑窗口中已有的文本内容，当需要将其制作为编号列表时，可以选中文本，然后单击【属性】面板中的【编号列表】按钮，即可为选中的每个段落添加编号。

**问** 通过拖动控制点可以改变图像的大小，如果图像发生了变形，要怎样处理呢?

**答** 用鼠标拖动图像操作起来方便简单，但往往会因为图像宽度和高度的拉伸不均匀而使图像变形，导致比例变得不协调。为了防止这种情况发生，可在拉伸图像时按住【Shift】键，拖动右下角的控制点就可以按比例缩放图像。

**问** 将背景透明的PNG格式的图像插入网页中，在Dreamweaver中显示是正常的，可预览时原本透明的背景变成了灰色，该怎样解决这个问题呢?

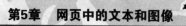

**答** 用图像处理软件将PNG格式的图像转换为背景透明的GIF格式的图像，然后添加到网页中即可。

**问** 我将一个800×600像素大小的图像放在网页中，为什么加载该网页时速度很慢呢?

**答** 这是因为网页中的图像太大了，浏览器需要将整个图像全部下载后才能显示。对于这样的大图，应使用Photoshop或Fireworks等图像处理软件进行切片输出为很小的图像文件，再在网页中使用。

# Chapter 06

# 第6章　网页中表格的应用

*本章要点*

- *表格的插入*
- *表格的选择*
- *表格的编辑*
- *表格的高级操作*

表格是日常办公中常见的内容，它可以使数据的显示更加清晰明了。网页中的表格，除了在日常办公中经常使用以外，在对文本和图像进行布局操作中，也是强有力的工具（用于在网页上显示表格式数据）。通过表格可以将网页页面分割为很多小块并组合在一起，既加快了网页的下载速度，又使网页页面整齐美观。

# 6.1 表格的插入

表格在页面布局过程中非常有用。利用表格布局页面，可以将图像或文本放置在表格的各个单元格中，从而精确控制其位置。Dreamweaver CS3为设计者制作网页提供了强大的表格处理功能，在网页中可以很轻松地插入表格、设置表格属性以及改变表格的结构和大小等。

## 6.1.1 表格的应用

表格在网页中的应用，最直观的表现就是将数据显示在表格中，如图6.1所示。

表格在网页的制作过程中主要应用于网页定位上，通过设置表格的宽度、高度和比例大小等属性，把不同的网页元素分别固定在不同的单元格中以达到页面的平衡，如图6.2所示。

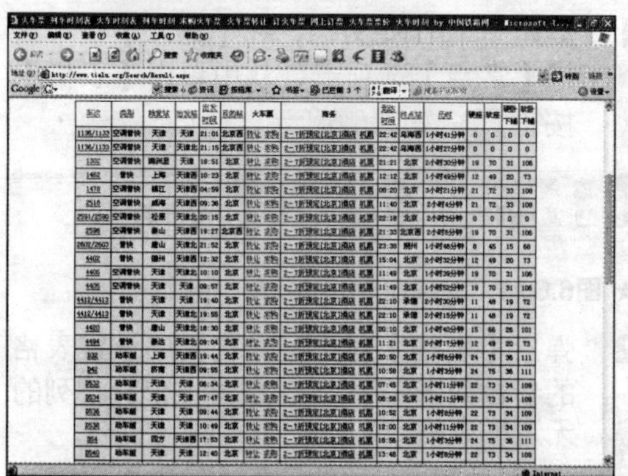

★ 图6.1

★ 图6.2

表格除了在网页定位上具有精确控制的特点外，还具有规范、灵活的特点。正是由于这些原因，表格在网页制作过程中扮演着非常重要的角色，几乎所有的网页都会应用到表格定位技术。

请指出图6.3和图6.4中表格在页面中的作用，读者自己在浏览网页时体会表格在网页制作过程中的作用。

★ 图6.3

★ 图6.4

### 6.1.2 插入表格

**知识点讲解**

在页面中插入表格的方法很简单，具体操作步骤如下：

**1** 在编辑窗口中确定光标插入点，即将鼠标光标置于文档中要插入表格的位置。

**2** 选择【插入记录】→【表格】命令，弹出【表格】对话框，如图6.5所示。

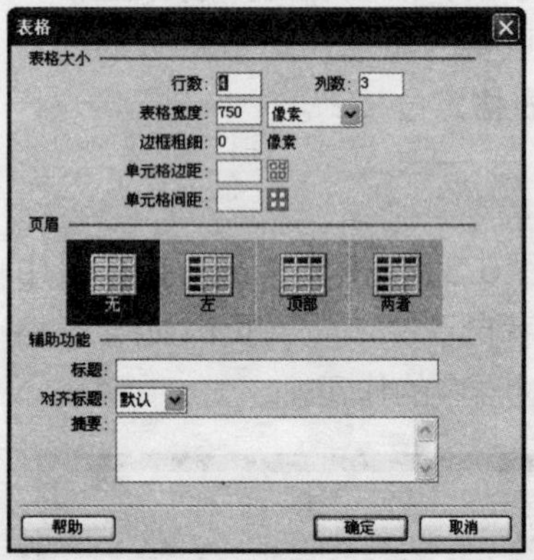


★ 图6.5

**3** 根据需要设置表格，然后单击【确定】按钮，即可在编辑窗口中创建表格。

在【表格】对话框中可以设置表格的行数、列数、宽度、边框粗细和单元格间距等参数，【表格】对话框中各项参数的含义如下。

- **【行数】和【列数】文本框：**在【行数】和【列数】文本框中输入表格的行数和列数。
- **【表格宽度】文本框：**在该文本框中输入宽度值，并从其右侧的下拉列表中选择单位（像素或百分比）。
- **【边框粗细】文本框：**在这里可以设置边框的有无及边框粗细，“0”代表无边框，填上数字就是有边框，数字大小就是边框粗细程度。
- **【单元格边距】文本框：**在该文本框中设置单元格内容与单元格内部边界之间的距离。
- **【单元格间距】文本框：**在该文本框中设置单元格之间及单元格与边框之间的距离。

**提 示**

表格的宽度和高度可以使浏览器窗口百分比或者绝对像素值来定义，比如设置宽度为窗口宽度的60%，那么当浏览器窗口大小变化时表格的宽度也随之变化；而如果设置宽度为400像素，那么无论浏览器窗口大小为多少，表格的宽度都不会变化。

**动手练**

下面练习通过单击【插入】栏【常用】选项卡下的【表格】按钮来插入表格，具体操作步骤如下：

**1** 新建一个HTML文档，在【插入】栏中选择【常用】选项卡，从中单击【表格】按钮，如图6.6所示。

★ 图6.6

**2** 弹出【表格】对话框，在其中设置表格的参数如图6.7所示，创建一个3行3列的无边框表格。

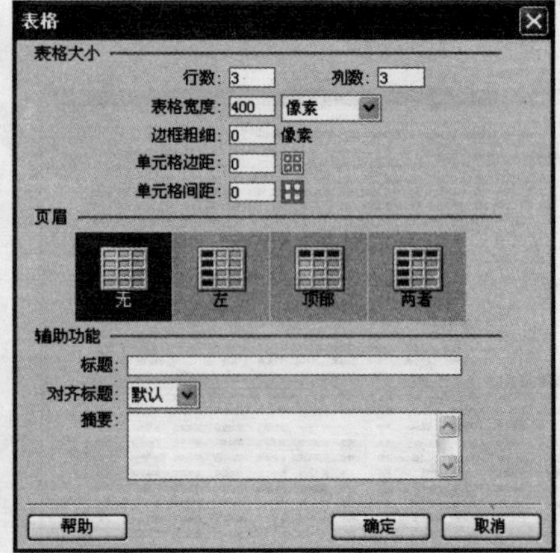


★ 图6.7

**3** 单击【确定】按钮，创建好的表格如图6.8所示，由于没有设置边框参数，所以文档窗口中表格边框是虚线。

★ 图6.8

**4** 再次单击【表格】按钮，在弹出的【表格】对话框中设置表格的参数如图6.9所示，设置边框粗细为2像素。

★ 图6.9

**5** 单击【确定】按钮，插入了有边框的表格，如图6.10所示是两个表格的对比。

**6** 单击【表格】按钮，在弹出的【表格】对话框中设置表格参数如图6.11所示。

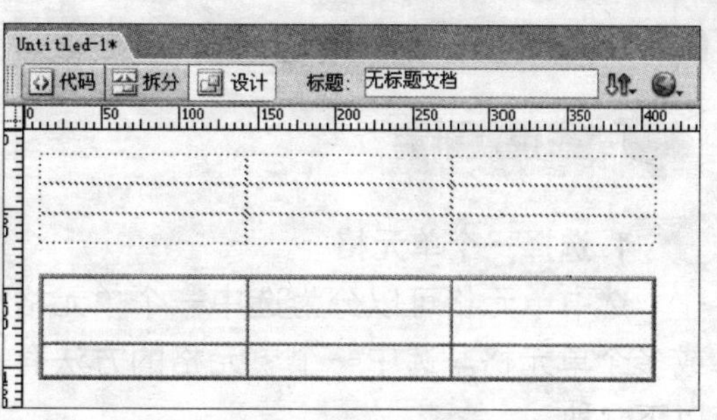


★ 图6.10

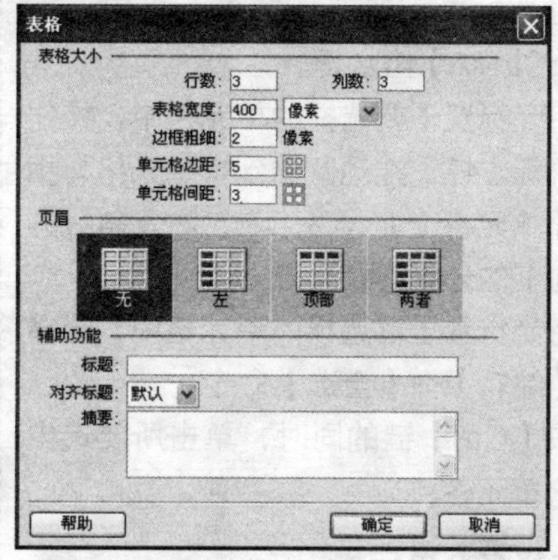


★ 图6.11

**7** 单击【确定】按钮，创建的三个表格如图6.12所示。

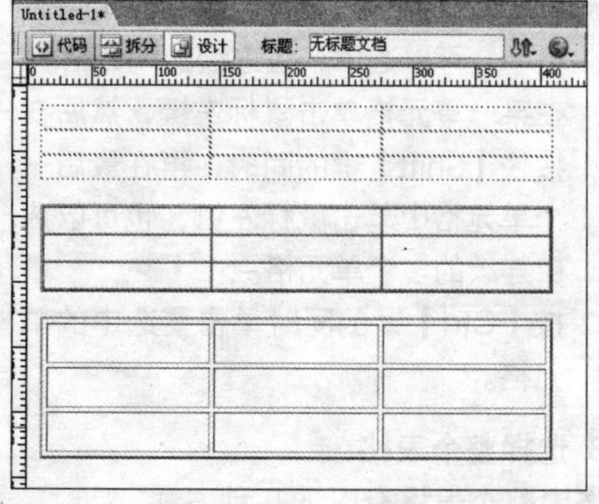


★ 图6.12

## 6.2 表格的选择

在编辑表格前，首先要选择表格，即选中要进行操作的表格或单元格。选中表格的操作可以分为选中整个表格、选中单元格，以及选中表格的行或列等几种情况，下面将分别进行介绍。

## 6.2.1 单元格或表格的选择

### 1. 选择一个单元格

选中单元格可以分为选中一个单元格或多个单元格。选中一个单元格的方法有以下几种：

- 将光标置于要选择的单元格中，按【Ctrl+A】组合键。
- 将光标置于要选择的单元格中，按住鼠标左键，拖动鼠标到本单元格与相邻单元格（上、下、左、右及斜线方向）的分界线处即可。
- 将光标置于要选择的单元格中，选择【编辑】→【全选】命令。
- 按【Ctrl】键的同时，单击所要选中的单元格。

### 2. 选择多个单元格

选中多个单元格有以下几种方法：

- 将光标置于某个单元格中，然后按住鼠标左键并拖动鼠标至最后一个单元格中，可以选中一组连续的单元格。
- 在某一单元格单击鼠标左键，然后在按住【Shift】键的同时，再在最后一个单元格中单击鼠标左键，也可以选中连续的多个单元格。
- 按【Ctrl】键的同时单击要选中的单元格。

### 3. 选择整个表格

选中整个表格有以下几种方法：

- 将鼠标指针移到表格的左上角，当出现一个表格形状的小图标时单击鼠标左键，即可选中整个表格。
- 将鼠标指针移动到表格左边框之外，待其变成向右的箭头形状时，单击鼠标左键即可。
- 将鼠标指针移动到表格右边框之外（在表格同一行，但不在表格之内），向左拖动鼠标即可。
- 将光标置于某个单元格中，选择【修改】→【表格】→【选择表格】命令即可。
- 将光标置于某个单元格中，按两次【Ctrl+A】组合键即可。

**动手练**

下面练习单元格和表格的选择，具体操作步骤如下：

**1** 将光标定位到要选择的单元格中，这时会显示表格的宽度信息，如图6.13所示。

★ 图6.13

**2** 选择【编辑】→【全选】命令，如图6.14所示。

★ 图6.14

**3** 选中光标定位的单元格，该单元格周围会出现粗框，如图6.15所示。

★ 图6.15

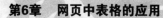

**4** 按住【Ctrl】键，同时单击要选中的单元格，选中多个单元格，如图6.16所示，选中的单元格周围都出现粗框。

★ 图6.16

**5** 将鼠标指针到表格的左上角，鼠标指针右下方出现一个表格形状的小图标，单击鼠标左键，即可选中整个表格，如图6.17所示。

★ 图6.17

**6** 选中后的表格如图6.18所示，可以看出选中表格的周围出现一个黑色边框，同时在边框的右方和下方显示黑色控点。

★ 图6.18

## 6.2.2 选择表格行或列

### 1. 选择表格行

可通过以下方法选择表格行：

- 移动鼠标指针到要选择的表格行左方（位于表格之外），当指针变成指向右方的黑色箭头形状➡时，单击鼠标左键即可。若按住鼠标左键，上下拖动鼠标，还可以选中多行，选中的表格行周围出现粗框。
- 将光标插入点定位到某行单元格的第一个单元格中，按住【Shift】键的同时单击该行最后一个单元格，也可以选中表格行。

### 2. 选择表格列

可通过以下方法选择表格列：

- 移动鼠标指针到所要选中的表格列的上方（表格之外），指针会变成向下的黑色箭头形状⬇，同时这一列的表格成红色显示，单击鼠标左键即可选中该列（按住鼠标左键往左、右方向拖动鼠标可选中多列表格）。
- 单击要选中列的第一个单元格，然后按住【Shift】键，单击该列的最后一个单元格，选中该列。
- 将光标插入点定位到表格的任意一个单元格中，单击需选择的列顶端（表格外）的绿线中的▾按钮，在弹出的下拉菜单中选择【选择列】命令也可选中该列。

### 3. 取消表格选中状态

取消表格的选中状态最为简单的一种方法是在选中区域外的任意地方单击鼠标左键。

动手练

下面练习表格行和列的选择，具体操作步骤如下：

**1** 移动鼠标指针到要选中的表格行的左方（位于表格之外）位置，指针会变为指向右方的黑色箭头形状➡，并且该行出现红色边框，如图6.19所示。

**2** 单击鼠标左键即可选中指定的表格行，如图6.20所示。

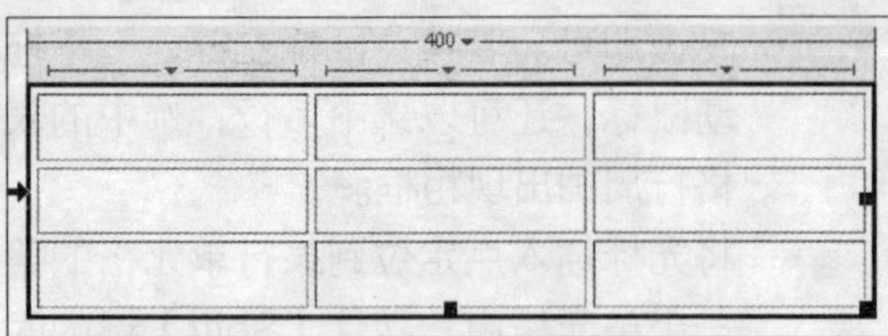

★ 图6.19

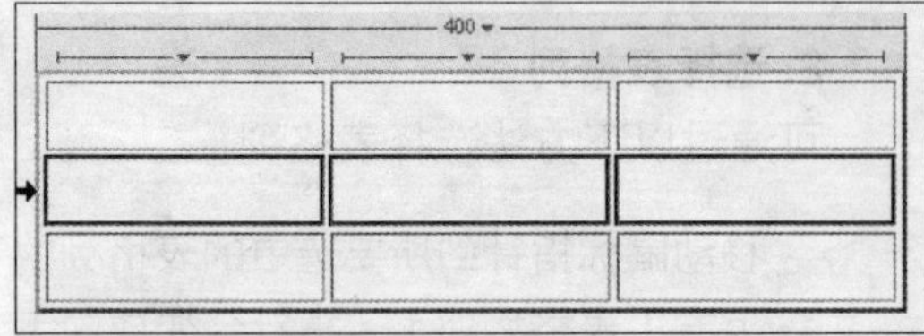

★ 图6.20

**3** 按住鼠标左键，向下拖动鼠标选中下一行，选中的表格行周围出现粗框，如图6.21所示。

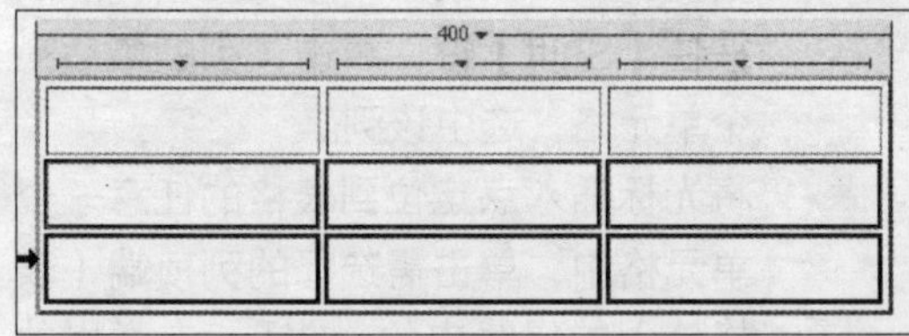

★ 图6.21

**4** 将光标插入点定位到所要选中的表格列的上方（表格之外），指针变成向下的黑色箭头形状⬇，同时这一列的单元格成红色显示，如图6.22所示。

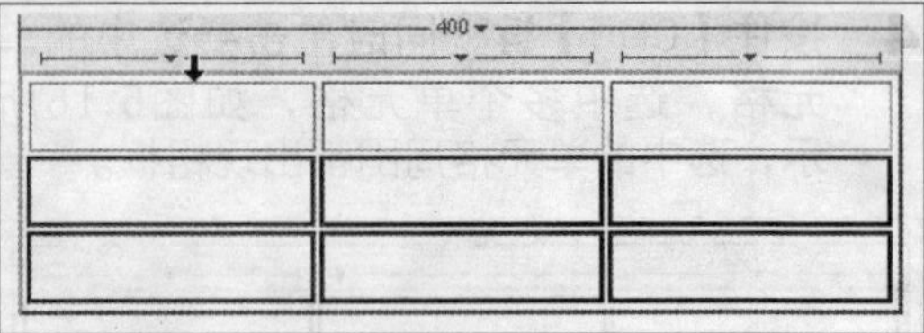

★ 图6.22

**5** 单击鼠标左键即可选中指定的表格列，如图6.23所示。

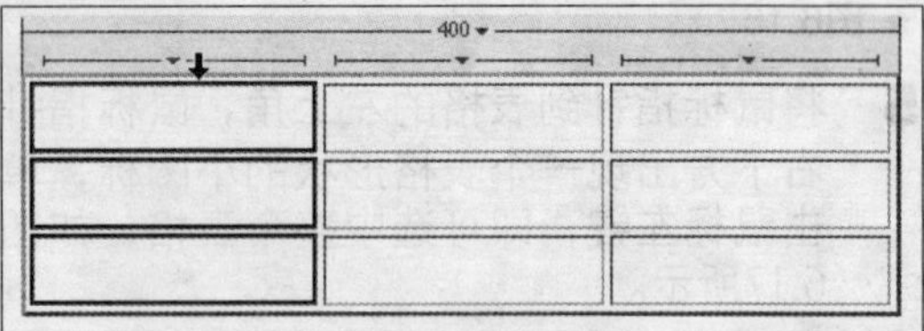

★ 图6.23

**6** 按住鼠标左键向右拖动鼠标，同时选中第二列，选中的表格列周围出现粗框，如图6.24所示。

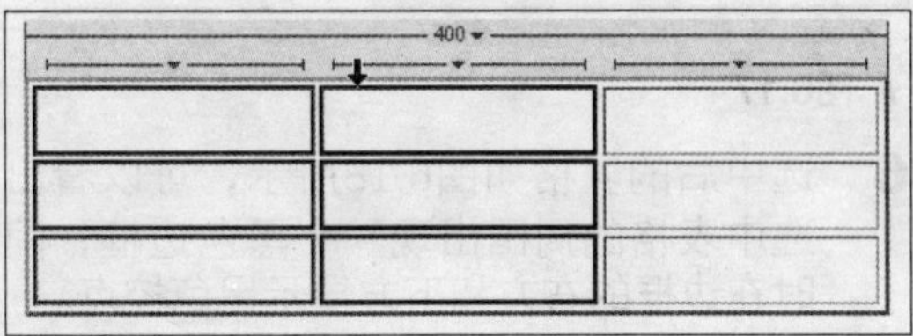

★ 图6.24

**7** 在表格外的任意地方单击鼠标左键取消表格的选择。

**8** 选中整个表格，按【Delete】键，将表格删除。

## 6.3 表格的编辑

表格或单元格的基本操作包括设置表格或单元格属性、在表格中插入行或列、合并或拆分单元格、排序表格及嵌套表格等内容。

### 6.3.1 设置表格或单元格的属性

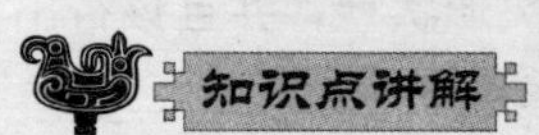


在网页中插入表格后，可以根据需要设置它的属性，如设置对齐方式、边框、背景颜色、边框颜色以及背景图像等。

### 1. 表格属性设置

选择整个表格，【属性】面板中会显示所选表格的属性，如果没有显示【属性】面板，则可以选择【窗口】→【属性】命令，如图6.25所示。

★ 图6.25

在表格【属性】面板中的各项设置含义如下。

- **【行】文本框**：设置表格的行数。
- **【列】文本框**：设置表格的列数。
- **【宽】文本框**：设置表格的宽度，单位有像素和百分比两种。
- **【填充】文本框**：设置单元格内容与单元格边框之间的距离。
- **【间距】文本框**：单元格与单元格之间的距离。
- **【对齐】下拉列表框**：设置表格的对齐方式，有【默认】、【左对齐】、【居中对齐】和【右对齐】4个选项。
- **【类】下拉列表框**：在给表格定义了CSS样式后，其样式保留在【类】下拉列表中，可以通过选择进行应用。
- **【边框】文本框**：设置表格的边框，“0”代表无边框，非零的数字代表有边框。
- **【背景颜色】文本框**：设置整个表格的背景颜色，包括单元格的背景颜色。
- **【边框颜色】文本框**：设置表格中边框的颜色。
- **【背景图像】文本框**：为表格设置一个背景图像。
- **【清除列宽】按钮**：单击该按钮清除表格的列宽，采用适合表格中内容的宽度。
- **【将表格宽度转换为像素】按钮**：如果表格宽度以百分比为单位，则单击该按钮可以将表格宽度转换以像素为单位的相等宽度。
- **【将表格宽度转换为百分比】按钮**：与按钮相反，是将表格像素宽度转换为百分比宽度。
- **【清除行高】按钮**：单击该按钮清除表格的行高，采用适合表格中内容的高度。

清除行高与列宽的主要作用是创建规则的表格。制作好表格后，在向单元格输入数据时，往往会改变表格单元格的尺寸大小，让本来定制好的表格变得面目全非，这时就可以用清除行高与列宽命令，将表格缩到最小，然后在【属性】面板中重新设置表格的宽度，这样就可以制作出一个规则、均匀的表格。

### 2. 单元格属性设置

取消对整个表格的选择，然后选中表格中的任意一个单元格，就会出现单元格的【属性】面板，如图6.26所示。

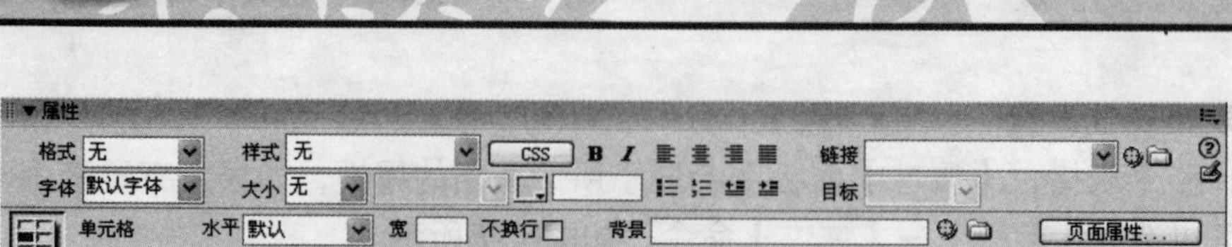

★ 图6.26

在单元格的【属性】面板中各项设置的含义如下：

- 【水平】下拉列表框：设置单元格内部的水平对齐方式，有【默认】、【左对齐】、【居中对齐】和【右对齐】4个选项。
- 【垂直】下拉列表框：设置单元格内部的垂直对齐方式，有【默认】、【顶端】、【中间】、【底部】和【基线】5个选项。
- 【宽】文本框：设置单元格的宽度。
- 【高】文本框：设置单元格的高度。
- 【不换行】复选项：强制不换行，所有内容在一行显示。如果选中此复选项，表格会扩大，一般不选。
- 【标题】复选项：选中该复选项，当前单元格中的内容会变成标题（单元格里的内容将自动居中并加粗）。
- 【背景】文本框：设置单元格的背景图片。
- 【背景颜色】文本框：设置单元格的背景颜色。
- 【边框】文本框：设置单元格的边框颜色。
- 【合并所选单元格】按钮：单击该按钮，可以把一行或者一列中的多个单元格合并成一个单元格，也可以把多行或多列中的某几个单元格合并起来。
- 【拆分单元格为行或列】按钮：单击该按钮，可以将一个单元格拆分成几个按行或按列排列的单元格。

**动手练**

下面练习应用表格和单元格的属性设置知识制作成绩单，具体操作步骤如下：

**1** 选择【插入记录】→【表格】命令，如图6.27所示。

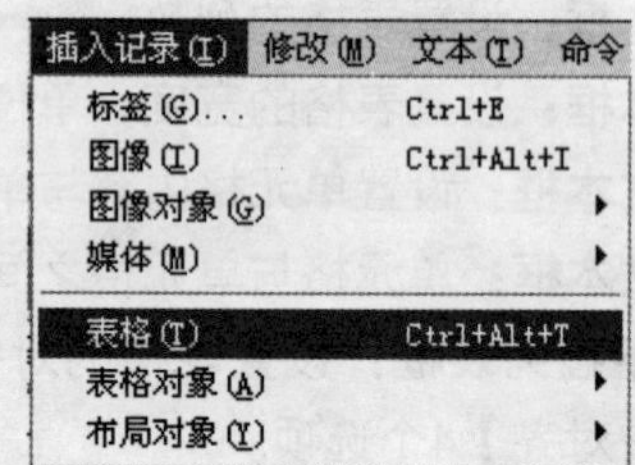

★ 图6.27

**2** 弹出【表格】对话框，在其中设置行数为11，列数为3，表格宽度为50%，边框粗细为1，单元格边距为1，单元格间距为1，如图6.28所示。

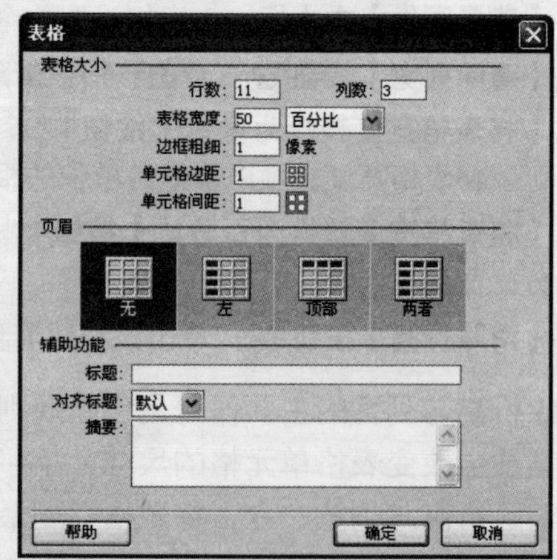

★ 图6.28

**3** 单击【确定】按钮，插入一个11行3列的表格，如图6.29所示。

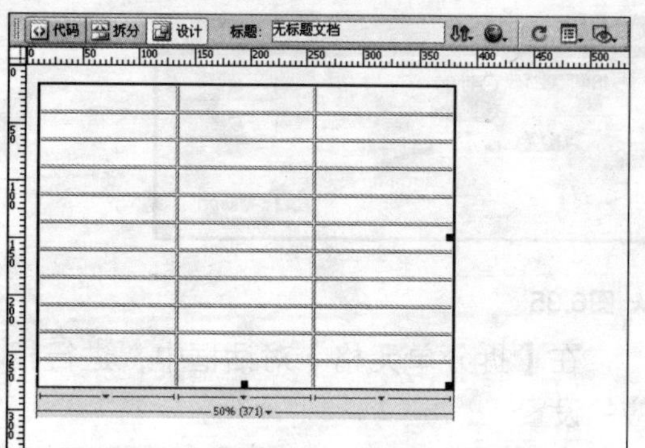


★ 图6.29

4　在第1行分别输入“姓名”、“学号”和“成绩”。

5　拖动选择第1行的单元格，在单元格的【属性】面板中设置背景颜色为“#0099FF”，在【格式】下拉列表中选择【标题1】选项，效果如图6.30所示。

| 姓名 | 学号 | 成绩 |
| --- | --- | --- |

★ 图6.30

6　在其他单元格中输入相应的内容，如图6.31所示。

| 姓名 | 学号 | 成绩 |
| --- | --- | --- |
| 王娜 | 1 | 80 |
| 李岚 | 2 | 83 |
| 崔健煜 | 3 | 96 |
| 沈鹏 | 4 | 78 |
| 李湘湘 | 5 | 82 |
| 杨嫣雨 | 6 | 96 |
| 吴朔 | 7 | 91 |
| 赵冬 | 8 | 69 |
| 孙清林 | 9 | 75 |
| 林子叶 | 10 | 98 |

★ 图6.31

7　将光标定位在第1个单元格中，拖动鼠标选择整个表格中的单元格。

8　在【水平】下拉列表中选择【居中对齐】选项，效果如图6.32所示。

9　分别为第1列设置背景颜色为“#0099FF”，文字颜色为“#0000FF”，第2列和第3列背景颜色为“#00CC99”，设置后的效果如图6.33所示。

| 姓名 | 学号 | 成绩 |
| --- | --- | --- |
| 王娜 | 1 | 80 |
| 李岚 | 2 | 83 |
| 崔健煜 | 3 | 96 |
| 沈鹏 | 4 | 78 |
| 李湘湘 | 5 | 82 |
| 杨嫣雨 | 6 | 96 |
| 吴朔 | 7 | 91 |
| 赵冬 | 8 | 69 |
| 孙清林 | 9 | 75 |
| 林子叶 | 10 | 98 |

★ 图6.32

| 姓名 | 学号 | 成绩 |
| --- | --- | --- |
| 王娜 | 1 | 80 |
| 李岚 | 2 | 83 |
| 崔健煜 | 3 | 96 |
| 沈鹏 | 4 | 78 |
| 李湘湘 | 5 | 82 |
| 杨嫣雨 | 6 | 96 |
| 吴朔 | 7 | 91 |
| 赵冬 | 8 | 69 |
| 孙清林 | 9 | 75 |
| 林子叶 | 10 | 98 |

★ 图6.33

10　选择整个表格，在表格的【属性】面板中设置【边框颜色】为“#000000”，效果如图6.34所示。

| 姓名 | 学号 | 成绩 |
| --- | --- | --- |
| 王娜 | 1 | 80 |
| 李岚 | 2 | 83 |
| 崔健煜 | 3 | 96 |
| 沈鹏 | 4 | 78 |
| 李湘湘 | 5 | 82 |
| 杨嫣雨 | 6 | 96 |
| 吴朔 | 7 | 91 |
| 赵冬 | 8 | 69 |
| 孙清林 | 9 | 75 |
| 林子叶 | 10 | 98 |

★ 图6.34

**11** 一张简单的成绩单表格就制作完成了，最后保存该表格网页。

## 6.3.2 合并或拆分单元格

在网页中插入表格后，经常需要对单元格进行合并或拆分操作。

### 1. 合并单元格

要合并一列或者一行中相邻的单元格，首先要选中表格中相邻的两个或多个单元格，然后按如下方法进行：

- 选择【修改】→【表格】→【合并单元格】命令，合并一列或一行中相邻的单元格。
- 单击鼠标右键，从弹出的快捷菜单中选择【表格】→【合并单元格】命令。
- 在【属性】面板中，单击【合并所选单元格】按钮。
- 按【Ctrl+Alt+M】组合键。

### 2. 拆分单元格

用户除了可以将多个单元格合并为一个单元格外，有时还需要将一个单元格拆分成多个。首先选中表格中要拆分的单元格，然后按如下方法进行：

- 选择【修改】→【表格】→【拆分单元格】命令，拆分单元格。
- 单击鼠标右键，从弹出的快捷菜单中选择【表格】→【拆分单元格】命令。
- 在【属性】面板中，单击【拆分单元格为行或列】按钮。
- 按【Ctrl+Alt+S】组合键。

此时会弹出【拆分单元格】对话框，如图6.35所示。

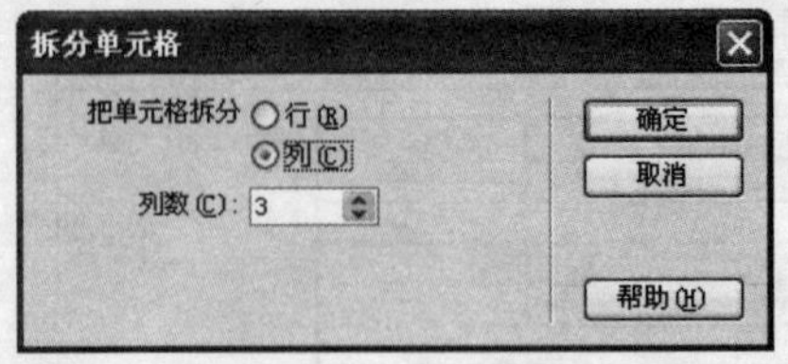


★ 图6.35

在【拆分单元格】对话框中，进行相应的设置。

- **【把单元格拆分】栏**：选中【行】单选项，表示将单元格拆分为多行；选中【列】单选项，表示将单元格拆分为多列。
- **【行数（或列数）】数值框**：在该文本框中输入要拆分的行数或列数。

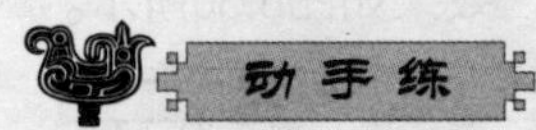

下面练习单元格的合并和拆分，具体操作步骤如下：

**1** 新建一个HTML文档，在其中插入一个5行2列的无边框表格，如图6.36所示。

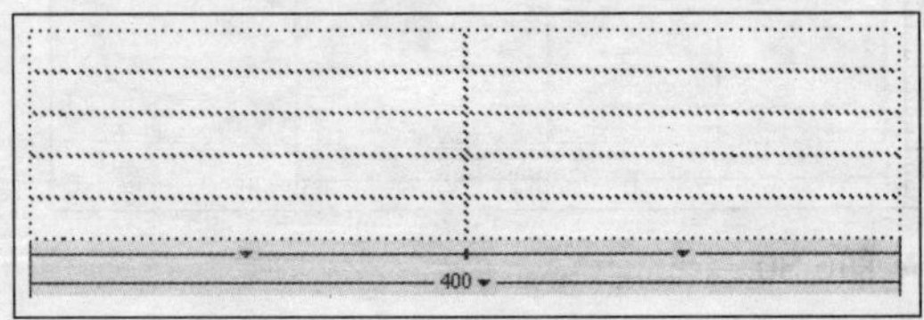


★ 图6.36

**2** 选择第一行的两个单元格，单击鼠标右键，从弹出的快捷菜单中选择【表格】→【合并单元格】命令，如图6.37所示。

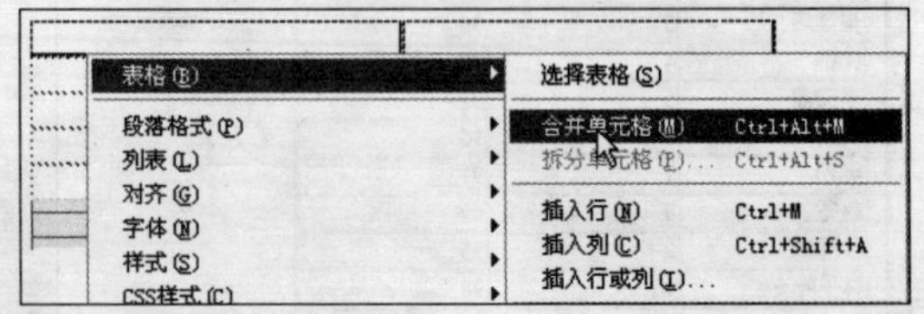


★ 图6.37

**3** 合并后的表格如图6.38所示。

| | |
|---|---|
| | |
| | |
| | |
| | |
| 400 | |

★ 图6.38

**4** 在表格中输入文本，如图6.39所示。

| 网站精选 | |
|---|---|
| 音乐 | |
| 游戏 | |
| 文学 | |
| 下载 | |

★ 图6.39

**5** 将光标定位到“音乐”单元格右侧的空白单元格中，在【属性】面板中单击【拆分单元格为行或列】按钮，如图6.40所示。

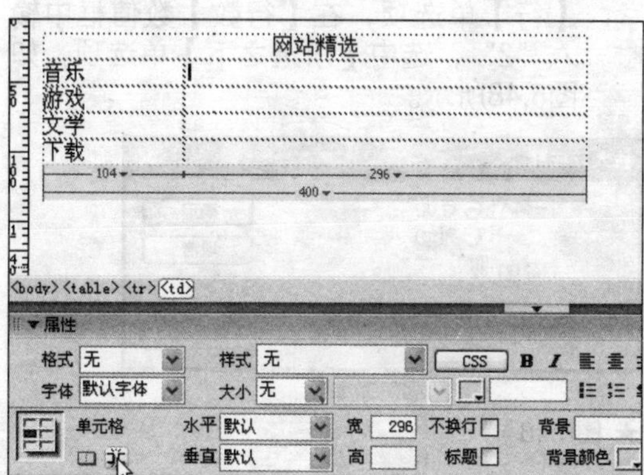


★ 图6.40

**6** 弹出【拆分单元格】对话框，在【把单元格拆分】栏中选中【行】单选项，在【行数】数值框中输入“3”，如图6.41所示。

★ 图6.41

**7** 该单元格被拆分成三行，在每行中输入文本，如图6.42所示。

| 网站精选 | |
|---|---|
| 音乐 | 爱听音乐<br>视听在线<br>九酷音乐网 |
| 游戏 | |
| 文学 | |
| 下载 | |

★ 图6.42

**8** 按照以上步骤拆分“游戏”、“文学”和“下载”右侧的空白单元格，并输入文字，如图6.43所示。

| 网站精选 | |
|---|---|
| 音乐 | 爱听音乐<br>视听在线<br>九酷音乐网 |
| 游戏 | 在线小游戏<br>太平洋游戏<br>联众世界 |
| 文学 | 小说阅读网<br>潇湘书院<br>幻剑书盟 |
| 下载 | 多特软件园<br>华军软件<br>中关村下载 |

★ 图6.43

**9** 选中右侧拆分的单元格，单击【属性】面板中的【项目列表】按钮，创建项目列表，如图6.44所示。

| 网站精选 | |
|---|---|
| 音乐 | • 爱听音乐<br>• 视听在线<br>• 九酷音乐网 |
| 游戏 | • 在线小游戏<br>• 太平洋游戏<br>• 联众世界 |
| 文学 | • 小说阅读网<br>• 潇湘书院<br>• 幻剑书盟 |
| 下载 | • 多特软件园<br>• 华军软件<br>• 中关村下载 |

★ 图6.44

## 6.3.3 插入行或列

插入一个表格之后，还可以根据需要插入或删除行，以便增加或者减少表格中

的数据，满足网页的更新需求，可以通过以下几种方法在表格中插入行或列：

- 选择【修改】→【表格】→【插入行】命令，可以在当前单元格的上方插入一行。
- 按【Ctrl+M】组合键，可以在当前单元格的上方插入一行。
- 选择【插入记录】→【表格对象】→【在上面插入行】命令，可以在当前单元的左上方插入一行。
- 按【Ctrl+Shift+A】组合键，可以在当前单元格的左方插入一列。

**动手练**

下面练习在表格中插入行，具体操作步骤如下：

**1** 将光标定位到表格的“中关村下载”单元格中，单击鼠标右键，从弹出的快捷菜单中选择【表格】→【插入行】命令，如图6.45所示。

★ 图6.45

**2** 这样就在选中的单元格的上方插入了一行，如图6.46所示。

★ 图6.46

**提 示**

这种方法只能在已选中单元格所在行的上方插入一行。

**3** 将光标定位到表格的“潇湘书院”单元格中，单击鼠标右键，从弹出的快捷菜单中选择【表格】→【插入行或列】命令，如图6.47所示。

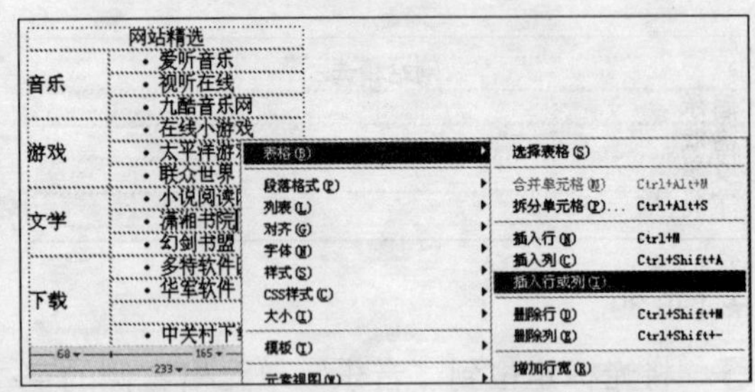

★ 图6.47

**4** 弹出【插入行或列】对话框，选中【行】单选项，在【行数】数值框中输入“2”，选中【所选之下】单选项，如图6.48所示。

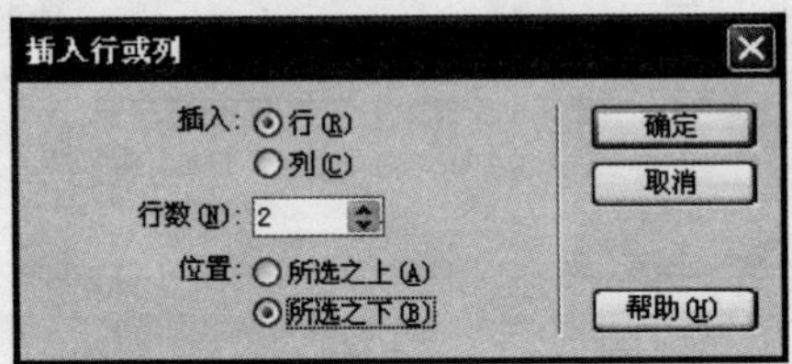


★ 图6.48

**5** 单击【确定】按钮，在选中的单元格的下方插入两行，如图6.49所示。

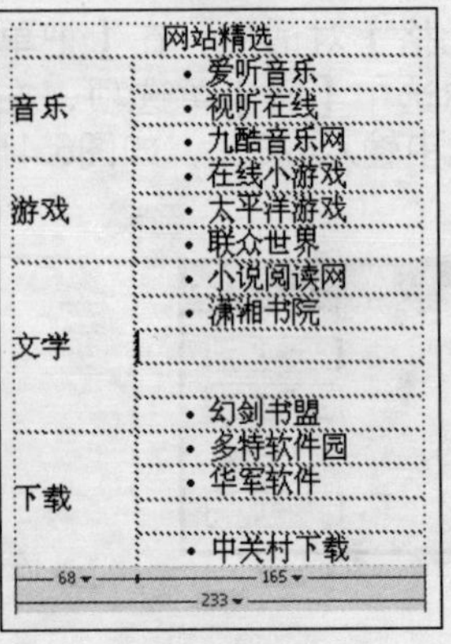


★ 图6.49

**6** 按【Ctrl+Shift+A】组合键，可以在当前单元格的左方插入一列，如图6.50所示。

| 网站精选 | | |
|---|---|---|
| 音乐 | | • 爱听音乐<br>• 视听在线<br>• 九酷音乐网 |
| 游戏 | | • 在线小游戏<br>• 太平洋游戏<br>• 联众世界 |
| 文学 | | • 小说阅读网<br>• 潇湘书院 |
| 下载 | | • 幻剑书盟<br>• 多特软件园<br>• 华军软件<br>• 中关村下载 |

★ 图6.50

### 6.3.4 删除行或列

删除行或列有以下几种方法：

- 选中表格中要删除的行或列，按【Delete】键即可。
- 将光标放置到要删除的行或列中，选择【修改】→【表格】→【删除行】（或【删除列】）命令，即可删除当前行或列。

**提　示**

用第一种方法删除行或列时，不会删除所有的行或列，最后总会存在一行一列。

**动手练**

下面练习表格中行的删除，具体操作步骤如下：

**1** 使用鼠标左键选中“文学”一行，如图6.51所示。

**2** 单击鼠标右键，在弹出的快捷菜单中选择【表格】→【删除行】命令，如图6.52所示。

| 网站精选 | | |
|---|---|---|
| 音乐 | | • 爱听音乐<br>• 视听在线<br>• 九酷音乐网 |
| 游戏 | | • 在线小游戏<br>• 太平洋游戏<br>• 联众世界 |
| 文学 | | • 小说阅读网<br>• 潇湘书院 |
| 下载 | | • 幻剑书盟<br>• 多特软件园<br>• 华军软件<br>• 中关村下载 |
| 68 | 165 | 165 |
| 398 | | |

★ 图6.51

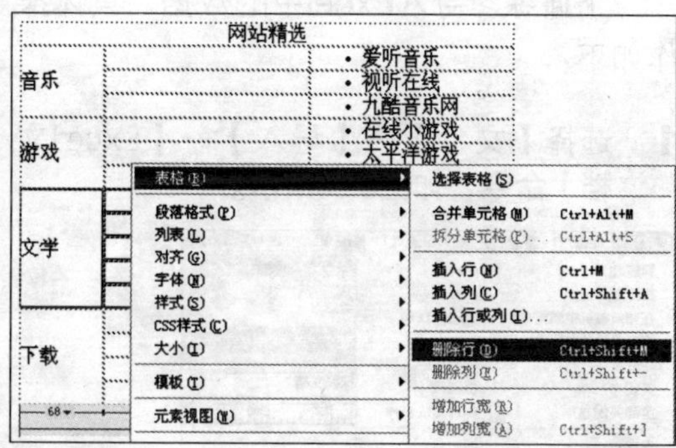


★ 图6.52

**3** 这样该行就被删除了，如图6.53所示。

| 网站精选 | | |
|---|---|---|
| 音乐 | | • 爱听音乐<br>• 视听在线<br>• 九酷音乐网 |
| 游戏 | | • 在线小游戏<br>• 太平洋游戏<br>• 联众世界 |
| 下载 | | • 多特软件园<br>• 华军软件<br>• 中关村下载 |
| 68 | 165 | 165 |
| 398 | | |

★ 图6.53

### 6.3.5 导入数据

Dreamweaver CS3允许用户导入其他类型文档中的数据，如XML模板、表格式数据、Word或Excel等文档中的数据，从

而减少了输入的麻烦。导入文档数据的具体操作步骤如下：

**1** 选择【文件】→【导入】命令，在【导入】子菜单中选择要导入的文档格式。

**2** 在弹出的对话框的【查找范围】下拉列表中选择导入文档的路径，然后选择要导入的文档，在【格式化】下拉列表中选择需要保留的部分。

**3** 单击【打开】按钮，系统自动导入所选文档的内容。

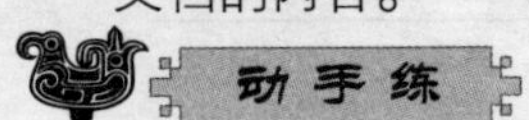


下面练习导入Excel中的数据，具体操作如下：

**1** 选择【文件】→【导入】→【Excel文档】命令，如图6.54所示。

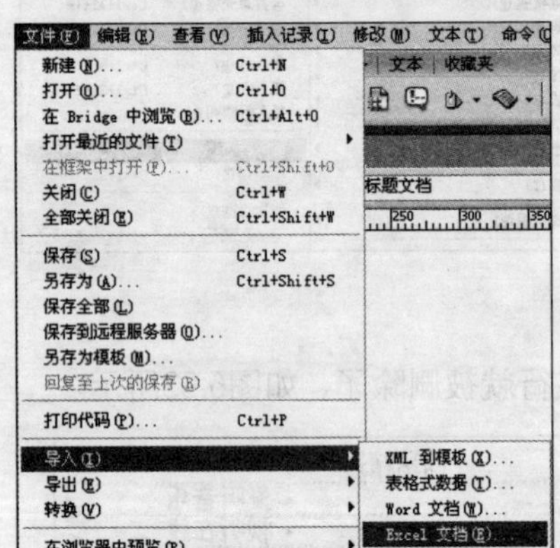


★ 图6.54

**2** 弹出【导入Excel文档】对话框，从中选择要导入的数据文件，如图6.55所示。

**3** 单击【打开】按钮，弹出【图像描述(Alt文本)】对话框，在文本框中输入"成绩单"，如图6.56所示。

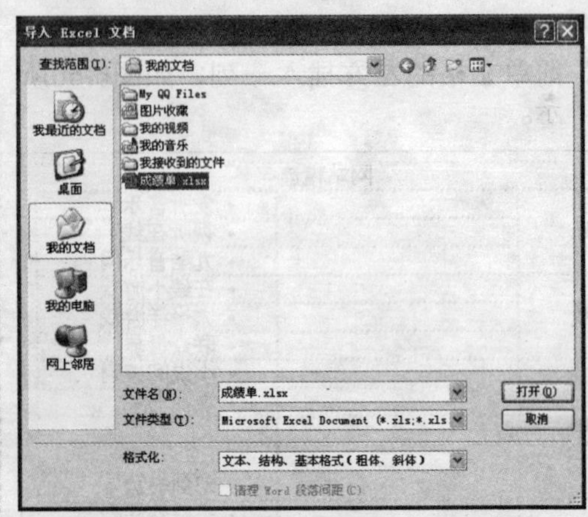


★ 图6.55

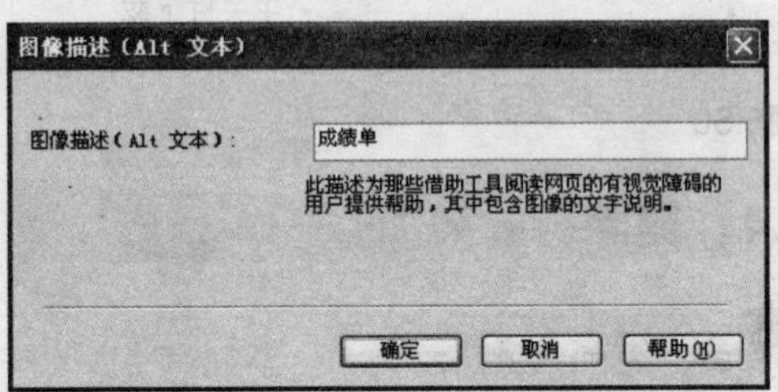


★ 图6.56

**4** 单击【确定】按钮。

**5** 这样就在页面中导入了一个Excel文档，如图6.57所示。

代码 拆分 设计 标题: 无标题文档

成绩单

| 班级 | 姓名 | 成绩 | 名次 |
|---|---|---|---|
| A | 刘广亮 | 90 | 3 |
| A | 陈东 | 86 | 5 |
| C | 申明 | 77 | 7 |
| F | 杨柳 | 65 | 8 |
| D | 崔灿 | 92 | 2 |
| H | 姜姗姗 | 100 | 1 |
| B | 吴萌萌 | 89 | 4 |
| E | 刘长毅 | 78 | 6 |

★ 图6.57

## 6.4 表格的高级操作

Dreamweaver CS3还提供了表格排序、表格嵌套以及表格边框设置等高级操作，下面对这些内容进行介绍。

### 6.4.1 表格排序

知识点讲解

Dreamweaver CS3提供了以数字或字母为排序依据，按升序或降序排列的排序方式，并具有两列同时排序的功能。

选中表格，然后选择【命令】→【排序表格】命令，弹出【排序表格】对话框，如图6.58所示。

排序表格

排序按：列 1
顺序：按字母顺序 升序
再按：
顺序：按字母顺序 升序
选项：排序包含第一行
排序标题行
排序脚注行
完成排序后所有行颜色保持不变
确定
应用
取消
帮助

★ 图6.58

【排序表格】对话框中各项设置的含义如下。

- 【排序按】下拉列表框：在相应的下拉列表中选择用于排序的列。
- 【顺序】下拉列表框：在相应的下拉列表中选择排序顺序，包括按照字母顺序和按数字顺序两种，并在后面的下拉列表中为排序顺序选择【升序】（A到Z或者从低到高）或【降序】选项。
- 【再按】下拉列表框：在相应的下拉列表中选择排序的第二列。
- 【顺序】下拉列表框：为第二列选择【升序】或【降序】选项。
- 【排序包含第一行】复选项：将首行也作为排序的对象。当表格的首行为标题单元格时，不要选中此复选项。
- 【排序标题行】复选项：将表头也作为排序的对象。
- 【排序脚注行】复选项：将脚注行作为排序的对象。
- 【完成排序后所有行颜色保持不变】复选项：在对表格排序后保留行的颜色不变。

提示

表格排序无法应用于使用直行合并或横列合并的表格。

动手练

下面练习如何对表格进行排序，具体操作步骤如下：

**1** 选中要排序的表格，如图6.59所示。

代码 拆分 设计 标题：无标题文档

| 班级 | 姓名 | 成绩 | 名次 |
|---|---|---|---|
| A | 刘广亮 | 90 | 3 |
| A | 陈东 | 86 | 5 |
| C | 申明 | 77 | 7 |
| F | 杨柳 | 65 | 8 |
| D | 崔灿 | 92 | 2 |
| H | 姜姗姗 | 100 | 1 |
| B | 吴萌萌 | 89 | 4 |
| E | 刘长毅 | 78 | 6 |

★ 图6.59

**2** 选择【命令】→【排序表格】命令，弹出【排序表格】对话框，在【排序按】下拉列表中选择【列1】选项，在【顺序】下拉列表中选择【按字母顺序】选项，在右侧的下拉列表中选择【升序】选项。

**3** 单击【确定】按钮，效果如图6.60所示。

代码 拆分 设计 标题：无标题文档

| 班级 | 姓名 | 成绩 | 名次 |
|---|---|---|---|
| A | 刘广亮 | 90 | 3 |
| A | 陈东 | 86 | 5 |
| B | 吴萌萌 | 89 | 4 |
| C | 申明 | 77 | 7 |
| D | 崔灿 | 92 | 2 |
| E | 刘长毅 | 78 | 6 |
| F | 杨柳 | 65 | 8 |
| H | 姜姗姗 | 100 | 1 |

★ 图6.60

**4** 保持表格的选中状态，选择【命令】→【排序表格】命令，弹出【排序表格】对话框。

**5** 在【排序按】列表框中选择【列3】选项，在【顺序】下拉列表中选择【按数字顺序】选项，在右侧的下拉列表中选择【降序】选项，如图6.61所示。

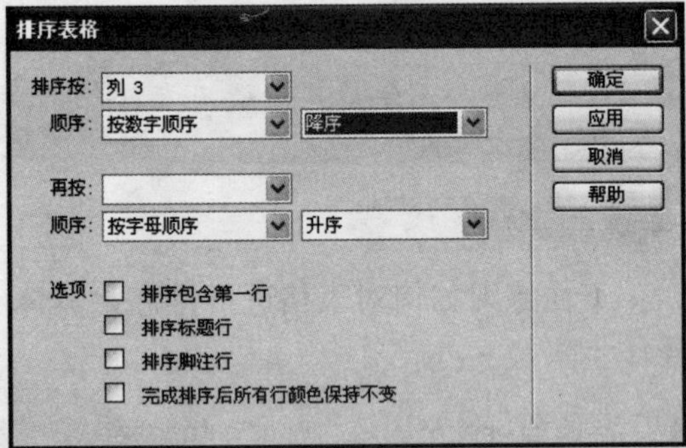


★ 图6.61

**6** 单击【确定】按钮，效果如图6.62所示。

代码 拆分 设计 标题：无标题文档

| 班级 | 姓名 | 成绩 | 名次 |
|---|---|---|---|
| H | 姜姗姗 | 100 | 1 |
| D | 崔灿 | 92 | 2 |
| A | 刘广亮 | 90 | 3 |
| B | 吴萌萌 | 89 | 4 |
| A | 陈东 | 86 | 5 |
| E | 刘长毅 | 78 | 6 |
| C | 申明 | 77 | 7 |
| F | 杨柳 | 65 | 8 |

★ 图6.62

**7** 保持表格的选中状态，选择【命令】→【排序表格】命令，弹出【排序表格】对话框。

**8** 在【排序按】下拉列表中选择【列2】选项，在【顺序】下拉列表中选择【按字母顺序】选项，在右侧的下拉列表中选择【升序】选项，在【选项】栏中选中【排序包含第一行】复选项，如图6.63所示。

**9** 单击【确定】按钮，效果如图6.64所示。

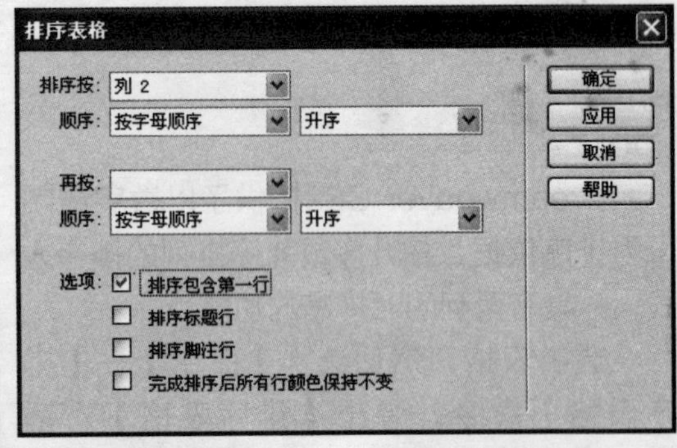


★ 图6.63

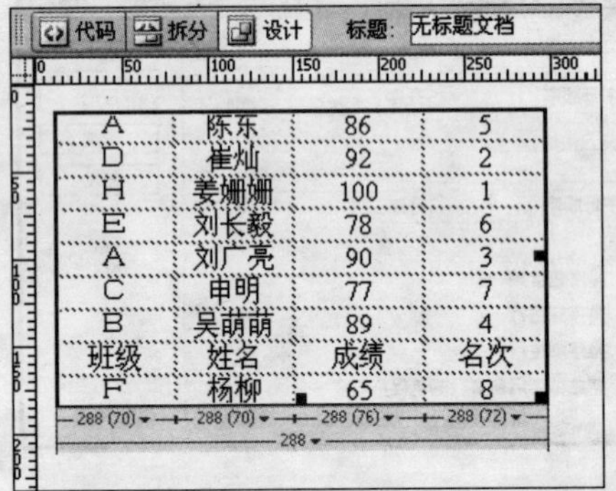


★ 图6.64

在练习的第9步中选中了【排序包含第一行】复选项，在实际应用中排序类似成绩单的表格时，一般不选中这个复选项。

## 6.4.2 表格嵌套

**知识点讲解**

表格嵌套就是在一个大的表格中，再嵌进去一个或几个小的表格，即插入到表格单元格中的表格。如果用一个表格布局页面，并希望用另一个表格组织信息，则可以插入一个嵌套表格。

插入表格的大小将受到所在单元格大小的影响，当用户在插入的表格内输入文本时，单元格的高度将发生变化，而它的宽度却保持不变。需要改变表格的宽度时，可使用鼠标拖动表格或单元格的边框。

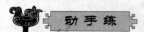

动手练

下面练习在表格单元格中嵌套表格，操作步骤如下：

**1** 新建一个4行3列的表格，将光标定位到第二行的第一个单元格中。

**2** 单击【插入】栏【常用】选项卡中的【表格】按钮，弹出【表格】对话框。

**3** 设置表格的行数为4，列数为3，表格宽度为750像素，如图6.65所示。

★ 图6.65

**4** 单击【确定】按钮，该表格即嵌套在现有表格中，如图6.66所示。

★ 图6.66

## 6.4.3 表格边框的操作

知识点讲解

隐藏表格的边框，可以让表格具有一些特殊的效果，下面介绍如何通过隐藏表格的边框来实现特殊效果。插入一个3行2列带边框的表格，如图6.67所示。

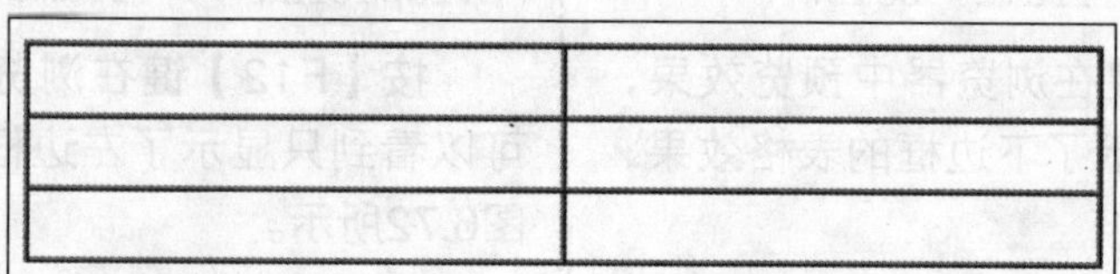

★ 图6.67

与隐藏单元格之间的分隔线的道理类似，隐藏表格的边框关键是设置<table>标记中的frame属性，主要包括above，below，vsides，hsides，lhs，rhs和void这7个参数，这些参数只影响整个表格的边框，对单元格框架不起作用。

<table>标记中frame属性的7个参数功能介绍如下：

frame="above"　　显示上边框
frame="below"　　显示下边框
frame="vsides"　　显示左、右边框
frame="hsides"　　显示上、下边框
frame="lhs"　　显示左边框
frame="rhs"　　显示右边框
frame="void"　　不显示任何边框

设置这7个参数，在浏览器中的预览效果分别如下。

1. 修改<table>标记，加入“frame=‘above’”，代码如下：

```
<table width="350" border="1"
cellspacing="0" frame="above">
```

按【F12】键在浏览器中预览效果，可以看到只显示了上边框的表格效果，如图6.68所示。

★ 图6.68

2. 修改<table>标记，加入“frame=‘below’”，代码如下：

```
<table width="350" border="1"
cellspacing="0" frame="below">
```

按【F12】键在浏览器中预览效果，就可以看到只显示了下边框的表格效果，如图6.69所示。

★ 图6.69

3. 修改<table>标记，加入“frame=‘vsides’”，代码如下：

```
<table width="350" border="1"
cellspacing="0" frame="vsides">
```

按【F12】键在浏览器中预览效果，就可以看到只显示了左、右边框的表格效果，如图6.70所示。

★ 图6.70

4. 修改<table>标记，加入“frame=‘hsides’”，代码如下：

```
<table width="350" border="1"
cellspacing="0" frame="hsides">
```

按【F12】键在浏览器中预览效果，就可以看到只显示了上、下边框的表格效果，如图6.71所示。

★ 图6.71

5. 修改<table>标记，加入“frame=‘lhs’”，代码如下：

```
<table width="350" border="1"
cellspacing="0" frame="lhs">
```

按【F12】键在浏览器中预览效果，可以看到只显示了左边框的表格效果，如图6.72所示。

★ 图6.72

6. 修改<table>标记，加入“frame=‘rhs’”，代码如下：

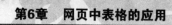

```
<table width="350" border="1"
cellspacing="0" frame="rhs">
```

按【F12】键在浏览器中预览效果，可以看到只显示右边框的表格效果，如图6.73所示。

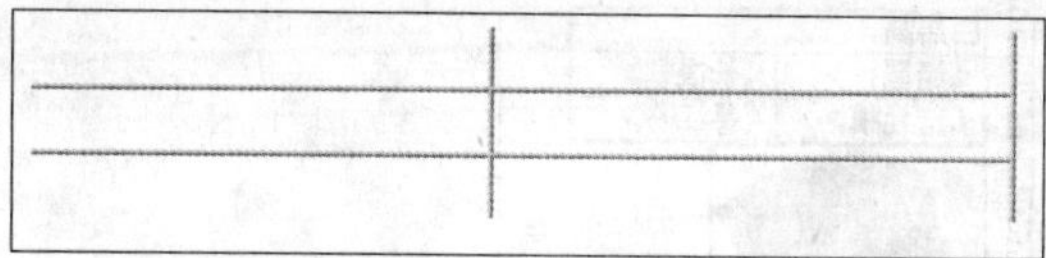

★ 图6.73

7. 修改<table>标记，加入“frame='void'”，代码如下：

```
<table width="350" border="1"
cellspacing="0" frame="void">
```

按【F12】键在浏览器中预览效果，可以看到不显示任何边框的表格效果，如图6.74所示。

★ 图6.74

下面做一个制作细线边框表格的练习，细线边框表格看起来较一般表格美观清晰，因此在网页制作中应用广泛，具体操作步骤如下：

**1** 新建一个HTML文档，在页面中插入一个4行3列，表格宽度为60%，边框粗细为0，单元格间距为1的表格，如图6.75所示。

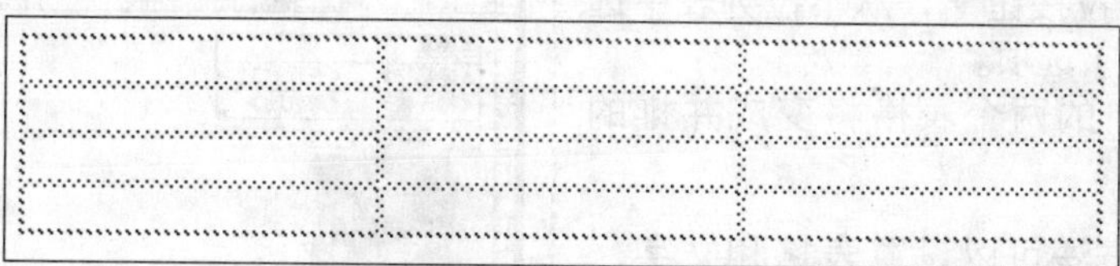

★ 图6.75

**2** 选中整个表格，在表格的【属性】面板中将背景颜色设置为黑色（#000000），如图6.76所示。

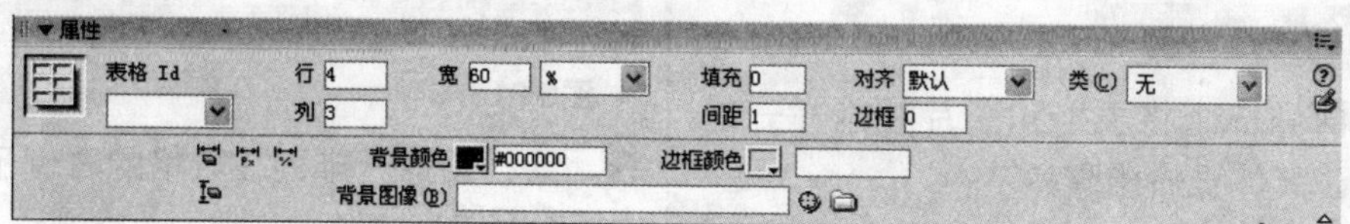


★ 图6.76

**3** 选中表格中的所有单元格，在单元格的【属性】面板中设置单元格的背景颜色为白色（#FFFFFF），如图6.77所示。

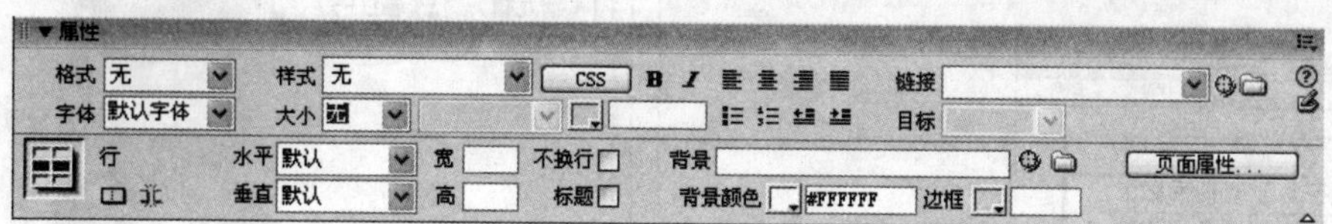


★ 图6.77

**4** 按【F12】键，在浏览器中预览最终的细线边框表格效果，如图6.78所示。

| | | |
|---|---|---|
| | | |

★ 图6.78

## 6.4.4 并排两个表格

在制作网页过程中，有时需要两个表格并排出现，但在实际插入表格时，往往是第二个表格自动插入到第一个表格的下面。下面我们就介绍怎样让两个表格并排在同一行，操作方法如下：

**1** 在编辑窗口插入两个表格，它们是上下排列的。

**2** 选中第一个表格，单击【属性】面板中【对齐】下拉按钮，从下拉列表中选择【左对齐】选项。

**3** 这样页面中的两个表格将变成并排的形式。

用同样的方法可以设置表格和文字、表格和图形，以及图形和图形并排在一行，还可以设置更多的表格和图片混排的样式。

动手练

下面做一个将表格和图片并排在一起的练习，具体操作步骤如下：

**1** 新建一个HTML文档，选择【插入记录】→【表格】命令，在文档中插入一个3行2列的表格。

**2** 在表格中输入文本，如图6.79所示。

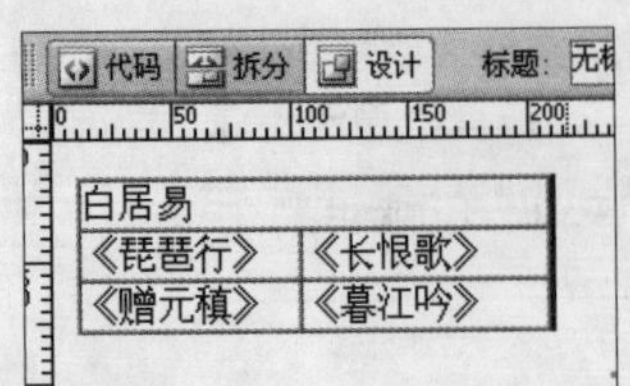


★ 图6.79

**3** 将光标定位到表格后面，单击【插入】栏【常用】选项卡下的【图像】按钮，插入一幅图片，图片会自动排列在表格下方，如图6.80所示。

★ 图6.80

**4** 选中表格，单击【属性】面板中的【对齐】下拉按钮，从下拉列表中选择【左对齐】选项，如图6.81所示。

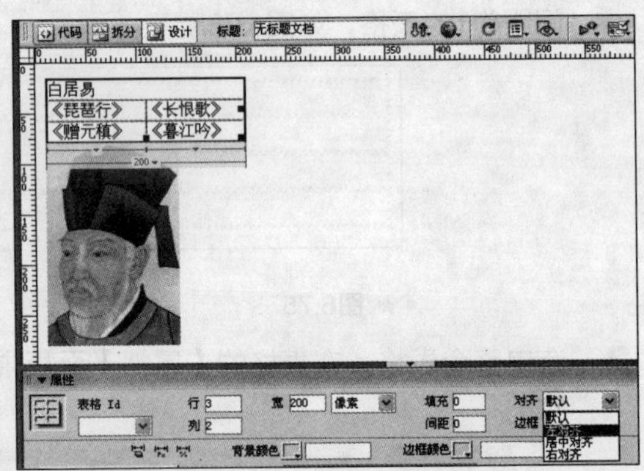


★ 图6.81

**5** 这样图像就排列在表格的右侧了，如图6.82所示。

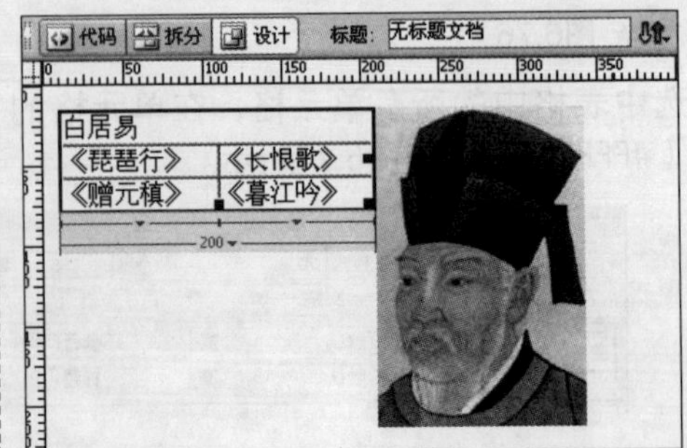


★ 图6.82

## 6.4.5　制作立体表格

**知识点讲解**

表格是网页内应用较多的元素，但一般我们只是用它来定位网页中的模块和排版文字，其实充分利用表格还可以增加很多漂亮的效果。立体表格就是一种应用颜色对比，使表格具有更加美丽的外观视觉的表格样式。

**动手练**

下面练习制作一个具有立体效果的表格，包括设置表格的属性，编辑表格的标签和查看表格的标签属性等。

制作立体表格的具体操作步骤如下：

**1**　选择【插入记录】→【表格】命令，弹出【表格】对话框。

**2**　在对话框中设置行数为7，列数为2，边框宽度为160像素，边框粗细为1，单元格边距、间距均为0，如图6.83所示。

**3**　单击【确定】按钮，插入的表格如图6.84所示。

**4**　在表格中输入文字，合并单元格，效果如图6.85所示。

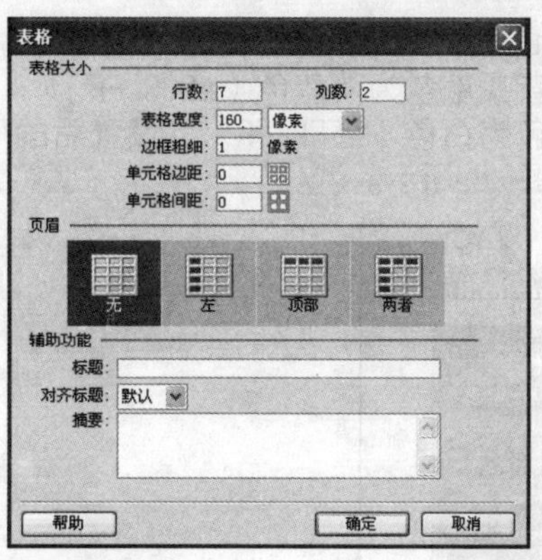


★ 图6.83

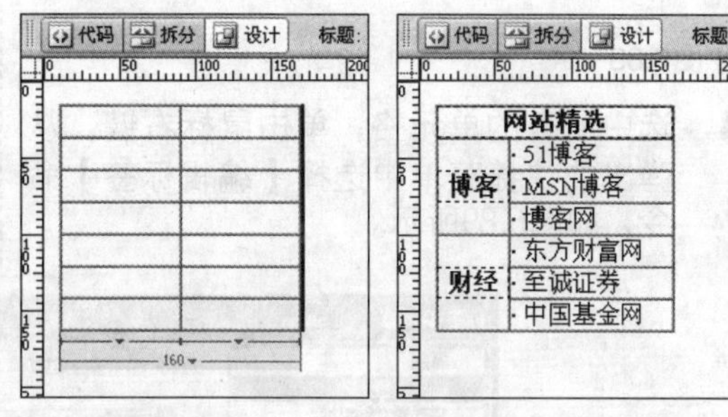


★ 图6.84　　★ 图6.85

**5**　选择顶部和左侧的单元格，在单元格【属性】面板中设置背景颜色为浅蓝色（#0099FF），边框颜色为白色（#FFFFFF），如图6.86所示。

★ 图6.86

**6**　设置后的表格如图6.87所示。

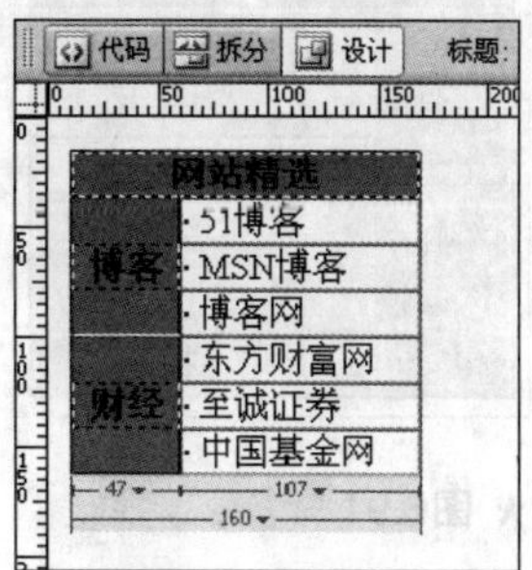


★ 图6.87

7 选中其他单元格，在单元格【属性】面板中设置背景颜色为淡蓝色（#00CCFF），边框颜色为白色（#FFFFFF），设置后的表格如图6.88所示。

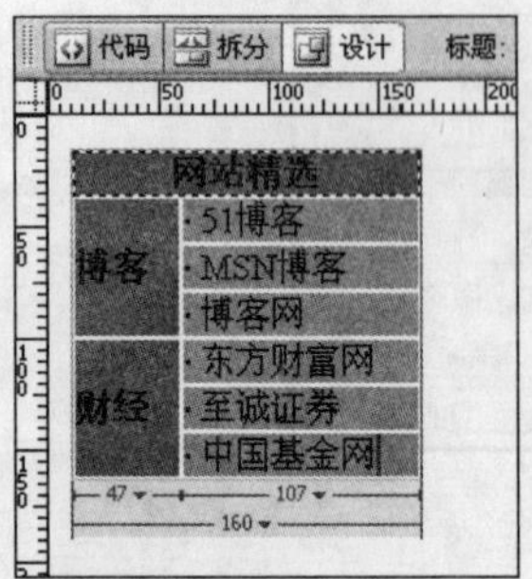

★ 图6.88

8 选中所有的单元格，单击鼠标右键，从弹出的快捷菜单中选择【编辑标签】命令，如图6.89所示。

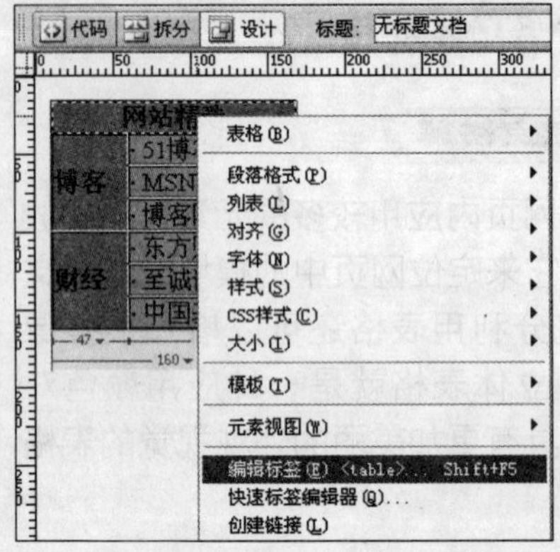

★ 图6.89

9 弹出【标签编辑器-table】对话框，选择【浏览器特定的】选项卡，在【边框颜色亮】文本框中输入“#000000”（黑色），如图6.90所示。

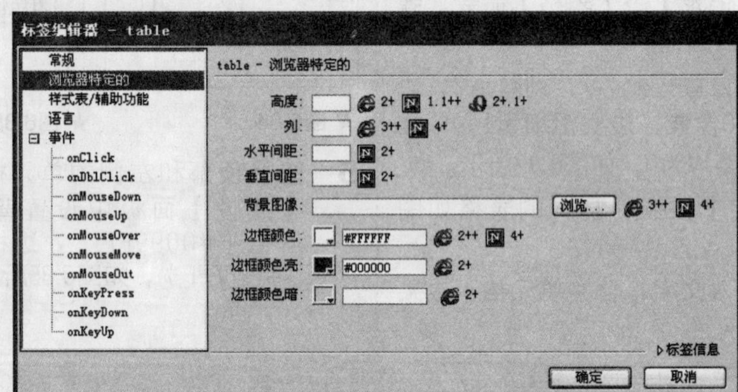

★ 图6.90

10 单击【确定】按钮完成设置。

11 按【F12】快捷键在浏览器中预览具有立体效果的表格，如图6.91所示。

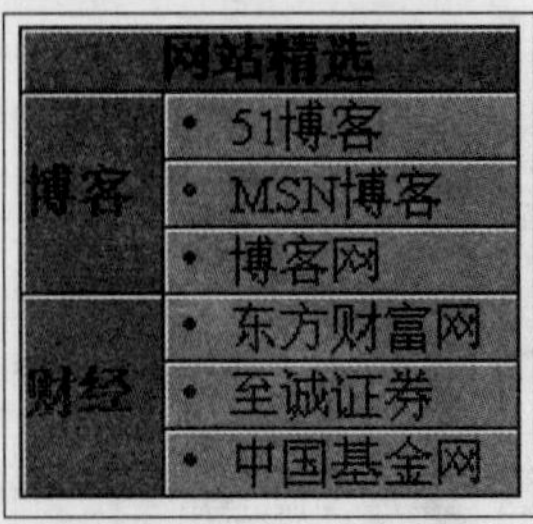

★ 图6.91

12 在表格【属性】面板的【间距】文本框中输入“1”，如图6.92所示。

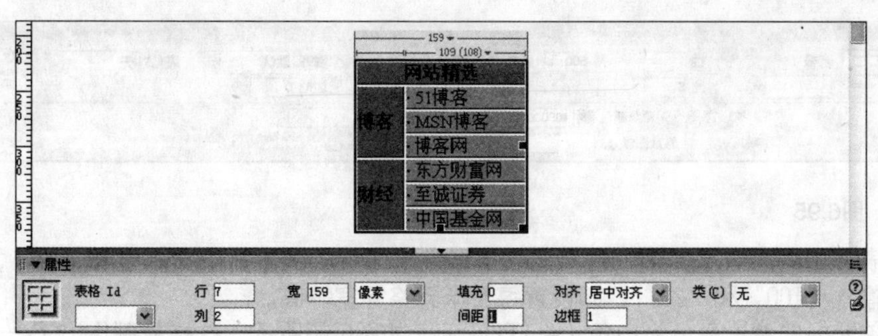

★ 图6.92

**13** 设置完成后，就会得到一个具有凸起感觉的立体表格效果，按【F12】键在浏览器中预览效果如图6.93所示。

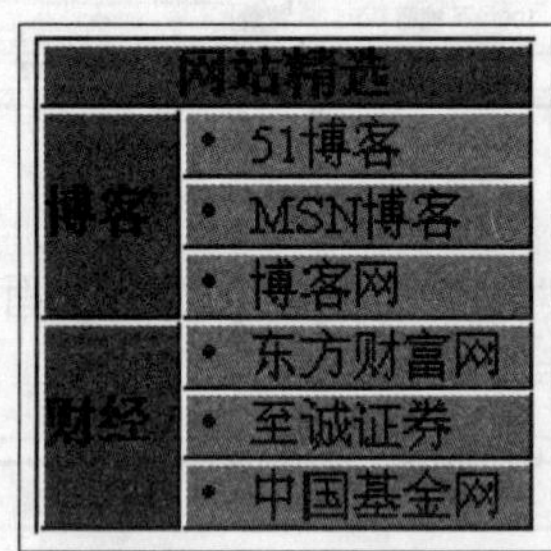


★ 图6.93

## 6.4.6 制作动态文本按钮

知识点讲解

在Dreamweaver CS3中，也可以制作出不少很好的动态文本特效，例如，文字大小变换及动态文本按钮等。用表格和文本特效可以制作网页的导航栏，当鼠标移动到网页中的文本按钮上时，实现导航按钮文本变大，同时按钮颜色变换，移开时，又恢复初始状态。

动手练

下面练习动态文本按钮的制作，当移动鼠标指针到某个按钮上的时候，按钮的背景颜色会发生改变，具体操作步骤如下：

**1** 新建一个HTML文档，在页面中插入一个1行5列，边框宽度为500像素，边框粗细为0，单元格间距为1的表格，如图6.94所示。

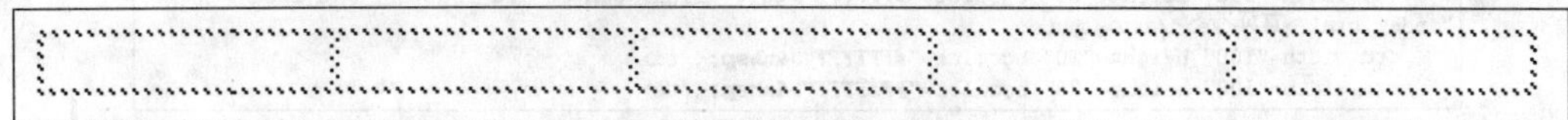

★ 图6.94

**2** 选中整个表格，在表格的【属性】面板中将背景颜色设置为黑色（#000000），如图6.95所示。

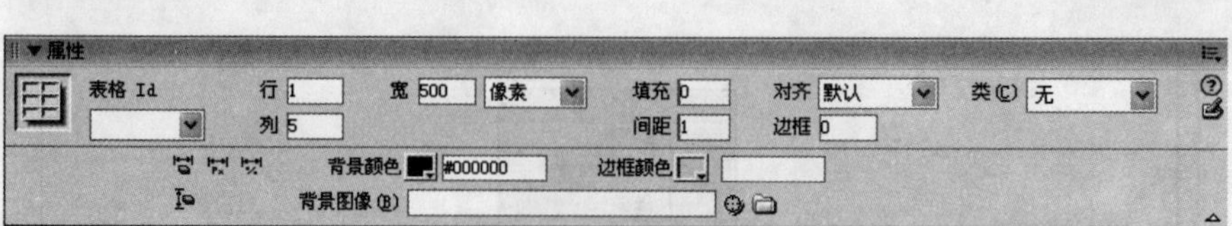


★ 图6.95

**3** 选中表格中的所有单元格，在单元格【属性】面板中的【宽】文本框和【高】文本框内分别输入“100”和“20”，即设置每个单元格等宽等高。

**4** 设置单元格的背景颜色为白色（#FFFFFF），如图6.96所示，这样就制作出了一个细线边框表格。

★ 图6.96

**5** 选中第1个单元格，输入文本“首页”，在【属性】面板中单击【居中对齐】按钮，使文字居中对齐，如图6.97所示。

★ 图6.97

**6** 在单元格的【属性】面板中为文字设置超链接，如图6.98所示。

★ 图6.98

**7** 单击【代码】按钮，切换到代码视图，找到如图6.99所示的代码。

```
    <td width="100" height="20" bgcolor="#FFFFFF"><div align="center"><a href="index.html">首页</a>
</div></td>
    <td width="100" height="20" bgcolor="#FFFFFF"> </td>
    <td width="100" height="20" bgcolor="#FFFFFF"> </td>
```

★ 图6.99

**8** 插入“id=‘buttonl’”，如图6.100所示。

```
    <td width="100" height="20" bgcolor="#FFFFFF"><div align="center" id="buttonl"><a href=
"index.html">首页</a></div></td>
    <td width="100" height="20" bgcolor="#FFFFFF"> </td>
    <td width="100" height="20" bgcolor="#FFFFFF"> </td>
```

★ 图6.100

**9** 在其他单元格中输入文本，并分别为文本设置超链接，居中对齐文本，如图6.101所示。

首页 | 公司简介 | 产品推广 | 在线订单 | 友情链接

★ 图6.101

**10** 用同样的方法在代码视图中分别为其他按钮文本插入代码，分别为“button2”、“button3”、“button4”和“button5”，如图6.102所示。

```
<td width="100" height="20" bgcolor="#FFFFFF"><div align="center" id="button1"><a href=
"index.html">首页</a></div></td>
<td width="100" height="20" bgcolor="#FFFFFF"><div align="center" id="button2"><a href=
"gsjj.html">公司简介</a></div></td>
<td width="100" height="20" bgcolor="#FFFFFF"><div align="center" id="button3"><a href=
"cptg.html">产品推广</a></div></td>
<td width="100" height="20" bgcolor="#FFFFFF"><div align="center" id="button4"><a href=
"zxdd.html">在线订单</a></div></td>
<td width="100" height="20" bgcolor="#FFFFFF"><div align="center" id="button5"><a href=
"yqlj.html">友情链接</a></div></td>
```

★ 图6.102

**提示**

在设置id属性时，用户也可以使用其他有规律的参数值。

**11** 选中第1个单元格中的“首页”文本，在【行为】面板中单击【添加行为】按钮 +，从弹出的下拉菜单中选择【改变属性】命令，如图6.103所示。

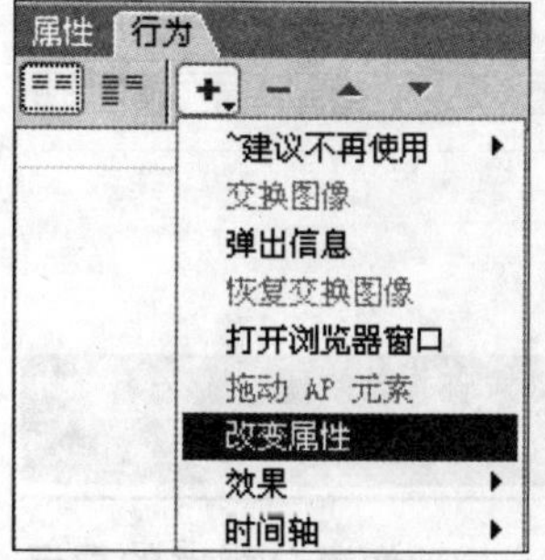


★ 图6.103

**12** 弹出【改变属性】对话框，在【元素类型】下拉列表中选择【DIV】选项。

**13** 在【元素 ID】下拉列表中选择【div “button1”】选项。

**14** 在【属性】栏中选中【选择】单选项，在右边的下拉列表框中输入“backgroundColor”。

**15** 在【新的值】文本框中输入“#FF0000”（红色），如图6.104所示。

**16** 单击【确定】按钮，完成行为的添加。

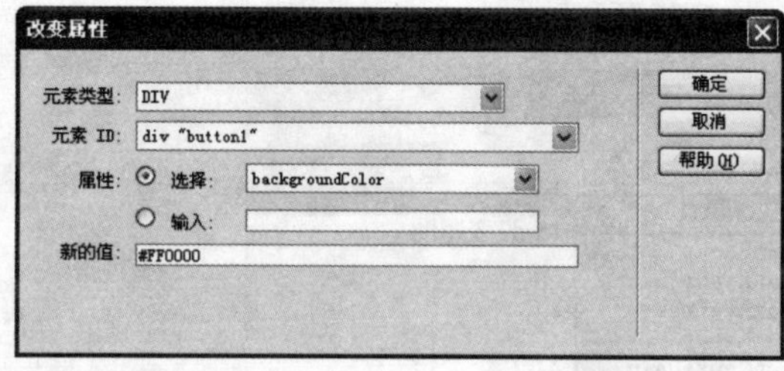


★ 图6.104

**17** 在【行为】面板中将触发事件由“onClick”改为“onMouseOver”，如图6.105所示。

★ 图6.105

**18** 在【行为】面板中继续单击【添加行为】按钮，从弹出的下拉菜单中选择【改变属性】命令。

**19** 弹出【改变属性】对话框，在【元素类型】下拉列表中选择【DIV】选项，在【元素 ID】下拉列表中选择【div “button1”】选项，在【属性】栏中选中【选择】单选项，从右边的下拉列表中选择【backgroundColor】选项，在【新的值】文本框中输入“#0000FF”，如图6.106所示。

★ 图6.106

**20** 单击【确定】按钮，完成行为的添加。

**21** 在【行为】面板中将触发事件由“onClick”改为“onMouseOut”，如图6.107所示。

★ 图6.107

**22** 设置触发事件后的【行为】面板如图6.108所示。

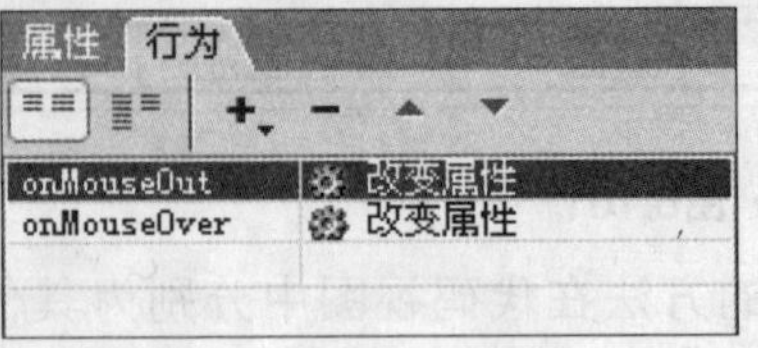


★ 图6.108

**23** 接着选中第2个单元格中的按钮文字，用与上面相同的方法设置行为，只是需要在【改变属性】对话框的【元素 ID】下拉列表中选择【div “button2”】选项，如图6.109所示。

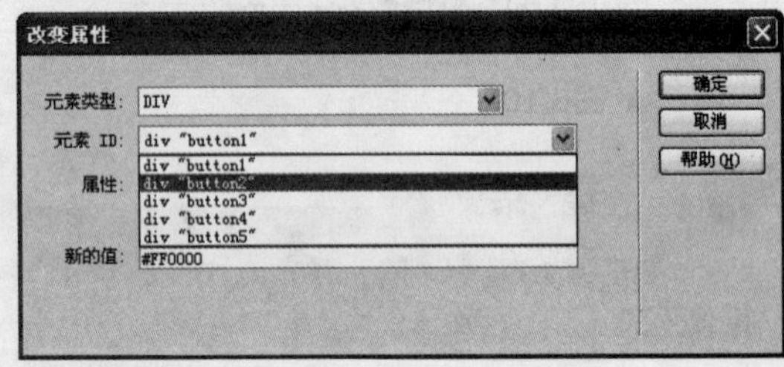


★ 图6.109

**24** 为所有的按钮文字增添行为。

**25** 按【F12】键浏览动态文本按钮效果，如图6.110所示。

★ 图6.110

## 疑难解答

**问** 制作网页时，通常网页内容的宽度是800像素左右，网页在800×600像素分辨率的显示屏中显示是正常的，可是在1024×768像素分辨率或更高分辨率的显示屏中浏览时，网页内容都到了左边，看起来很不美观，怎样解决这个问题呢？

**答** 可以利用表格解决这个问题，将内容全放置在一个表格中，选中表格后，将表格设置为居中对齐，这样在分辨率较大的显示屏上浏览时，网页内容都是居中的，看起来比较美观。另外，四周的白底可以设置网页背景图像，这样就更加美观了。

**问** 设置了表格背景后，如果觉得不满意，该怎样去除背景呢？

**答** 选中设置了背景图像的表格，将【属性】面板的【背景颜色】或【背景图像】文本框中的内容删除即可。

**问** 调整单元格大小时，若不知道其中所添加内容的多少，该怎么办？

**答** 如果单元格中的内容太多，单元格会自动伸展，适应其中添加的内容。

Chapter 07

# 第7章　网页中AP Div的应用

*本章要点*

- *Div标签*
- *AP Div*
- *AP Div与表格的转换*
- *网页排版应用*
- *利用AP Div制作导航菜单*

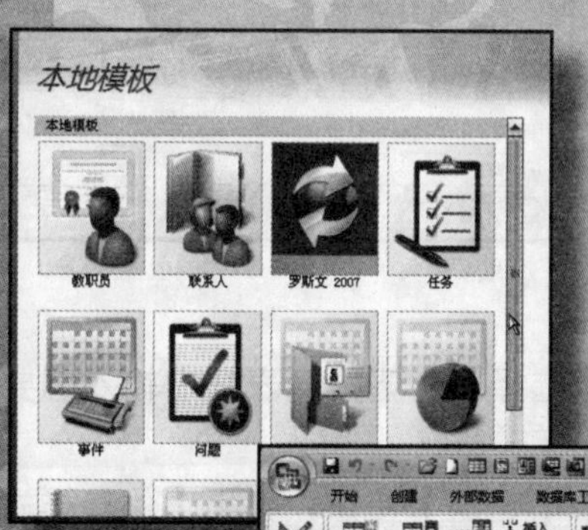


Div和表格一样，也是网页设计中重要的构成元素，主要应用于网页的布局设计中。在网页制作中，Div的使用非常广泛，能够实现非常多的功能。比如，利用Div的重叠，可将多个网页元素重叠在一起，实现特殊的效果；在Div中放置文本和图像等元素，配合添加的行为或脚本代码，可以使Div在网页中进行移动或变换，使页面中出现随机飘浮的图像效果等。

# 7.1 Div标签

Div标签又称为区隔标记，它的主要作用是将页面分割成不同区域，设定文字、图像和表格等的排列位置，并对它们进行精确定位。

### 1. Div标签的创建

在Dreamweaver CS3中创建Div标签，可以通过选择【插入记录】→【布局对象】→【Div标签】命令来实现，也可以通过【插入】栏【常用】选项卡下的【插入Div标签】按钮来创建Div标签，效果如图7.1所示。

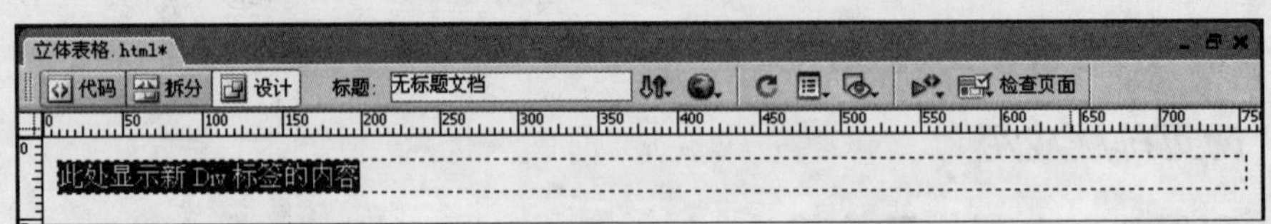


★ 图7.1

### 2. 为Div标签定义CSS规则

使用Div标签对象时，一般应先创建所需的CSS规则，具体的操作步骤如下所示：

**1** 选择【窗口】→【CSS样式】命令，打开【CSS样式】面板，如图7.2所示。

★ 图7.2

**2** 在【CSS样式】面板底部单击【新建CSS规则】按钮，弹出【新建CSS规则】对话框。

**3** 在【新建CSS规则】对话框的【选择器类型】栏中选中【高级】单选项，如图7.3所示。

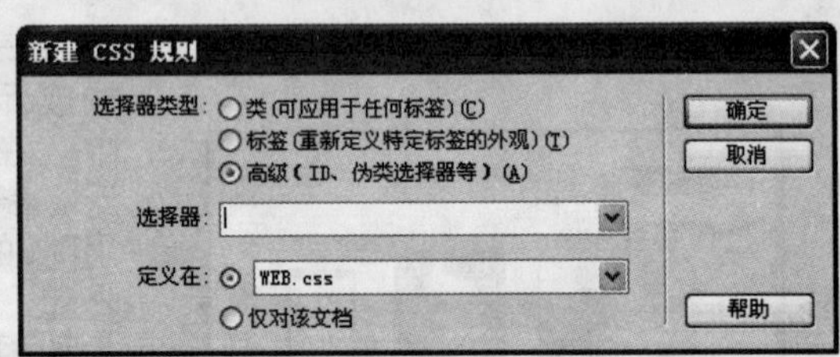


★ 图7.3

**4** 在【选择器】下拉列表框中输入想要创建的样式名。

**5** 单击【确定】按钮，弹出【保存样式表文件为】对话框，如图7.4所示。

**6** 设置好后单击【保存】按钮，弹出【CSS规则定义】对话框。

**7** 在【分类】列表框中选择【定位】选项，设置类型和位置等属性，如图7.5所示。

**8** 在左侧选择其他选项，并进行相应的设置，单击【确定】按钮，完成为Div标签定义CSS规则的操作。

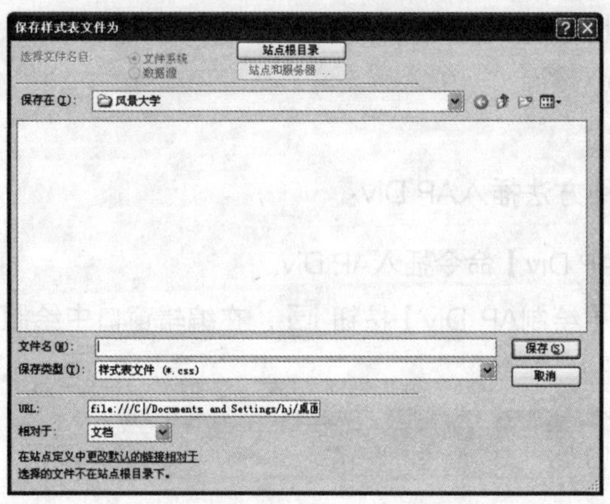


★ 图7.4

★ 图7.5

动手练

定义了Div标签的CSS规则之后，下面练习如何插入Div标签，具体步骤如下：

**1** 将光标定位到希望插入Div标签的位置。

**2** 选择【插入记录】→【布局对象】→【Div标签】命令，弹出【插入Div标签】对话框，如图7.6所示。

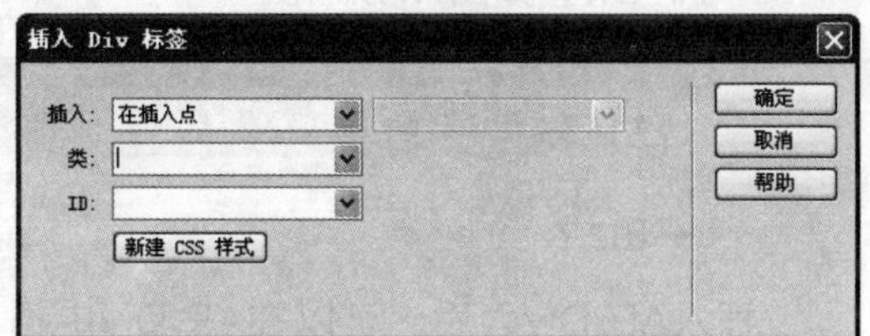


★ 图7.6

**3** 从【类】下拉列表中选择CSS规则。

**4** 单击【确定】按钮，插入Div标签。

提　示

Div标签是一种结构化元素，在通过浏览器浏览的时候，不会显示出来。而设计时，通常需要能够看到底层结构，方便用户对布局进行设计，同时，还需要能够随时隐藏结构，以便能够看到类似浏览器的视图。

## 7.2 AP Div

页面的精细排版可以借助AP元素来实现，将AP元素与表格综合应用，会使页面排版变得更加容易。AP Div是使用最多的AP元素，下面分别介绍一下AP Div的创建、设置属性以及嵌套等知识。

在Dreamweaver CS3中，AP Div用于来控制浏览器窗口中对象的位置。AP Div可以放置在页面的任意位置，AP Div中可以包括图片和文本等元素。

### 7.2.1 AP Div的插入及选择

Dreamweaver CS3允许用户在不必使用代码的情况下创造性地、精确地添加AP Div，用户既可以对AP Div进行拖动操作，又可以通过视觉判断放置位置，还可以改变它的大小。

用户采用组合的方法，可以先快速地目测，大致完成AP Div的布局，然后再精确对

齐边缘。对于习惯了传统页面布局的网页设计员而言，Dreamweaver CS3还提供了标尺和网格工具，以便用户更方便地使各个层精确对齐。

### 1. 插入AP Div

在Dreamweaver CS3中可以通过以下两种方法插入AP Div：

- 选择【插入记录】→【布局对象】→【AP Div】命令插入AP Div。
- 在【插入】栏的【布局】选项卡下单击【绘制AP Div】按钮，在编辑窗口中绘制AP Div，如图7.7所示。

★ 图7.7

插入AP Div之后，可以在AP Div中插入文字、图像和表格等相关内容。

**说 明**

为了使各个AP Div间不出现重叠现象，可以在【CSS】面板组的【AP元素】面板中选中【防止重叠】复选项，如图7.8所示，这项操作并不会改变选中该选项前已经重叠的AP Div，只是对后面绘制的AP Div起作用。

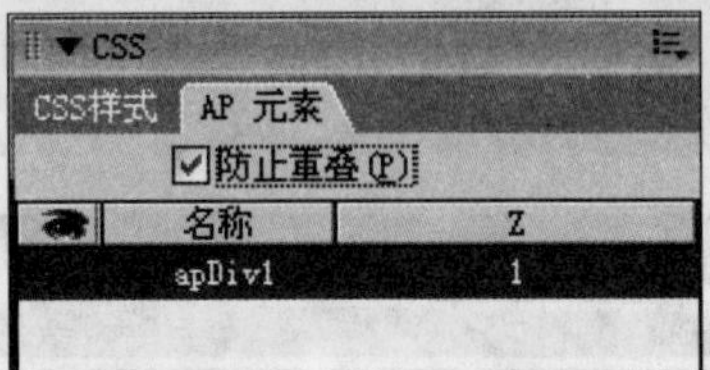


★ 图7.8

**提 示**

选择【窗口】→【AP元素】命令，可以打开【AP元素】面板。

### 2. 选中AP Div

选中AP Div的方法有以下两种：

- 将鼠标指针移至AP Div的边框上时，AP Div显示为红线边框，如图7.9所示，然后单击AP Div边框即可选中该AP Div，如图7.10所示。

★ 图7.9

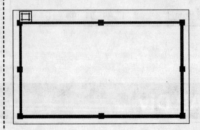

★ 图7.10

- 在【CSS】面板组的【AP元素】面板中单击要选择的AP Div的名称，如图7.11所示。

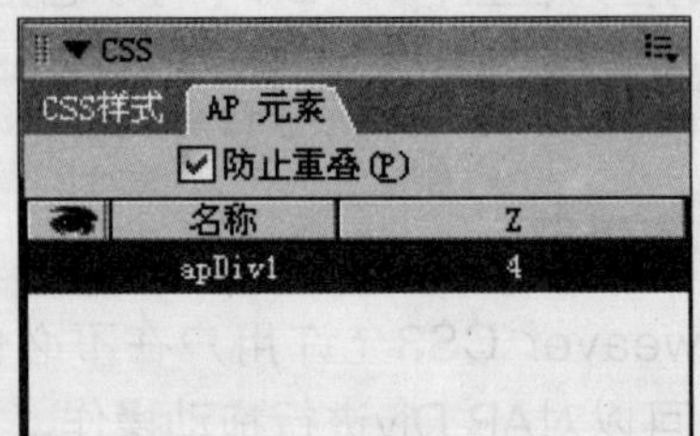


★ 图7.11

### 3. 选择多个AP Div

多个AP Div的选择方法有以下两种：

- 按住【Shift】键，在要选择的AP Div中或AP Div边框上单击，在【AP 元素】面板中，选中的AP Div的名称反白显示，如图7.12所示。

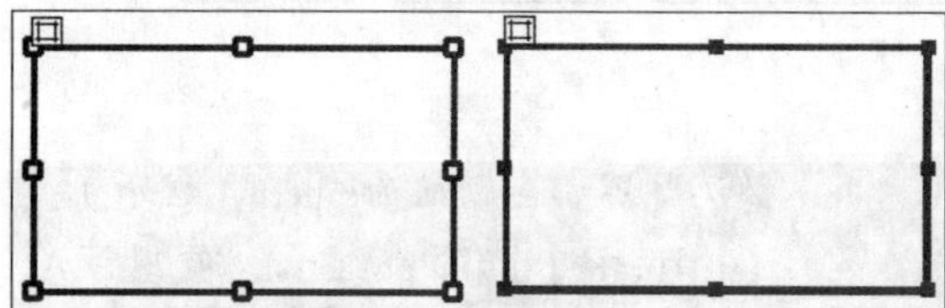

★ 图7.12

- 按住【Shift】键，在【AP元素】面板中单击要选中的多个AP Div的名称即可，如图7.13所示。

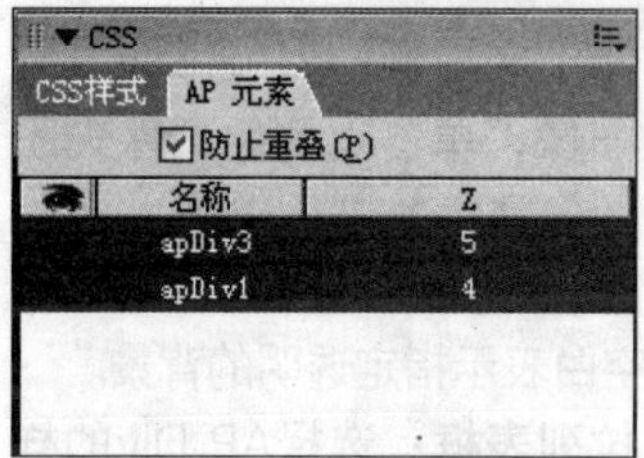


★ 图7.13

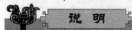

下面练习如何插入AP Div，具体操作步骤如下：

1 新建一个HTML文档，选择【插入记录】→【布局对象】→【AP Div】命令，如图7.14所示。

2 这样就在页面中插入了一个固定大小的AP Div，该AP Div的宽度为200px，高度为115px，如图7.15所示。

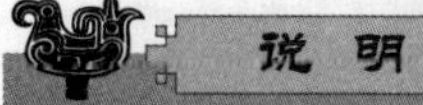


AP Div的大小及相关距离都以px（像素）为单位，此外还可以使用pt（点）、in（英寸）、mm（毫米）、cm（厘米）和%（百分比）等单位。书写时单位不能与数字分开，如“10cm”是正确的书写形式，但不能写为“10 cm”。

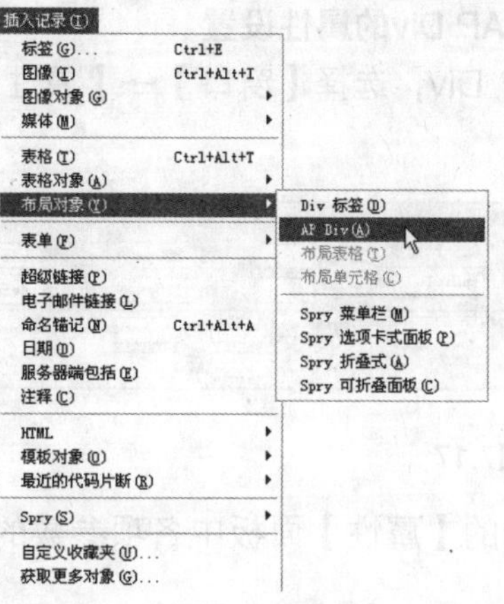


★ 图7.14

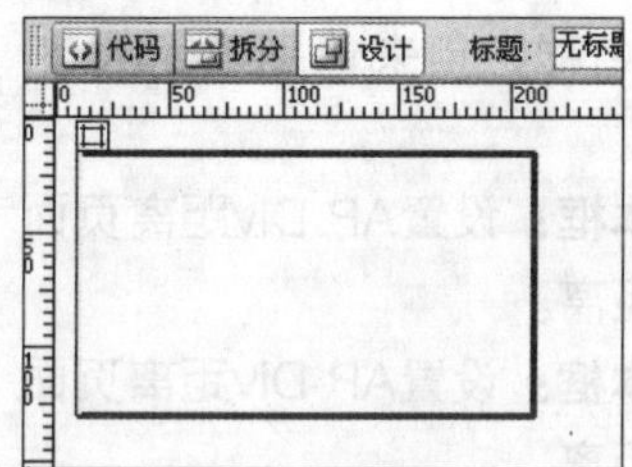


★ 图7.15

3 移动鼠标指针到AP Div边框的左上方时，指针会变为如图7.16所示的形状，单击鼠标左键可以选中AP Div。

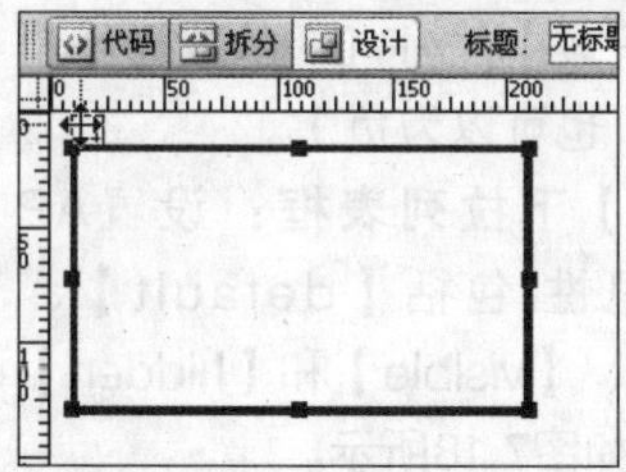


★ 图7.16

## 7.2.2 AP Div的属性设置

在AP Div的【属性】面板中既可设置单个AP Div的属性，也可以设置多个AP Div的属性。同时AP Div的宽度、高度和是否溢出等设置也需要在AP Div【属性】面板中进行。

### 1. 单个AP Div的属性设置

选中AP Div，选择【窗口】→【属性】命令，就会显示AP Div的【属性】面板，如图7.17所示。

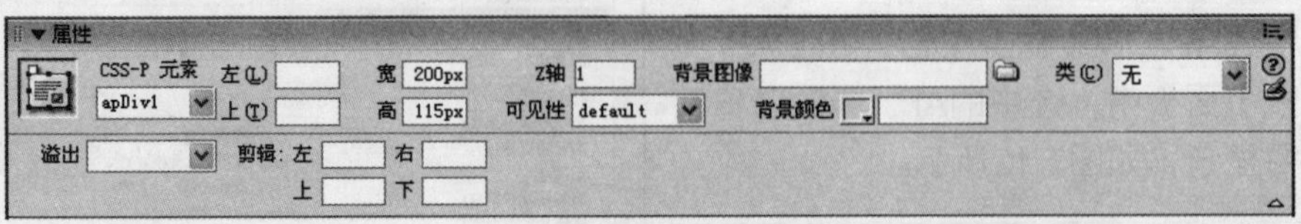


★ 图7.17

AP Div的【属性】面板中各项参数的含义如下。

- **【CSS-P元素】下拉列表框**：设置AP Div的名称，用来识别不同的AP Div。
- **【左】文本框**：设置AP Div距离页面左边距的距离。
- **【上】文本框**：设置AP Div距离页面上边距的距离。
- **【宽】文本框**：设置AP Div的宽度。
- **【高】文本框**：设置AP Div的高度。
- **【Z轴】文本框**：设置AP Div的Z轴顺序，在浏览器中，编号较大的AP Div出现在编号较小的AP Div的前面（值可以为正，也可以为负）。
- **【可见性】下拉列表框**：设置AP Div的可见性，包括【default】、【inherit】、【visible】和【hidden】4个选项，如图7.18所示。

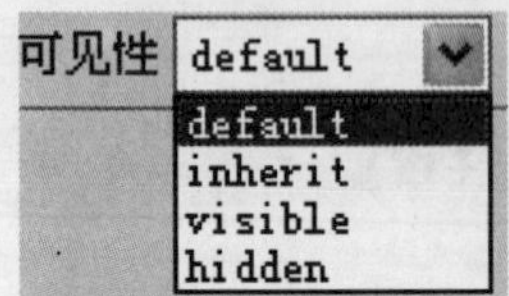


★ 图7.18

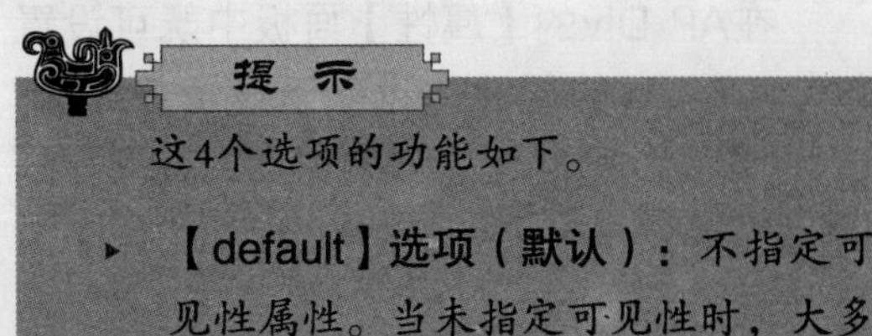

提示

这4个选项的功能如下。

- 【default】选项（默认）：不指定可见性属性。当未指定可见性时，大多数浏览器都会默认为inherit（继承）。
- 【inherit】选项：继承，使用该AP Div父级的可见性属性。
- 【visible】选项：可见，显示该AP Div的内容，而不管父级的属性是什么。
- 【hidden】选项：隐藏，隐藏该AP Div的内容，而不管父级的属性是什么。

- **【背景图像】文本框**：为AP Div设置一个背景图像，单击右侧的文件夹图标可浏览图像文件并进行选择。
- **【背景颜色】文本框**：设置AP Div的背景颜色，空白表示指定透明的背景。
- **【类】下拉列表框**：选择AP Div的样式（如在页面中对AP Div进行了CSS样式设置）。
- **【溢出】下拉列表框**：设置当AP Div内容超出了AP Div范围后显示内容的方式。它包括【visible】、【hidden】、【scroll】和【auto】这4项，如图7.19所示。

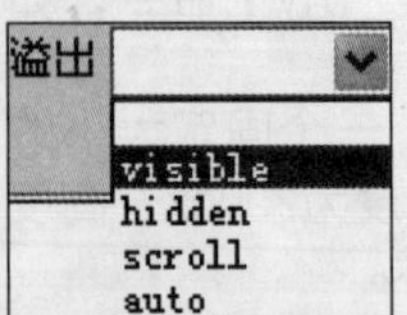


★ 图7.19

提示

下拉列表中各项选项的功能如下。

- 【visible】选项：表示超出的部分照样显示。

- 【hidden】选项：表示超出的部分隐藏。
- 【scroll】选项：表示不管是否超出，都显示滚动条。
- 【auto】选项：表示当AP Div中的内容超出AP Div范围时，AP Div的大小保持不变，但是在AP Div的左端或下端会出现滚动条，以便AP Div中超出范围的内容能够通过拖动滚动条来显示。

- **【剪辑】栏**：定义AP Div的可见区域。用户在这里可以指定左侧、顶部、右侧和底边坐标，可在AP Div的坐标空间中定义一个矩形，一般从AP Div的左上角开始计算。AP Div经过剪辑后，只有指定的矩形区域才是可见的。

### 2. 多个AP Div的属性设置

选中要设置相同属性的多个AP Div，此时的【属性】面板如图7.20所示。

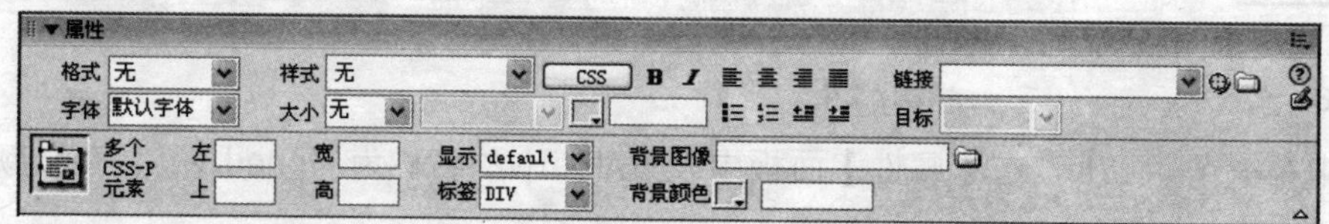


★ 图7.20

在多个AP Div的【属性】面板中各项参数的含义如下。

- **【左】文本框**：指定所选AP Div的左侧相对于页或嵌套AP Div左侧的位置。
- **【上】文本框**：指定所选AP Div的上方相对于页或嵌套AP Div上方的位置。
- **【标签】下拉列表框**：用来定义所选AP Div的HTML标签。有“SPAN”和“DIV”两种，一般用到的AP Div是DIV标签的（即以块的形式存在），SPAN是行内标签。

其他参数的含义与单个AP Div属性的参数的含义相同。

下面练习AP Div的属性设置，具体操作步骤如下：

**1** 上个练习中通过菜单命令插入了一个AP Div，用鼠标左键单击AP Div下方的文档空白处，将光标插入点定位在AP Div下方，如图7.21所示。

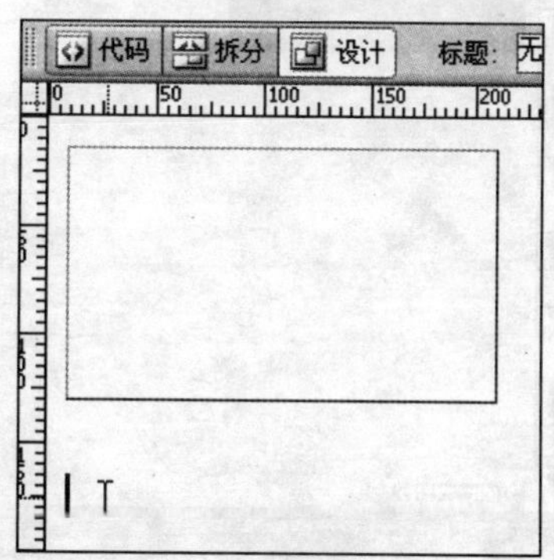


★ 图7.21

**2** 在【插入】栏的【布局】选项卡下单击【绘制AP Div】按钮，如图7.22所示。

★ 图7.22

**3** 在文档编辑窗口中拖动鼠标，绘制一个任意大小的AP Div，如图7.23所示。

**4** 选中第二个AP Div，在【属性】面板中设置AP Div的名称为“twodiv”，以及四边距离，如图7.24所示。

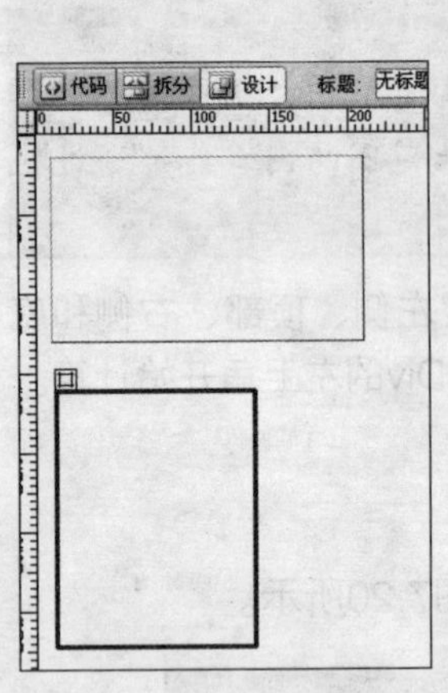

★ 图7.23

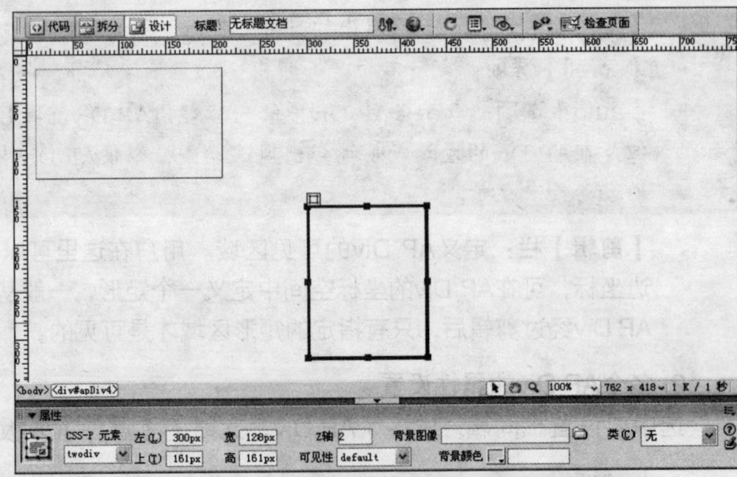

★ 图7.24

**5** 选中第一个AP Div，在【属性】面板中设置AP Div的名称为“onediv”，背景颜色为红色，如图7.25所示。

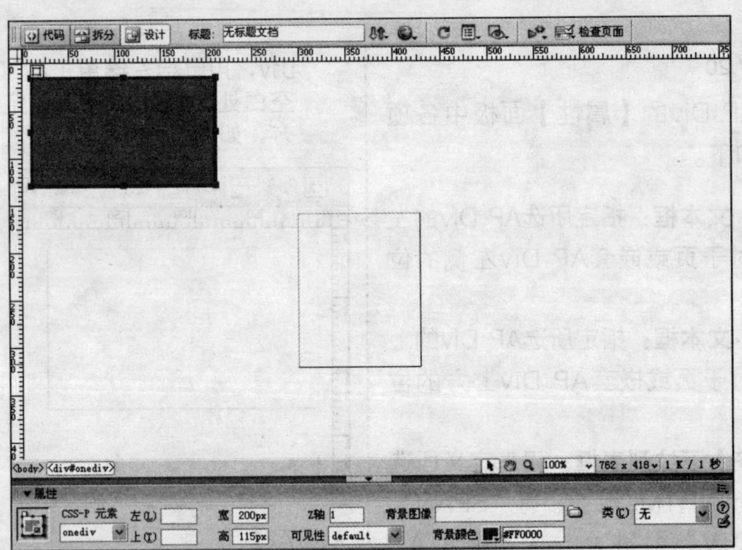

★ 图7.25

**6** 保持“onediv”AP Div的选中状态，按【Shift】键，再选中名为“twodiv”的AP Div，在【属性】面板中设置两个AP Div距离页面上边的距离，如图7.26所示。

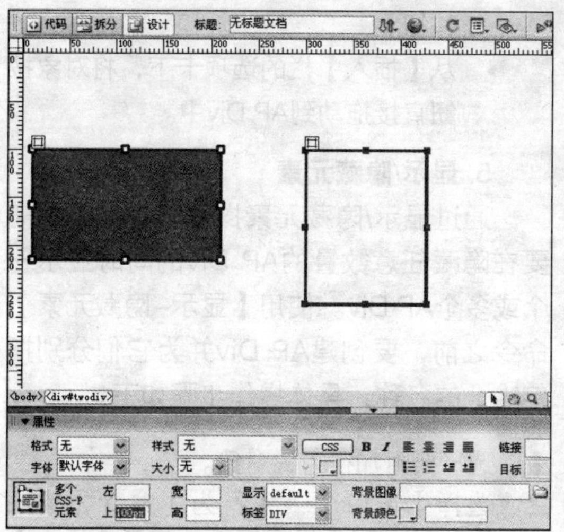


★ 图7.26

## 7.2.3 AP Div的编辑

编辑AP Div，包括移动AP Div、对齐AP Div以及重新设置AP Div的大小等。

### 1. 移动AP Div

要想把AP Div移至其他位置，只需将鼠标指针移至一个AP Div或多个AP Div的边框上。当指针变为✥形状时拖动鼠标到目标位置即可，如图7.27所示。

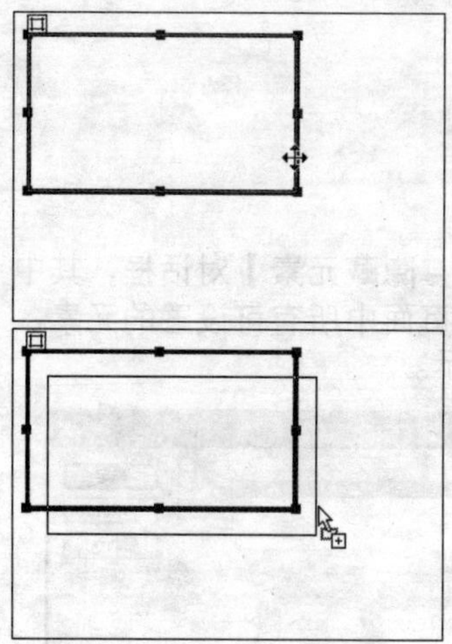

★ 图7.27

### 2. 对齐AP Div

在设计网页时经常需要将多个AP Div在某个方向上对齐。在进行AP Div的对齐操作时，所有子级AP Div的位置都会随其父级AP Div做相应的移动。

对齐AP Div的操作步骤如下：

**1** 选择要对齐的所有AP Div，如图7.28所示。

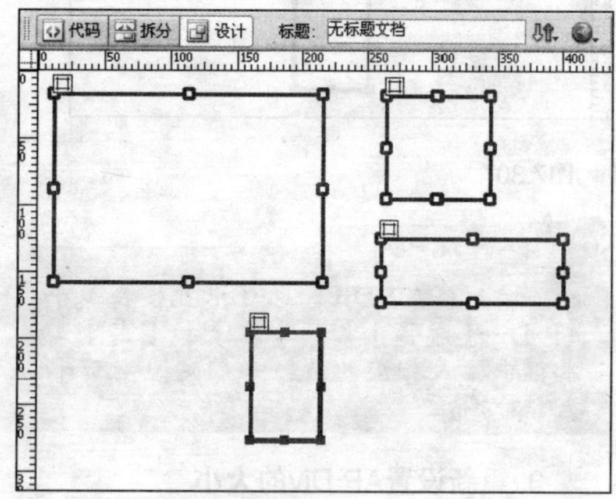


★ 图7.28

**2** 在【修改】下拉菜单中打开【排列顺序】子菜单，如图7.29所示。

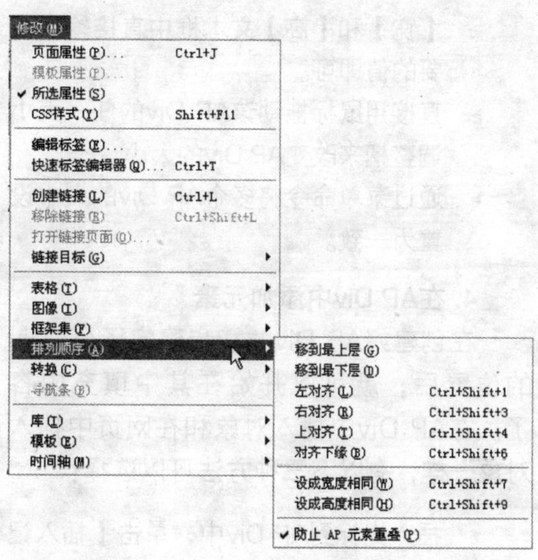


★ 图7.29

**3** 在【排列顺序】子菜单中选择【右对齐】命令，效果如图7.30所示。

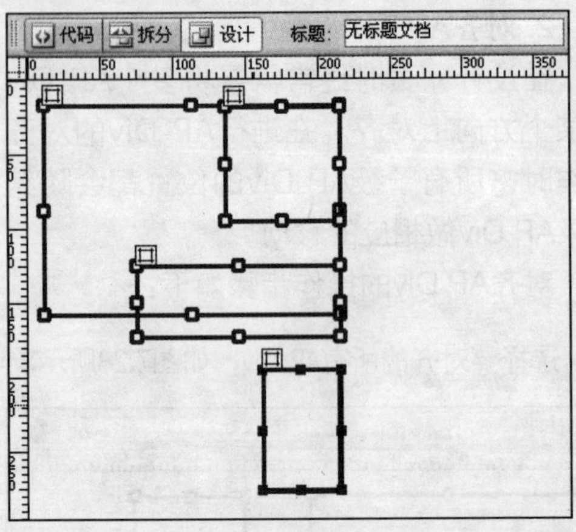


★ 图7.30

要对齐AP Div，也可以直接在多个AP Div【属性】栏的【左】和【上】文本框中输入相应的值，来确定左对齐和上部对齐。

### 3. 重新设置AP Div的大小

重新设置AP Div的大小方法有以下三种：

- 选中AP Div后，在【属性】面板的【宽】和【高】文本框中直接输入需要的值即可。
- 直接用鼠标拖动该AP Div的任一大小调整柄来改变AP Div的大小。
- 通过菜单命令将多个AP Div的大小设置为一致。

### 4. 在AP Div中添加元素

在创建好AP Div并初步确定了AP Div的位置后，就可以开始在其中填充内容了。在AP Div中插入对象和在网页中插入对象一样，有以下三种方法可以选择：

- 插入光标到AP Div中，单击【插入记录】菜单项，然后在弹出的下拉菜单中选择要插入的对象。
- 将光标放在AP Div中，从【插入】栏的各选项卡下选择插入的对象对应的按钮。
- 从【插入】栏的选项卡下，将对象按钮直接拖动到AP Div中。

### 5. 显示/隐藏元素

通过显示/隐藏元素操作，可以根据需要在隐藏任意数量的AP Div的同时显示一个或多个AP Div。使用【显示-隐藏元素】命令之前，要创建AP Div并为它们分别指定唯一的名称，具体操作步骤如下：

**1** 选择要附加行为的对象。

**2** 选择【窗口】→【行为】命令（或按【Shift+F4】组合键），打开【行为】面板。

**3** 单击【添加行为】按钮，在下拉菜单中选择“显示-隐藏元素”命令，如图7.31所示。

★ 图7.31

**4** 弹出【显示－隐藏元素】对话框，其中显示了当前页面中所有可设置的元素，如图7.32所示。

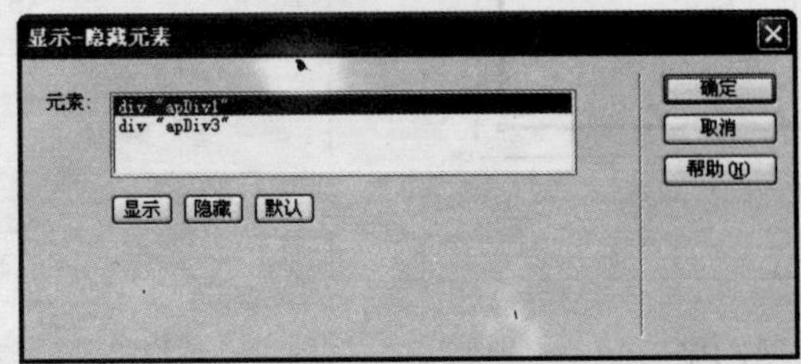


★ 图7.32

5 单击【元素】列表框下方的【显示】、【隐藏】或者【默认】按钮。

若想让一个隐藏的元素在某个条件下显示出来，则单击【显示】按钮；若想让一个可见的元素在一定的条件下隐藏起来，则单击【隐藏】按钮；若想让元素在某事件后恢复元素的默认可见性，则单击【默认】按钮默认。

6 完成后单击【确定】按钮。

7 然后在【行为】面板中设置触发事件即可（这项操作在制作导航菜单部分详细介绍）。

动手练

下面做一个通过菜单命令将多个AP Div的大小设置为一致的练习，具体操作步骤如下：

1 新建一个HTML文档，在其中绘制两个AP Div，按住【Shift】键，选中这两个AP Div，如图7.33所示。

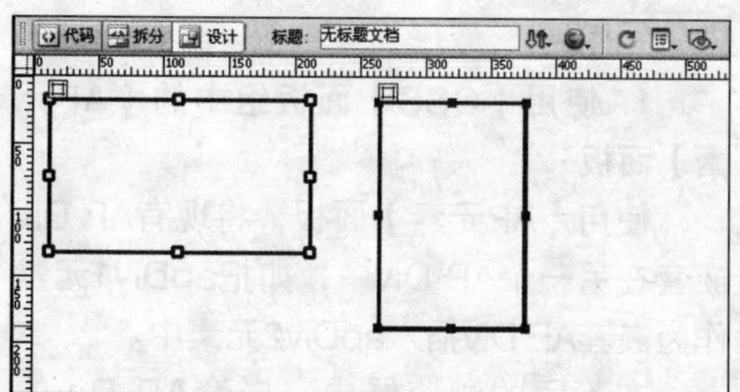

★ 图7.33

2 选择【修改】→【排列顺序】→【设成宽度相同】命令，如图7.34所示。

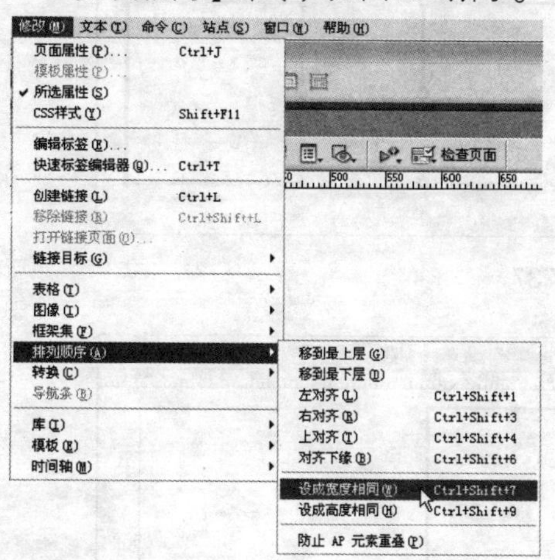

★ 图7.34

3 设置后的两个AP Div如图7.35所示，从图中可以看出两个AP Div的宽度变成一样的了。

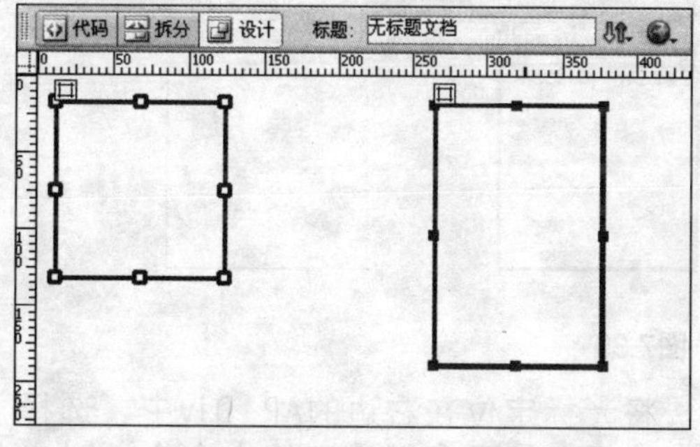

★ 图7.35

4 在【属性】面板中的【高】和【宽】文本框中均输入"150px"，如图7.36所示。

★ 图7.36

5 这些值将应用于所有选中的AP Div，设置后的效果如图7.37所示。

6 将光标定位在左边的AP Div中，如图7.38所示。

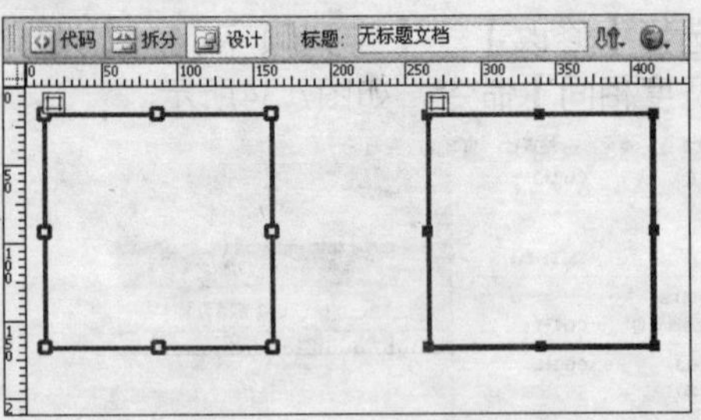


★ 图7.37

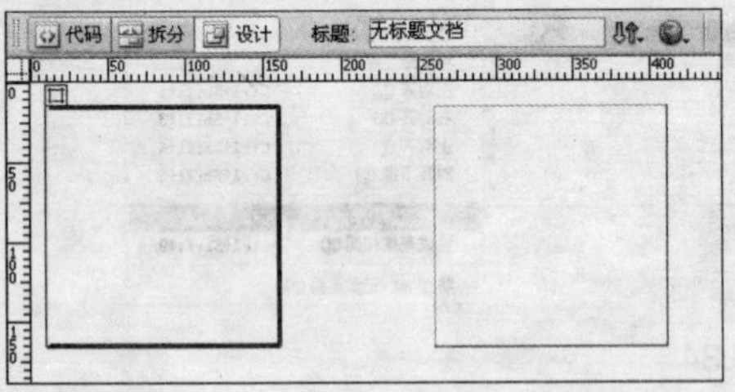


★ 图7.38

**7** 在AP Div中直接输入文本，如图7.39所示。

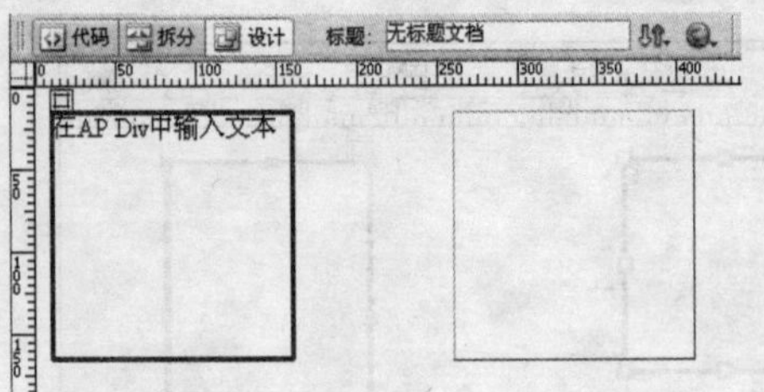


★ 图7.39

**8** 将光标定位在右边的AP Div中，选择【插入记录】→【表格】命令，弹出【表格】对话框，在其中设置表格的格式如图7.40所示。

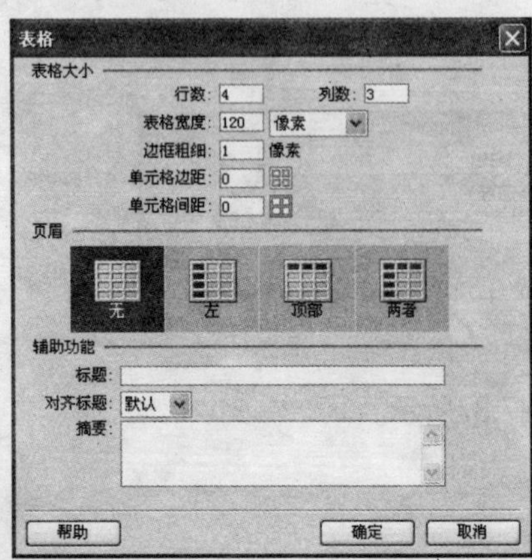


★ 图7.40

**9** 单击【确定】按钮，这样就在AP Div中插入了一个表格元素，如图7.41所示。

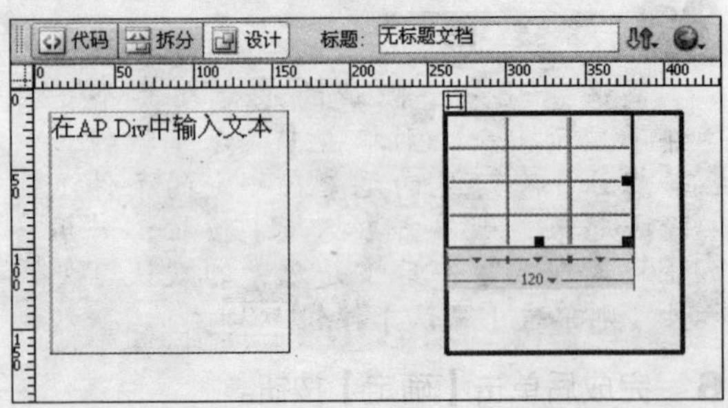


★ 图7.41

## 7.2.4 AP Div的嵌套

AP Div的嵌套是指该AP Div本身被包含在另一个AP Div中。嵌套通常用于将AP Div组织在一起。嵌套的AP Div可以随其父级AP Div一起移动，并且可以设置为继承其父级的可见性。嵌套AP Div一般有以下3种方法：

**1. 使用【CSS】面板组中的【AP元素】面板**

使用【AP元素】面板，将现有AP Div嵌套在另一个AP Div中，如把apDiv1元素作为嵌套AP Div插入apDiv2元素中。

在不同的浏览器中，嵌套AP Div的外观可能会有所不同。当创建嵌套AP Div时，请在设计过程中检查它们在不同浏览器中的外观。

**2. 直接插入嵌套AP Div**

直接插入嵌套AP Div的操作步骤如下：

**1** 在设计视图下将插入点放置在一个现有的AP Div中。

**2** 选择【插入记录】→【布局对象】→【AP Div】命令，即可创建一个嵌套AP Div。

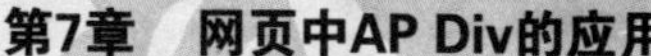

### 3. 绘制嵌套AP Div

绘制嵌套AP Div的操作步骤如下：

**1** 单击【插入】栏【布局】选项卡中的【绘制AP Div】按钮。

**2** 在设计视图下，拖动鼠标在现有的AP Div中再绘制一个AP Div，如图7.42所示。

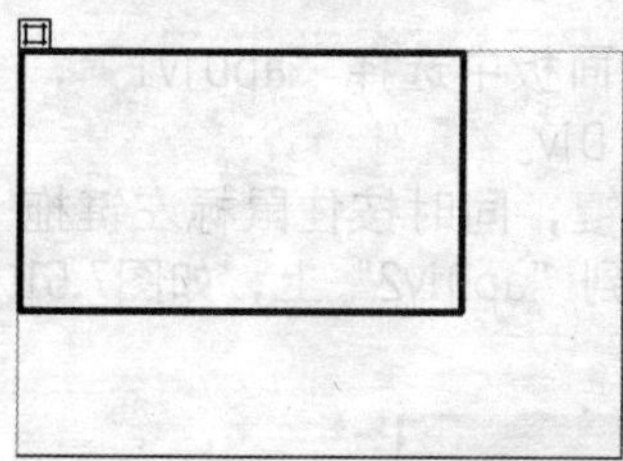

★ 图7.42

**说 明**

如果AP元素首选参数中的嵌套功能被关闭了，则需要按住【Alt】键并拖动鼠标在现有AP Div中嵌套绘制一个AP Div。

下面介绍启用AP元素嵌套功能的具体操作步骤：

**1** 选择【编辑】→【首选参数】命令，如图7.43所示。

编辑(E)
撤消(U) 调整 AP 元素大小 Ctrl+Z
重做(R) 调整 AP 元素大小 Ctrl+Y
剪切(T) Ctrl+X
拷贝(C) Ctrl+C
粘贴(P) Ctrl+V
选择性粘贴(S) Ctrl+Shift+V
清除(A)
全选(A) Ctrl+A
选择父标签(G) Ctrl+[
选择子标签(H) Ctrl+]
查找和替换(F)... Ctrl+F
查找所选(S) Shift+F3
查找下一个(N) F3
转到行(G) Ctrl+G
显示代码提示(H) Ctrl+Space
刷新代码提示(F) Ctrl+.
代码提示工具(T)
缩进代码(I) Ctrl+Shift+>
凸出代码(O) Ctrl+Shift+<
平衡大括弧(B) Ctrl+'
重复项(E)
代码折叠
使用外部编辑器编辑(E)
标签库(L)...
快捷键(Y)...
首选参数(P)... Ctrl+U

★ 图7.43

**2** 弹出【首选参数】对话框，如图7.44所示。

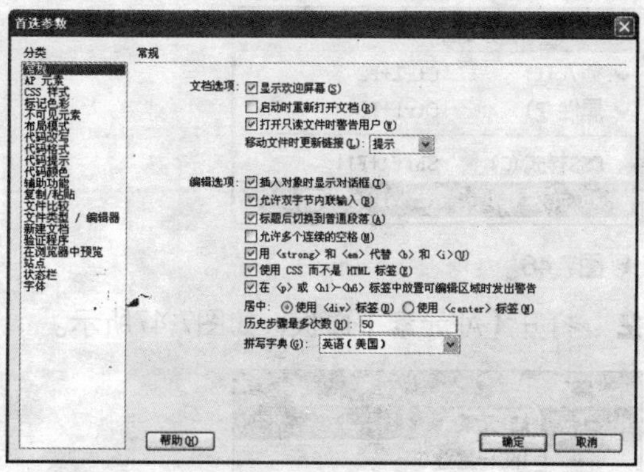


★ 图7.44

**3** 在【分类】列表框中选择【AP元素】选项，如图7.45所示。

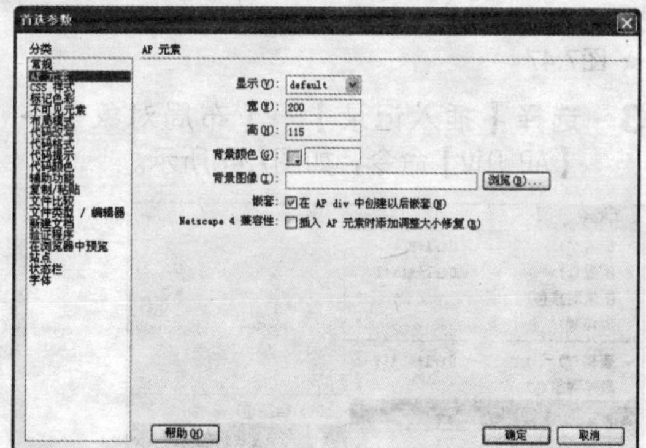


★ 图7.45

**4** 在右侧的【嵌套】栏选中【在AP Div中创建以后嵌套】复选项。

**5** 单击【确定】按钮，嵌套功能就被启用了。

**注 意**

AP Div具有浮动功能，常用于在网页中添加一些浮动的图像等。使用其隐藏与显示功能，可以创建出下拉菜单等特殊的效果。但当一个页面中使用了多个AP Div后，由于页面复杂程度增加，编辑起来就会比较困难。

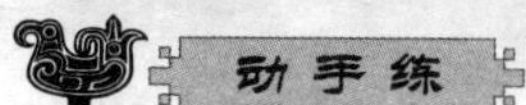

**动手练**

下面练习通过【AP元素】面板嵌套AP Div，具体操作步骤如下：

**1** 选择【窗口】→【AP元素】命令（或按【F2】键），如图7.46所示。

窗口(W) 帮助(H)
✔插入(I) Ctrl+F2
✔属性(P) Ctrl+F3
CSS样式(C) Shift+F11
AP 元素(L) F2

★ 图7.46

**2** 打开【AP元素】面板，如图7.47所示。

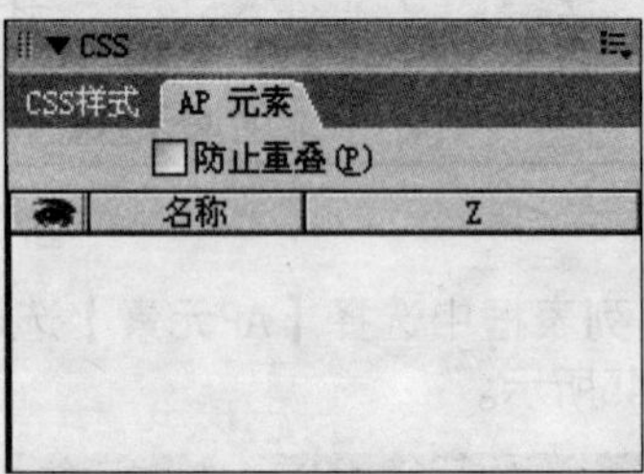


★ 图7.47

**3** 选择【插入记录】→【布局对象】→【AP Div】命令，如图7.48所示。

插入记录(I)
标签(G)... Ctrl+E
图像(I) Ctrl+Alt+I
图像对象(G)
媒体(M)
表格(T) Ctrl+Alt+T
表格对象(A)
布局对象(Y)
表单(F)
超级链接(P)
Div 标签(D)
AP Div(A)
布局表格(T)
布局单元格(C)

★ 图7.48

**4** 在文档编辑窗口中插入了一个AP Div，同时，在【AP元素】面板中就显示出插入的AP Div，如图7.49所示。

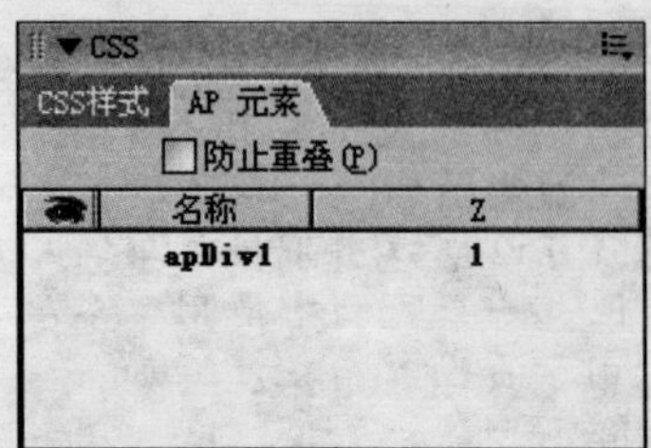


★ 图7.49

**5** 按照前面的插入步骤，再插入一个AP Div，【AP元素】面板如图7.50所示。

CSS
CSS样式 AP 元素
☑防止重叠(P)
名称 Z
apDiv2 3
apDiv1 3

★ 图7.50

**6** 在【AP元素】面板中选择“apDiv1”，作为嵌套的AP Div。

**7** 按住【Ctrl】键，同时按住鼠标左键拖动这个AP Div到“apDiv2”上，如图7.51所示。

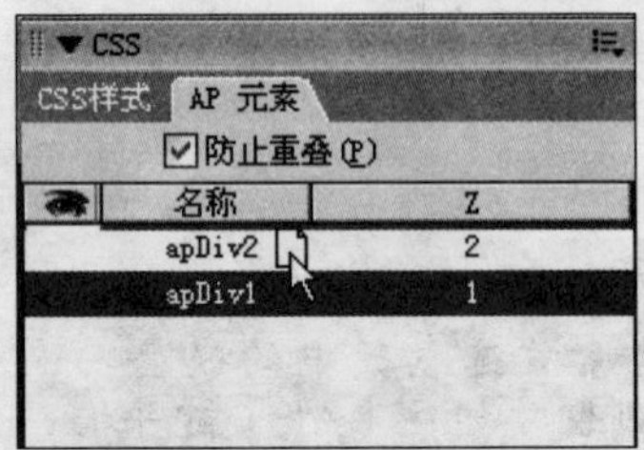


★ 图7.51

**8** 松开鼠标左键，就可以创建一个嵌套的AP Div，如图7.52所示。

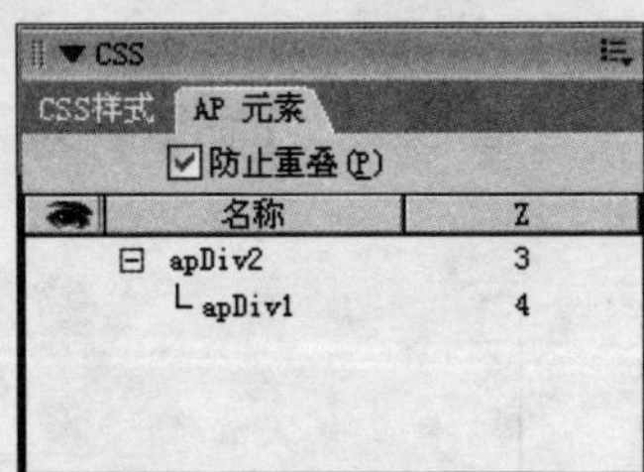


★ 图7.52

**9** 完成AP Div的嵌套之后，可以在AP Div的【属性】面板中对嵌套AP Div和其父级AP Div的相关参数进行设置，将其调整到适当的大小，如图7.53所示。

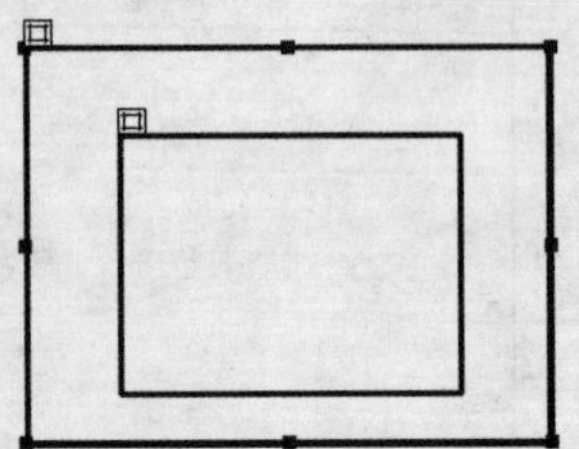

★ 图7.53

# 7.3 AP Div与表格的转换

在Dreamweaver CS3中，还可以将AP Div和表格互相转换，利用AP Div的特殊性可以制作复杂的表格，本节就来介绍AP Div与表格转换方面的知识。

## 7.3.1 将AP Div转换为表格

知识点讲解

由于AP Div只被较高版本的浏览器（如IE 4.0以上的版本）支持，所以在低版本的浏览器中不能正常显示，为了解决这个问题，可以将AP Div转换为表格，这样在较低版本的浏览器中也能正常显示。

选择【修改】→【转换】→【将AP Div转换为表格】命令，在弹出的【将AP Div转换为表格】对话框（如图7.54所示）中进行设置，完成后，单击【确定】按钮，即可将AP Div转换为表格。

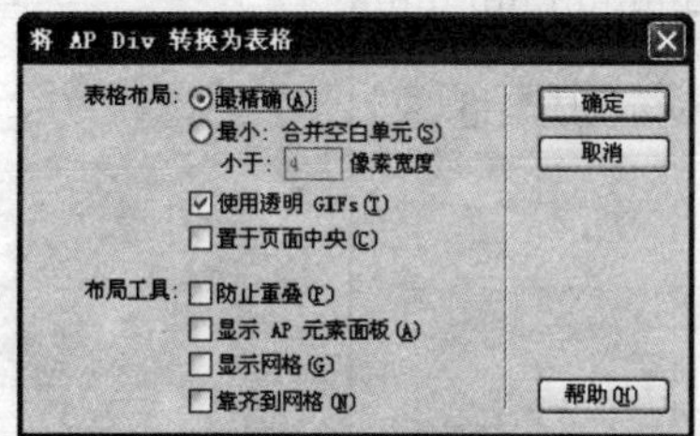


★ 图7.54

【将AP Div转换为表格】对话框中各项参数含义如下。

- 【最精确】单选项：选中此单选项，可以将所有选中的AP Div都转换成表格，并且生成一些额外的单元格，增大AP Div之间的距离。
- 【最小】单选项：若选中此单选项，则AP Div之间的距离较近，会将这些AP Div创建为相邻的单元格，也就是说选中此项，所创建的表格会具有最小的行和列，可以在其下方的文本框中输入AP Div之间的最大距离，一般情况下不选择此项。
- 【使用透明GIFs】复选项：选中此复选项，将使用GIF图像填充表格的最后一行。
- 【置于页面中央】复选项：选中此复选项，则生成的表格在页面内居中排列，否则生成的表格在页面中左对齐。
- 【防止重叠】复选项：选中此复选项，可以防止AP Div重叠。
- 【显示AP元素面板】复选项：选中此复选项，将AP Div转换成表格后会显示【AP元素】面板。
- 【显示网格】复选项：选中此复选项，AP Div转换成表格后会显示网格。
- 【靠齐到网格】复选项：选中此复选项，AP Div转换成表格后，会启动网格对齐功能。

### 1. AP Div转换为表格

下面练习如何将AP Div转换成表格，具体操作步骤如下：

**1** 新建一个HTML文档，在其中绘制一个AP Div并输入文本，如图7.55所示。

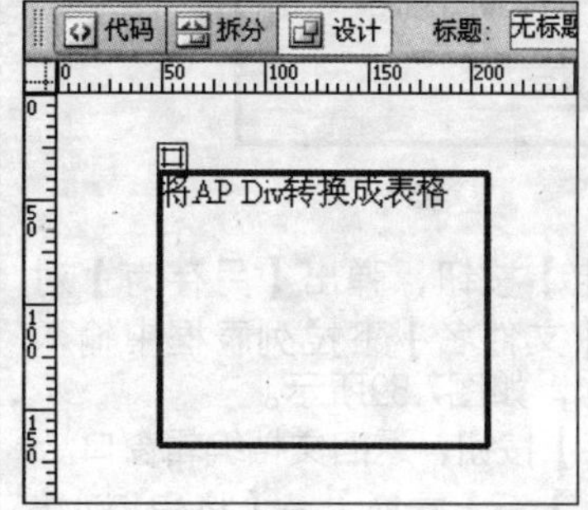


★ 图7.55

2 选择【修改】→【转换】→【将AP Div转换为表格】命令，如图7.56所示。

修改(M)
页面属性(P)... Ctrl+J
模板属性(P)...
✔所选属性(S)
CSS样式(Y) Shift+F11
编辑标签(E)...
快速标签编辑器(Q)... Ctrl+T
创建链接(L) Ctrl+L
移除链接(R) Ctrl+Shift+L
打开链接页面(O)...
链接目标(G)
表格(T)
图像(I)
框架集(F)
排列顺序(A)
转换(C)
导航条(B)
库(I)
模板(E)
时间轴(M)
将表格转换为 AP Div (T)...
将 AP Div 转换为表格(A)...

★ 图7.56

3 弹出【将AP Div转换为表格】对话框，设置如图7.57所示。

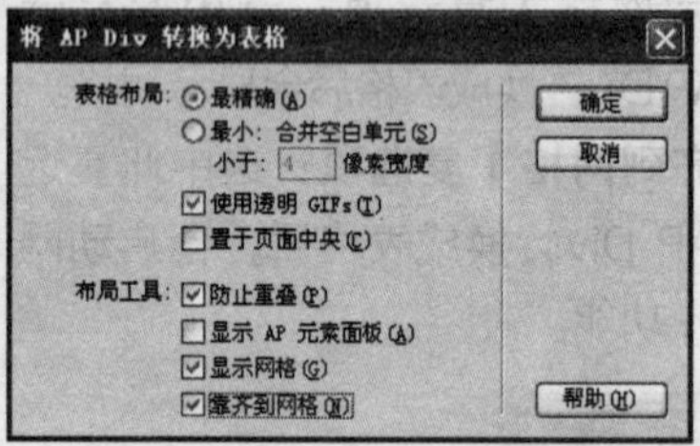


★ 图7.57

4 单击【确定】按钮，这时将弹出一个提示框，如图7.58所示，提示用户保存文档。

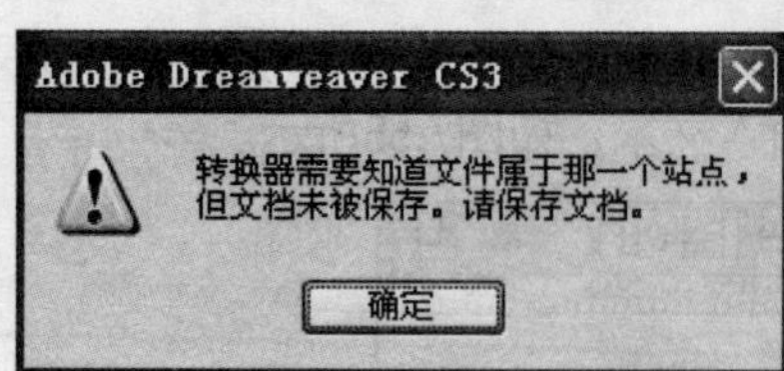


★ 图7.58

5 单击【确定】按钮，弹出【另存为】对话框，在【文件名】下拉列表框中输入保存的名称，如图7.59所示。

6 单击【保存】按钮，返回文档编辑窗口。

7 选择【修改】→【转换】→【将AP Div转换为表格】命令，弹出【将AP Div转换为表格】对话框，这时不必再设置参数。

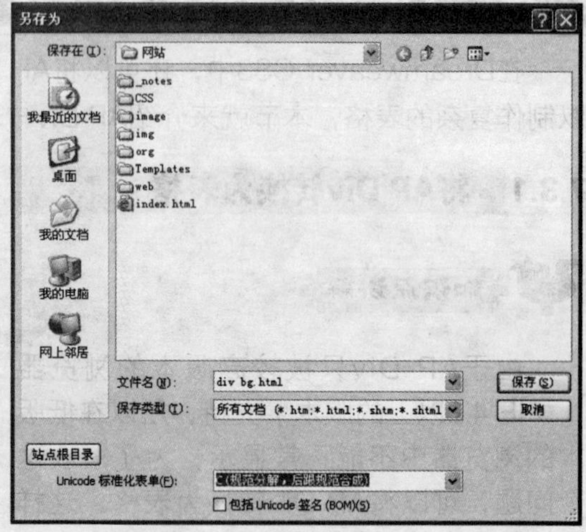


★ 图7.59

8 单击【确定】按钮即可将AP Div转换为表格，如图7.60所示。

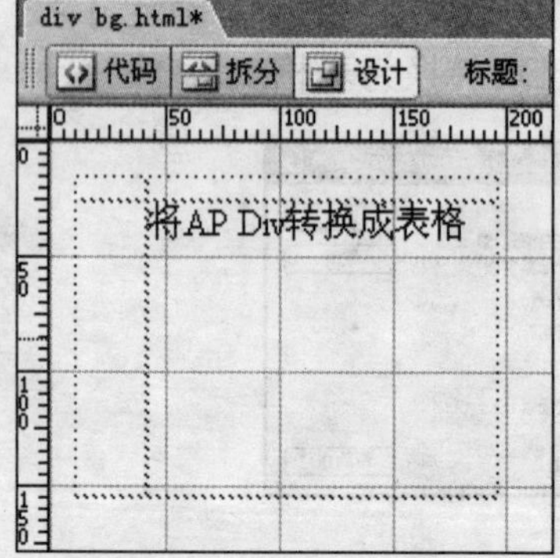


★ 图7.60

AP Div转换成表格后会出现空行，删除空行时需谨慎，因为删除空行后会改变表格结构。

### 2. 图像合并

利用AP Div转换表格的功能可以将网页中分割的图像合并，下面做这个练习，具体操作步骤如下：

1 首先准备好素材图像，将一整幅图像分割成5个部分，以便在网页中快速显示，

如图7.61所示。

★ 图7.61

**2** 选择【插入记录】→【布局对象】→【AP Div】命令，在页面中插入一个AP Div，如图7.62所示。

**3** 将光标放置到该AP Div中，确定图像的插入点。单击【插入】栏【常用】选项卡下的【图像】按钮，将一幅素材图像插入到AP Div中，如图7.63所示。

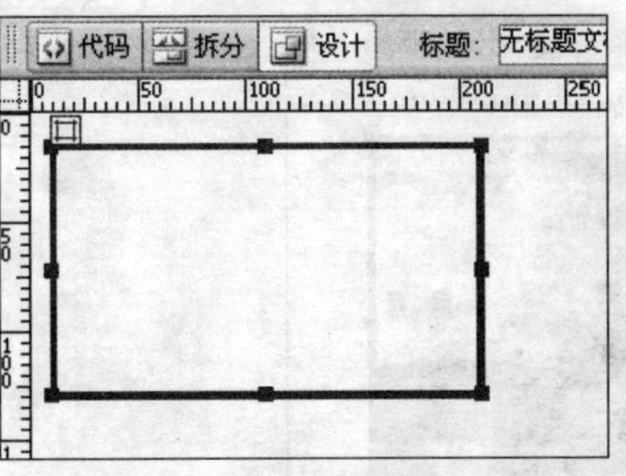


★ 图7.62

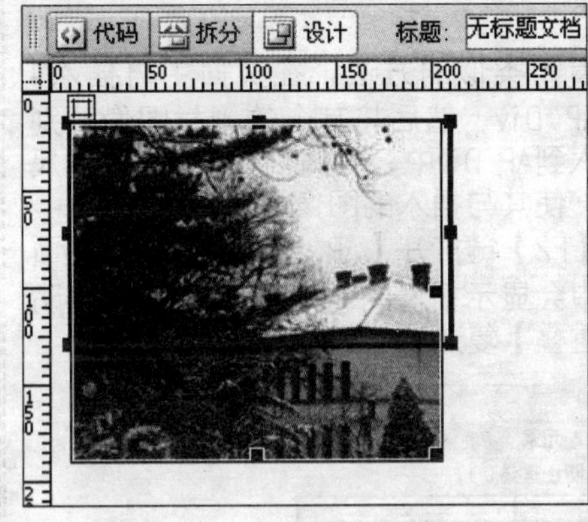


★ 图7.63

**4** 选中插入到AP Div中的图像，在【属性】面板中查看该图像的尺寸大小，插入图像的宽度是196px，高度是176px，如图7.64所示。

★ 图7.64

**5** 选中AP Div，在AP Div的【属性】面板中将AP Div的宽度设置196px，高度设置为176px，如图7.65所示。

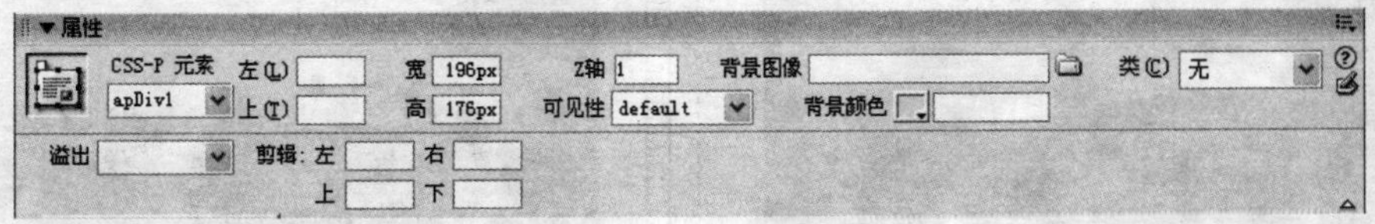


★ 图7.65

**6** 这样就使得AP Div的边缘和图像的边缘重合在一起，便于下面对被分割的图像进行合并排版，如图7.66所示。

★ 图7.66

**7** 接着用类似的方法，在页面中再插入4个AP Div，然后将其余的素材图像分别插入到AP Div中，并调整每个AP Div的尺寸，使其与插入的图像相适应。

**8** 按【F2】键打开【AP 元素】面板，在面板中会显示插入的5个AP Div，选中【防止重叠】复选项，如图7.67所示。

CSS
CSS样式 AP 元素
☑防止重叠(P)

| | 名称 | Z |
|---|---|---|
| | apDiv5 | 5 |
| | apDiv4 | 4 |
| | apDiv3 | 3 |
| | apDiv2 | 2 |
| | apDiv1 | 1 |

★ 图7.67

**9** 这样在移动页面中的各个AP Div时，每个AP Div之间就不会再发生重叠现象。将插入图像的AP Div用鼠标排列成一幅完整的图像，如图7.68所示。

★ 图7.68

**10** 选择【修改】→【转换】→【将AP Div转换为表格】命令，如图7.69所示。

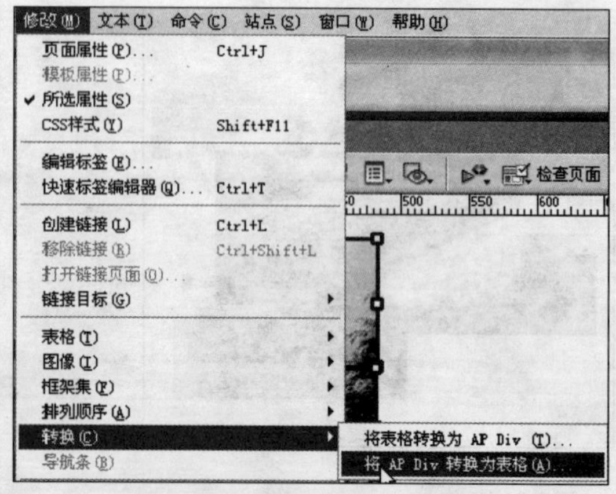


★ 图7.69

**11** 在弹出的【将AP Div转换为表格】对话框中，选中【最精确】单选项，选中【使用透明GIFs】复选项，如图7.70所示。

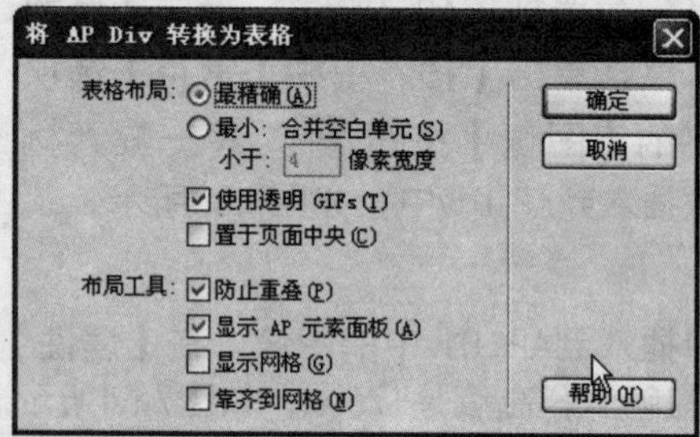


★ 图7.70

**12** 单击【确定】按钮，即可将AP Div转换为表格，如图7.71所示，这样，分割后的图像就通过表格固定了。将其放置在页面中，可以加快页面的下载速度。

★ 图7.71

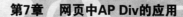

## 7.3.2 将表格转换为AP Div

Dreamweaver CS3中，还可以将表格转换成AP Div，首先选中要转换成AP Div的表格，然后选择【修改】→【转换】→【将表格转换为AP Div】命令，在弹出的【将表格转换为AP Div】对话框（如图7.72所示）中进行设置，完成后，单击【确定】按钮即可将表格转换为AP Div。

将表格转换为 AP Div

布局工具：□防止重叠(P) □显示 AP 元素面板(A) □显示网格(G) □靠齐到网格(S)

确定 取消 帮助(H)

★ 图7.72

此对话框中各选项的含义如下。

- 【防止重叠】复选项：选中此复选项，可以防止AP Div重叠。
- 【显示AP元素面板】复选项：选中此复选项，当表格转换成AP Div后，会显示【AP元素】面板。
- 【显示网格】复选项：选中此复选项，表格转换成AP Div后会显示网格。
- 【靠齐到网格】复选项：选中此复选项，表格转换成AP Div后会启用网格对齐功能。

动手练

下面做一个将表格转换为AP Div的练习，具体操作步骤如下：

**1** 选中要转换成AP Div的表格，如图7.73所示。

**2** 选择【修改】→【转换】→【将表格转换为AP Div】命令，如图7.74所示。

代码 拆分 设计 标题：无标题文档

| 姓名 | 学号 | 成绩 |
| --- | --- | --- |
| 王娜 | 1 | 80 |
| 李岚 | 2 | 83 |
| 崔健煜 | 3 | 96 |
| 沈鹏 | 4 | 78 |
| 李湘湘 | 5 | 82 |
| 杨嫣雨 | 6 | 96 |
| 吴翔 | 7 | 91 |
| 赵冬 | 8 | 69 |
| 孙清林 | 9 | 75 |
| 林子叶 | 10 | 98 |

★ 图7.73

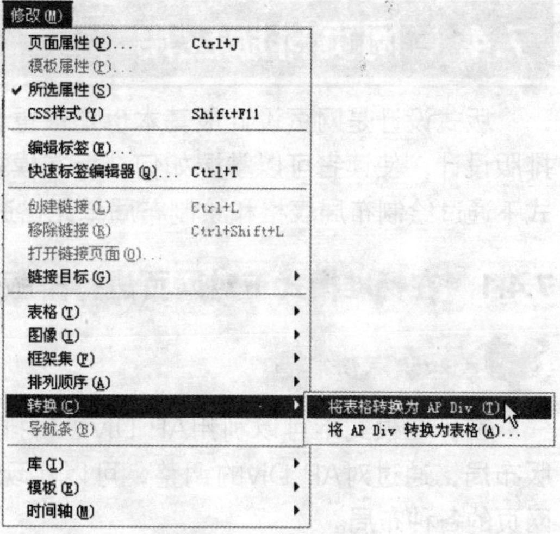


★ 图7.74

**3** 弹出【将表格转换为AP Div】对话框，选中所有的复选项，如图7.75所示。

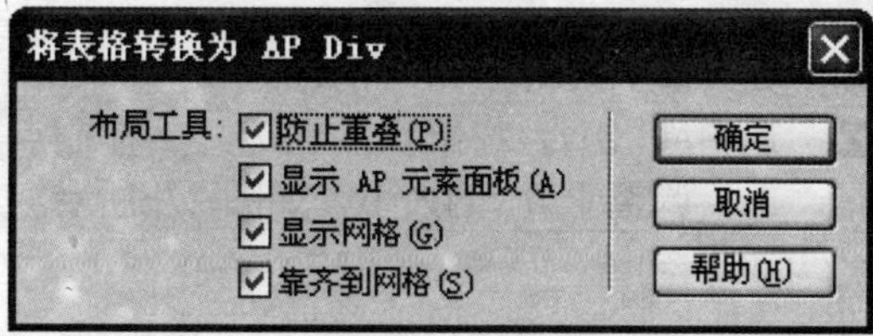


★ 图7.75

**4** 单击【确定】按钮即可将表格转换为AP Div，如图7.76所示。

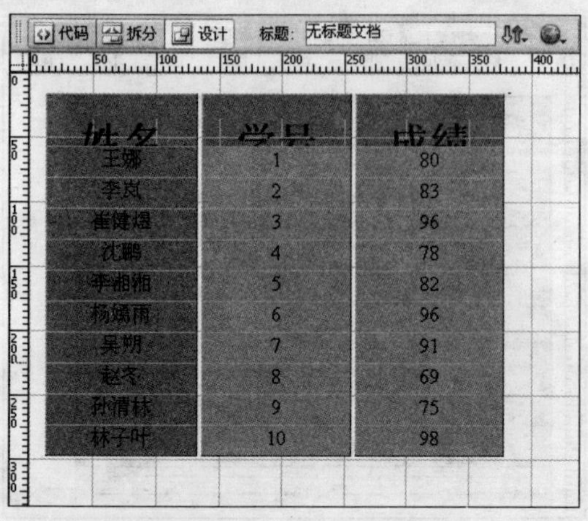

| 姓名 | 学号 | 成绩 |
|---|---|---|
| 王娜 | 1 | 80 |
| 李岚 | 2 | 83 |
| 崔健碰 | 3 | 96 |
| 沈鹏 | 4 | 78 |
| 李湘湘 | 5 | 82 |
| 杨婉雨 | 6 | 96 |
| 吴明 | 7 | 91 |
| 赵冬 | 8 | 69 |
| 孙清林 | 9 | 75 |
| 林子叶 | 10 | 98 |

★ 图7.76

这时的【AP元素】面板如图7.77所示。

| 名称 | Z |
|---|---|
| apDiv33 | 33 |
| apDiv32 | 32 |
| apDiv31 | 31 |
| apDiv30 | 30 |
| apDiv29 | 29 |
| apDiv28 | 28 |
| apDiv27 | 27 |
| apDiv26 | 26 |
| apDiv25 | 25 |
| apDiv24 | 24 |
| apDiv23 | 23 |
| apDiv22 | 22 |
| apDiv21 | 21 |

★ 图7.77

## 7.4 网页排版应用

版式设计是网页设计最基本也是最重要的环节。下面就介绍如何利用AP Div来进行排版设计，使读者可以掌握如何在标准模式下利用AP Div进行排版布局，以及在布局模式下通过绘制布局表格和绘制布局单元格进行排版布局。

### 7.4.1 在标准模式下对网页进行排版

知识点讲解

在标准模式下可以利用AP Div进行排版布局，通过对AP Div的调整，可以实现网页的各种布局。

下面做一个在标准模式下对网页进行排版的练习，具体操作步骤如下：

**1** 在页面中绘制一个AP Div。

**2** 选中AP Div，将鼠标放到下方的控制点上，调整AP Div的大小，如图7.78所示。

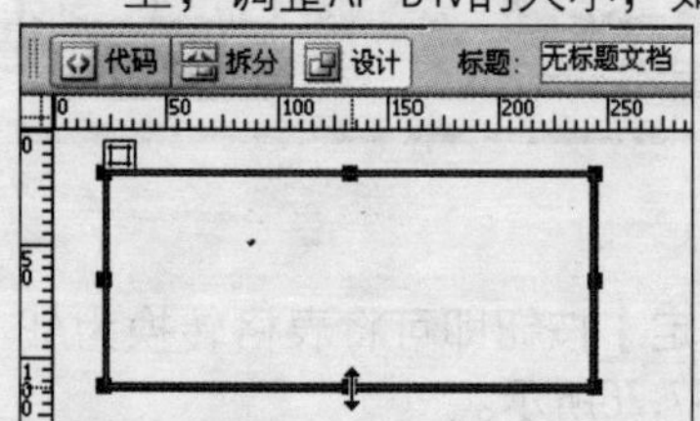

★ 图7.78

**3** 根据实际需要，在页面中插入多个AP Div，并在【AP 元素】面板中选中【防止重叠】复选项，如图7.79所示。

| 名称 | Z |
|---|---|
| apDiv4 | 4 |
| apDiv3 | 3 |
| apDiv2 | 2 |
| apDiv1 | 1 |

★ 图7.79

**4** 调整AP Div的大小与位置，将整个页面划分为四部分，如图7.80所示。

**5** 设置每个AP Div的相关属性，再在AP Div中插入相关的信息即可，最终效果如图7.81所示。读者在实际的制作过程中，可以根据自己的需要确定AP Div的数量。

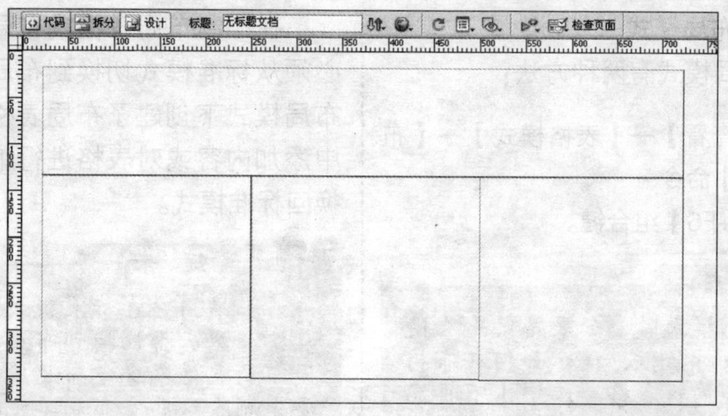


★ 图7.80

★ 图7.81

## 7.4.2 布局的模式切换

Dreamweaver CS3的布局有三种模式：标准模式、扩展表格模式和布局模式，下面介绍布局的模式切换。

在【插入】栏中选择【布局】选项卡，在其中可以单击【标准】按钮或【扩展】按钮，选择标准模式或者扩展表格模式对页面进行排版，如图7.82所示。

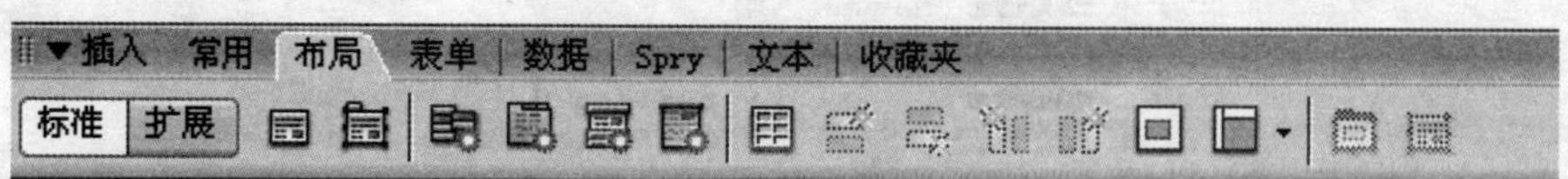


★ 图7.82

在标准模式下，右侧的【绘制布局表格】按钮和【绘制布局单元格】按钮处于不可用状态，两者只有在布局模式下才有效。

布局模式是一种比较特殊的表格模式，利用它可以在页面上任意位置绘制表格和单元格。下面来介绍切换到布局模式的方法以及退出布局模式的操作。

**1. 切换到布局模式**

切换到布局模式有两种方法：

- 选择【查看】→【表格模式】→【布局模式】命令
- 按【Alt+F6】组合键。

**提 示**

切换布局模式时，如果是第一次使用，将会弹出对话框，提示如何在布局模式下创建和编辑表格。选中【不再显示此消息】复选项，在以后切换时将不再出现该对话框。在代码视图下用户无法切换到布局模式，必须切换到其他视图。

切换到布局模式后，【插入】栏【布局】选项卡下的【表格】按钮、【插入Div标签】按钮和【绘制AP Div】按钮处于不可用状态（三者只有在标准模式下才可以使用）。

在绘制布局表格或布局单元格之前，必须从标准模式切换到布局模式。如果在布局模式下创建了布局表格，则在向表格中添加内容或对表格进行编辑之前最好切换回标准模式。

**提 示**

如果用户在标准模式中创建了一个表格，然后再切换到布局模式，可能会使布局表格包含空布局单元格。用户需要先删除这些空布局单元格，才能创建新的布局单元格或移动布局单元格。

**2. 退出布局模式**

如果要退出布局模式，需执行以下操作之一：

- 在文档编辑窗口的顶部，单击“布局模式”文本后的【退出】按钮 [退出]，如图7.83所示。

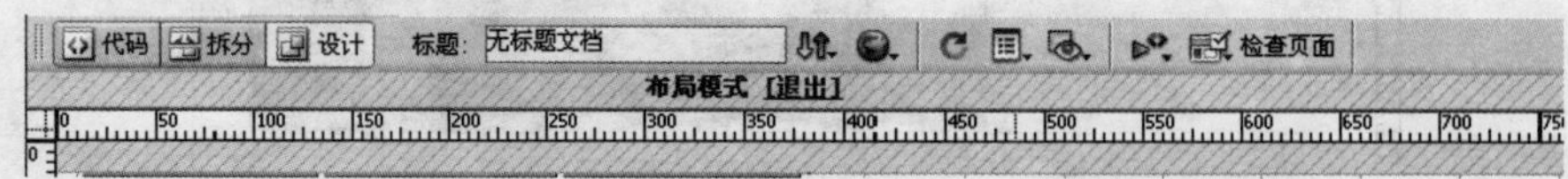


★ 图7.83

- 选择【查看】→【表格模式】→【标准模式】命令，退出布局模式，切换到标准模式，如图7.84所示。

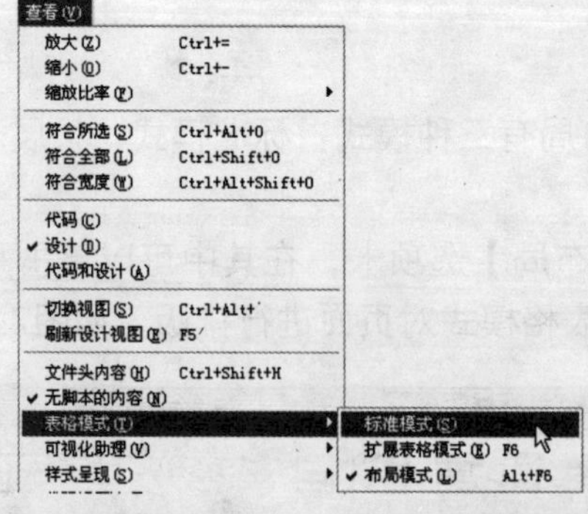


★ 图7.84

- 在【插入】栏的【布局】选项卡中单击【标准】按钮，如图7.85所示，切换到标准模式。

★ 图7.85

为了增强操作的灵活性，用户可以仅在准备添加内容时绘制每一个单元格。这使用户能够将布局表格中的更多空白空间保留更长一段时间，从而更方便地移动单元格或调整单元格的大小。

动手练

下面练习如何进入布局模式及退出布局模式，具体操作步骤如下：

**1** 选择【查看】→【表格模式】→【布局模式】命令，如图7.86所示。

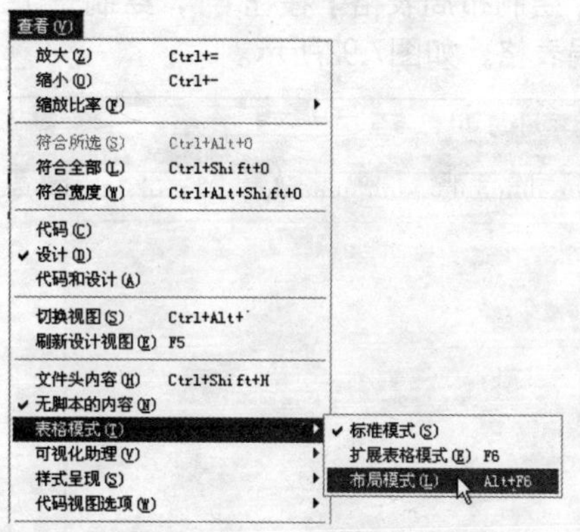


★ 图7.86

**2** 弹出如图7.87所示的【从布局模式开始】对话框，选中【不再显示此消息】复选项。

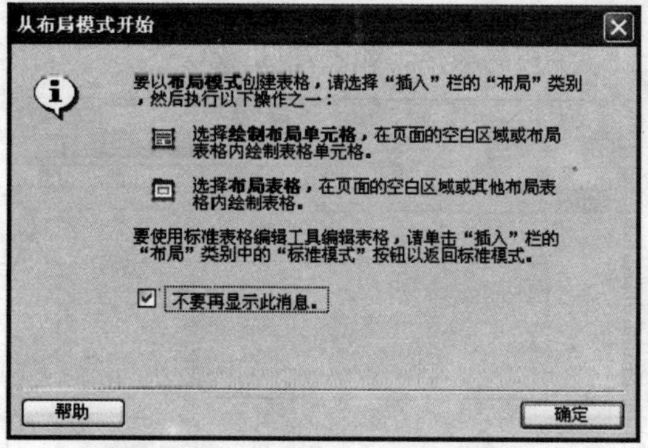


★ 图7.87

**3** 单击【确定】按钮即可进入布局模式，如图7.88所示。

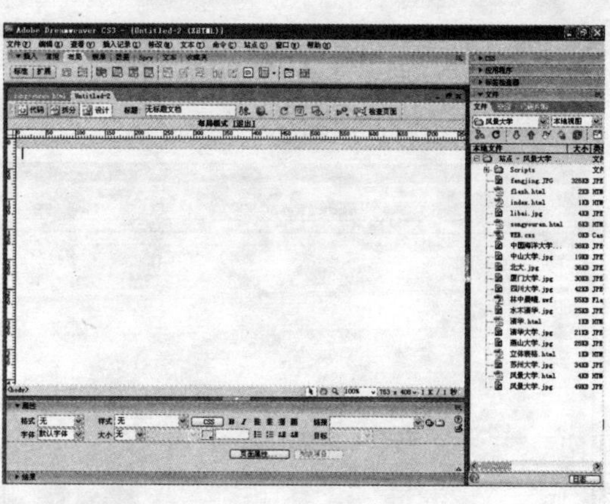

★ 图7.88

**4** 单击【退出】按钮[退出]，退出布局模式。

## 7.4.3 在布局模式下对网页进行排版

知识点讲解

下面介绍在布局模式下利用布局表格和布局单元格进行排版。首先对布局表格及单元格的相关操作进行讲解。

### 1. 绘制布局表格和布局单元格

绘制布局表格和布局单元格的具体操作步骤如下：

**1** 按前面介绍的方法切换到布局模式。

**2** 单击【绘制布局表格】按钮，在编辑窗口中按住鼠标左键并拖动鼠标到合适位置，释放鼠标，布局表格显示为绿色，如图7.89所示。

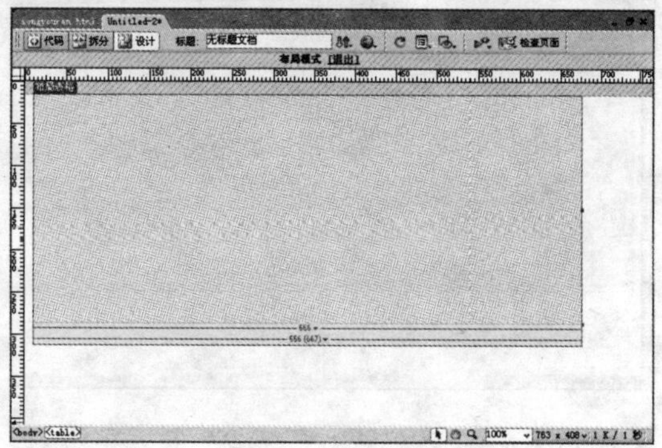

★ 图7.89

3 单击【绘制布局单元格】按钮，然后在编辑窗口按住鼠标左键并拖动鼠标，绘制单元格，如图7.90所示。

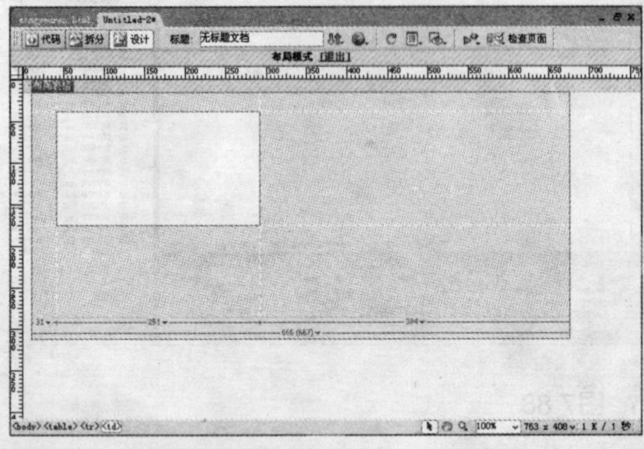

★ 图7.90

**提 示**

若要绘制多个布局单元格，不必重复单击【绘制布局单元格】按钮，只需按住【Ctrl】键，便可以连续绘制出多个布局单元格。在按住【Alt】键的同时绘制，可以在绘制表格或单元格时精确到1像素。

布局单元格也可以直接在页面上进行绘制，此时，Dreamweaver CS3会自动围绕绘制的布局单元格生成布局表格，并依据实际距离，确定是否生成其他单元格。

要在布局表格中继续添加布局单元格，只能在灰色区域绘制，白色的区域是已有的布局单元格，如图7.91所示。

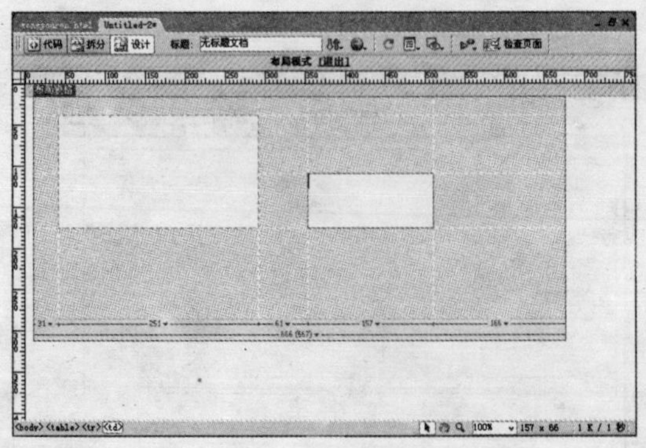

★ 图7.91

要绘制多个表格，只需单击【绘制布局表格】按钮，然后在已存在的布局表格之外的区域中进行绘制即可。这样生成的是多个并列级别的布局表格。

**提 示**

新的布局表格只能在已存在的布局表格下方进行绘制。

另外，布局表格也允许嵌套，绘制嵌套布局表格的操作步骤如下：

1 切换到布局模式下。

2 在【插入】栏的【布局】选项卡下，单击【绘制布局表格】按钮，绘制一个布局表格，如图7.92所示。

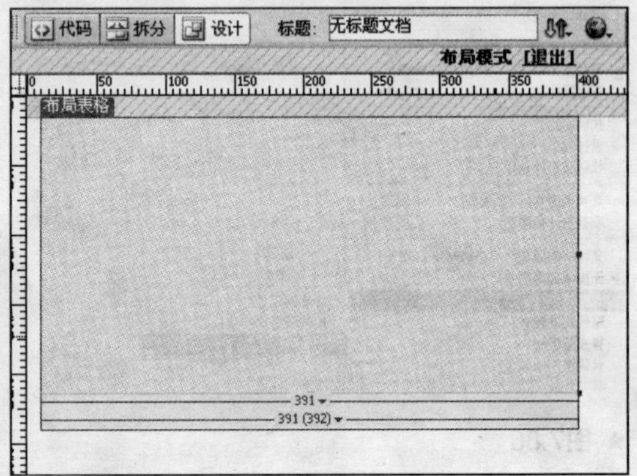

★ 图7.92

3 将鼠标指针指向现有布局表格中的空白（灰色）区域，然后拖动指针再绘制一个布局表格，如图7.93所示。

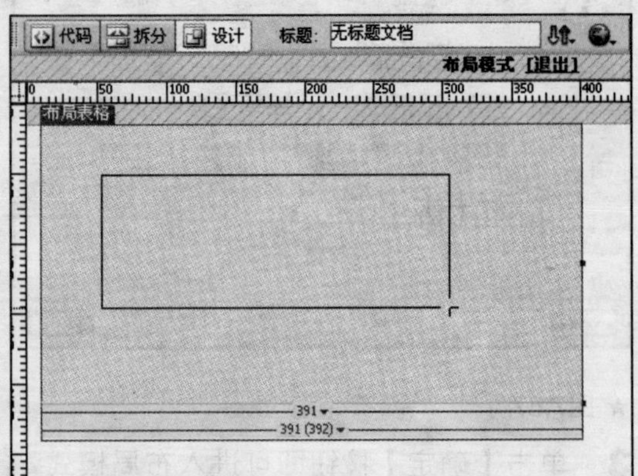

★ 图7.93

**4** 这样就完成了布局表格的嵌套了，如图7.94所示。

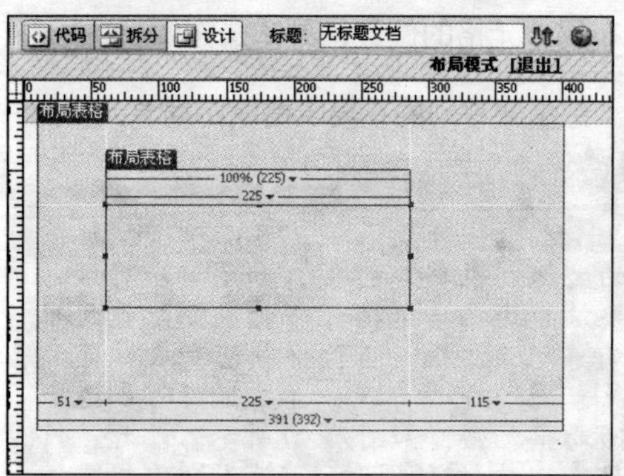

★ **图7.94**

利用布局表格的嵌套，可以绘制较为复杂的表格。

图7.95和图7.96显示的是嵌套布局表格和同级布局表格的效果。

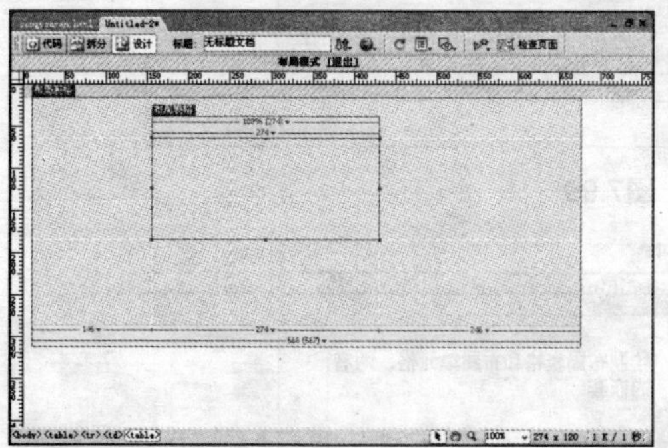

★ **图7.95**

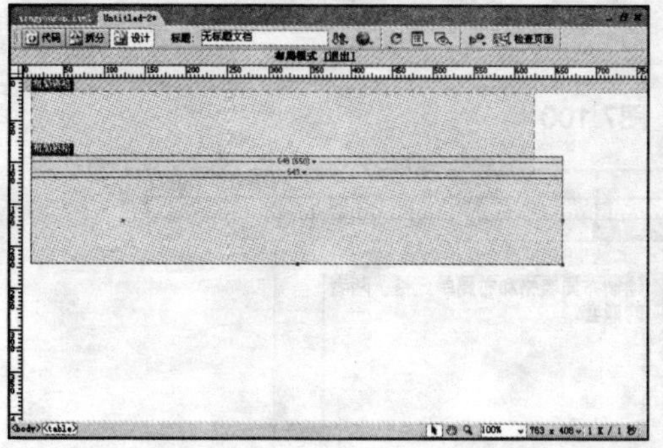

★ **图7.96**

**注　意**

用户不能在布局单元格中创建布局表格，只能在现有布局表格的空白区域或在现有单元格周围创建嵌套布局表格。

若要在现有布局单元格或表格周围绘制布局表格，操作步骤如下：

**1** 切换到布局模式。

**2** 在【布局】选项卡下单击【绘制布局表格】按钮，鼠标指针变为加号形状。

**3** 在一组现有布局单元格或表格的周围绘制一个矩形，出现一个新的嵌套布局表格，围住现有的单元格或表格。

若要使现有布局单元格紧贴到新嵌套表格的一个角上，请在靠近该单元格一角的位置开始拖动，新表格的一角将对齐该单元格的一角。用户不能在布局单元格的中央开始拖动，因为不能完全在一个布局单元格中创建布局表格。

**2. 向布局单元格中添加内容**

在布局模式下，用户可以向布局表格单元格中插入任何类型的数据，如文本或图像等，具体操作步骤如下：

**1** 用鼠标单击单元格区域，将光标插入点放到要添加内容的单元格中。

**2** 输入要添加的内容。

**提　示**

通常情况下，布局单元格的宽度会随着输入数据的长度自动发生变化，同时此单元格四周的单元格也可能随之变化，并且单元格所在列的宽度也随之变化，如图7.97所示。

用户还可以在布局单元格中插入图像，如图7.98所示的是向单元格中添加图像后的效果。

★ 图7.97

★ 图7.98

按【Tab】键，可以将插入点移到下一个单元格中，若插入点已在当前行的最后一个单元格，此时按下【Tab】键，则将插入点移到下一行的第一个单元格中。按【Shift+Tab】组合键，则可以将插入点移动到上一个单元格中，若在当前行的第一个单元格中按下【Shift+Tab】组合键，则插入点会移动到上一行的最后一个单元格中。

**提 示**

在布局模式下，只能将内容插入到布局单元格中。如果用户只创建了布局表格而未创建布局单元格，则无法直接输入数据。

### 3. 移动布局表格和布局单元格

在布局模式下，可以任意移动布局表格和布局单元格的位置，具体操作如下：

**1** 选中要移动的布局表格或布局单元格。

**提 示**

要选中布局表格，可以双击编辑区的“布局表格”标签，如图7.99所示。要选中布局单元格可移动鼠标指针到布局单元格边框，当边框颜色变成红色时（如图7.100所示），单击鼠标可以选中布局单元格，如图7.101所示。此外，按住【Ctrl】键的同时，在布局单元格内任意位置单击也可选中布局单元格。

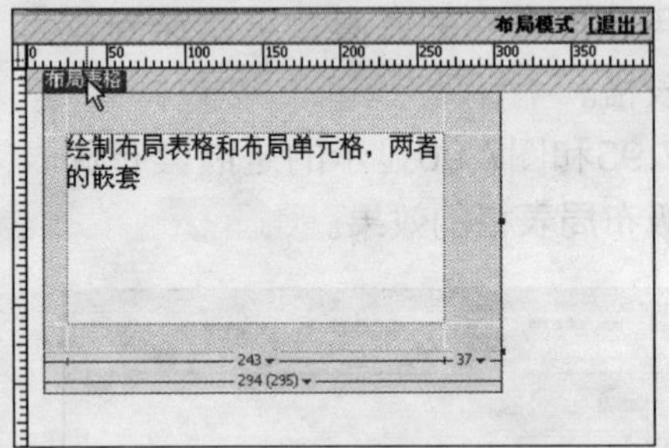


★ 图7.99

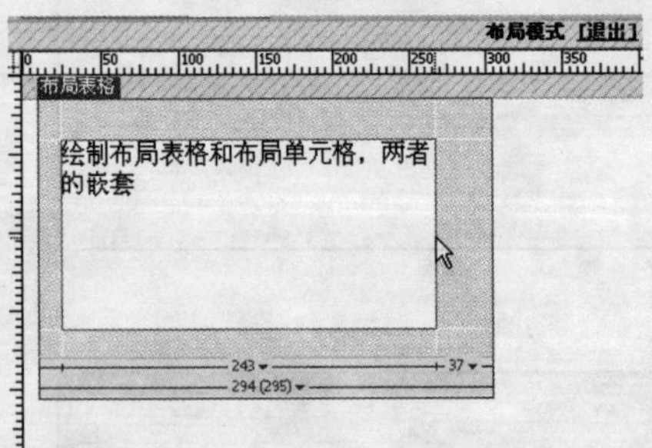


★ 图7.100

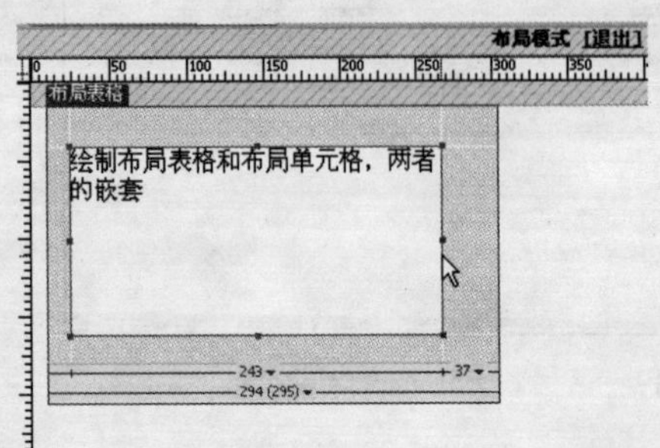


★ 图7.101

**2** 用鼠标拖动布局表格或布局单元格到合适的位置。

如图7.102所示的是移动布局单元格的效果。

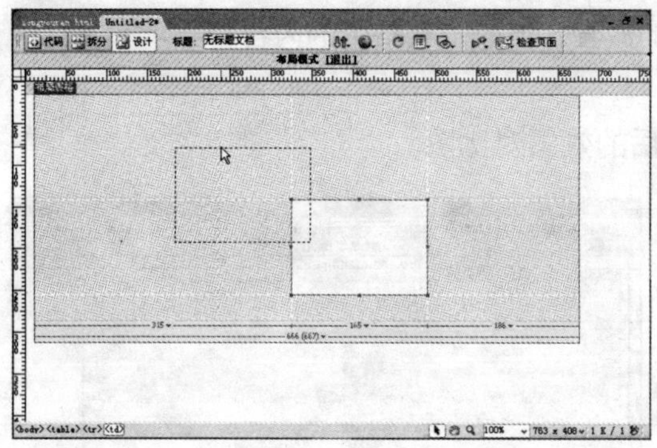

★ 图7.102

注　意
只有嵌套的布局表格才可以任意移动。


#### 4. 改变布局表格和单元格大小

在布局模式下，可以修改布局表格或布局单元格的大小，具体操作步骤如下：

**1** 选中要重设大小的布局表格和布局单元格，选中的布局表格或布局单元格四周会出现控制点。

**2** 将鼠标放到某个控制点上拖动，即可改变其大小，如图7.103所示。

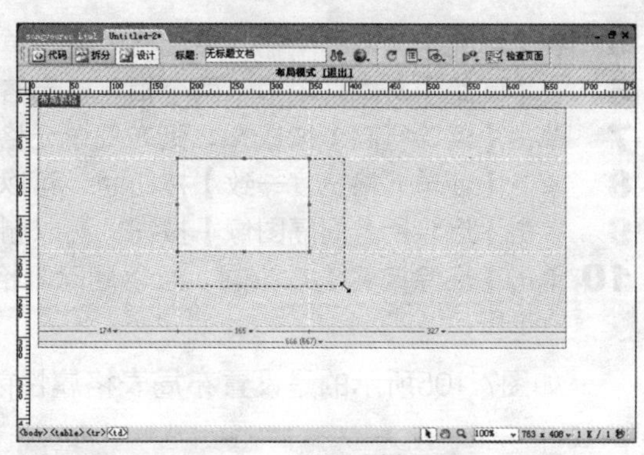

★ 图7.103

在改变布局表格或布局单元格大小时，需注意以下几点：

- 改变布局表格或布局单元格大小时，若它与相邻的表格或单元格距离很近（默认状态下，小于8像素）时，会自动对齐。
- 改变布局表格或布局单元格大小时，不可以覆盖已存在的表格或单元格。
- 改变布局表格或布局单元格大小时，若其中存在内容，则其尺寸不可以小于内容覆盖的尺寸。

#### 5. 设置布局表格格式

在布局模式下，选中布局表格或布局单元格，可以在【属性】面板中设置其格式，设置布局表格格式的具体操作步骤如下：

**1** 在布局模式下，选中绘制好的布局表格，【属性】面板如图7.104所示。

★ 图7.104

**2** 在【宽】栏中设置布局表格宽度的类型和数值。选中【固定】单选项，可以固定表格的宽度；若选中【自动伸展】单选项，则布局表格的大小会随浏览器窗口大小的变化而自动伸缩。这里，我们选中【固定】单选项。

**3** 在【高】文本框中输入布局表格的高度值。

**4** 单击【背景颜色】色块按钮，从弹出的颜色选择面板中选择合适的颜色，作为背景颜色。

5 在【填充】文本框中输入单元格内容与单元格内部边界的间距值。
6 在【间距】文本框中输入两个相邻单元格的间距值。
7 单击【清除行高】按钮，则布局单元格的高度将随单元格内容的变化而变化。
8 单击【使单元格宽度一致】按钮，可以使单元格宽度与内容宽度一致。
9 单击【删除所有间隔图像】按钮，可以删除间隔图像。
10 单击【删除嵌套】按钮，可以删除表格的嵌套，当前子表格中的内容将显示在其父级表格中。

如图7.105所示的是设置布局表格属性前后的效果对比图。

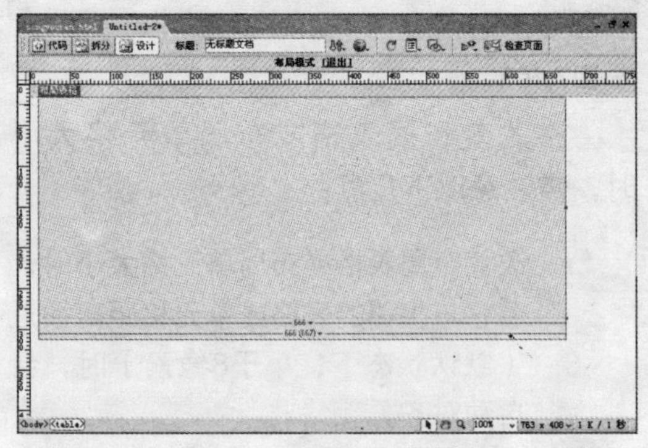
（前）

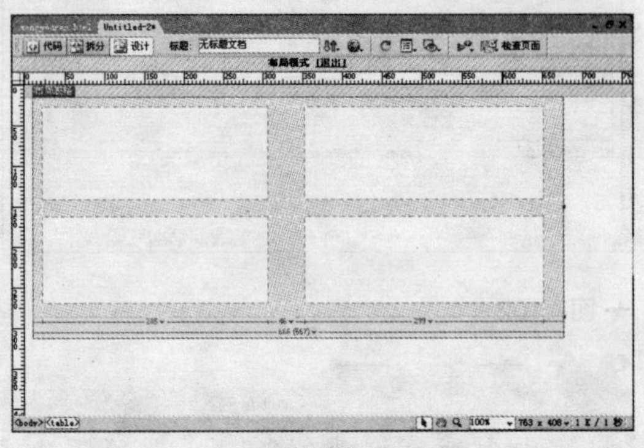
（后）

★ 图7.105

### 6. 设置布局单元格格式

设置布局单元格格式的具体操作步骤如下：

1 选中要设置的布局单元格，【属性】面板如图7.106所示。

★ 图7.106

2 在【宽】栏中设置单元格宽度的类型和数值，选中【固定】单选项，固定单元格宽度，在右侧的文本框中输入宽度值。

**提 示**

若选中【自动伸展】单选项，则单元格的宽度会随着输入内容的变化而变化。

3 在【高】文本框中输入单元格的高度值。
4 单击【水平】下拉按钮，从弹出的下拉列表中选择单元格内容在水平方向上相对于单元格的对齐方式。
5 选中【不换行】复选项，则单元格内容超出了单元格宽度时不会自动换行。
6 单击【背景颜色】色块按钮，从弹出的颜色选择面板中选择所需的单元格背景颜色。
7 单击【垂直】下拉按钮，从弹出的下拉列表中选择单元格内容在垂直方向上相对于单元格的对齐方式。

如图7.107所示是设置单元格格式前后的效果对比。

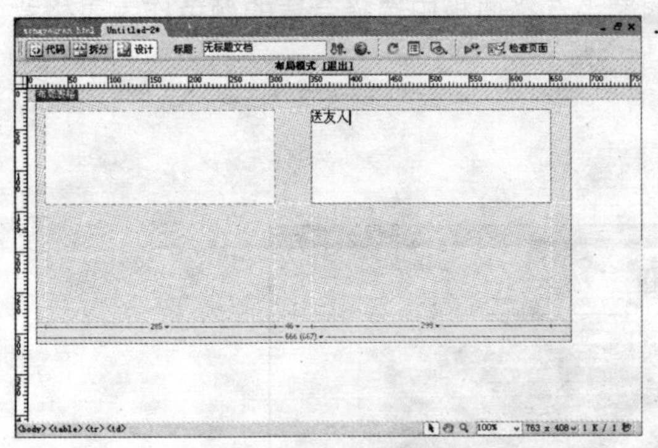

（设置单元格格式前）

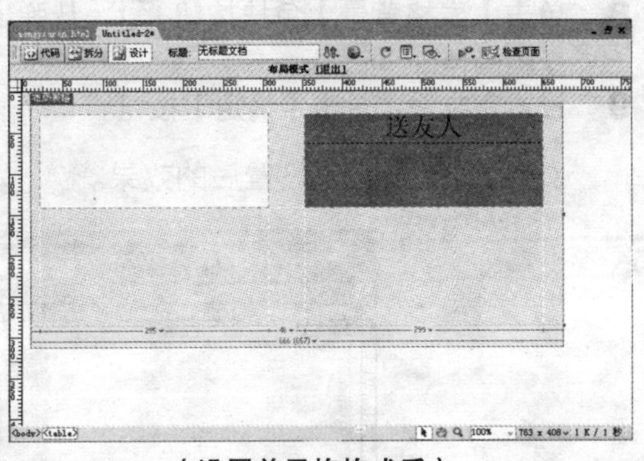

（设置单元格格式后）

★ 图7.107

### 7. 设置布局模式参数

布局模式参数主要通过【首选参数】对话框进行设置，具体操作步骤如下：

1 选择【编辑】→【首选参数】命令，弹出【首选参数】对话框。

2 在【分类】列表框中选择【布局模式】选项，如图7.108所示。

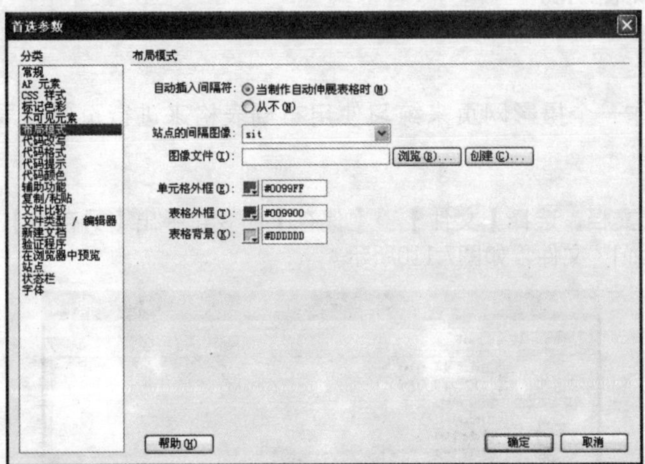

★ 图7.108

3 在右侧选中【当制作自动伸展表格时】单选项，当表格处于自动伸展状态时，系统会自动插入间隔符。若选中【从不】单选项，那么不会不插入分隔图像。

4 单击【站点的间隔图像】下拉按钮，从弹出的下拉列表中选择站点。

5 在【图像文件】文本框中输入分隔图像的路径和名称，单击【创建】按钮，将创建和保存间隔图像（也可以单击【浏览】按钮，从弹出的对话框中选择一幅已存在的间隔图像）。

6 单击【单元格外框】色块按钮，从弹出的颜色选择面板中选择合适的颜色作为单元格轮廓的颜色。

7 单击【表格外框】色块按钮，从弹出的颜色选择面板中选择合适的颜色作为表格轮廓的颜色。

8 单击【表格背景】色块按钮，从弹出的颜色选择面板中选择合适的颜色作为表格背景的颜色。

9 设置完成后，单击【确定】按钮。

如图7.109所示是设置后的效果。

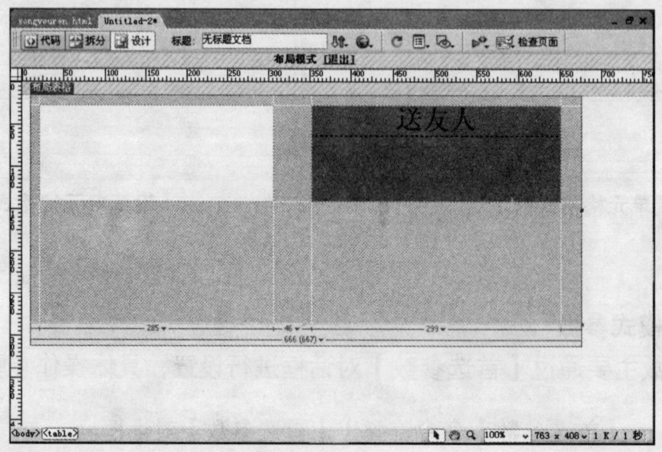

★ 图7.109

**动手练**

下面通过制作一个摄影网页来练习使用布局表格来进行页面布局，具体操作步骤如下：

1 新建一个HTML文档，选择【文件】→【保存】命令，弹出【另存为】对话框，将文档保存为“sywz.html”文件，如图7.110所示。

★ 图7.110

**2** 在【属性】面板中单击【页面属性】按钮 页面属性... ，弹出【页面属性】对话框，在左侧选择【外观】选项，在右侧单击【背景图像】文本框后的【浏览】按钮 浏览(B)... ，为网页设置图片背景，如图7.111所示。

页面属性
分类 | 外观
外观
链接
标题
标题/编码
跟踪图像
页面字体(F): 默认字体　B I
大小: 像素(px)
文本颜色(T):
背景颜色(B):
背景图像(I): ../image/bg3.jpg　浏览(B)...
重复(R):
左边距(M): 像素(px)　右边距(R): 像素(px)
上边距(P): 像素(px)　下边距(O): 像素(px)
帮助(H)　确定　取消　应用(A)

★ 图7.111

**3** 单击【确定】按钮返回文档编辑窗口，按【Alt+F6】组合键进入布局模式，如图7.112所示。

★ 图7.112

**4** 单击【插入】栏【布局】选项卡下的【绘制布局表格】按钮，在文档编辑窗口中拖动鼠标绘制一个接近窗口大小的布局表格，如图7.113所示。

★ 图7.113

5 再次单击【绘制布局表格】按钮，在上一步绘制的布局表格的接近顶部部分绘制网页标题布局表格，如图7.114所示。

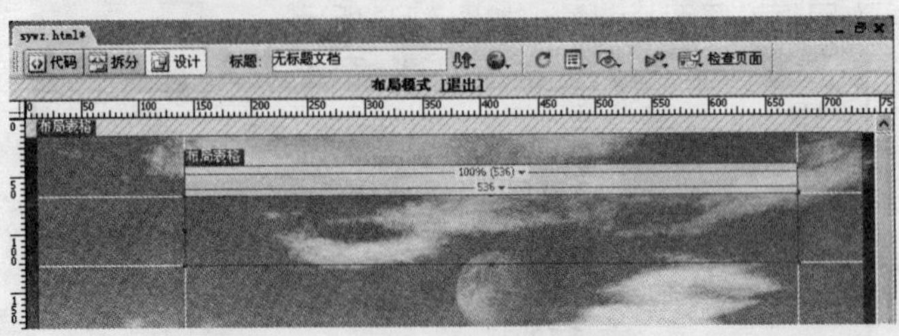

★ 图7.114

6 单击【绘制布局单元格】按钮，在标题布局表格中绘制布局单元格，在布局单元格中输入文本并在【属性】面板中设置文本属性，如图7.115所示。

★ 图7.115

7 单击【绘制布局表格】按钮，在标题布局表格的左下方绘制导航栏布局表格，单击【绘制布局单元格】按钮，在导航栏布局表格中绘制小矩形布局单元格，如图7.116所示。

★ 图7.116

**8** 在绘制的布局单元格中输入文本“碧海蓝天”，并在【属性】面板中设置文本居中，效果如图7.117所示。

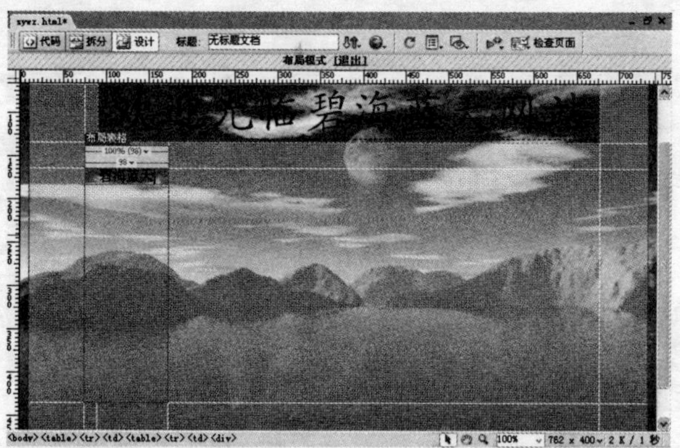

★ 图7.117

**9** 单击【绘制布局单元格】按钮，在“碧海蓝天”布局单元格下方绘制相同大小的布局单元格，并输入文本，导航栏布局表格效果如图7.118所示。

★ 图7.118

**10** 单击【绘制布局表格】按钮，在导航栏布局表格右侧绘制布局表格，并在其中绘制布局单元格，如图7.119所示。

★ 图7.119

**11** 单击【常用】选项卡下的【图像】按钮，在刚绘制的布局单元格中插入一幅图像，如图7.120所示。

★ 图7.120

**12** 用同样的方法绘制其他的布局表格及布局单元格，插入图像，如图7.121所示。

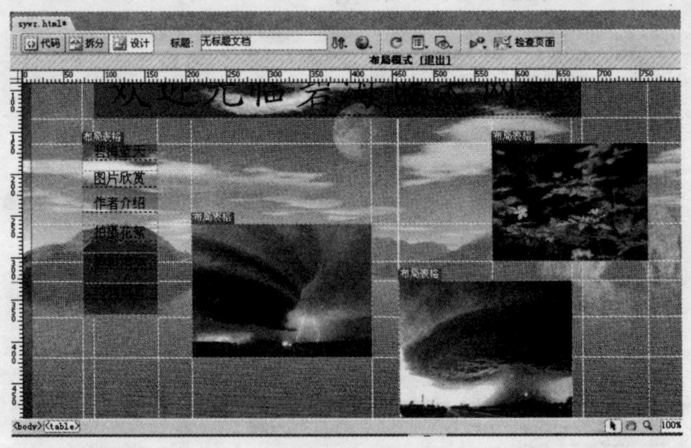

★ 图7.121

**13** 在标题布局表格的下方绘制布局表格和布局单元格，如图7.122所示。

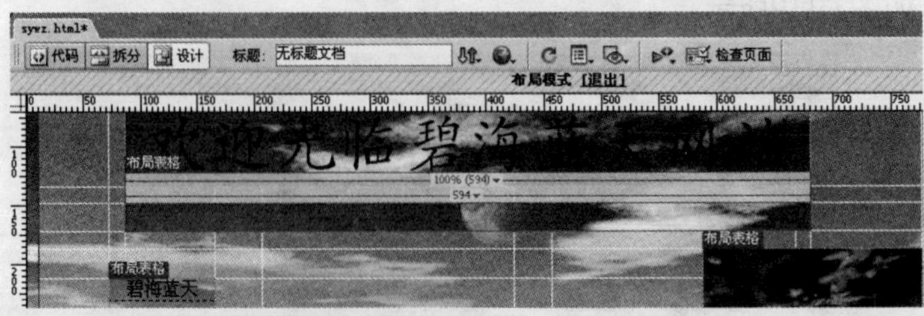

★ 图7.122

**14** 选择【插入记录】→【HTML】→【水平线】命令，在布局单元格中插入一条水平线，如图7.123所示。

★ 图7.123

**15** 双击各个布局表格左上角的“布局表格”标签，选中布局表格后进行拖动，调整各个布局表格的位置，如图7.124所示。

★ 图7.124

**16** 按【Ctrl+S】组合键保存文档。

**17** 按【F12】键预览网页效果，如图7.125所示。

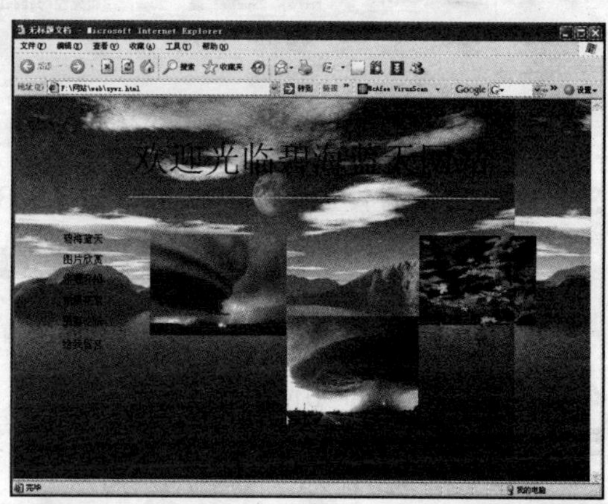

★ 图7.125

## 7.5 利用AP Div制作导航菜单

**知识点讲解**

利用AP Div和表格可以制作导航菜单的框架，然后通过添加行为来控制菜单的显示和隐藏（例如，当鼠标指向菜单项时，弹出下拉菜单等）。

### 1. 制作框架

制作导航菜单框架的步骤如下：

**1** 选择【插入记录】→【布局对象】→【AP Div】命令，在页面中插入一个AP Div，如图7.126所示。

★ 图7.126

**2** 选中插入的AP Div，在AP Div的【属性】面板的【左】、【上】、【宽】和【高】文本框中分别输入“25px”、“25px”，“725px”和“20px”，设置背景颜色为浅蓝色（#0099FF），如图

7.127所示。

★ 图7.127

**3** AP Div的属性设置完成后，得到如图7.128所示的效果。

★ 图7.128

**4** 将光标定位在AP Div内，选择【插入记录】→【表格】命令，弹出【表格】对话框。

**5** 在【表格】对话框中设置行数为1，列数为5，表格宽度为100%，边框粗细、单元格边距和单元格间距均为0，如图7.129所示。

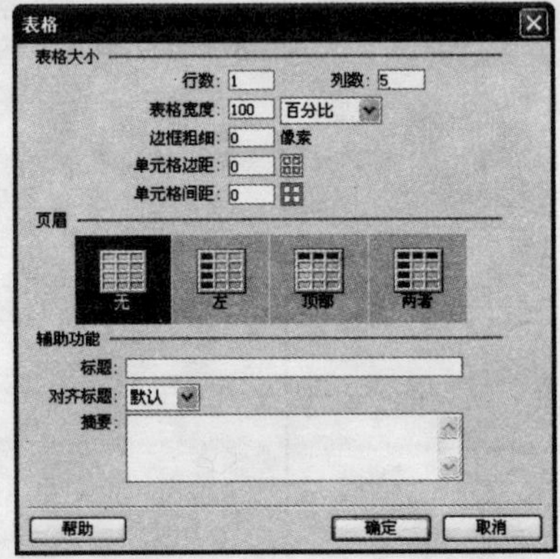


★ 图7.129

**6** 单击【确定】按钮，将一个1行5列的表格插入到AP Div中。按住【Ctrl】键不放，依次在 5个单元格中单击鼠标左键，同时选中5个单元格，如图7.130所示。

★ 图7.130

**7** 在单元格的【属性】面板中设置宽度为145px，高度为20px，使单元格的高度与AP Div的高度相同，5个单元格等长且总长与AP Div的长度也相同，如图7.131所示。

★ 图7.131

**8** 在每个单元格中输入适当的文字作为菜单项，设置文字的颜色为黄色（#FFFF00），设置为居中对齐方式，其效果如图7.132所示。

★ 图7.132

**9** 选择【插入记录】→【布局对象】→【AP Div】命令，在页面中插入另一个AP Div。

**10** 在AP Div的【属性】面板的【CSS-P元素】下拉列表框中输入“index”，在【左】、【上】、【宽】和【高】文本框中分别输入“25px”、“45px”、“145px”和“100px”，设置背景颜色为深蓝色（#0066CC），如图7.133所示。

★ 图7.133

**提　示**

该AP Div作为显示下拉菜单的AP Div，宽度要与作为导航菜单项的AP Div相适应。它的左边距与后者一样，上边距等于菜单项AP Div的上边距与它的高度值之和，宽度与单元格的宽度一致。

**11** 将“index”AP Div的属性设置完成后，得到如图7.134所示的效果，它被放置在【首页】菜单项的下面，作为下拉菜单。

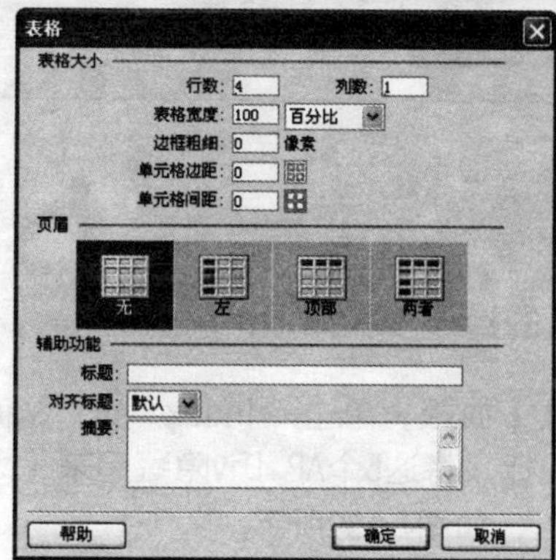

★ 图7.134

**12** 将光标定位在“index”AP Div内，选择【插入记录】→【表格】命令，弹出【表格】对话框。

**13** 在【表格】对话框中设置行数为4，列数为1，表格宽度为100%，边框粗细、单元格边距及单元格间距均为0，如图7.135所示。

★ 图7.135

**14** 单击【确定】按钮插入表格。

**15** 选中所有单元格，设置高度为25px，使单元格等高且整个表格的高度与“index”AP Div的高度保持一致，如图7.136所示。

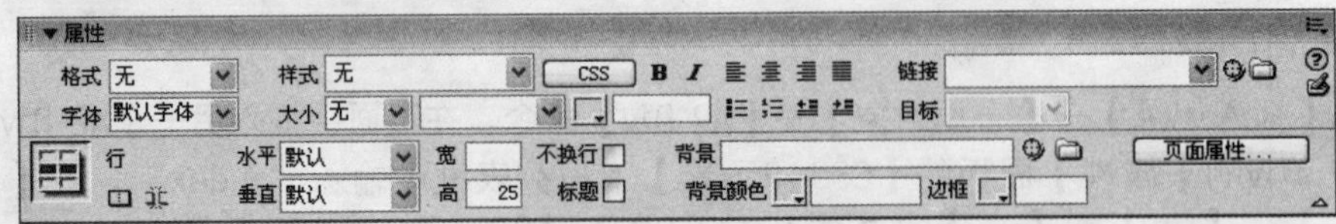

★ 图7.136

**16** 在插入的表格中输入具体的菜单命令，并设置文字的颜色为黄色（#FFFF00），设置为居中对齐方式，如图7.137所示。

★ 图7.137

**17** 重复前面的步骤，分别为【月球概况】、【月亮诗词】、【神话传说】和【探月信箱】菜单项制作下拉菜单，在作为下拉菜单的AP Div的【CSS-P元素】下拉列表框中分别输入“yqgk”、“ylsc”、“shcs”和“tyxx”。

**提 示**

“yqgk”AP Div的左边距等于“index”AP Div左边距与它的宽度值之和，上边距等于第二个菜单项AP Div的上边距与它高度值之和，宽度与菜单项AP Div的宽度一致。“ylsc”、“shcs”和“tyxx”AP Div的左边距和上边距依此类推。

**18** 在新创建的AP Div中插入表格，然后输入相关的菜单命令，效果如图7.138所示。

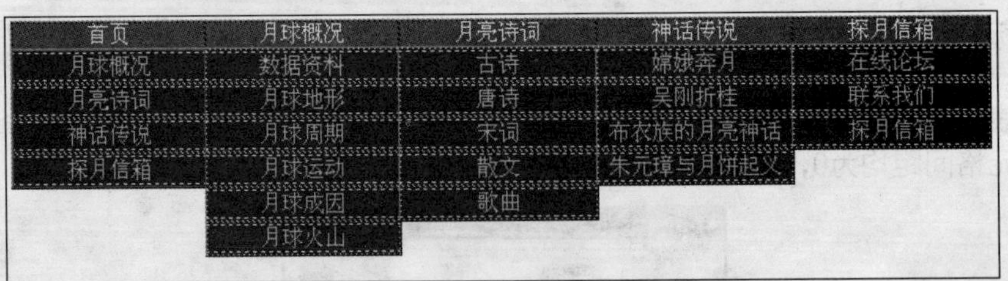


★ 图7.138

### 2. 添加动态效果

为导航菜单添加动态效果的操作步骤如下：

**1** 按【F2】键打开【AP 元素】面板，单击“index”、“yqgk”、“ylsc”、“shcs”和“tyxx”元素前面的图标，将这5个AP Div隐藏起来（之所以将其隐藏是因为下拉菜单的初始状态是不可见的），如图7.139所示。

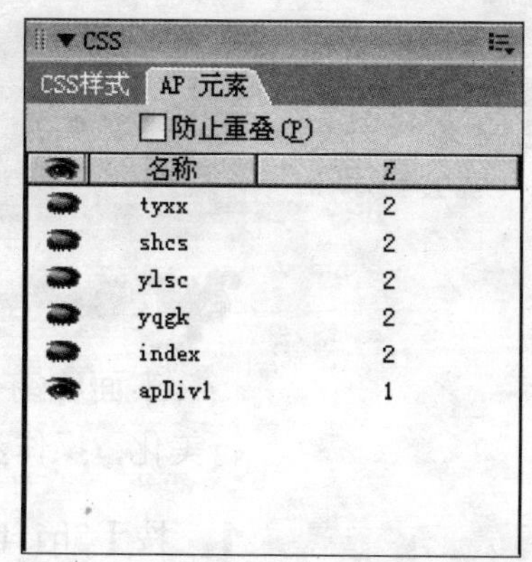


★ 图7.139

**2** 下面添加行为事件，实现导航菜单的显示和隐藏。首先按住【Ctrl】键不放，选中“首页”文本所在的单元格，如图7.140所示。

★ 图7.140

**3** 选择【窗口】→【行为】命令（或按【Shift+F4】组合键），打开【行为】面板，如图7.141所示。

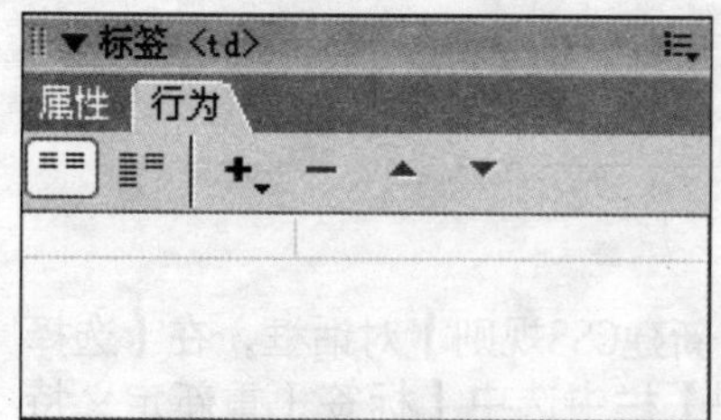


★ 图7.141

**4** 单击【添加行为】按钮，从弹出的下拉菜单中选择【显示事件】→【IE 5.0】命令，如图7.142所示。

★ 图7.142

**5** 单击【添加行为】按钮，在弹出的下拉菜单中选择【显示-隐藏元素】命令，弹出【显示-隐藏元素】对话框，在【元素】列表框中选择“index”，单击【显示】按钮显示，如图7.143所示。

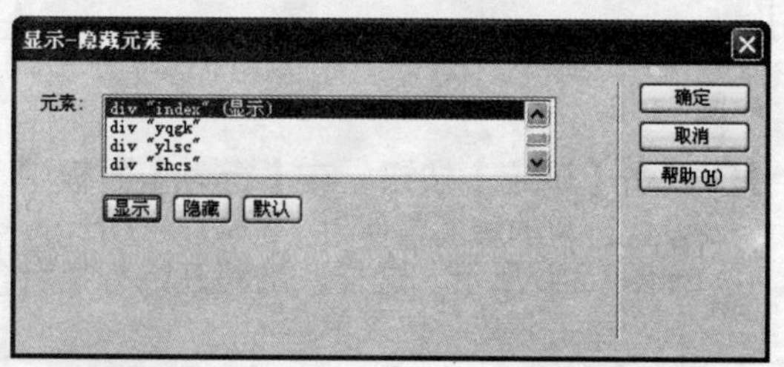


★ 图7.143

**6** 单击【确定】按钮，【行为】面板如图7.144所示。

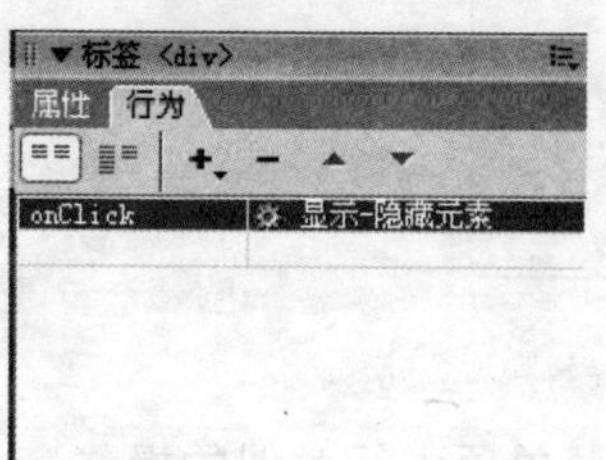


★ 图7.144

**7** 在【行为】面板中设置行为的触发事件为“onMouseOver”，如图7.145所示。这样，在网页中，当移动鼠标指针到“首页”菜单项上的时候，就会显示下拉菜单。

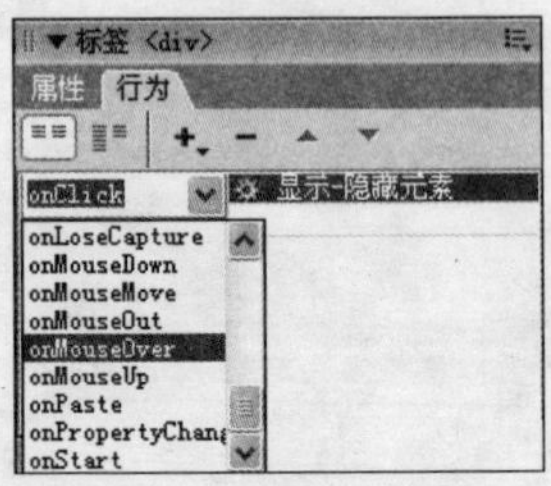


★ 图7.145

**8** 继续在【行为】面板中单击【添加行为】按钮 +，在弹出的菜单中选择【显示-隐藏元素】命令，弹出【显示-隐藏元素】对话框。

**9** 在【元素】列表中选择“index”，单击【隐藏】按钮 隐藏 ，如图7.146所示。

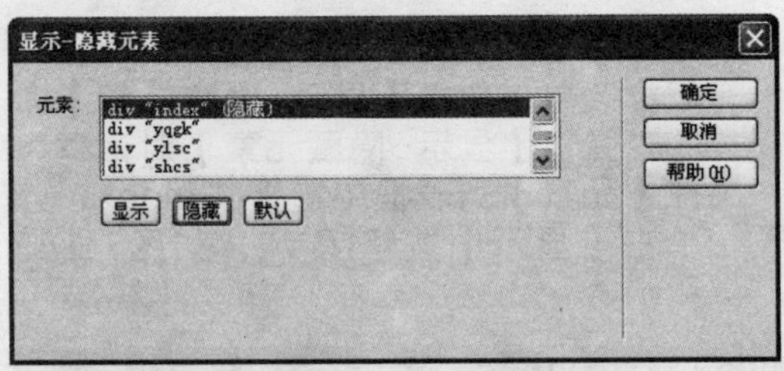


★ 图7.146

**10** 单击【确定】按钮。在【行为】面板中设置行为的触发事件为“onMouseOut”，如图7.147所示，这样，当移开鼠标指针时，就会隐藏下拉菜单。

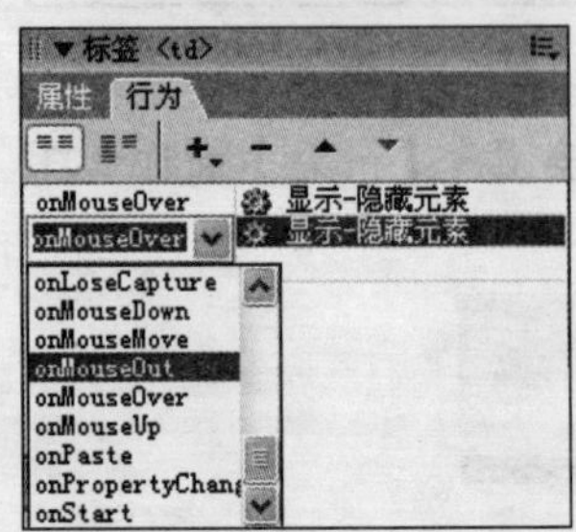


★ 图7.147

**11** 然后对其他的菜单项进行类似的操作，完成显示和隐藏菜单的设置。

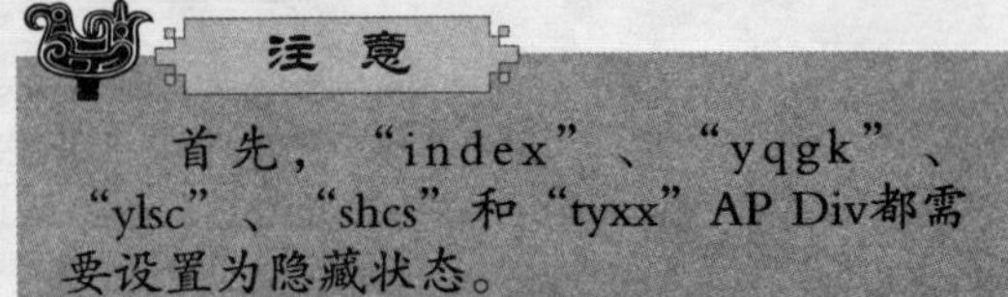

**注意**

首先，“index”、“yqgk”、“ylsc”、“shcs”和“tyxx”AP Div都需要设置为隐藏状态。

**动手练**

下面练习使用CSS样式对导航菜单进行美化，操作步骤如下：

**1** 按【Shift+F11】组合键打开【CSS样式】面板。

**2** 在【CSS样式】面板上单击鼠标右键，从弹出的快捷菜单中选择【新建】命令，如图7.148所示。

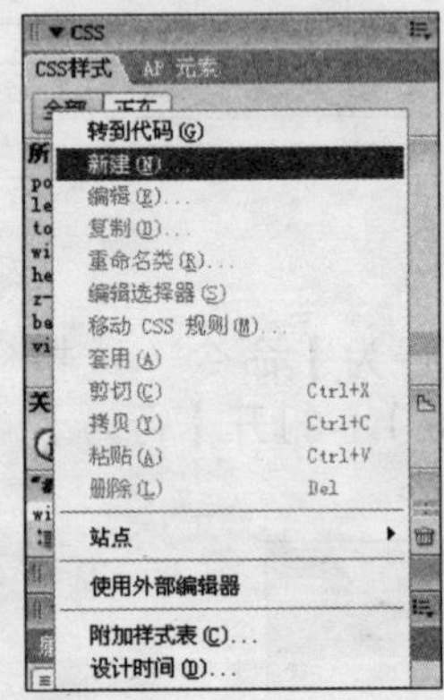


★ 图7.148

**3** 弹出【新建CSS规则】对话框，在【选择器类型】栏中选中【标签（重新定义特定标签的外观）】单选项。

**4** 在【标签】下拉列表中选择【td】选项。

**5** 在【定义在】栏中选中【仅对该文档】单选项，如图7.149所示。

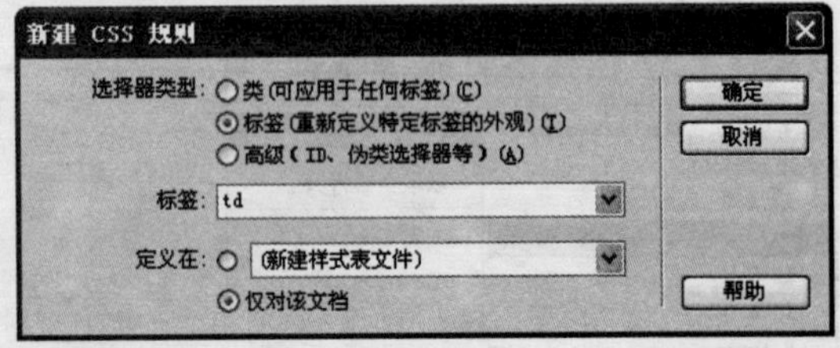


★ 图7.149

**6** 单击【确定】按钮，弹出【td的CSS规则

定义】对话框。

**说　明**

选择【td】选项，表示将对所有td标签内的对象应用CSS规则。

**7** 在【分类】列表框中选择【类型】选项，设置文字大小为14像素，如图7.150所示。

★ 图7.150

**8** 单击【确定】按钮。

**9** 下面定义菜单的链接样式。在【CSS样式】面板上单击鼠标右键，从弹出的快捷菜单中选择【新建】命令，弹出【新建CSS规则】对话框。在【选择器类型】栏中选中【高级（ID、伪类选择器等）】单选项。

**10** 在【选择器】下拉列表中选择【a:link】选项。

**11** 在【定义在】栏中选中【仅对该文档】单选项，如图7.151所示。

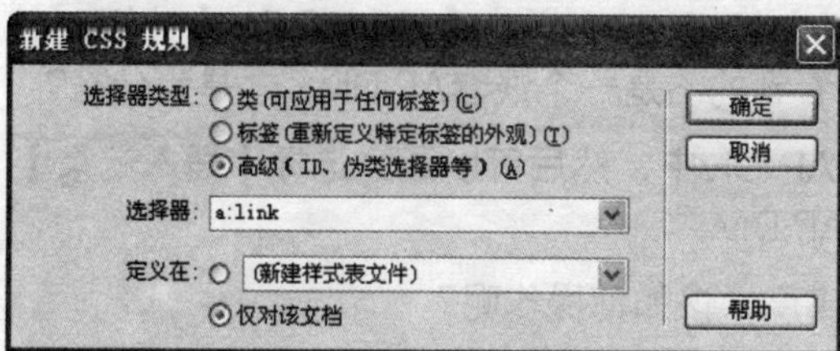


★ 图7.151

**12** 单击【确定】按钮，弹出【a:link的CSS规则定义】对话框。

**13** 在【分类】列表框中选择【类型】选项，设置颜色为青色（#00FFFF），如图7.152所示。

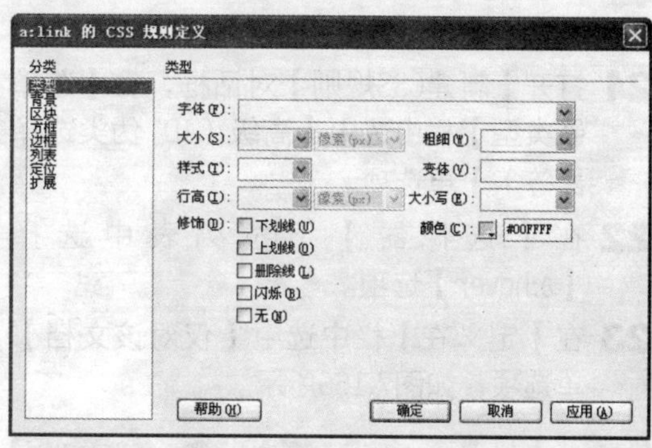


★ 图7.152

**14** 单击【确定】按钮。

**15** 继续新建CSS规则，打开【新建CSS规则】对话框，在【选择器类型】栏中选中【高级（ID、伪类选择器等）】单选项。

**16** 在【选择器】下拉列表中选择【a:visited】选项。

**17** 在【定义在】栏中选中【仅对该文档】单选项，如图7.153所示。

★ 图7.153

**18** 单击【确定】按钮，弹出【a: visited的CSS规则定义】对话框。

**19** 在【分类】列表框中选择【类型】选项，设置颜色为青色（#00FFFF），在【修饰】栏中选中【无】复选项，如图7.154所示。

★ 图7.154

**20** 单击【确定】按钮。

**21** 打开【新建CSS规则】对话框，在【选择器类型】栏中选中【高级（ID 伪类选择器等）】单选项。

**22** 在【选择器】下拉列表中选择【a:hover】选项。

**23** 在【定义在】栏中选中【仅对该文档】单选项，如图7.155所示。

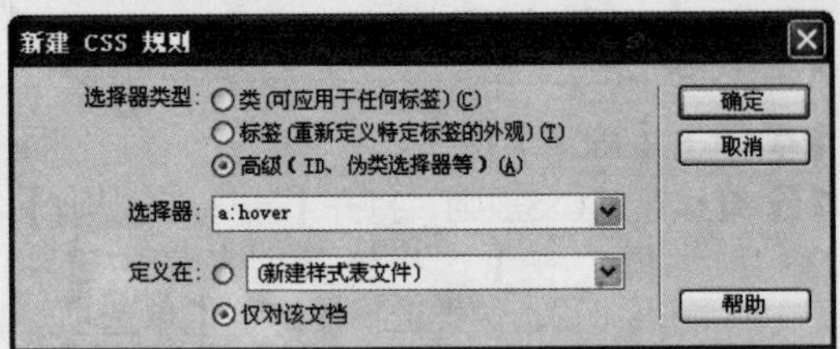

★ 图7.155

**24** 单击【确定】按钮，弹出【a: hover的CSS规则定义】对话框。

**25** 在【分类】列表框中选择【类型】选项，设置颜色为红色（#FF0000），如图7.156所示。

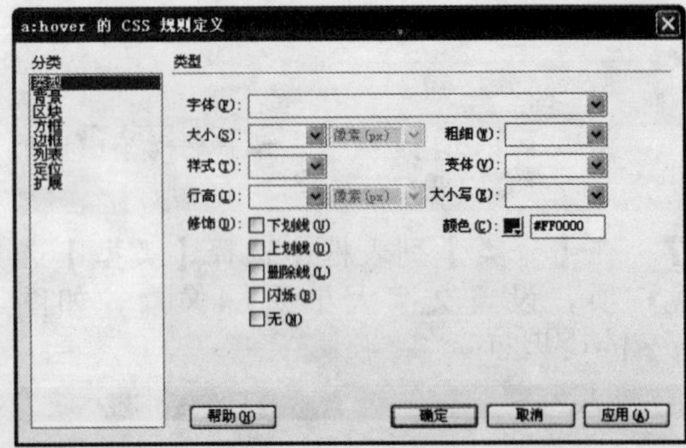

★ 图7.156

**26** 单击【确定】按钮完成导航菜单的制作，保存网页。

**27** 按【F12】键在浏览器中预览导航菜单的最终效果，如图7.157所示。

★ 图7.157

## 疑难解答

**问** 我在编辑窗口中插入一个表格，将其转换成AP Div后却不见了，这是为什么呢?

**答** 空的单元格转换成AP Div后是不可见的，必须在空的单元格添加内容，如文字或背景色等。转换后有多少个AP Div就有多少个Div标签，但不代表在原表格中有多少个单元格。

**问** 在创建嵌套AP Div时，将光标插入点定位到某个AP Div中，单击【绘制AP Div】按钮，绘制另一个AP Div，但从【AP元素】面板中看到的不是一个嵌套AP Div，这是为什么?

**答** 在创建嵌套AP Div时，将光标插入点定位到AP Div中，然后可以通过选择【插入记录】→【布局对象】→【AP Div】命令创建嵌套AP Div。

**问** 创建了多个AP Div后，要将它们设置为相同高度，该如何操作呢?

**答** 选中要设置相同高度的AP Div，然后在【属性】面板的【高】文本框中输入需要的高度值即可。同样，如果要设置多个AP Div的宽度相同，也可在选中所有AP Div后在【属性】面板的【宽】文本框中输入需要的宽度值。

# Chapter 08

# 第8章　网页中表单的应用

*本章要点*

- *了解表单*
- *网页中的表单*
- *表单对象的属性设置*

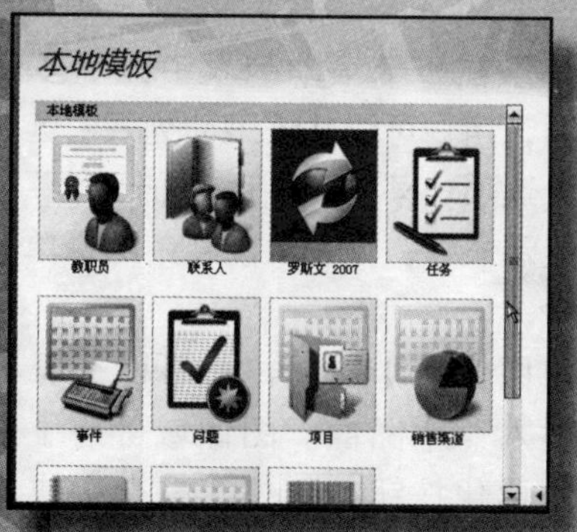


表单是网站管理者与访问者之间沟通的桥梁，通过这个桥梁可以实现网上的交流和购物，还可以收集和分析用户的反馈意见，做出科学合理的决策，维护并促进网站的进一步发展。

应用表单可以增强网页的交互性，文本框、单选按钮和复选框等都是网页中常见的表单对象。用户可以使用Dreamweaver CS3创建带有义本域、密码域和单选按钮的表单，还可以编写用于验证访问者所提供的信息的代码。本章就介绍表单的相关知识。

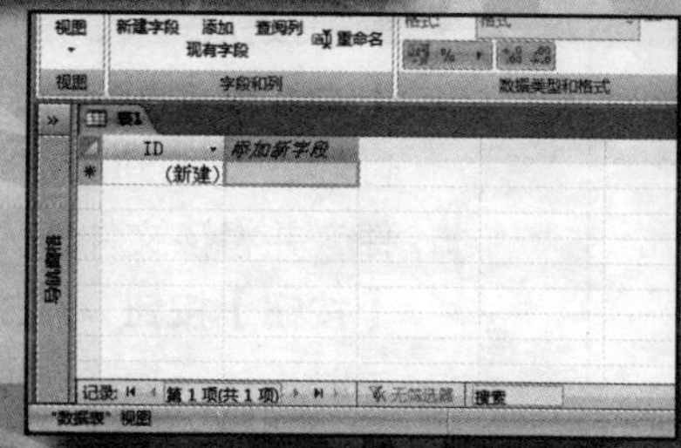

## 8.1 了解表单

网页不但要向访问者提供信息，还需要为访问者和服务器之间的交流提供平台。表单可以方便网页浏览者与Internet服务器之间的交互，通过表单可以将用户的信息发送到Internet服务器上，进行处理。

### 8.1.1 表单简介

知识点讲解

表单是Internet上用户与服务器之间进行信息交流的主要工具。例如，用户在登录网页收发电子邮件时，首先需要输入用户的账号和密码，这是表单的一种具体应用。此外，很多网页还为用户提供了“留言簿”，允许用户发表意见。

表单包含很多对象（有时也称为“控件”）。例如，按钮控件用于发送命令，复选框控件用于在多个选项中选择多项，列表框控件用于显示选项列表等。

表单有两个重要的组成部分，一个是描述表单的HTML源代码，一个是用于处理用户在表单域中输入信息的服务器应用程序或客户端脚本，如ASP和CGI等。

下面介绍插入表单对象的常用按钮，如图8.1所示。

▼插入 常用 | 布局 | 表单 | 数据 | Spry | 文本 | 收藏夹

★ 图8.1

- 【文本字段】按钮：插入文本字段，接受任何类型的文本输入内容。文本可以单行或多行显示，也可以以密码域的方式显示（在这种情况下，输入文本将被替换为星号或项目符号，避免旁观者看到这些文本）。
- 【隐藏域】按钮：插入隐藏域，用于存储用户输入的信息，如姓名或电子邮件地址等，并在用户下次访问此站点时使用这些数据。
- 【复选框】按钮：此类表单对象允许用户在一组选项中选择多个选项，用户可以选择多个适用的选项。
- 【单选按钮】按钮：插入单选按钮，代表互相排斥的选项。
- 【列表/菜单】按钮：插入列表，用于在一个滚动列表中显示多个选项，用户可以从该滚动列表中选择多个选项。菜单控件用于在一个菜单中显示命令，用户只能从中选择单个命令。
- 【图像域】按钮：可以在表单中插入一个图像。图像域可用于生成图形化按钮，例如【提交】或【重置】按钮。
- 【文件域】按钮：插入文件域，通过它，用户可以浏览计算机上的文件，并将该文件作为表单数据上传。
- 【按钮】按钮：插入按钮控件，单击时，执行操作。通常，这些操作包括提交或重置等。用户可以为按钮添加自定义的名称或标签，或使用预定义的“提交”和“重置”等标签。

▸ 【Spry 验证文本域】按钮/【Spry 验证文本区域】按钮/【Spry 验证复选框】按钮/【Spry 验证选择】按钮：这是Dreamweaver CS3提供的基于ajax的Spry验证功能，在【Spry】选项卡下也有这四个按钮。

启动Dreamweaver CS3，在【插入】栏中选择【表单】选项卡，指出选项卡下每个按钮的名字及其作用。

## 8.1.2 表单的HTML代码

知识点讲解

实现表单的HTML代码语法简单，没有过多的标记，但是表单对象多种多样，每种表单对象的属性也是变化不一的。要完整描述表单的HTML代码，可能需要相当长的篇幅，在此只简单介绍基本的表单语法结构。

**1. 表单域**

几乎所有的表单对象都包含在表单域中，表单域定义了一个表单的开始和结束，在HTML中，表单域是由标记<form>和</form>来实现的，语法结构如下：

```
<form>
...表单的对象...
</form>
```

其中表单对象可以是文本框、文本编辑区、复选框、单选按钮或列表框等，可以是一个对象，也可以是多个对象。与大多数HTML标记一样，<form>标记具有通用属性，例如id、name、class和style等。

**2. 表单对象**

表单包括输入控件、选择控件、文本编辑区控件、标签控件和域集控件等类型。下面分别介绍。

▸ **输入控件**

表单中大多数控件都可以由<input>标记来定义，这种控件称为输入控件。输入控件包括文本框、复选框、单选按钮和按钮等，主要通过设置<input>标记的type属性来定义。

<input>标记通常使用在<form>和</form>标记之间，是一个非封闭元素，即没有</input>标记。<input>标记带有很多属性，最主要的属性是type属性。输入控件根据对象的不同，其属性也不一样。

▸ **选择控件**

选择控件在网页中主要表现为列表框的形式，它提供一系列选项，允许进行单选或多选。在实际应用中，可以采用多种形式的列表框，通常也将下拉列表框称为“下拉菜单”。

选择控件通过<select>标记和<option>标记构成，结构如下：

```
<select>
<option>...</option>
<option>...</option>
...
</select>
```

▸ **文本编辑区控件**

利用<input>标记只能构建单行的文本框，如果希望构建多行文本框，需要使用文本编辑区控件。在文本编辑区控件中，用户可以像在普通的文本编辑窗口中一样进行常见的文本编辑操作。文本编辑区控件是由<textarea>和</textarea>标记来实现的。

▸ **标签控件**

标签是表单中一些敏感字符的集合，当用户单击这些标签文字时，光标会跳到对应的表单控件中，可以将标签文字看成是针对某个控件的提示文字，在浏览器中，单击这些提示文字，与将插入点放置到控件中的效果是一样的。

标签控件采用<label>和</label>标记实现，标记之间的内容即标签文字。单击这些文字中的任意字符，该标签对应的控件都会被激活。

▸ **域集**

域集（fieldset）可以看成是一组表单对象的组合。利用域集，可以将一些分类相似的表单对象组合起来，以便统一设置。在HTML 4.0中，可以对域集进行命名，以便参与脚本编程。一篇HTML文档中，可以包含多个域集，但是要使用不同的名称。

域集可以采用如下语法结构：

```
<fieldset>
<legend>...</legend>
...
</fieldset>
```

其中“<fieldset>”和“</fieldset>”用于定义一组表单对象的组合。它将需要设置为一个组合的所有表单控件都包含在内。另外，还可以通过<legend>标记设置一个组合名。

**动手练**

表单是网页上用户与服务器之间进行信息交流的主要工具，在登录网页收发电子邮件，使用网页的留言簿和购物单时，都要用到表单，用户在浏览网页时体会表单的应用。

## 8.2 网页中的表单

表单的种类随着网络的发展在逐渐增加，要想在网页设计中熟练地应用表单，必须对表单的使用有一定的了解，下面介绍如何在页面中插入表单以及各种表单对象的作用。

### 8.2.1 创建表单

**知识点讲解**

在Dreamweaver CS3中，如果要添加表单对象，首先应该创建表单域。但是表单域属于不可见元素，如果希望在屏幕上显示表单域，需要选择【查看】→【可视化助理】→【不可见元素】命令，如图8.2所示。

如果要插入表单，首先将光标插入点定位到要添加表单的地方，然后可以按下面的方法进行操作：

▸ 通过菜单命令直接在页面中插入表单。选择【插入记录】→【表单】→【表单】命令，如图8.3所示。

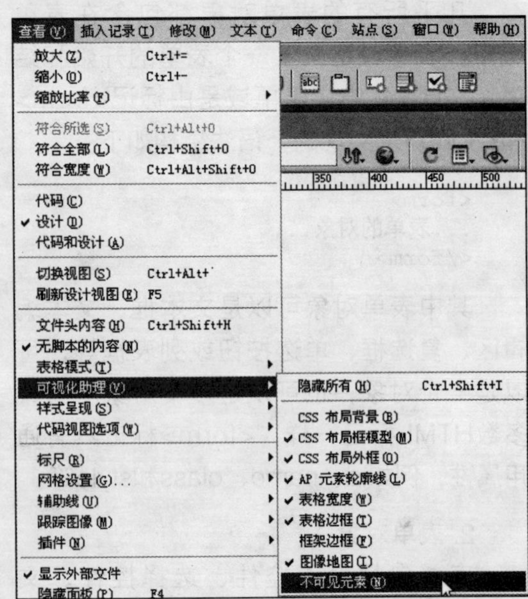

★ 图8.2

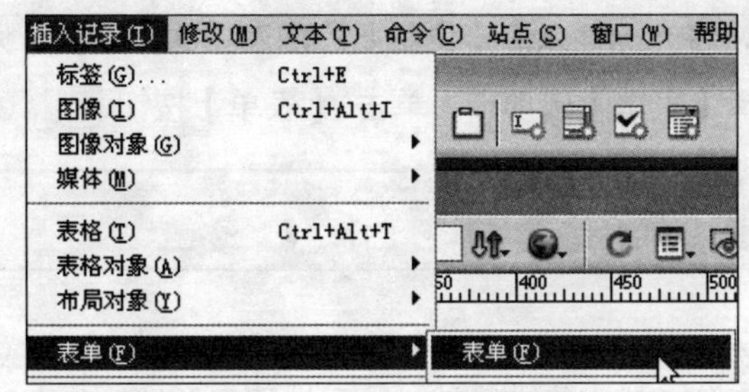

★ 图8.3

- 在【插入】栏中选择【表单】选项卡，单击【表单】按钮。
- 将【表单】按钮直接拖动到文档编辑区中希望创建表单的位置上。

选中插入的表单，然后在表单【属性】面板中设置它的属性，包括表单的名称、动作、目标、方法和MIME类型等参数，如图8.4所示。默认状态下，【方法】下拉列表框中默认为“POST”，表单名称为“form1”。

★ 图8.4

表单【属性】面板中各项设置参数的含义如下。

- **【表单名称】文本框**：在该文本框中，可以输入表单的名称，它对应<form>标记的name属性。
- **【动作】文本框**：在该文本框中，可以输入一个URL地址，指向要处理提交到服务器上的表单数据的程序文件。如果用户想以电子邮件的形式发送到某个地址上，也可以在此使用以“mailto:”作为前缀的邮件地址，对应<form>标记的action属性。
- **【方法】下拉列表框**：用来设置表单数据发送的方法。

**提 示**

【方法】下拉列表中有3个选项可供选择。选择【POST】选项，将表单数据发送到服务器时，进行POST请求，即将<form>标记的method属性设置为“POST”；如果选择【GET】选项，将表单数据发送向服务器时，进行GET请求；如果选择【默认】选项，使用的是默认的发送方法，即从<form>标记中删除method属性代码，大多数浏览器采用GET请求方式。

- **【目标】下拉列表框**：在这里选择设置当表单数据被提交到action属性指向的URL地址后，在哪个目标位置打开新页面，它相当于设置<form>标记的target属性。
- **【MIME类型】下拉列表框**：指定表单数据采用什么样的MIME编码类型提交到服务器中，对应于设置<form>标记的enctype属性。

**动手练**

下面练习在网页中插入表单，具体操作步骤如下：

1　新建一个HTML文档，将光标插入点定位到要添加表单的位置。

2　在【插入】栏中选择【表单】选项卡，单击【表单】按钮，如图8.5所示。

★ 图8.5

3　在编辑窗口中出现红色虚线围绕的区域，该区域即表单域，如图8.6所示。

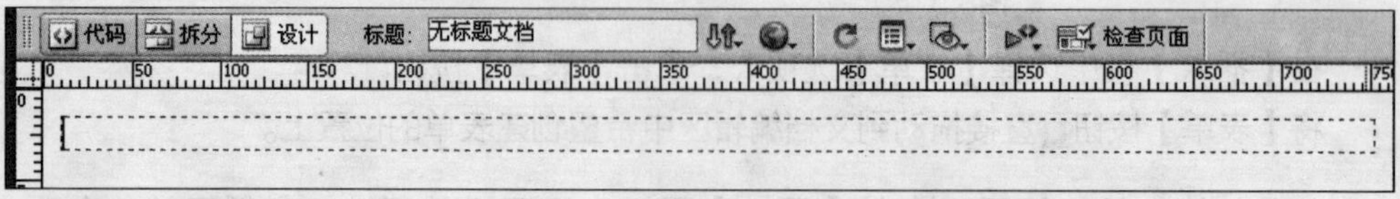

★ 图8.6

插入表单域后，实际上已经生成如下代码：

```
<form name="form1" method="post" action="">
</form>
```

4　将鼠标移动至红色边框上，单击鼠标左键可以选中表单域，如图8.7所示。

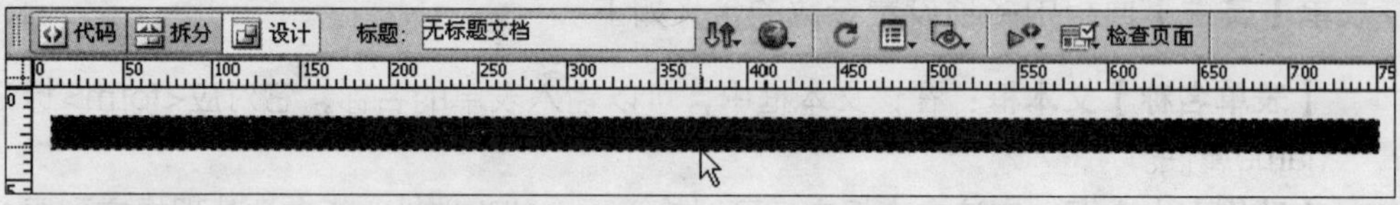

★ 图8.7

## 8.2.2 表单对象

表单对象包括文本域、文本区域、按钮、复选框、单选按钮、列表/菜单、文件域、图像域、隐藏域、单选按钮组、跳转菜单、字段集和标签对象等，下面分别介绍。

### 1. 文本域

文本域用来输入文本。文本域在网页设计中使用非常普遍，大多数数据信息都以文本域的形式输入。但用户使用文本域输入信息比较麻烦，因此，在表单中应尽量少地使用文本域。

在表单中插入一个文本域的操作步骤如下：

1　选择【插入记录】→【表单】→【文本域】命令，如图8.8所示。

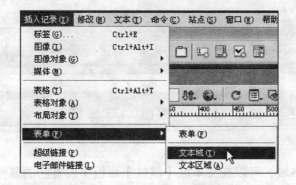

★ 图8.8

2 弹出【输入标签辅助功能属性】对话框，如图8.9所示。

★ 图8.9

对话框中各参数的含义如下：

- 【标签文字】文本框：输入表单元素的前导文字，如“用户名”。
- 【样式】栏：设置是否加标签标记。
- 【位置】栏：选择标签文字放置于表单元素的前或后。

3 单击【确定】按钮，即可在表单中插入一个文本域，如图8.10所示。

★ 图8.10

**提 示**

还可以在【插入】栏中选择【表单】选项卡，单击【文本字段】按钮来插入文本域，如图8.11所示。

★ 图8.11

选中插入的文本域，可以在文本域【属性】面板中设置它的属性，包括字符宽度、最多字符数、类型和初始值等几项，如图8.12所示。

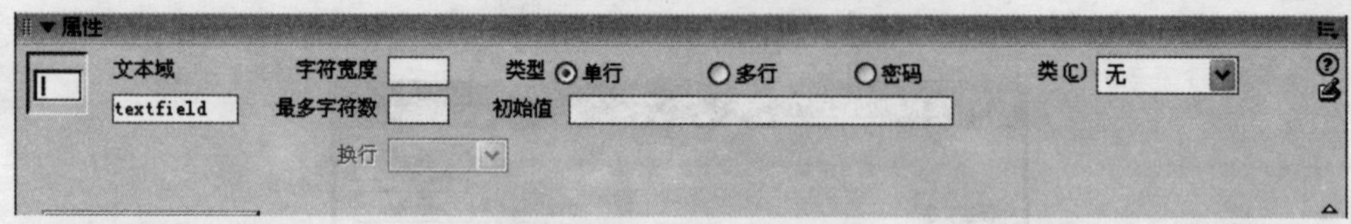


★ 图8.12

### 2. 文本区域

选择【插入记录】→【表单】→【文本区域】命令，可以在页面中插入一个文本区域，如图8.13所示。文本区域与文本域的用法类似。

★ 图8.13

选中插入的文本区域，可以在文本区域【属性】面板中设置它的属性，包括字符宽度、行数、类型、类、换行和初始值等项，如图8.14所示。

★ 图8.14

### 3. 按钮

选择【插入记录】→【表单】→【按钮】命令，可以在页面中插入一个按钮，如图8.15所示。

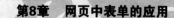

★ 图8.15

选中插入的按钮，可以在按钮【属性】面板中设置它的属性，包括按钮名称、值、动作和类等项，如图8.16所示。

★ 图8.16

#### 4. 复选框

选择【插入记录】→【表单】→【复选框】命令，就可以在页面中插入一个复选框，如图8.17所示。复选框可以单独使用，也可成组使用。在使用复选框的选项组中，可以选择多个选项。

★ 图8.17

选中插入的复选框，可以在复选框【属性】面板中设置它的属性，包括复选框名称、选定值、初始状态和类等项，如图8.18所示。

★ 图8.18

#### 5. 单选按钮

选择【插入记录】→【表单】→【单选按钮】命令，可以在页面中插入一个单选按钮，如图8.19所示。使用单选按钮的选项组，用户只能在其中选择一个。

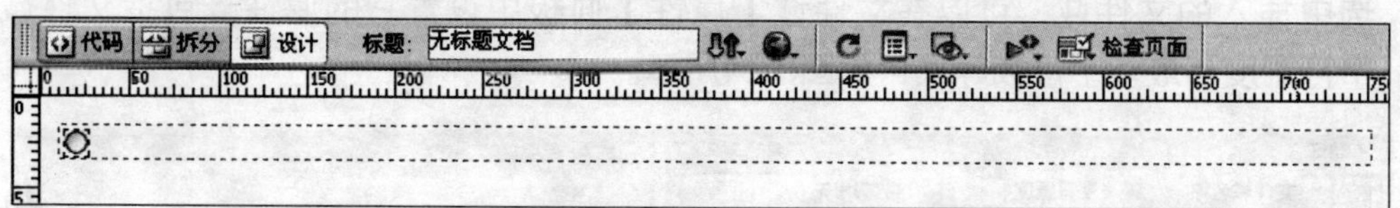


★ 图8.19

选中插入的单选按钮，可以在单选按钮【属性】面板中设置它的属性，包括单选按钮名称、选定值、初始状态和类等几项，如图8.20所示。

★ 图8.20

### 6. 列表/菜单

选择【插入记录】→【表单】→【列表/菜单】命令，可以在页面中插入一个列表或菜单，如图8.21所示。

★ 图8.21

选中插入的列表或菜单，可以在列表/菜单【属性】面板中设置它的属性，包括列表/菜单名称、类型和初始化时选定等项，如图8.22所示。

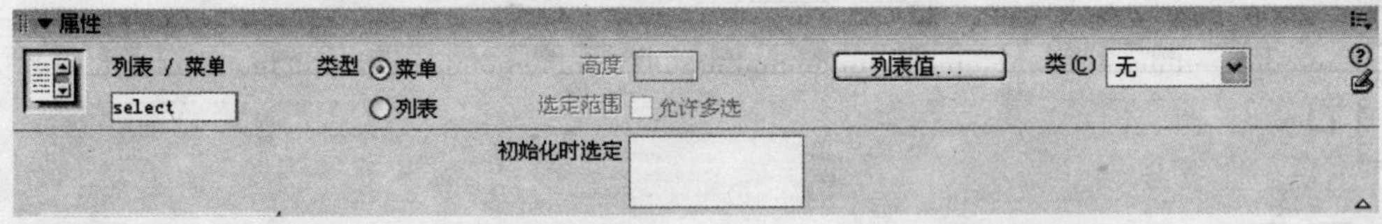


★ 图8.22

### 7. 文件域

选择【插入记录】→【表单】→【文件域】命令，可以在页面中插入一个文件域，如图8.23所示。

★ 图8.23

选中插入的文件域，可以在文件域【属性】面板中设置它的属性，包括文件域名称、字符宽度和最多字符数等项，如图8.24所示。

★ 图8.24

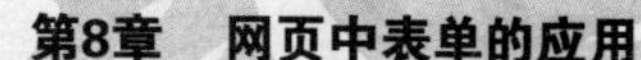

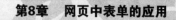

### 8. 图像域

选择【插入记录】→【表单】→【图像域】命令，弹出【选择图像源文件】对话框，在这个对话框中可以选择插入图像区域的图像文件，如图8.25所示。

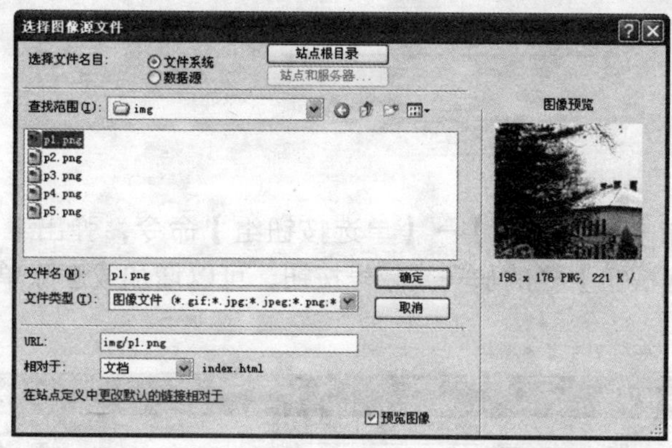


★ 图8.25

选择文件后，单击【确定】按钮，将图像文件插入到页面中，如图8.26所示。

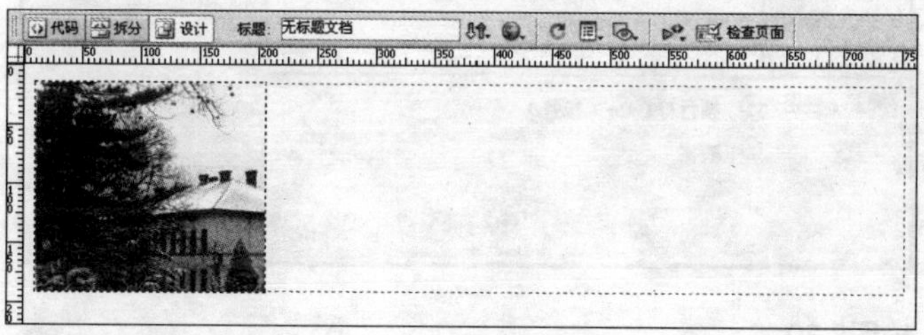


★ 图8.26

选中插入的图像，可以在图像区域【属性】面板中设置它的属性，包括图像区域名称、替换和对齐等项，如图8.27所示。

★ 图8.27

### 9. 隐藏域

选择【插入记录】→【表单】→【隐藏域】命令，可以在页面中插入一个隐藏域，如图8.28所示。

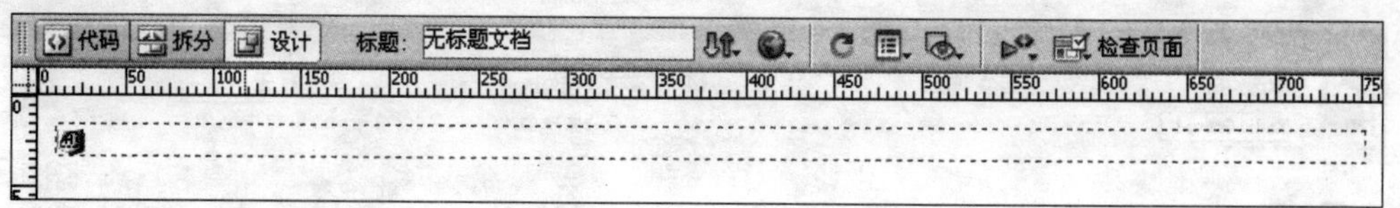


★ 图8.28

选中插入的隐藏域，可以在隐藏域【属性】面板中设置它的属性，包括隐藏域名称和值两项，如图8.29所示。

属性
隐藏区域
hiddenField
值

★ 图8.29

### 10. 单选按钮组

选择【插入记录】→【表单】→【单选按钮组】命令，弹出【单选按钮组】对话框，通过单击【单选按钮】栏的加号或减号按钮，可以增加或删除单选按钮，如图8.30所示。

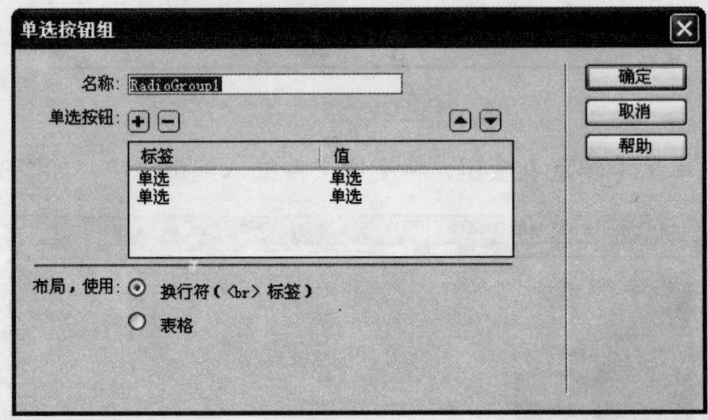


★ 图8.30

例如，在【单选按钮】栏中插入两个单选按钮，然后将其作为单选按钮组插入到页面中，得到如图8.31所示的效果。

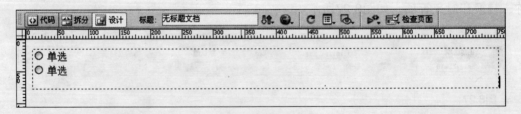

代码 拆分 设计 标题: 无标题文档 检查页面
单选
单选

★ 图8.31

选中插入的单选按钮，可以在【属性】面板中设置它的属性，包括单选按钮名称、选定值、初始状态和类等项，如图8.32所示。

★ 图8.32

### 11. 跳转菜单

选择【插入记录】→【表单】→【跳转菜单】命令，弹出【插入跳转菜单】对话框，在这个对话框中可以增加或删除菜单项、设置文本和菜单名称以及跳转的目标等，如图8.33所示。

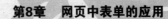

★ 图8.33

其中各项参数设置含义如下。

- ⊞按钮：单击该按钮可以为跳转菜单增加一个菜单项。
- ⊟按钮：单击该按钮可以删除跳转菜单中选定的菜单项。
- ▲按钮：在列表框中上移选择的菜单项。
- ▼按钮：在列表框中下移选择的菜单项。
- **【菜单项】文本框**：以列表的形式显示跳转菜单的菜单项。
- **【文本】文本框**：为菜单项键入要在菜单列表中出现的文本。
- **【选择时，转到URL】文本框**：在文本框中键入路径，或者单击后面的【浏览】按钮选择要打开的文件。
- **【打开URL于】下拉列表框**：设置文件的打开位置。
- **【菜单ID】文本框**：键入菜单项的名称。
- **【选项】栏**：选中【菜单之后插入前往按钮】复选项，可添加一个【前往】按钮，而非菜单选择提示；如果要使用菜单选择提示，例如提示文字“选择其中一项”，需要选中【更改URL 后选择第一个项目】复选项。

在页面中插入跳转菜单后，会出现一个下拉列表框，如图8.34所示。选择列表项，就可以跳转到相应的目标URL。

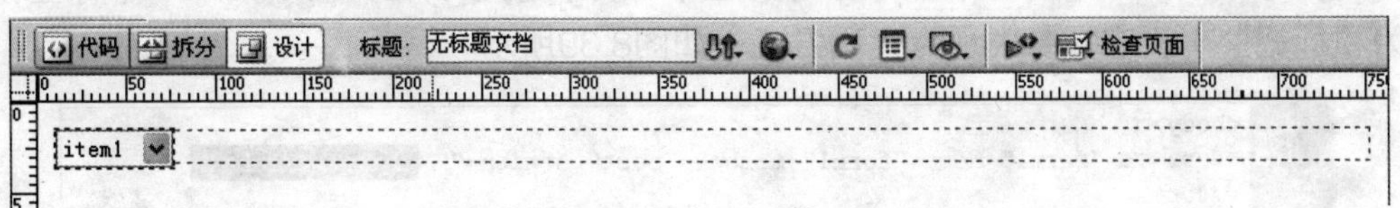


★ 图8.34

选择跳转菜单，可以在跳转菜单【属性】面板中设置它的属性，包括名称、类型和初始化时选定等项，如图8.35所示。

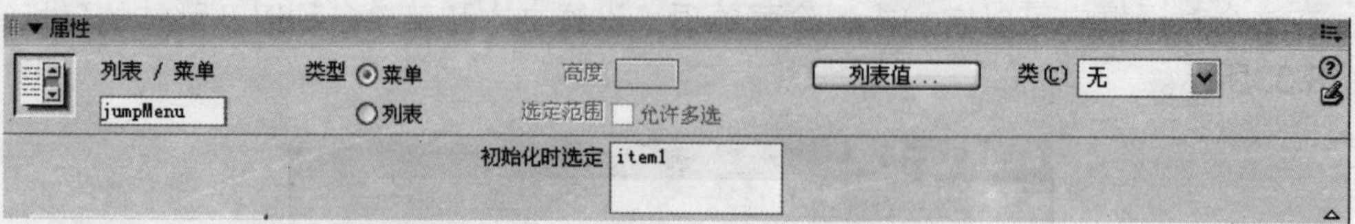


★ 图8.35

### 12. 字段集

选择【插入记录】→【表单】→【字段集】命令，弹出【字段集】对话框，在该对话框中可设置标签的名称，如图8.36所示。

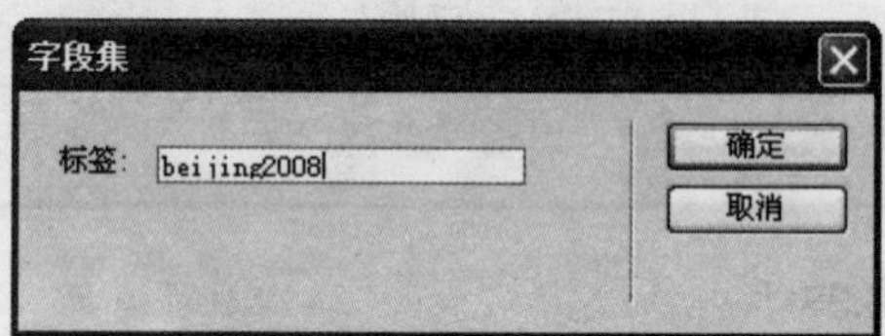


★ 图8.36

单击【确定】按钮就在页面中插入了字段集，如图8.37所示。

★ 图8.37

同时也将字段集代码插入到了页面的代码中，如图8.38所示。

```
<body>
<form action="" method="post" enctype="multipart/form-data" name="form1" id="form1">
  <fieldset>
  <legend>beijing2008</legend>
  <label></label>
  </fieldset>

</form>
</body>
```

★ 图8.38

### 13. 标签

选择【插入记录】→【表单】→【标签】命令，就可以在页面中插入一个标签（也称为“标记”），它主要表现为代码方式，如图8.39所示。

```
<body>
<form id="form1" name="form1" method="post" action=""><label></label>
</form>
</body>
```

★ 图8.39

标签用于申明表单和定义采集数据的范围，也就是<form>和</form>里面包含的数据将被提交到服务器或者电子邮箱里。

## 动手练

应用表单对象做选择数量受限的复选框组的练习，与普通复选框的区别是该复选框的可选数量有限制，当你的选择超过限制的数量后，就不能再继续选择。制作的具体操作步骤如下：

**1** 新建一个HTML文档，选择【插入记录】→【表格】命令，弹出【表格】对话框。

**2** 设置表格的行数为4，列数为3，宽度为300像素，边框粗细为1像素，单元格边距和间距均为0，如图8.40所示。

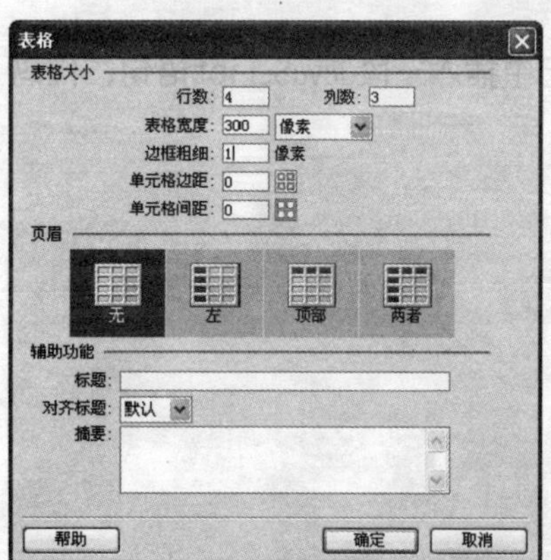


★ 图8.40

**3** 单击【确定】按钮，在页面中插入一个4行3列的带边框表格，用以控制复选框的排版，如图8.41所示。

★ 图8.41

**4** 选中第1行的3个单元格，在【属性】面板中单击【合并单元格】按钮，将这3个单元格合并。

**5** 在第1行中输入“你的爱好：”作为复选框的标题，如图8.42所示。

★ 图8.42

**6** 将光标插入点放置到第2行第1列中，定位一个插入点。

**7** 选择【插入记录】→【表单】→【表单】命令，在单元格中插入一个表单，如图8.43所示。

★ 图8.43

**8** 选择【插入记录】→【表单】→【复选框】命令，弹出【输入标签辅助功能属性】对话框。

**9** 在【标签文字】文本框中输入“旅游”。

**10** 在【位置】栏中选中【在表单项后】单选项，如图8.44所示。

★ 图8.44

**11** 单击【确定】按钮在单元格中插入一个复选框，如图8.45所示。

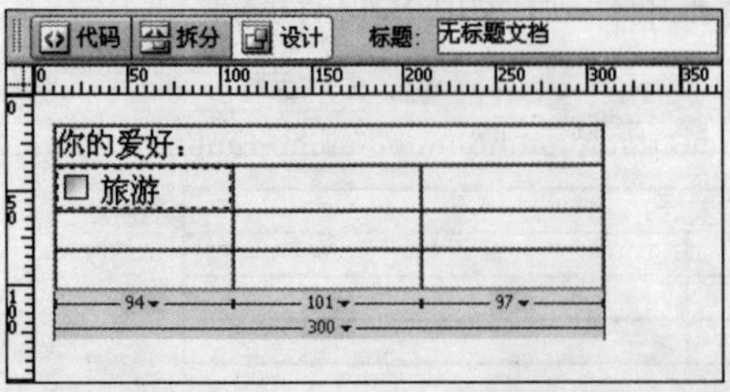

★ 图8.45

**12** 重复步骤7至11，在余下的单元格中插入复选框，然后为每个复选框输入说明文字，如图8.46所示。

**13** 至此就完成了普通复选框的制作，保存该网页。

**14** 按【F12】键，在浏览器中预览制作的普通复选框的效果，如图8.47所示。

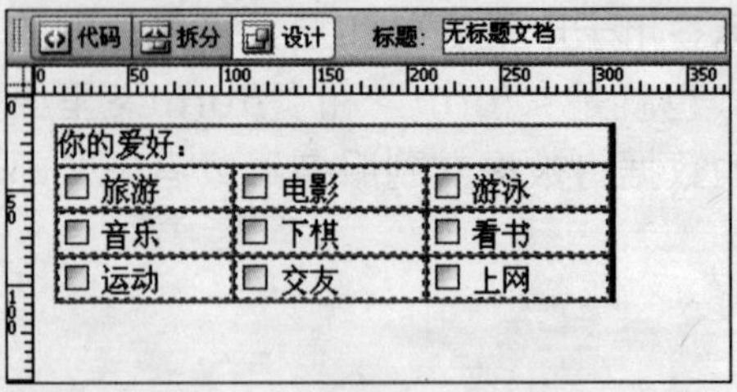

★ 图8.46

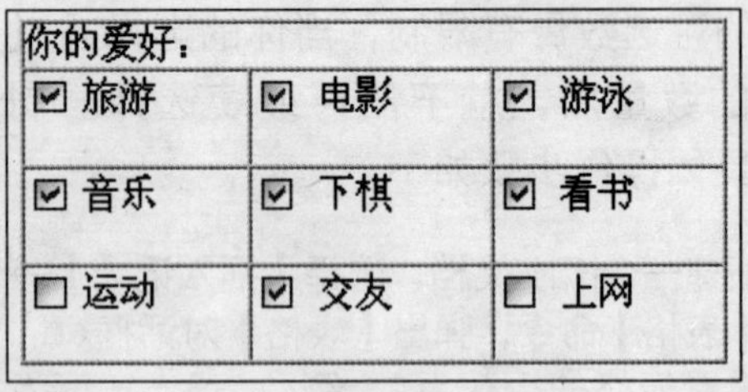

| 你的爱好： | | |
|---|---|---|
| ☑ 旅游 | ☑ 电影 | ☑ 游泳 |
| ☑ 音乐 | ☑ 下棋 | ☑ 看书 |
| ☐ 运动 | ☑ 交友 | ☐ 上网 |

★ 图8.47

**15** 单击【代码】按钮显示代码视图，在代码的<head>标记中插入一段JavaScript语句，代码如下：

```
<script type="text/javascript">
<!--
//checkbox元素数量，本例有9个；
var iMaxCheckbox = 9;
//设置最大允许选择的数量；
var iMaxSelected = 4;
//记录点击数
var iNumChecked = 0;
function doCheck(ctrl) {
//检查点击后的状态
   if(ctrl.checked){
          iNumChecked++;
          //window.alert("iNumChecked++" + iNumChecked);
   } else {
          iNumChecked--;
          //window.alert("iNumChecked--" + iNumChecked);
   }
   // 检查是否达到了最大选择数量；
   if (iNumChecked > iMaxSelected) {
          ctrl.checked = false;
          iNumChecked--;
   }
}
// -->
 </script>
```

**16** 下面为每个复选框都设置一个行为动作，这里以"旅游"复选框为例，在<input>标记中输入"onClick='doCheck(this)'"，如图8.48所示。

```
<td width="94"><form id="form1" name="form1" method="post" action="">
  <label></label>
        <label>
        <input type="checkbox" name="checkbox" id="checkbox" onClick="doCheck(this)"/>
        旅游</label>
</form>    </td>
```

★ 图8.48

**17** 其他复选框的设置方法类似，这里不再重复，完成选择受限的复选框的制作，保存该网页。

**18** 按【F12】键，在浏览器中看到带数量限制的复选框效果，如图8.49所示。

| 你的爱好： | | |
|---|---|---|
| ☑ 旅游 | ☑ 电影 | ☐ 游泳 |
| ☑ 音乐 | ☐ 下棋 | ☐ 看书 |
| ☑ 运动 | ☐ 交友 | ☐ 上网 |

★ 图8.49

由于进行了以上代码设置，图8.49和图8.47所示的效果有所不同。图8.47不限制选择的个数，而图8.49因设置了数量限制，最多只允许选择4个选项。

## 8.3　表单对象的属性设置

知识点讲解

在网页设计中，充分了解表单属性更有利于熟练地应用表单对象，这一节主要介绍文本域、隐藏域以及按钮表单对象的属性。

### 1. 文本域

在文本域里可以输入字母、数字或文字，包括单行、多行和密码这3种显示方式。

（1）单行文本域

选择插入的文本域，单行文本域的【属性】面板如图8.50所示。

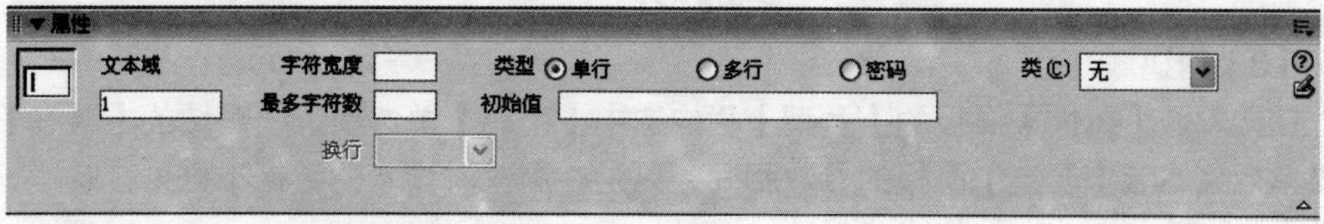


★ 图8.50

单行文本域的【属性】面板中各项参数的含义如下。

- **【文本域】文本框：** 输入文本域的名称（在该网页中是唯一的名称）。该名称在脚本语言中作为标识符被访问。

- 【字符宽度】文本框：设置文本域中字符宽度。
- 【最多字符数】文本框：设置单行文本域中所能输入的最多字符数。
- 【类型】栏：在这里选择文本域的类型。
- 【初始值】文本框：输入文本域中默认状态时显示的内容。

（2）多行文本域

在文本域【属性】面板的【类型】栏中选中【多行】单选项，多行文本域的【属性】面板如图8.51所示。

★ 图8.51

- 【行数】文本框：设置多行文本域中的可见行数。
- 【初始值】列表框：输入文本域中默认状态时显示的内容。
- 【换行】下拉列表框：设置当文本域中的内容超过一行时的换行方式，有【默认】、【关】、【虚拟】和【实体】4个选项，如图8.52所示。选择【默认】选项，采用默认的换行方式；选择【关】选项，当编辑文本超过了文本域指定的宽度时，自动为文本域的文本编辑区添加水平滚动条，使访问者通过滚动条进行浏览；选择【虚拟】选项，当编辑文本超过了文本域指定的宽度时，在排满文本域宽度时自动换行（与Word等文字处理软件中的自动换行功能一样）；选择【实体】选项，当编辑文本超过了文本域指定的宽度时，在排满文本域宽度时也自动换行，这里的自动换行是带有回车符的。

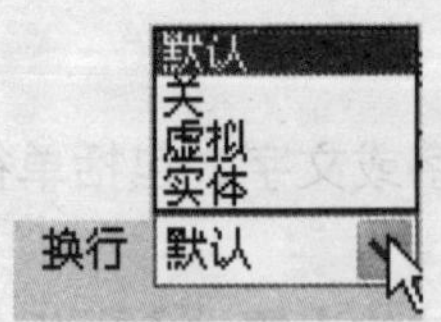


★ 图8.52

（3）密码域

在文本域【属性】面板的【类型】栏中选中【密码】单选项，密码域的【属性】面板与单行文本域【属性】面板的参数相同，只是在浏览时输入的数据不可见，以“·”代替。

如图8.53所示是在单行文本域、多行文本域和密码域效果对比。

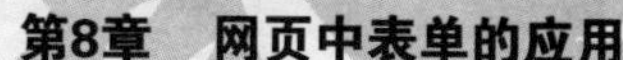

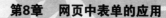

★ 图8.53

## 2. 隐藏区域

隐藏区域是一种在浏览器中不显示的控件，它主要用来实现浏览器与服务器间的后台信息交换。在【插入】栏的【表单】选项卡下单击【隐藏域】按钮，插入隐藏域，在页面上显示图标。

插入隐藏区域实际上是将<input>标记的type属性设置为“hidden”。如图8.54所示是隐藏区域的【属性】面板。

★ 图8.54

各参数含义如下。

- **【隐藏区域】文本框**：在该文本框中可以设置隐藏区域控件的名称，以便在程序中引用。

> **提示**
> 通常该名称不可省略。

- **【值】文本框**：在该文本框中可以输入隐藏区域的值。

如果在添加隐藏区域后，没有显示图标，可以通过在对话框中进行设置，使其显示，具体步骤如下：

**1** 选择【编辑】→【首选参数】命令，弹出【首选参数】对话框。

**2** 在【分类】列表框中选择【不可见元素】选项，在右侧的【不可见元素】栏中选中【表单隐藏区域】复选项，如图8.55所示。

## 3. 按钮的属性

在HTML文档中，包括3种类型的按钮：【提交】按钮、【重置】按钮和常规按钮，下面介绍添加和设置按钮属性的操作。

**1** 在【表单】选项卡中单击【按钮】按钮，此时在编辑窗口中就会出现一个【提交】按钮。

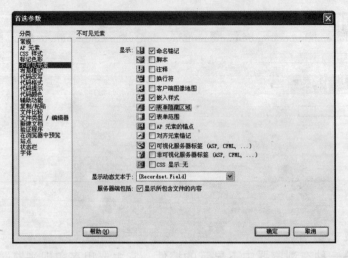

★ 图8.55

**2** 单击将其选中，此时的编辑窗口和【属性】面板如图8.56所示。

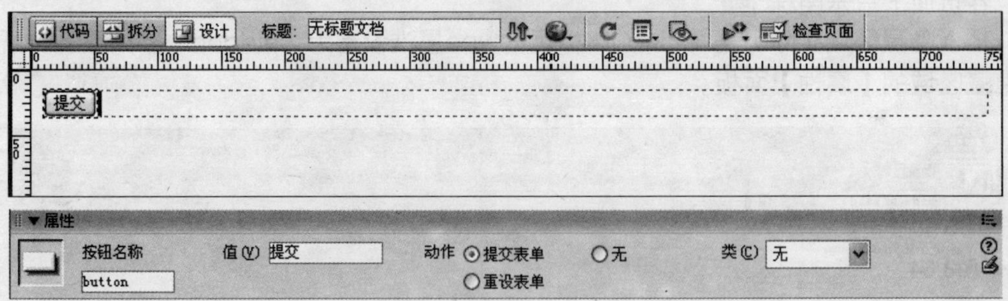

★ 图8.56

**3** 在【按钮名称】文本框中可以输入按钮控件的名称，方便程序引用。

**4** 在【值】文本框中输入按钮上显示的文字，本例中设置为“提交”。

**5** 在【动作】栏中可以指定单击按钮时的行为，包括【提交表单】、【重设表单】和【无】3个单选项。

**提　示**

如果选中【无】单选项，表示设置的按钮为一个常规按钮。在这里选择不同类型的按钮，【值】文本框中会自动更新。

设置不同动作时的按钮效果和【属性】面板如图8.57和图8.58所示。

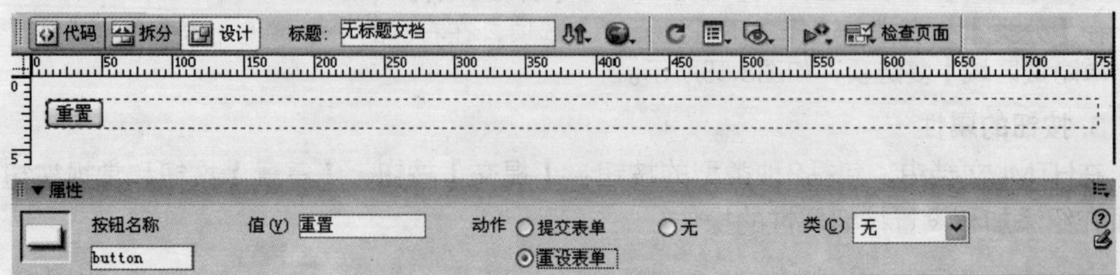

★ 图8.57

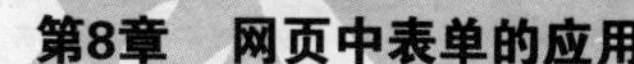

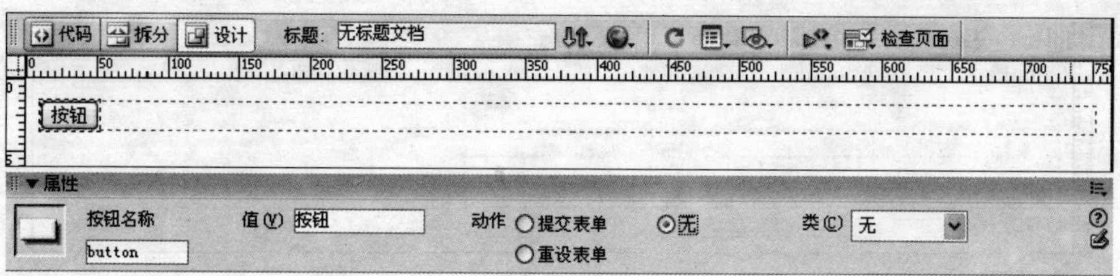

★ 图8.58

在网页中经常需要验证访问者提交信息的正确性。当访问者填写完各项信息，单击【提交】按钮后，如果所填的信息不符合要求，就会出现相关的提示，使访问者能立即更正。

### 1. 制作用户注册表单

下面做一个制作用户注册表单的练习，具体操作步骤如下：

1 新建一个HTML文档，选择【插入记录】→【表单】→【表单】命令，在页面中插入一个表单域。

2 将光标插入点放置到表单中，选择【插入记录】→【表格】命令，弹出【表格】对话框。

3 设置表格的行数为4，列数为2，宽度为300像素，边框粗细为0，单元格边距和间距均为0，如图8.59所示。

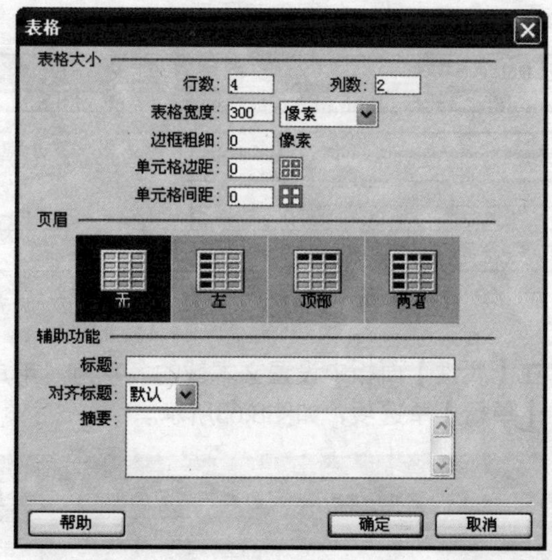

★ 图8.59

4 单击【确定】按钮，在表单域中插入一个表格。

5 适当调整表格的列宽，并选择第4行的2个单元格。

6 在其【属性】面板中单击【合并单元格】按钮，将选中的两个单元格合并，效果如图8.60所示。

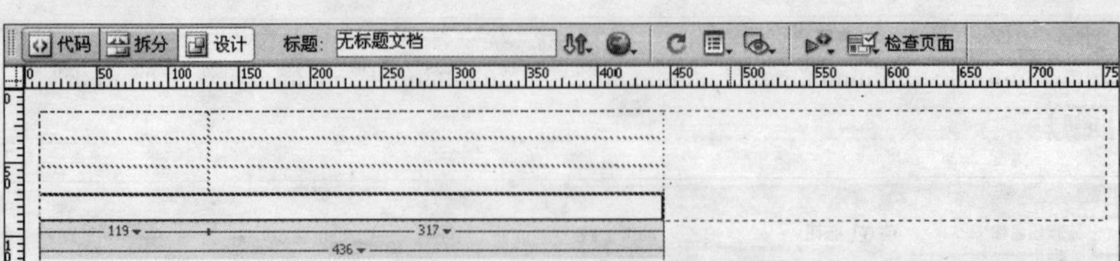

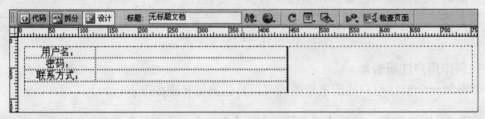

★ 图8.60

**7** 在第1列的3个单元格中输入项目名称，并将文字的颜色设置为黑色（#000000）。

**8** 选择文字，在其【属性】面板中单击【居中对齐】按钮，使文字居中对齐，如图8.61所示。

★ 图8.61

**9** 将光标放置到表格的第1行第2列中。

**10** 选择【插入记录】→【表单】→【文本域】命令，弹出【输入标签辅助功能属性】对话框。

**11** 单击【确定】按钮插入一个文本域，如图8.62所示。

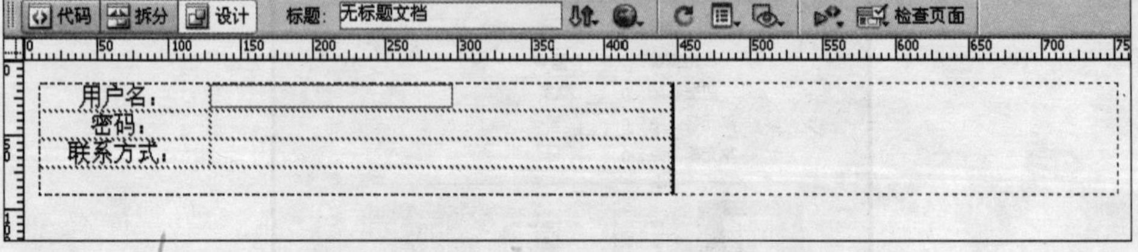


★ 图8.62

**12** 选择插入的文本域，在【属性】面板中设置文本域的名字为“用户名”。

**13** 在【类型】栏中选中【单行】单选项，如图8.63所示。

★ 图8.63

**14** 重复步骤10至11，在表格的第2行第2列中插入一个文本域。

**15** 选中新插入的文本域，在【属性】面板中设置文本域的名字为“密码”。

**16** 在【类型】栏中选中【密码】单选项，如图8.64所示。

★ 图8.64

**17** 重复步骤10至11，在表格的第3行第2列中插入一个文本域。

**18** 选中插入的文本域，在【属性】面板中设置文本域的名字为“联系方式”。

**19** 在【类型】栏中选中【单行】单选项，如图8.65所示。

★ 图8.65

**20** 用户名、密码和电子邮件的文本域插入完成后，选中所有的文本域。

**21** 单击【属性】面板中的【居中对齐】按钮，将它们居中显示，效果如图8.66所示。

★ 图8.66

**22** 将光标放置到表格的最后一行中，选择【插入记录】→【表单】→【按钮】命令，弹出【输入标签辅助功能属性】对话框。

**23** 单击【确定】按钮，插入按钮如图8.67所示。

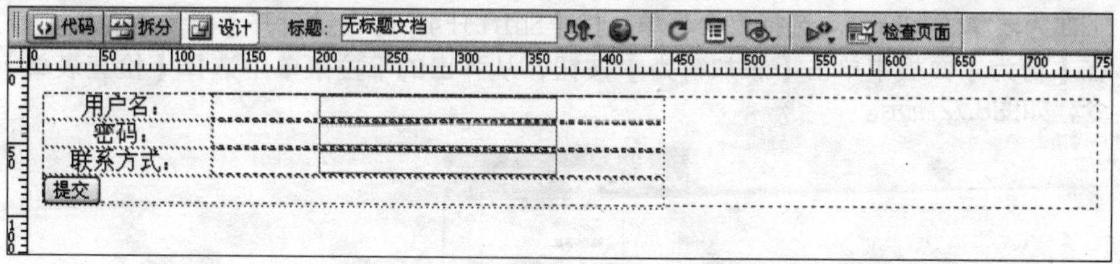


★ 图8.67

**24** 选中插入的按钮，在【属性】面板的【值】文本框中输入“注册”。

**25** 在【动作】栏中选中【提交表单】单选项，如图8.68所示。

★ 图8.68

**26** 将这个按钮作为提交注册信息的按钮，单击【属性】面板中的【居中对齐】按钮，将该按钮居中对齐显示，效果如图8.69所示。

★ 图8.69

**27** 重复步骤22和步骤23，在表格的最后一行中再插入一个按钮。

**28** 选择插入的按钮，在【属性】面板的【值】文本框中输入“重设”。

**29** 在【动作】栏中选中【重设表单】单选项，如图8.70所示。

★ 图8.70

**30** 将这个按钮作为重填注册信息的按钮，单击【属性】面板中的【居中对齐】按钮，将按钮居中对齐显示，效果如图8.71所示。这样就完成了按钮的插入操作。

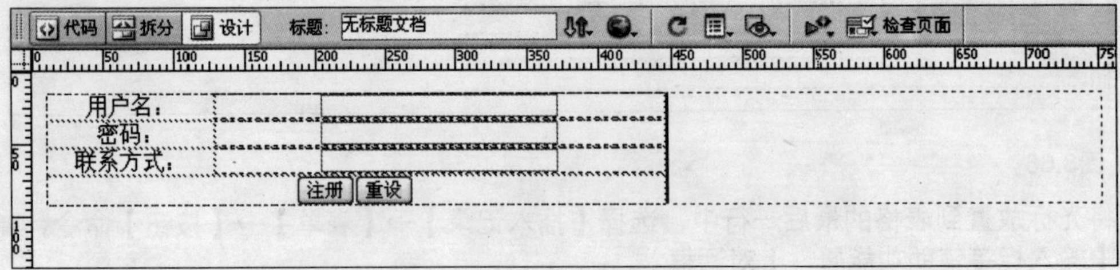


★ 图8.71

**31** 下面为表单添加行为。选择整个表单，按【Shift+F4】组合键打开【行为】面板。

**32** 在【行为】面板中单击【添加行为】按钮，从弹出的下拉菜单中选择【检查表单】命令，如图8.72所示。

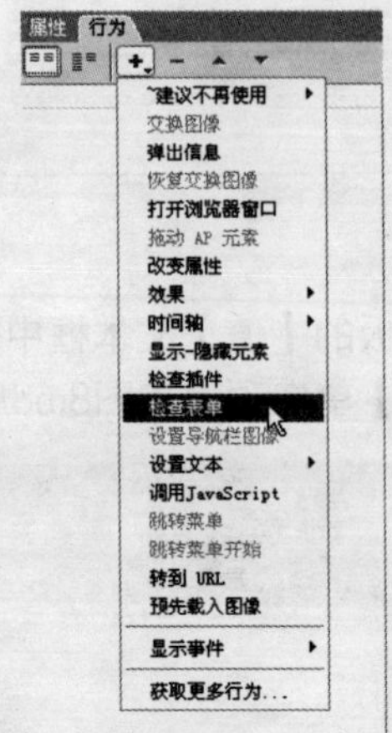


★ 图8.72

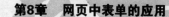

**33** 弹出【检查表单】对话框，在【域】列表框中列出了当前页面中所有的表单对象，选择【input "用户名"】选项。

**34** 在【值】栏中选中【必需的】复选项。

**35** 在【可接受】栏中选中【任何东西】单选项，如图8.73所示（经过这样的设置后，将表单的用户名文本域提交的数据限制为必填项，所填内容可以是任何内容）。

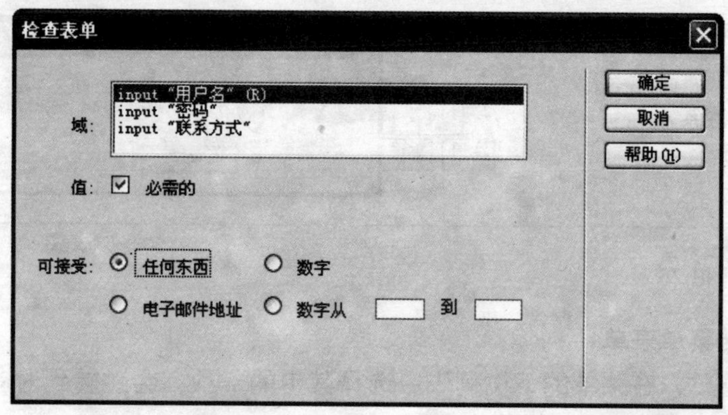


★ 图8.73

**36** 选择【input "密码"】，重复步骤33至35，设置密码文本域（经过这样的设置后，对表单的密码文本域提交的数据限制为必填项，所填内容可以是任何内容）。

**37** 在【域】列表框中选择【input "联系方式"】选项。

**38** 在【值】栏选中【必需的】复选项。

**39** 在【可接受】栏中选中【电子邮件地址】单选项，如图8.74所示。

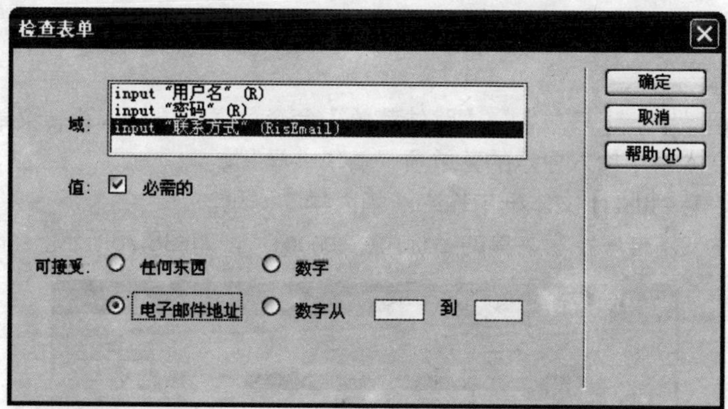


★ 图8.74

**40** 设置完成后单击【确定】按钮回到【行为】面板，如图8.75所示。

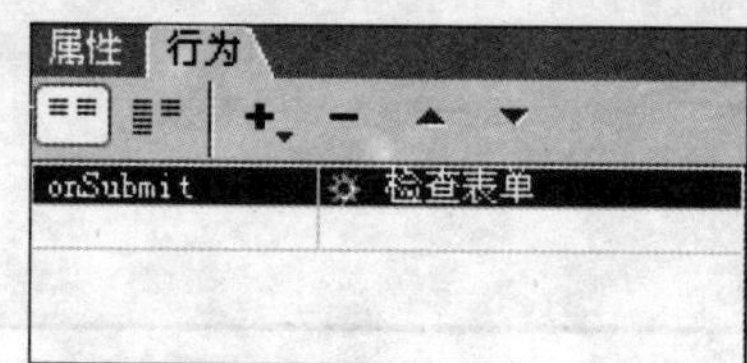


★ 图8.75

在为表单设置行为的时候，一定要选择表单，否则将不会出现触发条件“onSubmit”。

**41** 至此完成了检验表单的制作，保存该网页。按【F12】键在浏览器中预览检验表单的效果，如图8.76所示。

★ 图8.76

### 2. 制作跳转菜单表单

使用跳转菜单，在菜单的下拉列表中选择其中的一项，会跳转到对应的页面中。下面来练习制作跳转菜单，具体操作步骤如下：

**1** 选择【插入记录】→【表单】→【表单】命令，在页面中插入一个表单域，如图8.77所示。

★ 图8.77

**2** 选择【插入记录】→【表单】→【跳转菜单】命令，弹出【插入跳转菜单】对话框。

**3** 在【文本】文本框中输入显示的菜单项“清华大学”。

**4** 在【选择时，转到URL】文本框中输入清华大学的网址。

**5** 在【菜单ID】文本框中定义菜单的名称为“school”，如图8.78所示。

★ 图8.78

**6** 单击【添加项】按钮 继续插入菜单项，插入的菜单项都会显示在【菜单项】列表框中，如图8.79所示，选中插入的菜单项，对各项参数进行更改。

★ 图8.79

**7** 单击【确定】按钮，将跳转菜单插入到页面中，如图8.80所示。

★ 图8.80

**8** 此时，跳转菜单的初始化文字为“清华大学”，初始化文字是打开菜单时初始显示的文字。

**9** 选择跳转菜单，在跳转菜单的【属性】面板中可以设置菜单的名称和类型等，在【初始化时选定】列表框中选择【北京师范大学】选项，如图8.81所示。

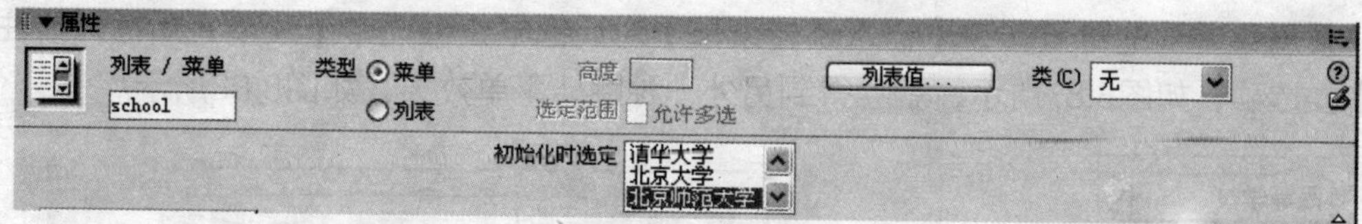


★ 图8.81

**10** 这样，页面中的跳转菜单在初始化的时候，就显示为“北京师范大学”，如图8.82所示。

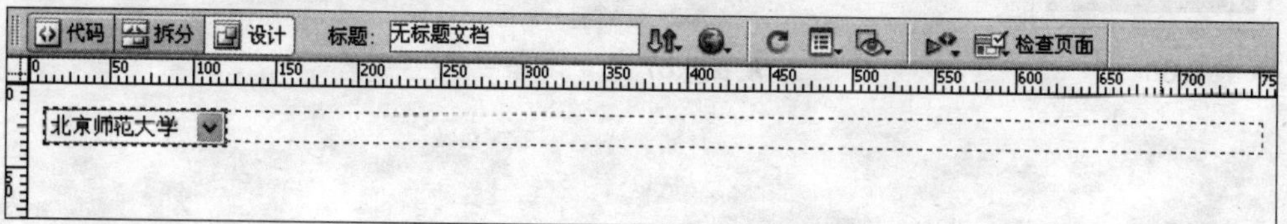


★ 图8.82

**11** 单击【属性】面板的【列表值】按钮，弹出【列表值】对话框，在这个对话框中显示了跳转菜单的菜单项，如图8.83所示。

**12** 单击【添加】按钮插入一个菜单项，输入文字“高等学校”，如图8.84所示。

列表值

| 项目标签 | 值 |
|---|---|
| 清华大学 | http://www.tsingh... |
| 北京大学 | http://www.pku.ed... |
| 北京师范大学 | http://www.bnu.ed... |
| 天津大学 | http://www.tju.ed... |

★ 图8.83

列表值

| 项目标签 | 值 |
|---|---|
| 清华大学 | http://www.tsingh... |
| 北京大学 | http://www.pku.ed... |
| 北京师范大学 | http://www.bnu.ed... |
| 天津大学 | http://www.tju.ed... |
| 高等学校 | |

★ 图8.84

**13** 单击【确定】按钮完成操作，回到跳转菜单的【属性】面板。在【初始化时选定】列表框中选择【高等学校】选项，将其作为跳转菜单的初始化文字，如图8.85所示。

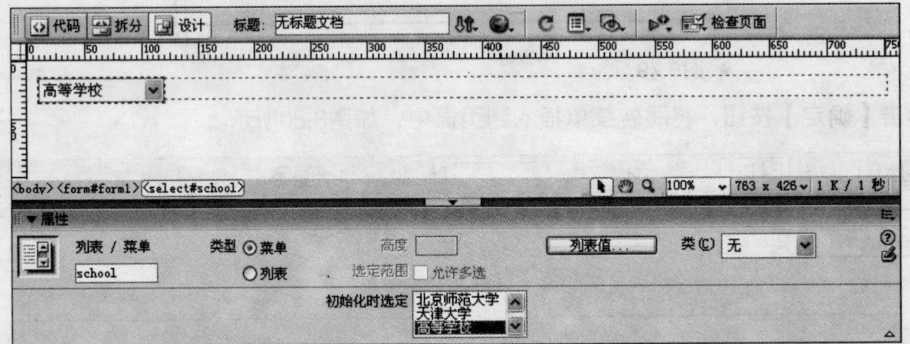


★ 图8.85

**14** 完成以上操作后，保存该网页。

**15** 按【F12】键，在浏览器中预览制作的跳转菜单，效果如图8.86所示。用鼠标单击相应的菜单项，就会跳转到相应的学校主页。

插入菜单项的时候，在【插入跳转菜单】对话框中如果选中【菜单之后插入前往按钮】复选项，如图8.87所示，就会得到另外一种跳转菜单效果，如图8.88所示。

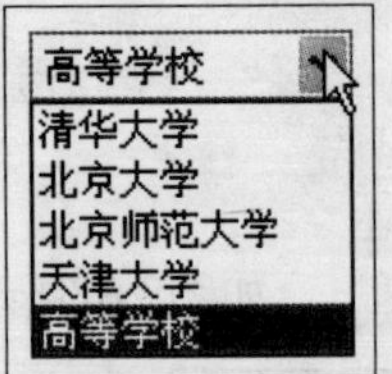


★ 图8.86

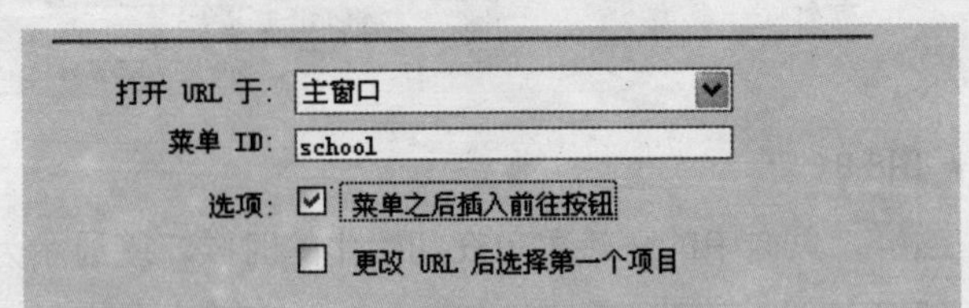


★ 图8.87

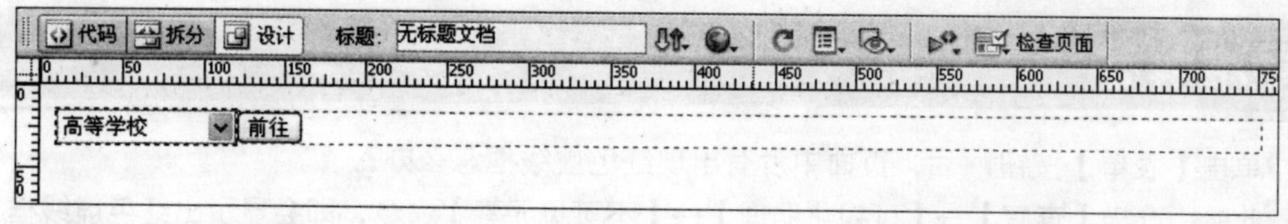


★ 图8.88

此时可以发现，在跳转菜单的后面插入了一个【前往】按钮，选择这个按钮，可以设置按钮的相关属性，如将其值由“前往”改为“访问”，如图8.89所示。

★ 图8.89

保存网页后，按【F12】键，在浏览器中可以看到这个跳转菜单的效果，如图8.90所示。

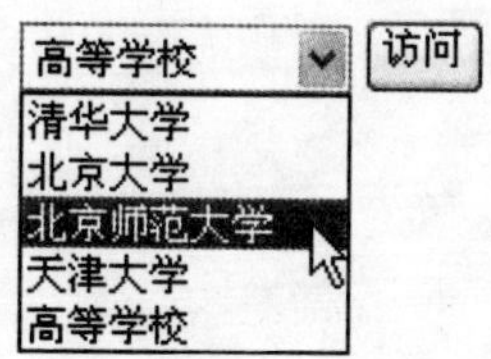


★ 图8.90

选择菜单项，然后单击【访问】按钮，就会跳转到相应的学校主页，如图8.91所示。

★ 图8.91

## 疑难解答

**问** 单击【表单】按钮□后，页面中没有出现红色虚线框怎么办?

**答** 此时，选择【查看】→【可视化助理】→【不可见元素】命令，即会显示出红色虚线框。

**问** 能否实现在单击【提交】按钮后，将表单中填写的内容以电子邮件的方式进行发送?

**答** 可以，在表单【属性】面板中的【动作】文本框中输入“mailto：电子邮件地址”，如“mailto：jixiang@sina.com”，这样单击【提交】按钮后将启动系统默认的电子邮件收发软件（如Outlook等），再将表单中的内容发送到指定的邮箱中。

**问** 我需要在表单中添加两组单选按钮，可添加的所有单选按钮中只能选中一个，怎样才能在每个单选按钮组中都可以选中一个单选按钮?

**答** 可以使用单选按钮组的方法，注意要为两个单选按钮组设置不同的名称。另外，也可以单独添加每个单选按钮，只是需要将同一个组的单选按钮设置为相同的名称。

Chapter 09

# 第9章　网页中框架的应用

*本章要点*

- *了解框架*
- *创建框架*
- *框架的基本操作*
- *框架集及框架的属性设置*

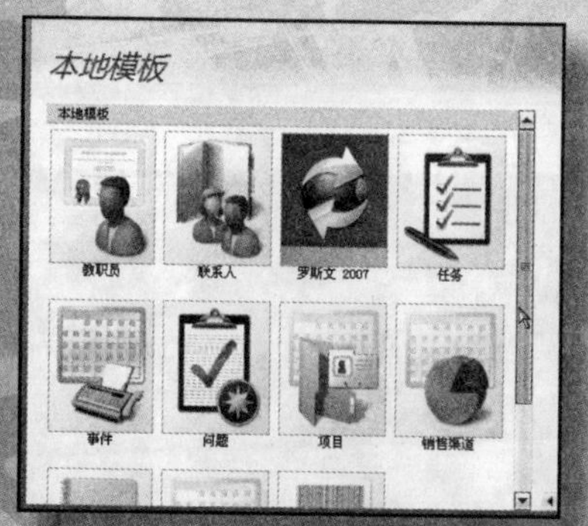

框架在网页设计中具有将一个浏览器窗口划分为多个区域，并且每个区域都可以显示不同HTML文档的功能。使用框架可以避免重复劳动，如将共同的部分（顶部的导航区或版权信息区）分别制作成单独的网页，然后通过框架将其链接到各个网页中，这样就不必为每个网页都重新制作这些共同的部分了，既节约了时间，又减小了整个网站的大小。由于框架具有文档与结构分离的特点，因此使用框架布局可使网页的布局效率大大提高。

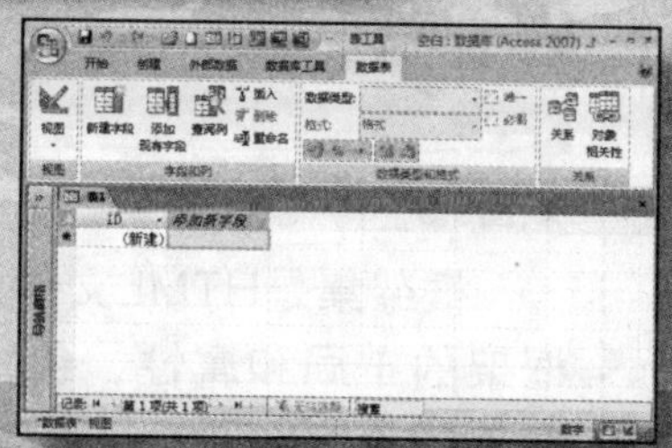

# 9.1 了解框架

知识点讲解

框架在网页中使用时，既有优点又有缺点，下面就介绍框架的优缺点，在什么条件下使用框架，以及如何在页面中插入框架等知识。

## 9.1.1 框架和框架集简介

框架把浏览器窗口划分为若干区域，分别在不同的区域显示不同的网页文档。框架是网页上定义的一个区域，是独立存在的HTML文档。而框架集是由多个框架嵌套组合而成的，它包含同一网页上多个框架的布局、链接和属性信息。

下面通过图9.1来认识一下框架与框架集之间的关系。在第一幅图中，框架集中包含了3个框架文档。框架是浏览器窗口中的一个区域，它可以显示与浏览器窗口的其余部分无关的 HTML 文档。

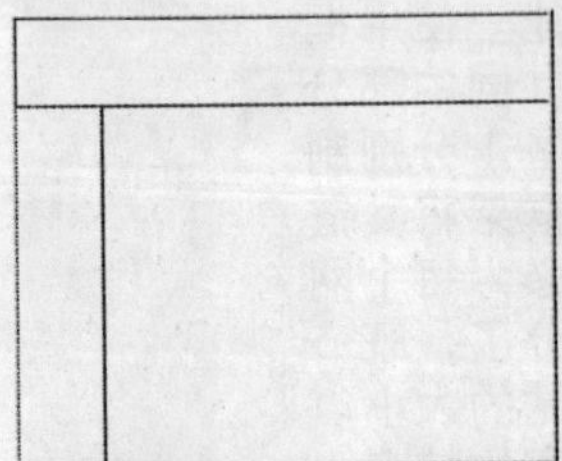

（框架集）

（框架）

★ 图9.1

如图9.2所示的网页由上、左、右三个框架组成：顶部框架是网页的Banner；一个较窄的框架位于页面左侧，包含导航条；另一个大框架占据了页面的其余部分，包含主要内容。

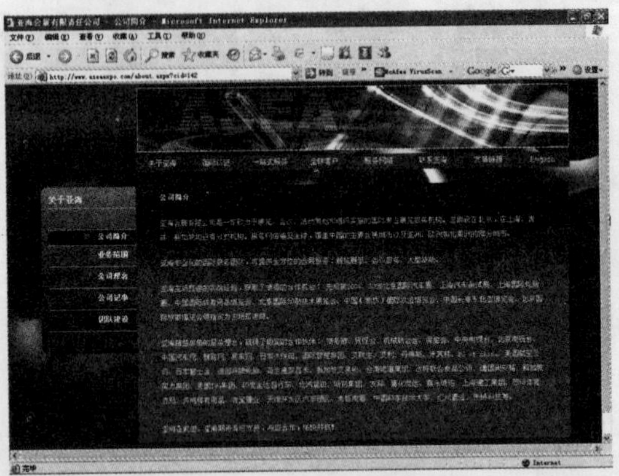

★ 图9.2

当访问者浏览站点时，单击左侧框架中的某一链接，主要内容框架中的内容就会改变，左侧框架本身的内容保持静态。无论访问者在左侧单击了哪一个链接，右侧主要内容框架都会显示对应的文档，如图9.3所示是在左侧框架中单击某个链接后显示的网页。

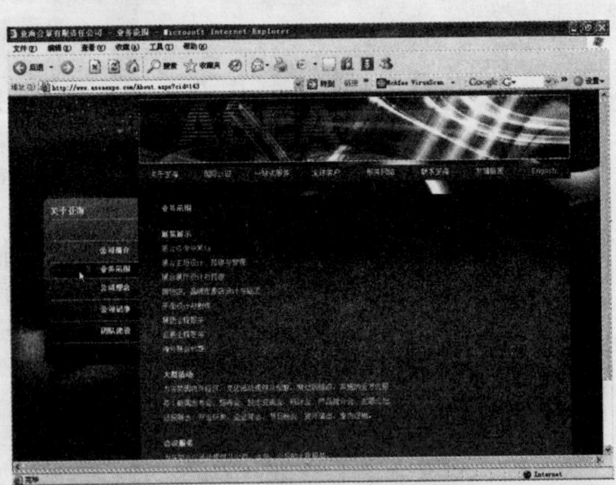

★ 图9.3

框架集是HTML文件，它定义了一组框架的布局和属性，包括框架的数目、框架的大小和位置，以及在每个框架中初始显示的页面的URL。框架集文档本身不包含要在浏览器中显示的HTML内容

（noframes部分除外）。

框架集文件只是向浏览器提供应如何显示一组框架，以及在这些框架中应显示哪些文档的相关信息。要在浏览器中查看一组框架，必须输入框架集文件的URL，浏览器随后打开显示在这些框架中的相应文档。

**提　示**

框架不是文件。读者可能会以为当前显示在框架中的文档是构成框架的一部分，但实则不然，任何框架都可以显示任何文档。

### 9.1.2　框架的优缺点

网页设计中，框架最广泛的用途是作为导航条。一组框架通常包括一个含有导航条的框架和一个显示主要内容的框架。框架的设计较为复杂，并且在许多情况下，创建没有框架的网页，同样可以达到使用一组框架所能达到的效果。

并不是所有的浏览器都提供良好的框架支持，框架对于一部分访问者而言，可能难以显示。所以，如果确实要使用框架，应始终在框架集中提供没有使用框架的部分，以给不能查看框架的访问者提供方便。

另外，最好还要提供指向站点的无框架版本的链接，方便那些虽然浏览器支持框架但不喜欢使用框架的访问者。

网页设计中的框架具有以下优点：

- 访问者的浏览器不需要为每个页面重新加载与导航相关的图形。
- 每个框架都具有自己的滚动条，访问者可以独立滚动这些框架。当框架中的内容页面较长时，如果导航条位于不同的框架中，那么向下滚动到页面底部后访问者不需要再回到顶部来使用导航条。

框架的缺点如下：

- 不同框架中各元素的精确图形难以实现对齐。
- 对导航进行测试耗费的时间较长。
- 每个带有框架的页面的URL不显示在浏览器中，因此访问者难以将特定页面设为书签，除非提供了服务器代码，允许访问者加载特定页面的带框架版本。

动手练

如图9.4所示的网页由四个框架组成：顶部框架、左侧框架、右侧框架和底部框架，请分别指出。

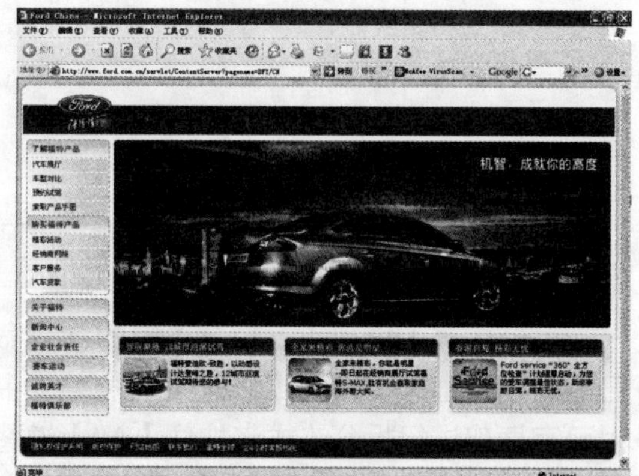


★ 图9.4

## 9.2　创建框架

知识点讲解

在创建框架集或使用框架前，通过选择【查看】→【可视化助理】→【框架边框】

命令（如图9.5所示），使框架边框在文档窗口的设计视图下可见。

★ 图9.5

框架的创建方法较多，下面主要介绍两种：

- 通过选择【文件】→【新建】命令，在弹出的【新建文档】对话框中选择【示例中的页】→【框架集】选项来创建框架。
- 单击【布局】选项卡中的【框架】下拉按钮，在弹出的下拉菜单中选择一种插入框架命令，直接在页面中插入需要的框架，如图9.6所示。

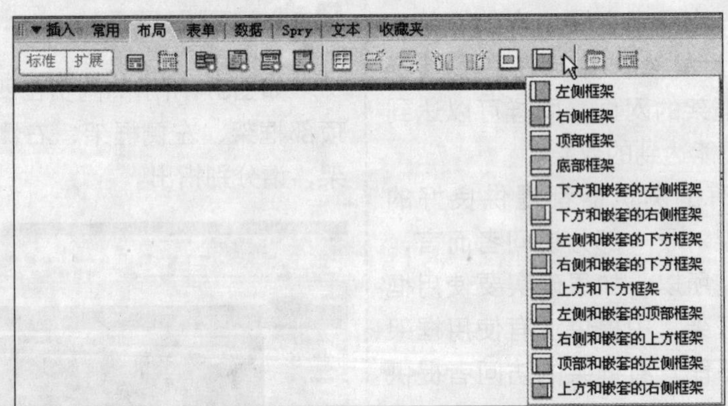


★ 图9.6

另外，当【框架】下拉菜单中的样式命令不能满足网页布局的需要时，用户可以自己手动创建框架，打开【修改】下拉菜单中的【框架集】子菜单，选择相应的命令即可对已有框架进行拆分（或者按住【Alt】键将鼠标指针移至框架的边框上，当其变为↕形状或↔形状时，拖动边框到所需位置后释放鼠标对框架进行拆分）。

**动手练**

下面练习创建框架。

### 1. 通过菜单命令来创建框架

通过菜单命令来创建框架的具体操作步骤如下：

**1** 新建一个HTML文档，选择【文件】→【新建】命令，如图9.7所示。

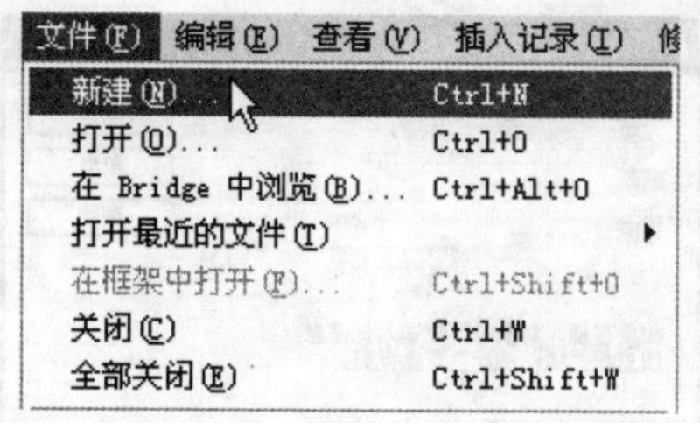


★ 图9.7

**2** 弹出【新建文档】对话框，在左侧选择【示例中的页】选项卡，在中部的【示例文件夹】列表框中选择【框架集】选项。

**3** 在【示例页】列表框中选择【左侧固定，上方嵌套】选项，如图9.8所示。

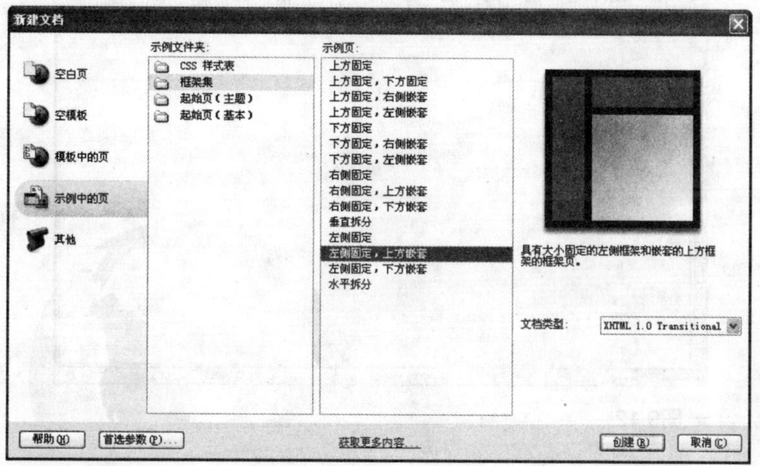


★ 图9.8

**4** 单击【创建】按钮，弹出【框架标签辅助功能属性】对话框。

**5** 在【框架】下拉列表中选择【mainFrame】选项，设置标题为“webFrame”，如图9.9所示。

**6** 在【框架】下拉列表中选择【leftFrame】选项，设置标题为“webleft”，如图9.10所示。

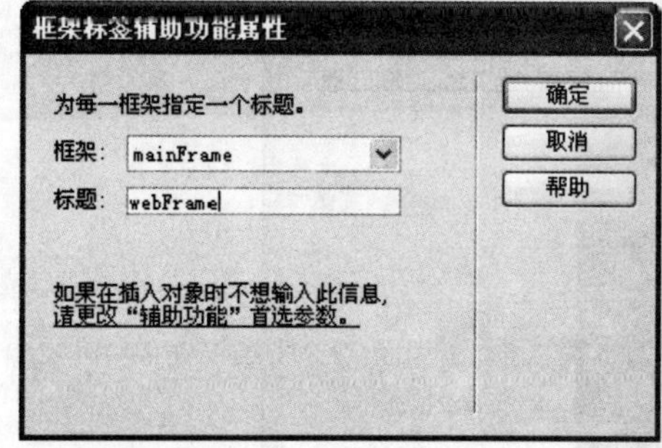


★ 图9.9

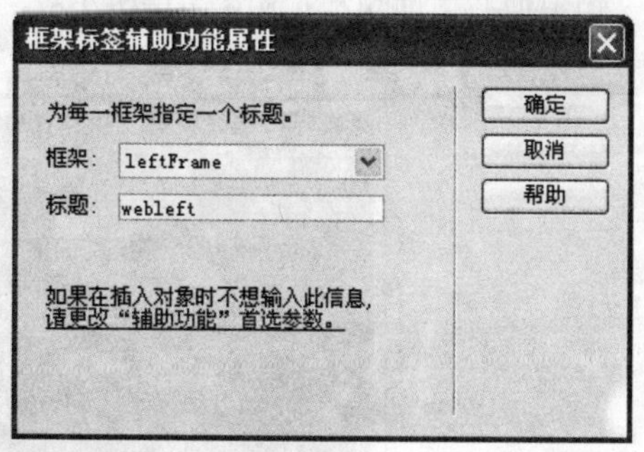


★ 图9.10

**7** 在【框架】下拉列表中选择【topFrame】选项，设置标题为“webtop”，如图9.11所示。

框架标签辅助功能属性

为每一框架指定一个标题。

框架： topFrame

标题： webtop

确定

取消

帮助

如果在插入对象时不想输入此信息，请更改"辅助功能"首选参数。

★ 图9.11

**8** 单击【确定】按钮，创建一个含有框架的网页,如图9.12所示。

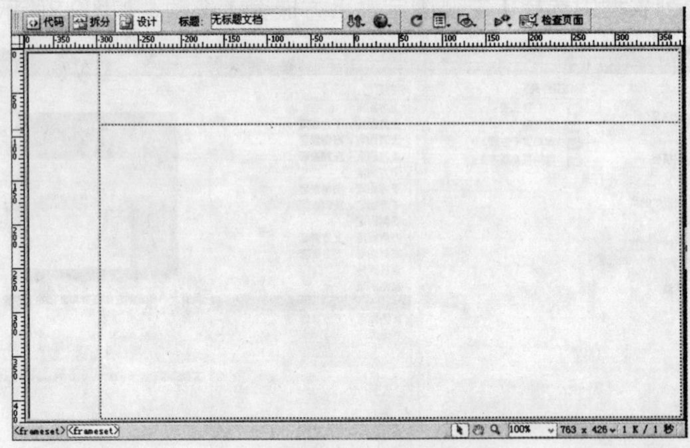


★ 图9.12

### 2. 加载预定义框架

加载预定义框架是指在已有的页面加载框架集，页面内容将保留在框架集的某个框架中，具体操作如下：

**1** 在Dreamweaver CS3中新建一个HTML文档，单击【常用】选项卡下的【图像】按钮，在文档中插入一幅图片，如图9.13所示。

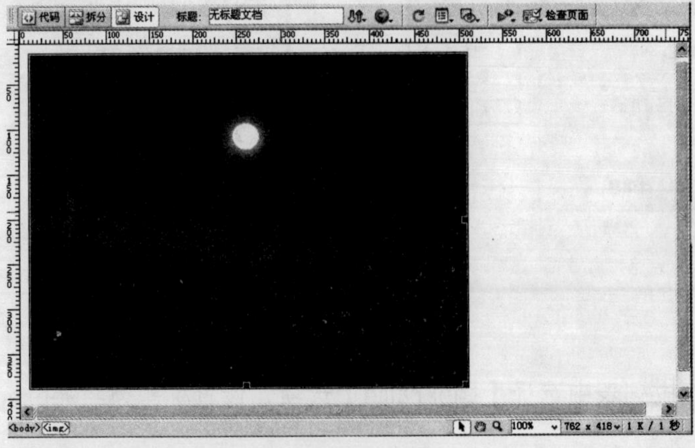


★ 图9.13

**2**　单击【布局】选项卡中的【框架】下拉按钮，在弹出的菜单中选择【左侧和嵌套的下方框架】命令。

**3**　弹出如图9.14所示的【框架标签辅助功能属性】对话框，在【标题】文本框中输入框架的标题，这里保持默认。

框架标签辅助功能属性

为每一框架指定一个标题。

框架： bottomFrame

标题： bottomFrame

确定

取消

帮助

如果在插入对象时不想输入此信息，请更改"辅助功能"首选参数。

★ 图9.14

**4**　单击【确定】按钮，加载后的效果如图9.15所示。

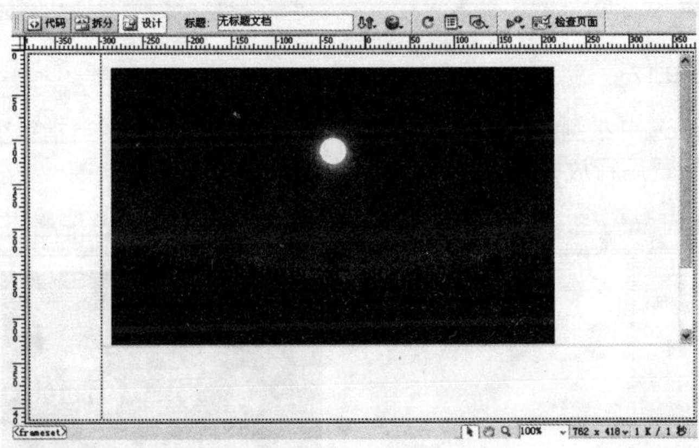

★ 图9.15

### 3. 手动创建框架

手动创建框架的具体操作步骤如下：

**1**　按住【Alt】键，单击选中框架集中有图片的框架，该框架边框呈虚线显示，如图9.16所示。

★ 图9.16

**2** 将鼠标指针移到框架的左边框上，当鼠标变成↔形状时，按住【Alt】键拖动边框到合适的位置，然后释放鼠标。重复该操作，将顶部框架拆分成多个部分，如图9.17所示。

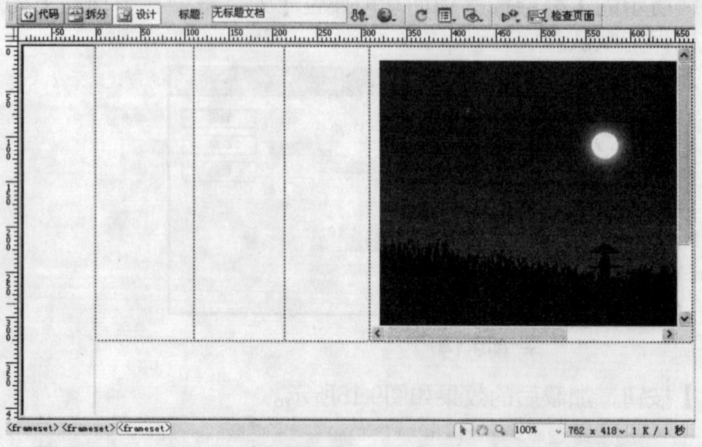

★ 图9.17

**3** 利用同样的方法选中左侧的框架，将指针定位于顶部边框上，当指针变成↕形状时，拖动鼠标到合适位置后释放，如图9.18所示。

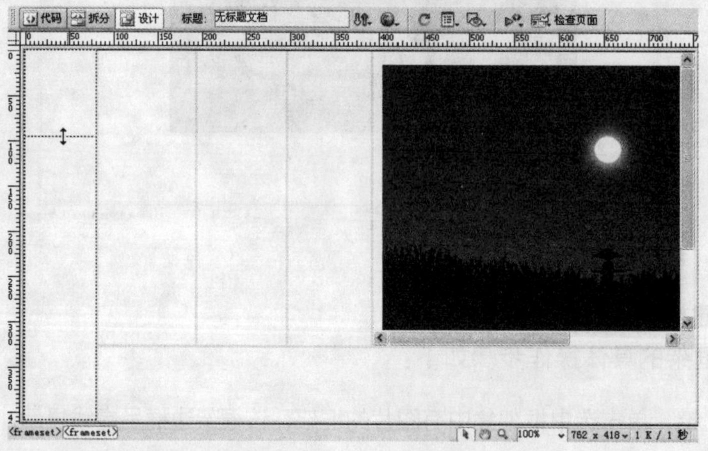

★ 图9.18

提 示

框架也可以嵌套，实际上，上面介绍的手工创建框架就是框架的嵌套。

## 9.3 框架的基本操作

在创建了框架后，就可以对框架进行选择和删除等操作，下面将对这些基本操作进行讲解。

## 9.3.1 框架的选择

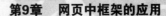

知识点讲解

在对框架和框架集进行属性设置或其他操作前，需要先选择相应的框架和框架集。可以在编辑窗口中选中框架和框架集，也可以在【框架】面板中选中框架和框架集。

### 1.【框架】面板

选择【窗口】→【框架】命令（或按【Shift+F2】组合键），在编辑窗口右侧将显示【框架】面板，如图9.19所示。【框架】面板中显示了框架的结构，在不同的框架区域中会显示不同框架的名称。

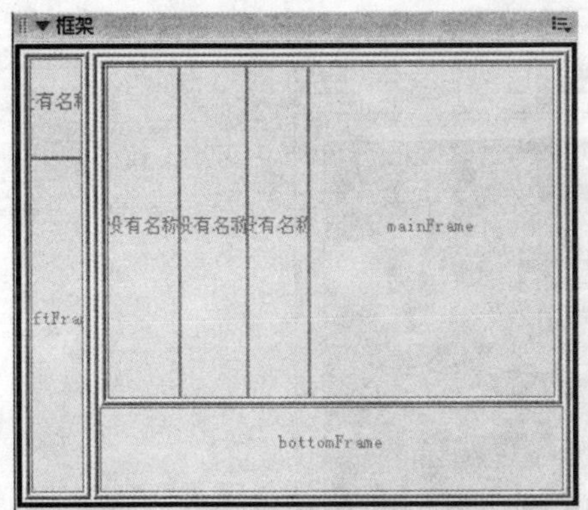


★ 图9.19

### 2. 选中框架和框架集

在编辑窗口中，按住【Alt】键，在所需的框架内单击鼠标左键即可选中该框架，被选中的框架边框呈虚线显示，同时，【框架】面板中对应的框架呈粗黑框显示。

说　明

在【框架】面板中单击所需的框架即可选中框架，选中的框架以粗黑框显示，同时编辑窗口中对应的框架四周会显示虚线。

在【框架】面板中单击框架集的边框即可选中框架集，同时编辑窗口中对应的框架集四周将会显示虚线。若要在编辑窗口中选中框架集，单击框架集边框即可，选中的框架集所包含的所有框架边框都呈虚线显示，同时【框架】面板中对应的框架集呈粗黑框显示。

动手练

下面练习框架集及框架的选择，具体操作步骤如下：

**1** 按【Shift+F2】组合键打开【框架】面板，按住【Alt】键，在编辑窗口中单击框架集中的一个框架，选中该框架，如图9.20所示。

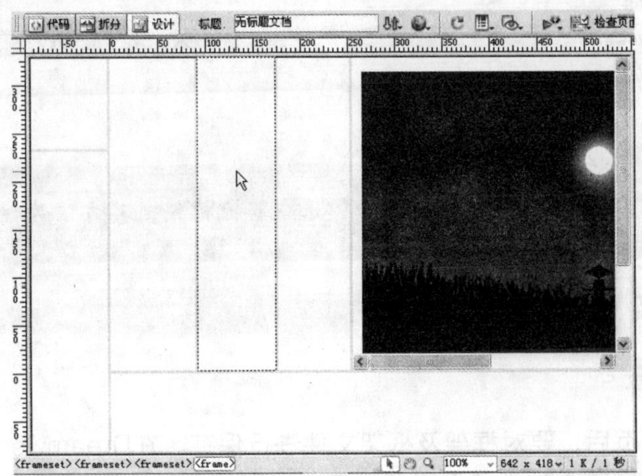


★ 图9.20

**2** 在【框架】面板中可以看到对应的框架呈粗黑框显示，如图9.21中鼠标指示处。

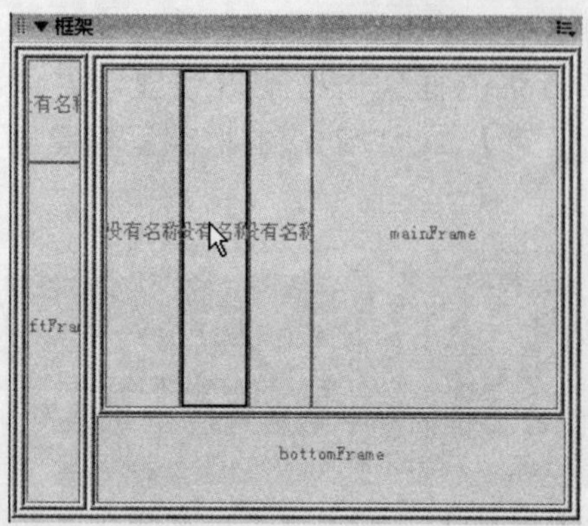


★ 图9.21

**3** 在【框架】面板中单击框架集的边框选中框架集，框架集边框呈粗黑框显示，如图9.22所示。

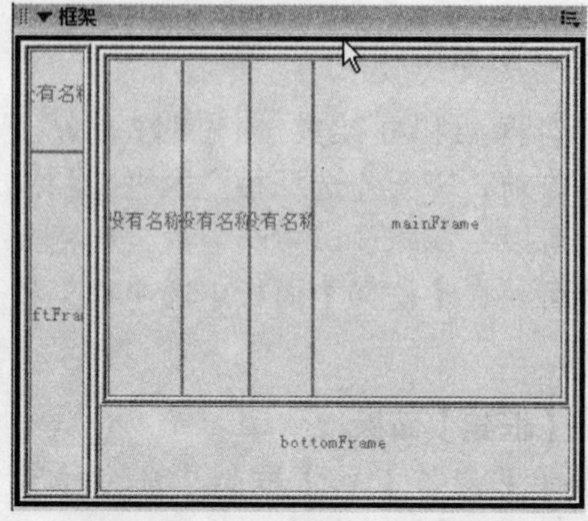


★ 图9.22

**4** 这时编辑窗口中对应的框架集四周将会显示虚线，如图9.23所示。

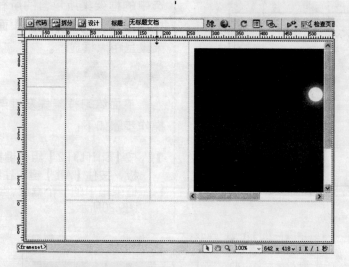

★ 图9.23

**技 巧**

在选中一个框架的基础上，可用快捷键选中其他框架，其方法为按【Alt】和【→】或【←】键（选中同级框架或框架集）。

## 9.3.2 保存框架

编辑好框架网页后，要对框架及框架文件进行保存。在Dreamweaver CS3中保存框架和框架集与一般网页文档的保存有所不同，可以保存某个框架文档，也可以单独保存

框架集文档，还可保存框架集和框架中出现的所有文档。框架文档的保存可以使用【文件】菜单中的相关命令来完成，如图9.24所示。

| 文件(F) | |
|---|---|
| 新建(N)... | Ctrl+N |
| 打开(O)... | Ctrl+O |
| 在 Bridge 中浏览(B)... | Ctrl+Alt+O |
| 打开最近的文件(T) | ▸ |
| 在框架中打开(F)... | Ctrl+Shift+O |
| 关闭(C) | Ctrl+W |
| 全部关闭(E) | Ctrl+Shift+W |
| 保存框架(S) | Ctrl+S |
| 框架另存为(A)... | Ctrl+Shift+S |
| 保存全部(L) | |
| 保存到远程服务器(O)... | |
| 框架另存为模板(M)... | |
| 回复至上次的保存(R) | |
| 打印代码(P)... | Ctrl+P |
| 导入(I) | ▸ |
| 导出(E) | ▸ |
| 转换(V) | ▸ |
| 在浏览器中预览(P) | ▸ |
| 检查页(H) | ▸ |
| 验证 | ▸ |
| 与远端比较(W) | |
| 设计备注(G)... | |
| 退出(X) | Ctrl+Q |

★ 图9.24

**1. 保存框架文档**

将光标插入点定位到需保存的框架中，选择【文件】→【保存框架】命令，在打开的对话框中指定保存路径和文件名后，单击 保存(S) 按钮即可，方法与保存新建文档方法相同。

若需要将框架文件以另外的名称保存，选择【文件】→【框架另存为】命令即可。

**2. 保存框架集文档**

保存框架集文档的方法与保存框架文档类似，选中所需保存的框架集，选择【文件】→【保存框架页】命令，在打开的对话框中指定保存路径和文件名后，单击 保存(S) 按钮即可。

**技 巧**

对于已经保存过的框架页，选择保存命令后，系统不会打开【另存为】对话框，而会直接将改动保存到原框架页中。

**3. 保存框架集中的所有文档**

选择【文件】→【保存全部】命令，即可保存框架集及框架集中的所有文档。如果框架集中有框架文档未被保存，则会出现【另存为】对话框，提示保存该文档。如果有多个文档都未被保存，则会依次打开多个【另存为】对话框。当所有的文档都已保存，Dreamweaver将直接以原来保存的框架名保存文档，不再出现【另存为】对话框。

Dreamweaver CS3在保存框架文档时，会在编辑窗口中用粗黑线标示出当前正在保存的框架，只需看粗黑线的位置即可做出正确的判断。

**动手练**

下面练习框架页的保存，具体操作步骤如下：

**1** 选中上个练习中有图像的框架，如图9.25所示。

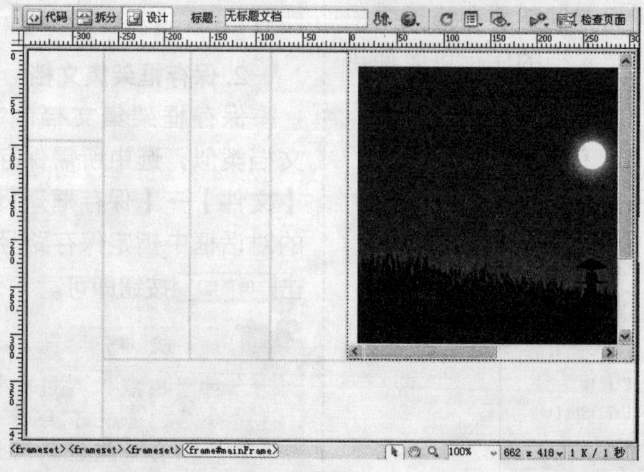

★ 图9.25

**2** 选择【文件】→【保存框架页】命令，打开【另存为】对话框，在其中选择保存路径，在【文件名】文本框中输入保存的文件名，如图9.26所示。

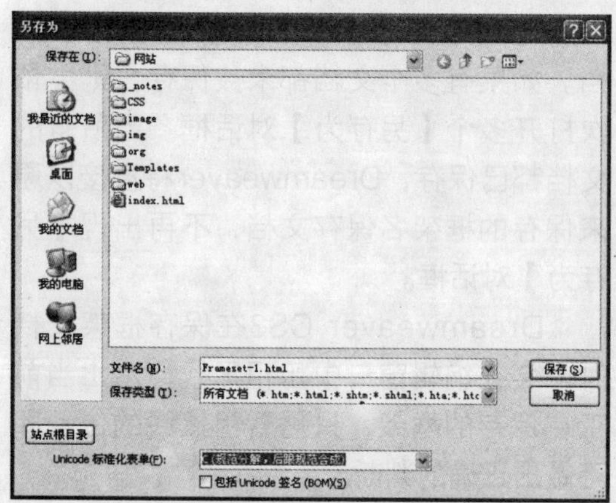

★ 图9.26

**3** 单击【保存】按钮，保存选中的图像框架。

**4** 按【F8】键打开【文件】面板，在其中可以看到保存的框架页，如图9.27所示。

## 9.3.3 删除框架

删除框架的操作很简单，只需将鼠标指针定位到要删除的框架上，待指针变成双向箭头时，拖动框架边框至父框架边框上（或使之脱离页面）即可。

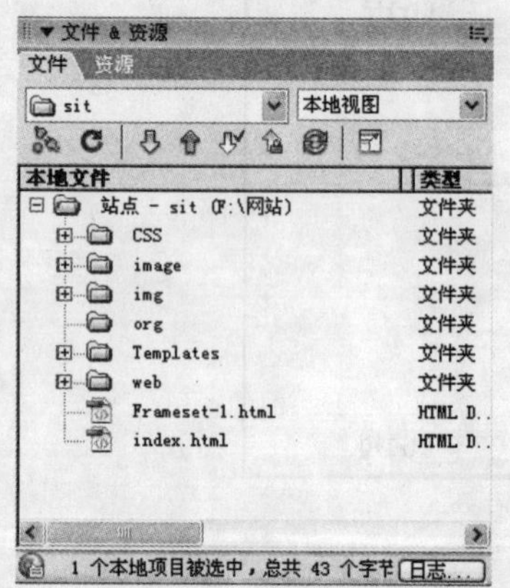

★ 图9.27

框架只能删除，不能合并。因为每个框架都是一个文件，删除框架，实质上是从框架集文件中删除相应的<frame>标记，并重新设置<frameset>标记的cols或rows属性。框架删除后，框架文件并没有发生变化。

**动手练**

下面练习如何删除框架，具体操作步骤如下：

**1** 将指针定位在要删除的框架上，指针变

成双向箭头形状⟷，如图9.28所示。

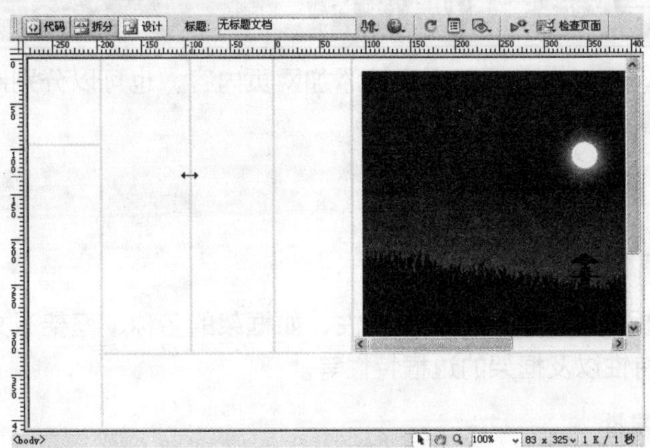

★ 图9.28

**2** 按住鼠标左键拖动鼠标，如图9.29所示。

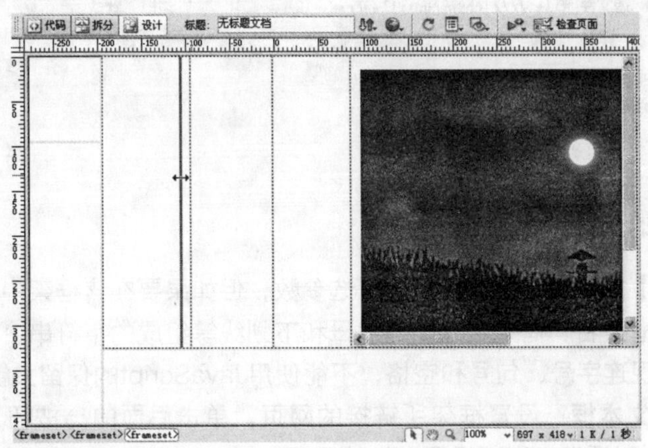

★ 图9.29

**3** 当拖动的框架边框与左侧的边框重合时，释放鼠标，这时就删除了框架，如图9.30所示。

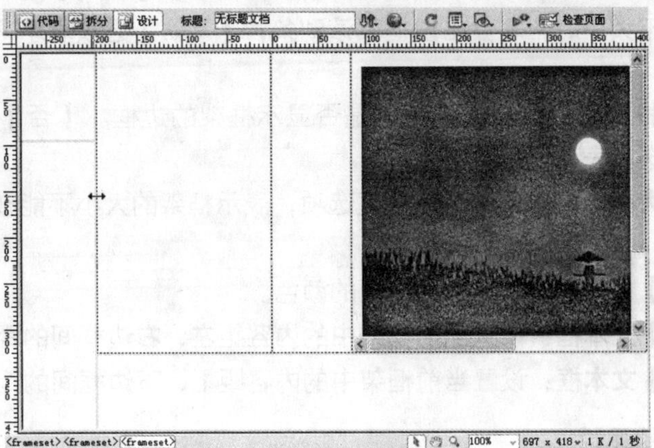

★ 图9.30

# 9.4 框架集及框架的属性设置

创建框架集后，可以在各框架中直接添加网页内容，也可以分别制作各框架要链接的网页，然后在【属性】面板中设置链接。

## 9.4.1 【属性】面板中的设置

在【属性】面板中可以设置框架的属性，如框架的名称、框架源文件、框架的滚动特性、框架的大小特性以及框架的边框特性等。

**1. 设置框架的属性**

选中框架后的【属性】面板如图9.31所示。

★ 图9.31

其中各项参数的含义如下。

- **【框架名称】文本框**：该项参数为可选参数，但如果要在该框架中再显示其他网页，则需要输入框架名。框架名只能是字母和下划线等组成的字符串，而且必须是字母开头，不能出现连字号、句号和空格，不能使用JavaScript的保留关键字。
- **【源文件】文本框**：设置框架所链接的网页，单击后面的按钮，在弹出的【选择HTML文件】对话框中可选择要链接的网页。
- **【滚动】下拉列表框**：在这里选择框架出现滚动条的方式。其中，【是】选项表示始终显示滚动条；【否】选项表示始终不显示滚动条；【自动】选项表示当框架文档内容超出了框架大小时，才会出现框架滚动条；【默认】选项表示采用大多数浏览器的自动方式。
- **【边框】下拉列表框**：在这里选择是否显示框架的边框。【否】选项表示不显示边框，【是】选项表示显示边框。
- **【不能调整大小】复选项**：选中该复选项，表示框架的大小不能在浏览时通过拖动来改变。
- **【边框颜色】文本框**：设置框架边框的颜色。
- **【边界宽度】文本框**：设置当前框架中的内容距左、右边框间的距离。
- **【边界高度】文本框**：设置当前框架中的内容距上、下边框间的距离。

**2. 设置框架集的属性**

选中需设置属性的框架集，【属性】面板如图9.32所示。

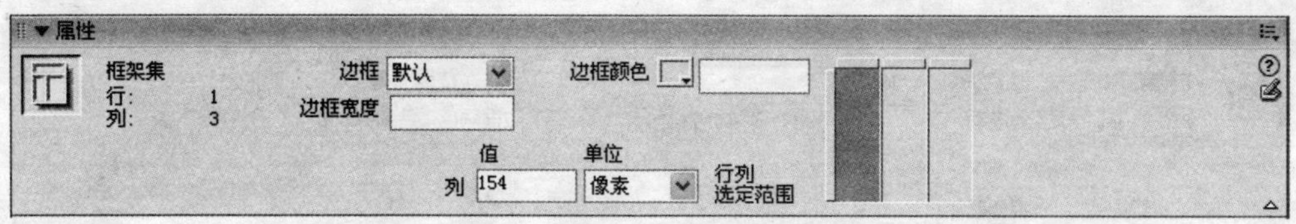


★ 图9.32

其中各项参数的含义和框架时的【属性】面板中的参数基本相同，不同的是在【行】或【列】栏中可设置框架的行高或列宽，在【单位】下拉列表中可以选择数值单位。

动手练

下面来练习设置框架的属性，具体操作步骤如下：

1　选择【窗口】→【框架】命令（或按【Shift+F2】键），打开【框架】面板，用鼠标单击“mainFrame”框架，选中框架，编辑窗口和【框架】面板如图9.33所示。

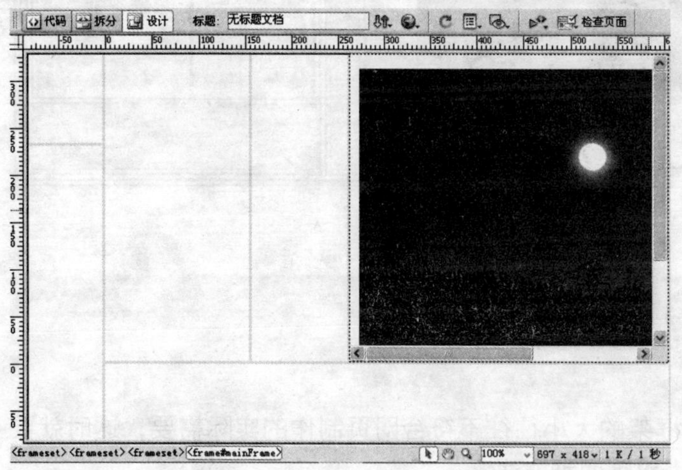


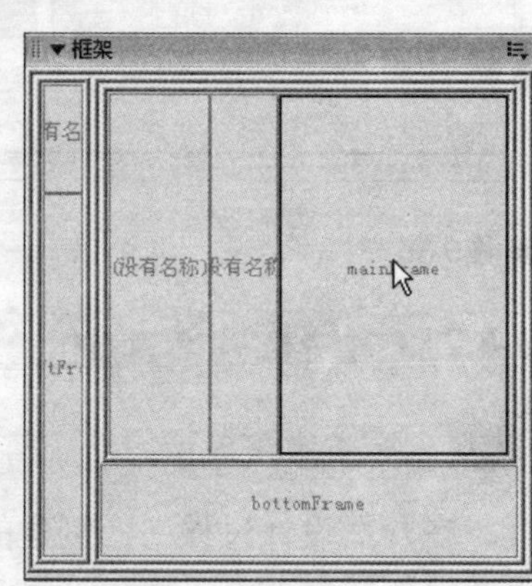


★ 图9.33

2　在【框架名称】文本框中输入当前框架的名称“PIC-Frame”。
3　单击【边框】下拉按钮，在弹出的下拉列表中选择【是】选项。
4　单击【滚动】下拉按钮，从弹出的下拉列表中选择【否】选项。

提　示

一般情况下，选择【自动】选项（这里为了显示效果，所以选择【否】选项）。

5　选中【不能调整大小】复选项，固定框架边框。
6　单击【边框颜色】色块按钮，在弹出的颜色选择面板中选择红色。

设置好各项参数后的【属性】面板、编辑窗口和【框架】面板如图9.34和图9.35所示。

★ 图9.34

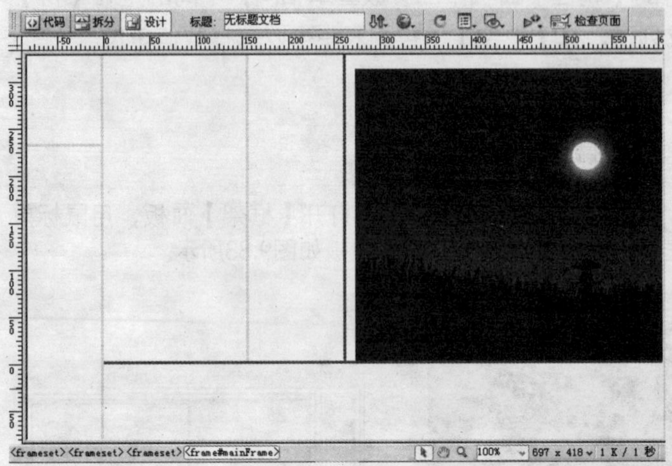


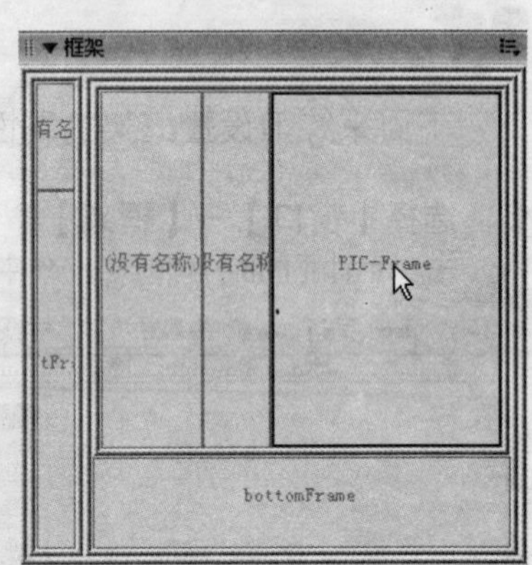


★ 图9.35

## 9.4.2 调整框架的大小

在网页设计过程中，创建的框架的大小往往不符合网页制作的实际需要，这时就要调整框架的大小。调整框架大小有以下两种方法：

- 在编辑窗口中将鼠标指针定位到要调整大小的框架边框上，当指针变为↔形状时，拖动鼠标直接调整框架大小。
- 在【属性】面板中输入数值，调整框架集大小。

如图9.36所示的【属性】面板，可以在【行】或【列】栏的【值】文本框中输入适当的数值，然后选择相应的单位，即可精确调整框架大小。

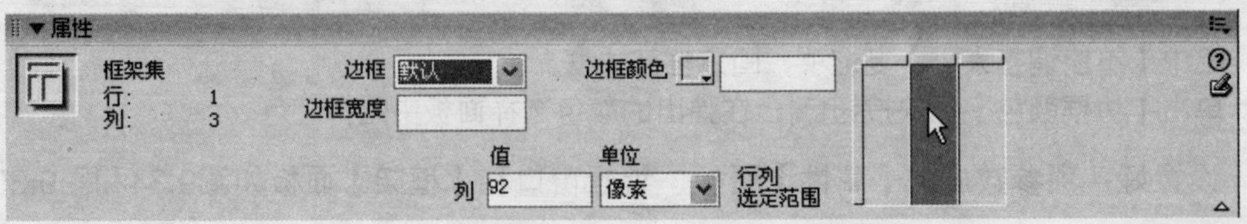


★ 图9.36

【行】或【列】栏的【单位】下拉列表中的选项含义如下所示。

- 【像素】选项：将选定列或行的大小设置为一个绝对值。对于应始终保持相同大小的框架（如导航条）而言，此选项是最佳选项。设置框架大小的常用方法是将左侧框架设定为固定像素宽度，将右侧框架大小设置为相对大小，这样在分配固定像素宽度后，右侧框架能够伸展，占据所有剩余空间。
- 【百分比】选项：指定选定列的宽度或行高应相当于其框架集的总宽度或总高度的百分比。以“百分比”作为单位的框架，空间分配是在以“像素”为单位的框架之后，但在将单位设置为“相对”的框架之前。
- 【相对】选项：选择该选项的框架分配剩余空间。

动手练

下面练习框架的调整，具体操作步骤如下：

**1** 新建一个HTML文档，在【布局】选项卡【框架】下拉列表中选择【顶部和嵌套的左侧框架】选项，弹出【框架标签辅助功能属性】对话框，如图9.37所示。

框架标签辅助功能属性
为每一框架指定一个标题。
框架：mainFrame
标题：mainFrame
确定
取消
帮助
如果在插入对象时不想输入此信息，请更改“辅助功能”首选参数。

★ 图9.37

**2** 保持默认设置，单击【确定】按钮，在编辑窗口中创建框架，如图9.38所示。

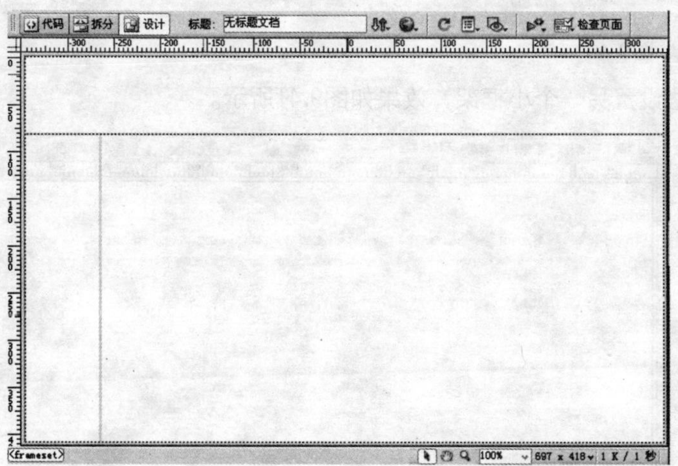


★ 图9.38

**3** 选中右下方的框架，将指针定位到底部，按住【Alt】键，当指针变为上下箭头形状时，按住鼠标左键并拖动鼠标。重复该步骤，手动创建框架如图9.39所示。

**4** 按住【Alt】键选中右下方的小框架，在【属性】面板【滚动】下拉列表中选择【否】选项，如图9.40所示。

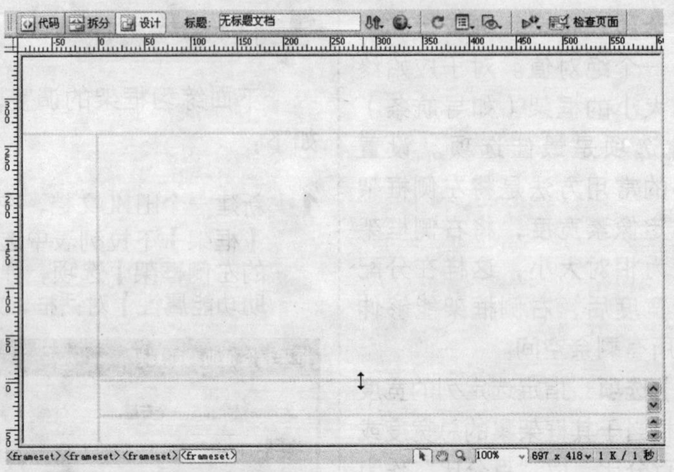

★ 图9.39

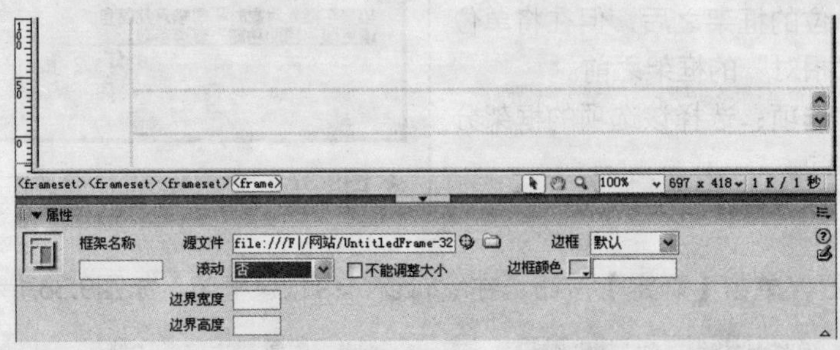

★ 图9.40

**5** 按同样的方法设置另一个小框架，效果如图9.41所示。

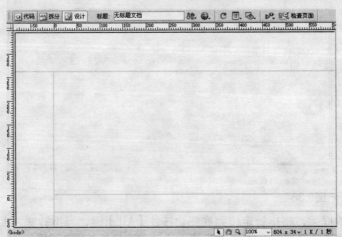

★ 图9.41

**6** 选择【文件】→【保存全部】命令，弹出【另存为】对话框，这时框架集边框呈粗黑显示，提示保存框架集，在【文件名】文本框中输入“hyrz1.html”，如图9.42所示。

**7** 单击【保存】按钮，这时底部小框架的边框呈粗黑显示，提示保存该框架，在【文件名】文本框中输入“bottom1.html”，如图9.43所示。

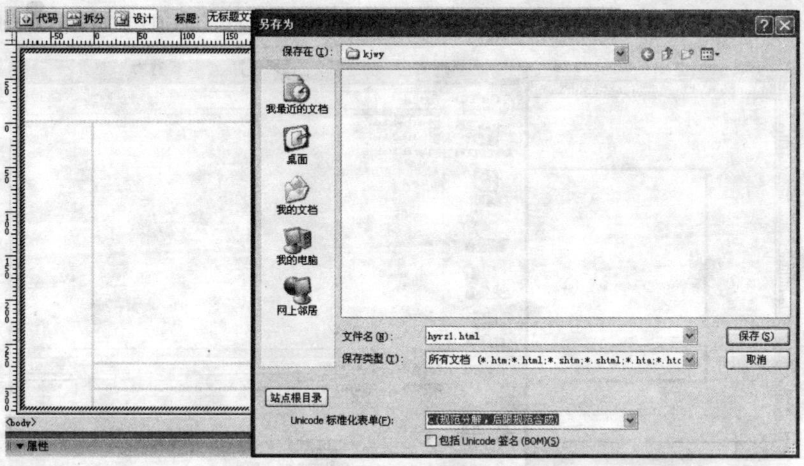

★ 图9.42

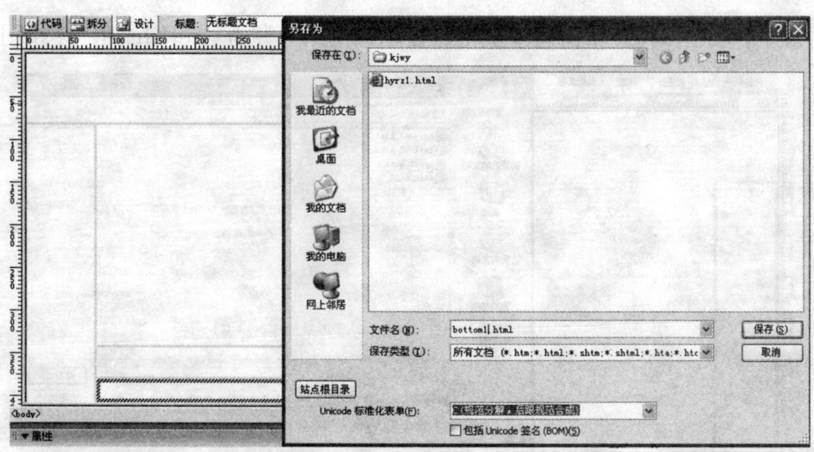

★ 图9.43

**8**　单击【保存】按钮，这时另一个小框架的边框呈粗黑显示，提示保存该框架，在【文件名】文本框中输入“bottom2.html”，如图9.44所示。

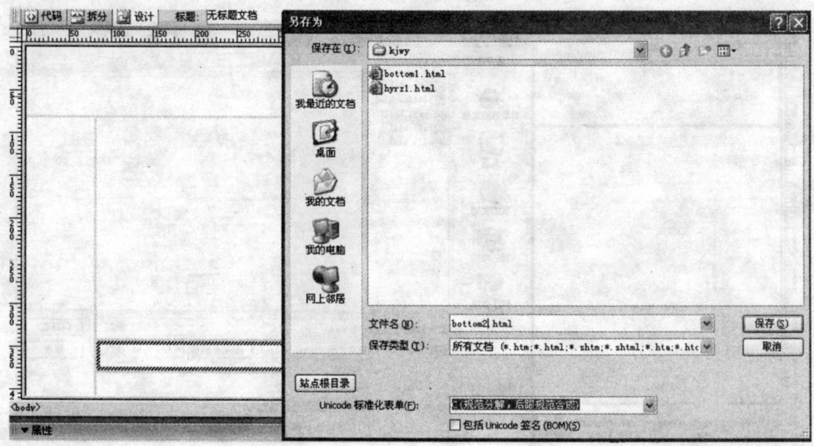

★ 图9.44

**9** 单击【保存】按钮，将编辑窗口中呈粗黑显示的框架保存为“main.html”，如图9.45所示。

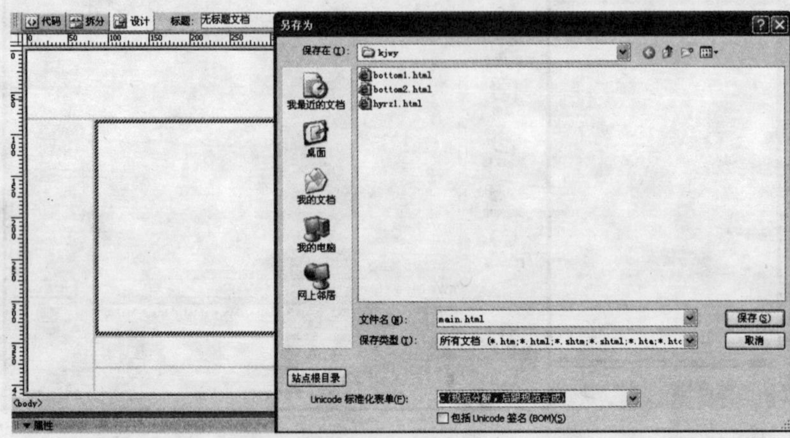

★ 图9.45

**10** 单击【保存】按钮，将编辑窗口中呈粗黑显示的框架保存为“left.html”，如图9.46所示。

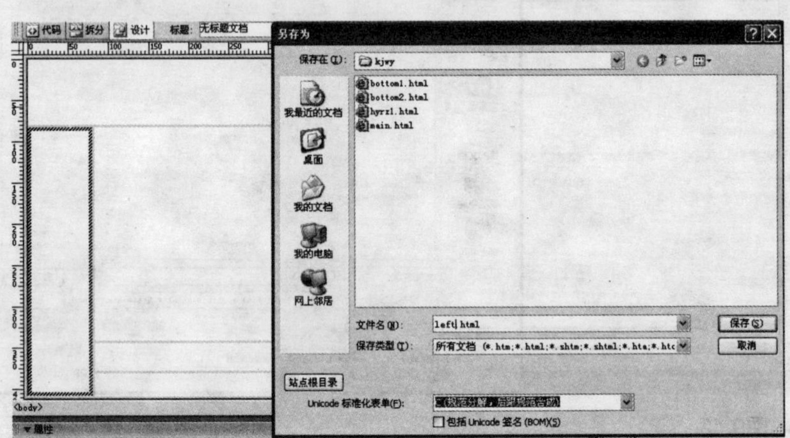

★ 图9.46

**11** 单击【保存】按钮，将编辑窗口中呈粗黑显示的框架保存为“top.html”，如图9.47所示。

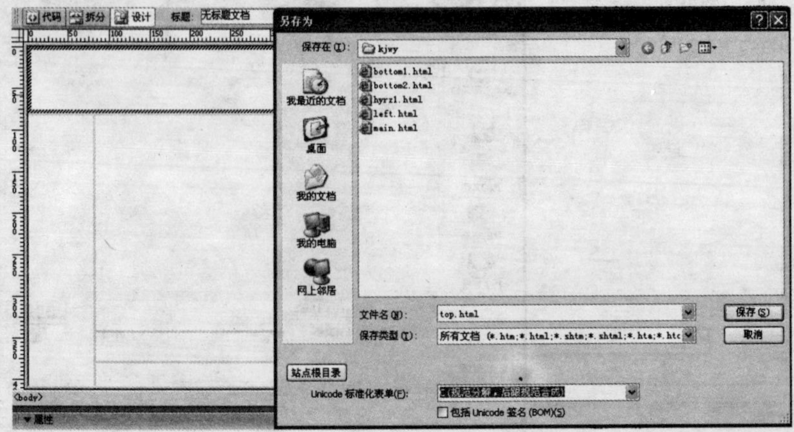

★ 图9.47

**12** 单击【保存】按钮，框架保存完毕。在【文件】面板中可以看到保存的框架集，如图9.48所示。

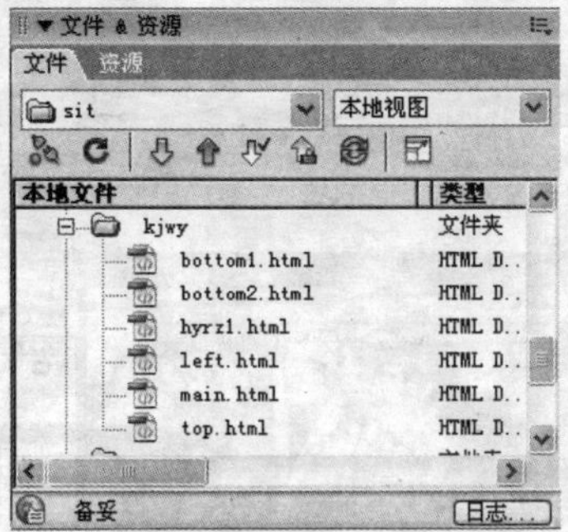


★ 图9.48

**13** 在【文件】面板中双击“top.html”文件，打开该网页，如图9.49所示。

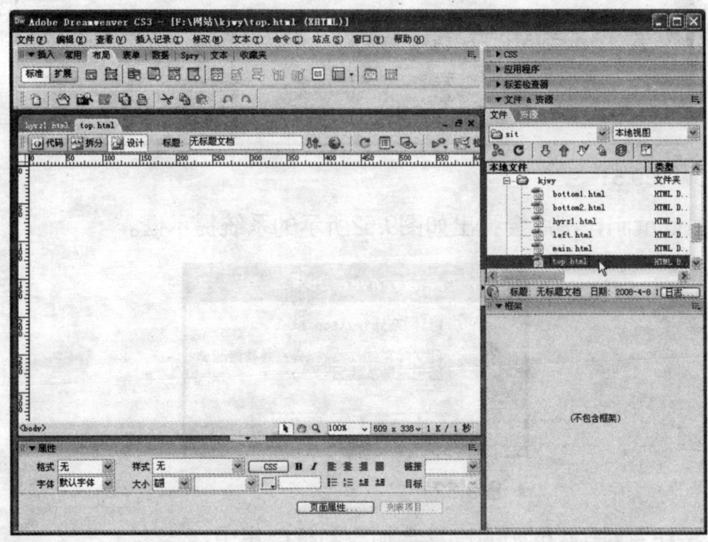

★ 图9.49

**14** 单击【属性】面板中的【页面属性】按钮 页面属性... ，弹出【页面属性】对话框，在其中设置左边距和右边距均为0像素，如图9.50所示。

★ 图9.50

**15** 单击【确定】按钮，在【文件】面板中将image文件夹中的“1.jpg”图像拖到编辑窗口中，弹出【图像标签辅助功能属性】对话框，单击【确定】按钮即可，top.html的设置效果如图9.51所示。

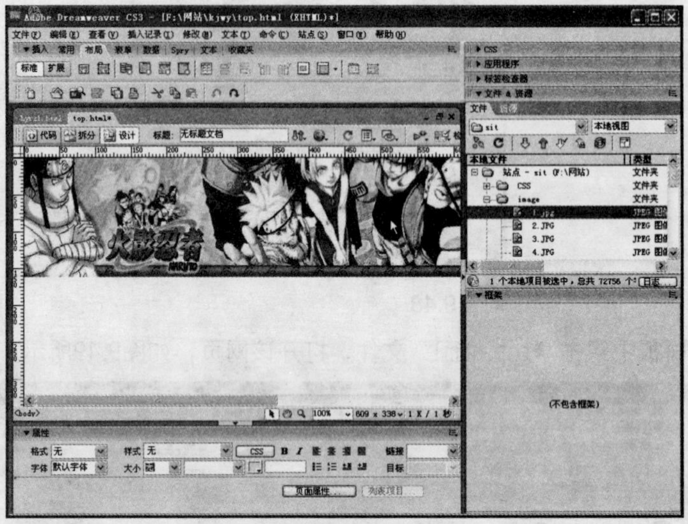

★ 图9.51

**16** 保存并关闭top.html，稍后会弹出如图9.52所示的系统提示框。

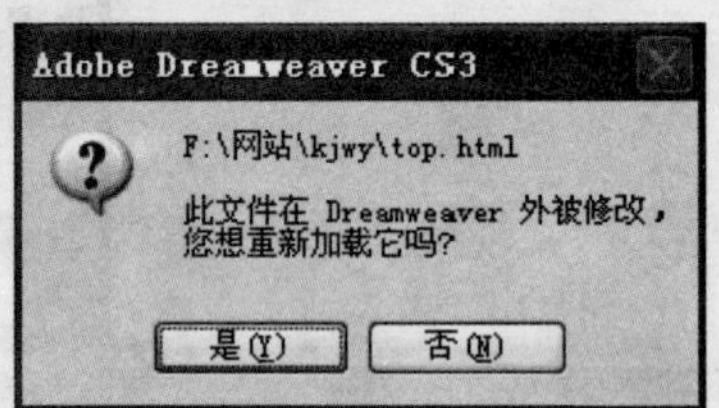


★ 图9.52

**17** 单击【是】按钮，对top.html的设置会加载到框架集中。

**18** 在【文件】面板中双击left.html，打开该网页。单击【属性】面板中的【页面属性】按钮 页面属性... ，在弹出的【页面属性】对话框中设置背景图像，如图9.53所示。

页面属性
分类：外观、链接、标题、标题/编码、跟踪图像
外观
页面字体(F)：默认字体
大小：
文本颜色(T)：
背景颜色(B)：
背景图像(I)：../image/3.JPG 浏览(B)...
重复(E)：
左边距(M)：0 像素(px) 右边距(R)：
上边距(P)：0 像素(px) 下边距(O)：
帮助(H) 确定 取消 应用(A)

★ 图9.53

**19** 单击【确定】按钮，设置黄色背景，并在“left.html”的编辑窗口中添加图像，效果如图9.54所示。

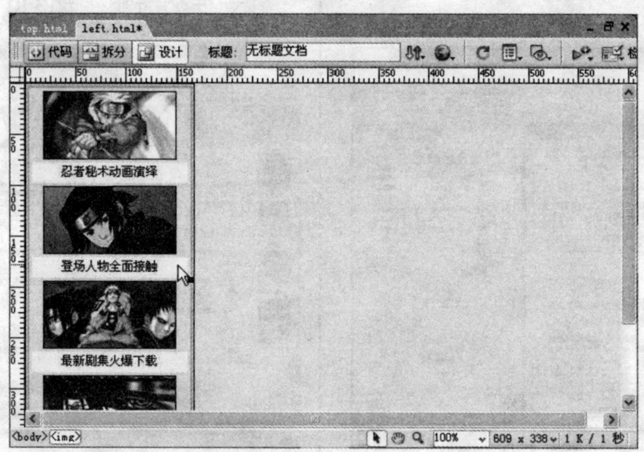


★ 图9.54

**20** 保存并关闭left.html，稍后会弹出如图9.55所示的系统对话框。

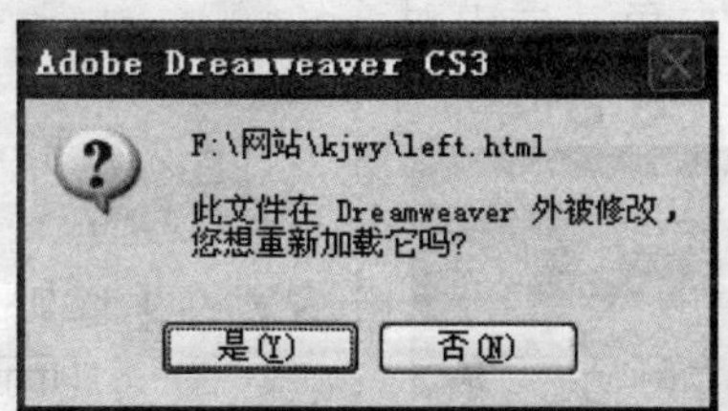


★ 图9.55

**21** 单击【是】按钮，对left.html的设置会加载到框架集中。

**提　示**

在对框架文件进行设置后，都会弹出系统对话框，单击【是】按钮即可。

**22** 在【文件】面板中双击“main.html”文件，打开该网页。单击【属性】面板中的【页面属性】按钮 页面属性... ，在弹出的【页面属性】对话框中设置背景图像，如图9.56所示。

图9.56

**23** 单击【确定】按钮，设置黄色背景，并在编辑窗口中输入文字，效果如图9.57所示。

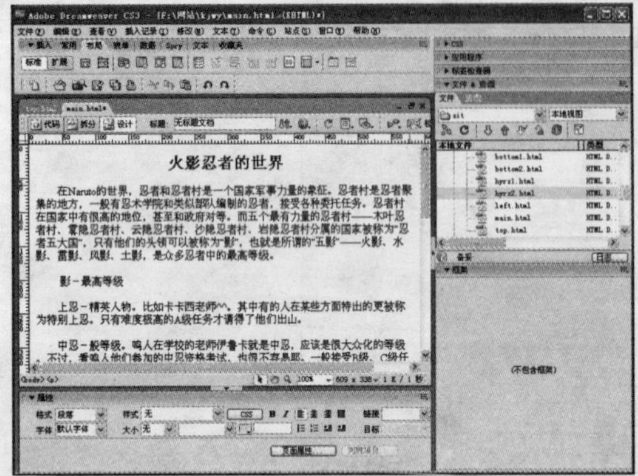

★ 图9.57

**24** 按上面的步骤设置“bottom1.html”文件，其中文本颜色设为白色，居中对齐，效果如图9.58所示。

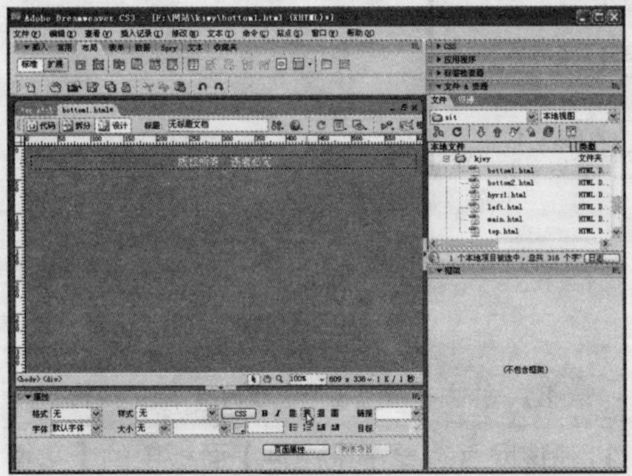

★ 图9.58

**25** 设置bottom2.html的效果如图9.59所示。

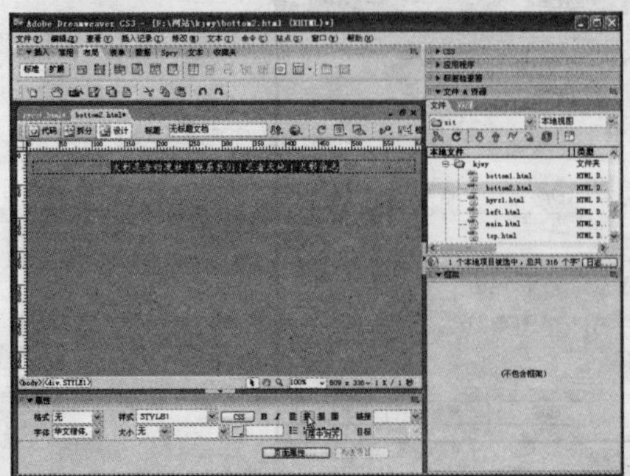

★ 图9.59

**26** 这时，各框架均设置完毕，按【F12】键在浏览器中预览框架集“hyrz1.html”文件的效果，如图9.60所示。

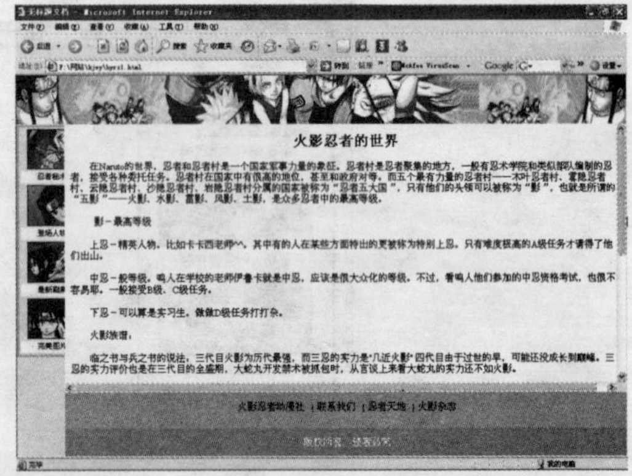

★ 图9.60

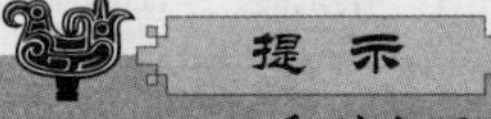

提 示

可以看到由于框架大小不合适，有些图片没有显示完全，下面回到编辑窗口中进行调整。

**27** 在【框架】面板中选中整个框架集，如图9.61所示。

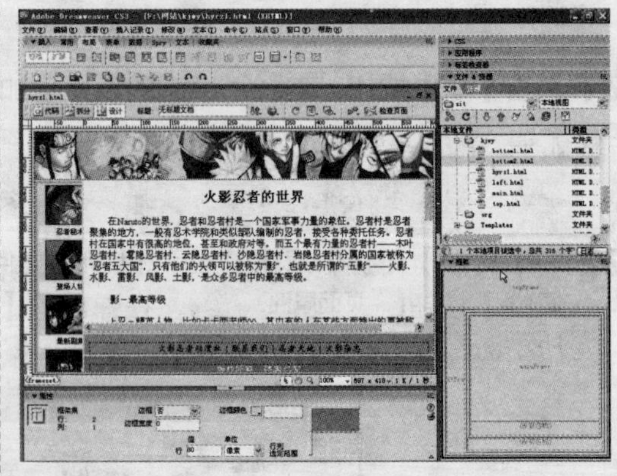

★ 图9.61

**28** 在【属性】面板中的【行列选择范围】列表框中选中第一行，在【行】栏的【值】文本框中输入“162”，在【单位】下拉列表中选择【像素】选项，按【Enter】键，效果如图9.62所示。

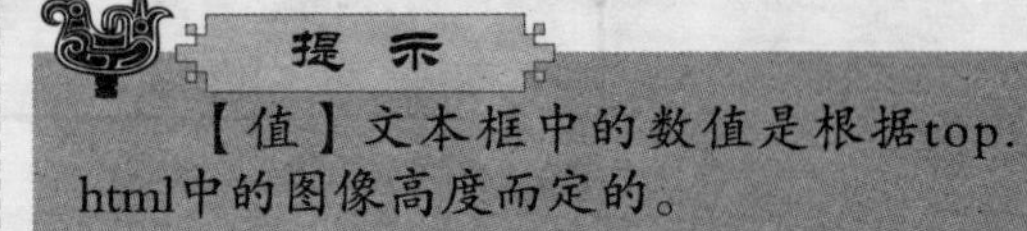

提 示

【值】文本框中的数值是根据top.html中的图像高度而定的。

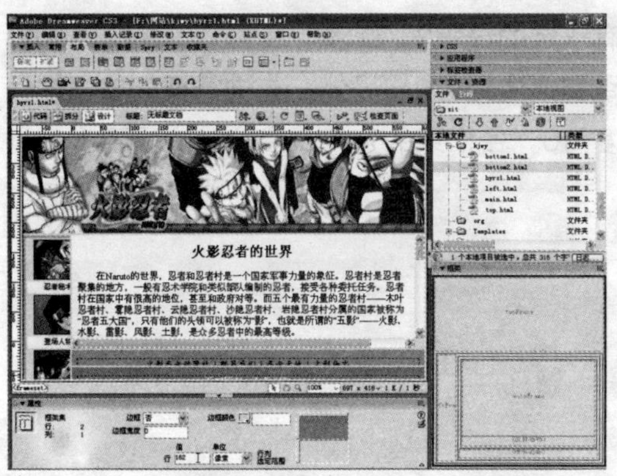

★ 图9.62

**29** 在【框架】面板中选择内部包含列的框架集，如图9.63所示。

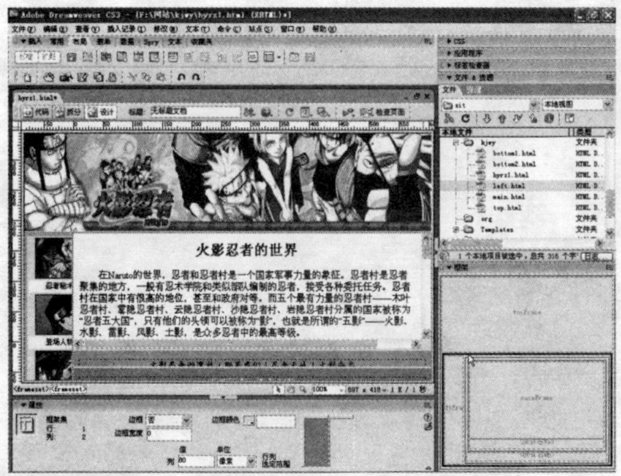

★ 图9.63

**30** 在【属性】面板中的【行列选择范围】列表框中选择左侧列，在【列】栏的【值】文本框中输入“168”，在【单位】下拉列表中选择【像素】选项，按【Enter】键，效果如图9.64所示。

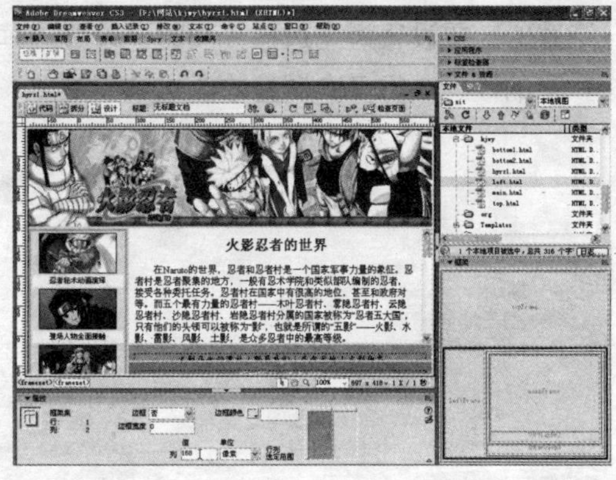

★ 图9.64

**31** 按【Ctrl+Shift+S】组合键，保存全部框架。按【F12】键在浏览器中预览最终效果，如图9.65所示。

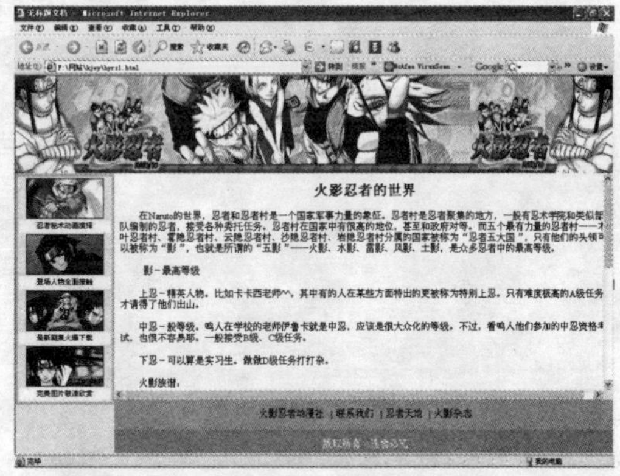

★ 图9.65

## 疑难解答

**问** 【新建文档】对话框中的框架集类型与【布局】选项卡下【框架】下拉菜单中的框架样式类型是一样的吗?

**答** 是一样的，只是说法不同而已，例如，“左侧固定”框架集与“左侧框架”框架集就是相同的意思。

**问** 在选择【文件】→【保存全部】命令保存框架时，我不清楚保存的是哪一个框架，有什么方法可以判断吗?

**答** 在进行保存时，编辑窗口中用粗黑线标示当前正在保存的框架，只需看粗黑线的位置，即可进行正确判断。

**问** 为什么我创建的框架网页中，框架之间总是有一定的缝隙?

**答** 要解决这个问题，需设置各框架网页的左边距和顶边距为0。另外，在进行框架集属性设置时，要设置为无边框，同时，设置边框宽度为0。各框架的宽度或高度，也需要根据浏览的效果进行多次调整才能达到要求。

Chapter 10

# 第10章　网页中多媒体的应用

*本章要点*

- *Flash动画的应用*
- *插入声音文件*
- *插入视频文件*

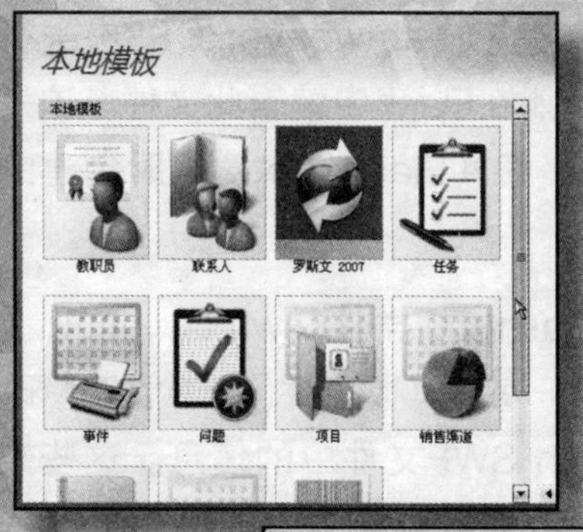


只有图像和文本构成的网页，表现力是有限的，如果能在网页中加入一些动感十足的Flash动画，就会吸引更多浏览者的注意，若再加上背景音乐，就能制作出多媒体效果了。

随着网络的发展，多媒体在网络中占据的比例越来越重，许多企业、公司的网站都或多或少地使用了Flash动画和宣传视频等。如搜狐、雅虎及网易等门户网站都设置了专门用于放置多媒体的版块，供访问者使用。

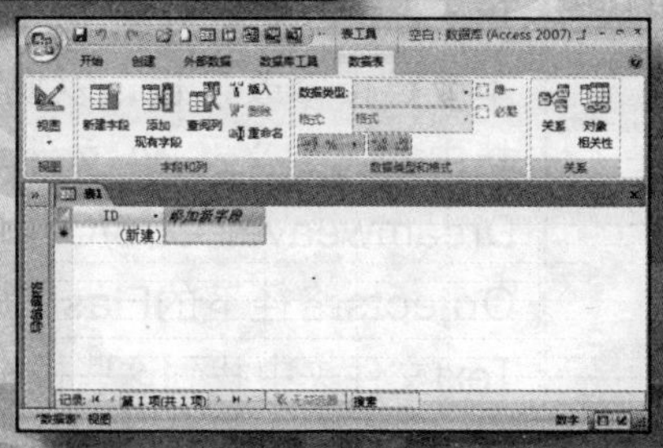

# 10.1 了解Flash动画

Flash动画是一种矢量动画，它具有动画文件小、效果好、能够实现交互等优点，在网页中应用Flash动画，可以使网页变得更加生动。

## 10.1.1 Flash文件格式

知识点讲解

Flash软件是一款非常优秀的网页动画设计软件。它是一款交互式动画设计工具，可以将音乐、声效、动画以及富有新意的界面融合在一起，制作出高品质的网页动态效果。现在，利用这款软件制作的Flash动画已经被广泛地应用到网页中了。

Flash动画包括FLA和SWF两种文件格式。

**1. FLA文件**

FLA文件通常被称为源文件，可以在Flash软件中打开、编辑和保存。Flash中的FLA文件就像Photoshop中的PSD文件，保存了所有的原始素材。由于它包含所需要的全部原始信息，因此体积较大，不易保存。

**2. SWF文件**

SWF文件（ShackWave File），是FLA 文件在Flash中编辑完成后输出的成品文件。人们通常在网页上看见的Flash动画就是 SWF文件，SWF文件可以使用Flash插件来播放，也可以被用户制成单独的可执行文件，无须插件即可播放。

SWF文件只包含必需的信息，经过了大幅度的压缩，所以体积大大缩小，便于放在网页上供访问者浏览。

## 10.1.2 Flash文件类型

在使用Dreamweaver CS3提供的【Flash】命令前，用户应该对Flash文件、Flash SWF文件、Flash模板文件、Flash元素文件和Flash视频文件这5种不同的Flash文件类型有一定的了解。

**1. Flash文件(.fla)**

Flash文件(.fla)是所有项目的源文件，在Flash程序中创建。此类型的文件只能在Flash中打开（而不能在 Dreamweaver CS3或浏览器中打开）。在Flash CS3中打开Flash文件后，将它导出为 SWF 或 SWT文件可以在浏览器中使用。

**2. Flash SWF文件(.swf)**

Flash SWF 文件(.swf)是Flash(.fla)文件的压缩版本，已进行了优化以便于在Web 上查看。此文件可以在浏览器中播放并且可以在 Dreamweaver CS3中进行预览，但不能在Flash中编辑此文件。这是使用Flash按钮和Flash文本对象时创建的文件类型。

**3. Flash模板文件(.swt)**

使用Flash模板文件(.swt)能够修改和替换Flash SWF文件中的信息。这些文件用于Flash按钮对象中，能够用自己的文本或链接修改模板，以便创建要插入到文档中的自定义 SWF文件。可以在Adobe Dreamweaver CS3/Configuration/Flash Objects路径下的Flash Buttons和Flash Text文件夹中找到这些模板文件。

**4. Flash元素文件(.swc)**

Flash元素文件(.swc)是一个Flash

SWF文件，通过将此类文件合并到Web 页面，可以创建丰富的Internet应用程序。Flash元素有可自定义的参数，通过修改这些参数可以执行不同的应用程序功能。

**5. Flash视频文件(.flv)**

Flash视频文件包含经过编码的音频和视频数据，通过Flash Player传送。例如，如果有 QuickTime或Windows Media视频文件，可以使用编码器（如Flash CS3 Video Encoder 或 Sorensen Squeeze）将视频文件转换为FLV文件。

**动手练**

如图10.1所示，列出的是常用的Flash文件，分别指出是哪种类型的文件。

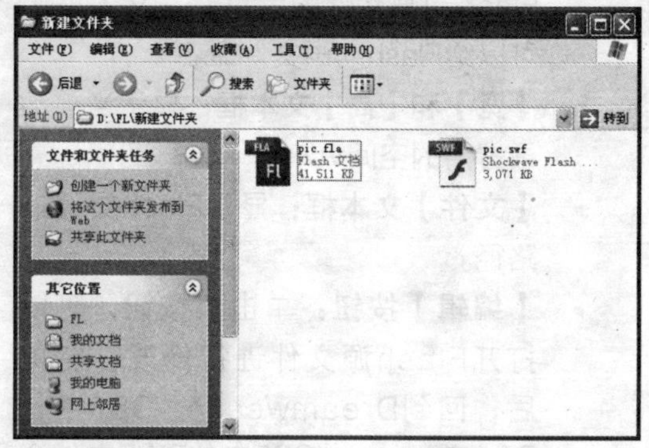


★ 图10.1

## 10.2 网页中的Flash文件

在Dreamweaver CS3中可以直接插入Flash动画（.swf文件），可插入的Flash动画包括Flash动画文件、Flash按钮和Flash文本等。

### 10.2.1 插入并播放Flash动画文件

**知识点讲解**

制作网页时必须考虑网络下载的速度，所以在插入Flash动画文件之前最好先将其压缩为SWF格式。在网页中插入Flash动画后，可在【属性】面板中对其进行大小调整和预览等操作。

要在网页中插入Flash动画，首先要将光标插入点定位到需插入Flash动画文件的位置，操作步骤如下：

1 选择【插入记录】→【媒体】→【Flash】命令。

**提 示**

也可以在【插入】栏的【常用】选项卡下单击【媒体：Flash】按钮。

2 弹出【选择文件】对话框，从中选择Flash动画文件插入到网页中。

选中插入的Flash动画文件，在【属性】面板中设置相关属性，如宽度和高度等，如图10.2所示。

★ 图10.2

Flash【属性】面板中各项参数含义如下：

- 【Flash】文本框：说明当前选择的Flash动画文件的大小，在文本框中可以给Flash动画文件命名。
- 【宽】和【高】文本框：显示当前动画占用的空间大小。
- 【文件】文本框：显示Flash文件的路径。
- 【编辑】按钮：单击该按钮，可以打开Flash源文件进行修改，完成后，回到Dreamweaver CS3中，Dreamweaver CS3中的SWF文件会自动更新。
- 【重设大小】按钮：如果在【宽】和【高】文本框中改变了当前SWF文件的大小，单击【重设大小】可恢复SWF 文件的原始大小。
- 【循环】复选项：选中该复选项，打开网页后，循环播放该文件，否则只播放一次。
- 【自动播放】复选项：如果需要在打开网页后自动播放Flash文件，就需选中该复选框。
- 【垂直边距】文本框和【水平边距】文本框：Flash文件与其周围其他对象间的空白距离。
- 【品质】下拉列表框：控制动画播放时消除锯齿的效果。值越高，动画效果越好，但要求处理器的速度更快，让动画能在屏幕上正确显示。

**提 示**

在【品质】下拉列表中包括【低品质】、【高品质】、【自动低品质】和【自动高品质】这4个选项，如图10.3所示。【低品质】选项，重速度，不保证效果；【高品质】选项，只满足外观效果而不注重速度；【自动低品质】选项，在满足速度的情况下，尽可能改善外观效果；【自动高品质】选项，同时满足外观效果和速度，但可能会因为速度而影响外观效果。

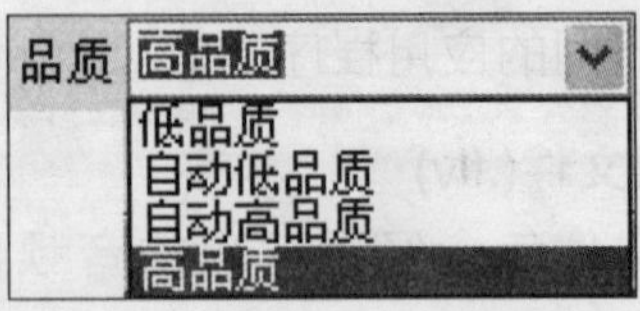


★ 图10.3

- 【比例】下拉列表框：确定动画如何适合在宽度和高度文本框中设置的尺寸，包括【默认（全部显示）】、【无边框】和【严格匹配】这3个选项，如图10.4所示。

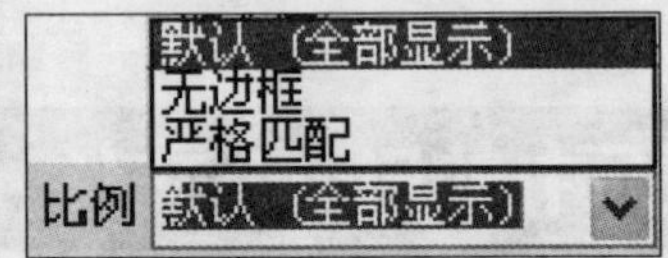


★ 图10.4

**提 示**

选择【默认（全部显示）】选项，显示整个动画；选择【无边框】选项，使动画适合设定的尺寸，无边框显示并维持原始的纵横比；选择【严格匹配】选项，对动画进行缩放以适合设定的尺寸（不管动画纵横比）。

- 【对齐】下拉列表框：设置动画在页面上的对齐方式。
- 【背景颜色】文本框：指定动画区域的背景颜色。
- 【参数】按钮：单击后弹出【参数】对话框，可在其中设置传递给动画的附加参数。

下面练习在网页中插入Flash文件，具体操作步骤如下：

**1** 新建一个HTML文档，在编辑窗口中输入一段文本，将其保存为“sd.html”文件，如图10.5所示。

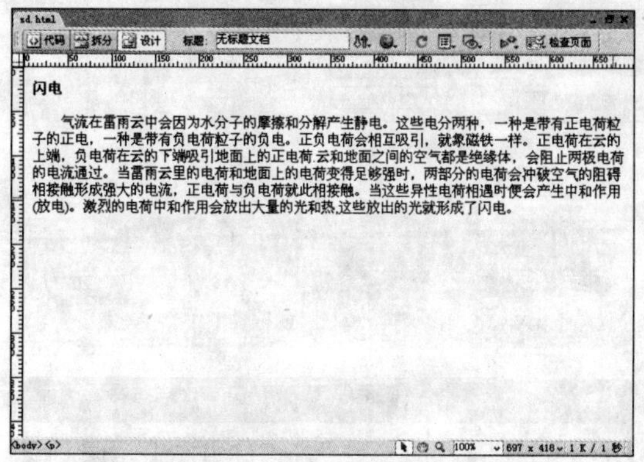


★ 图10.5

**2** 将光标插入点定位到文本下方，在【插入】栏的【常用】选项卡下单击【媒体：Flash】下拉按钮，如图10.6所示。

★ 图10.6

**3** 弹出【选择文件】对话框，在【查找范围】下拉列表中选择文件路径，选择一个需要插入的Flash文件，如图10.7所示。

★ 图10.7

**4** 单击【确定】按钮，弹出【对象标签辅助功能属性】对话框，如图10.8所示。

★ 图10.8

**5** 单击【确定】按钮，将Flash文件插入到页面中。插入的Flash动画并不会在文档窗口中显示内容，只以一个带有灰色字母“F”的按钮来表示，如图10.9所示。

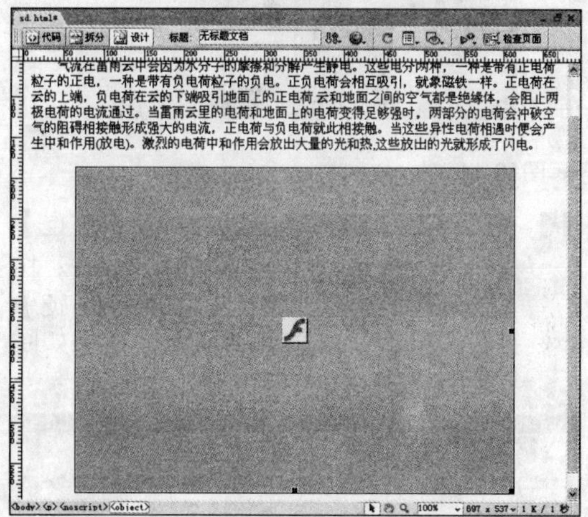

★ 图10.9

**6** 单击这个带有灰色字母“F”的按钮，选中Flash文件。在Flash文件的【属性】面板中选中【循环】复选项，使Flash动画在网页中循环播放。

**7** 选中【自动播放】复选项，使Flash文件在网页加载的时候自动播放。

**8** 在【品质】下拉列表中选择【高品质】选项，使Flash动画以最佳的画质显示。

**9** 在【比例】下拉列表中选择【默认（全部显示）】选项，如图10.10所示。

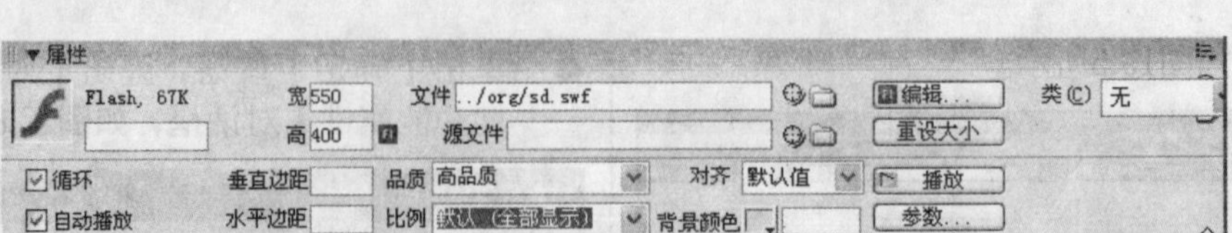

★ 图10.10

**10** 在【属性】面板中单击【播放】按钮，在编辑窗口中播放Flash动画，如图10.11所示。

★ 图10.11

**11** 在Flash的【属性】面板中单击【停止】按钮，结束Flash播放。按【Ctrl+S】组合键保存文件，按【F12】键在浏览器中预览Flash动画，效果如图10.12所示。

★ 图10.12

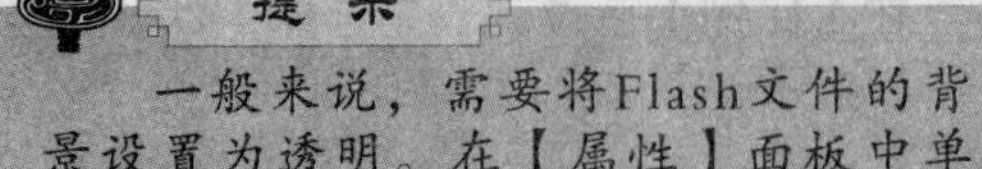

一般来说，需要将Flash文件的背景设置为透明。在【属性】面板中单击【参数】按钮，弹出【参数】对话框。设置一个参数为“wmode”，值为“transparent”，如图10.13所示。

★ 图10.13

## 10.2.2 插入Flash按钮

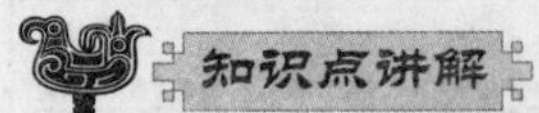

在Dreamweaver CS3中集成了许多精美的Flash按钮，这为增加网页动态效果提供了方便。在制作网页时可以将自己制作的Flash按钮插入到网页中，也可插入Dreamweaver CS3自带的按钮。插入Flash按钮的方法与插入Flash动画文件类似，这里主要讲解插入Dreamweaver CS3自带按钮的方法。

**1** 选择【插入记录】→【媒体】→【Flash按钮】命令。

提 示

或者在【插入】栏的【常用】选项卡下单击【媒体：Flash】按钮下拉按钮，从弹出的下拉菜单中选择【Flash按钮】命令，如图10.14所示。

**2** 弹出【插入Flash按钮】对话框，从中选择Dreamweaver CS3的自带按钮，如图10.15所示。

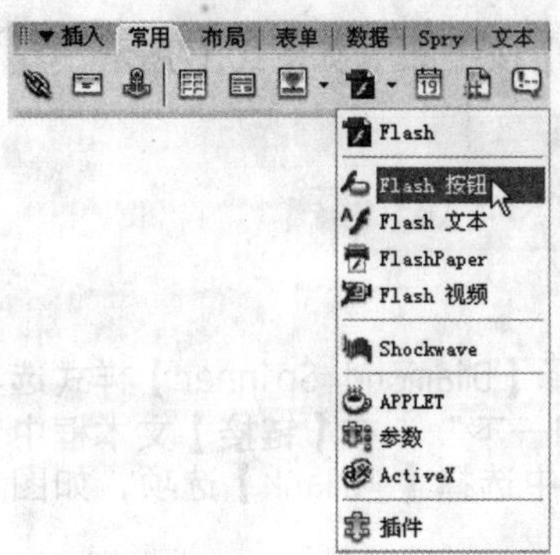


★ 图10.14

插入 Flash 按钮
范例：
Button Text
样式：
Beveled Rect-Blue
Beveled Rect-Bronze
Beveled Rect-Green
Beveled Rect-Grey
Blip Arrow
Blue Warper
按钮文本：
字体：MS UI Gothic　大小：12
链接：　浏览...
目标：
背景色：
另存为：button1.swf　浏览...
确定
应用
取消
获取更多样式...
帮助

★ 图10.15

【插入Flash按钮】对话框中各项参数的含义如下。

- 【范例】预览框：显示了选择的Flash按钮的效果。
- 【样式】列表框：列出了Dreamweaver CS3提供的Flash按钮样式。
- 【按钮文本】文本框：在其中可以输入在按钮上显示的文本内容。
- 【字体】下拉列表框和【大小】文本框：分别设置按钮上文本的字体和大小。
- 【链接】文本框：指定该Flash按钮要链接到的目标文档路径。
- 【目标】下拉列表框：设置链接目标打开的方式，有【_blank】、【_self】和【_top】选项等。
- 【背景色】文本框：设置Flash按钮的背景色。
- 【另存为】文本框：将设置的Flash按钮保存在与当前文档相同的文件夹中，这样才能保证链接的有效性。

下面练习在网页中插入Flash按钮，具体操作步骤如下：

**1**　在保存的sd.html文件中定位光标插入点，如图10.16所示。

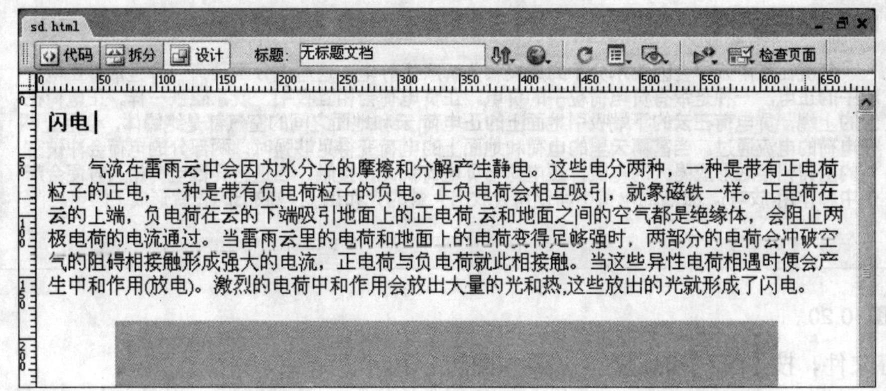


★ 图10.16

**2** 在【插入】栏的【常用】选项卡下单击【媒体：Flash按钮】按钮，如图10.17所示。

★ 图10.17

**3** 弹出【插入Flash按钮】对话框，在【样式】列表框中选择【Diamond Spinner】样式选项，在【按钮文本】文本框中输入按钮上显示的文字“闪一下”，在【链接】文本框中设置按钮的超链接“shan.html”，在【目标】下拉列表中选择【_blank】选项，如图10.18所示。

**4** 单击【确定】按钮，弹出【Flash辅助功能属性】对话框，在【标题】文本框中输入“shan”，如图10.19所示。

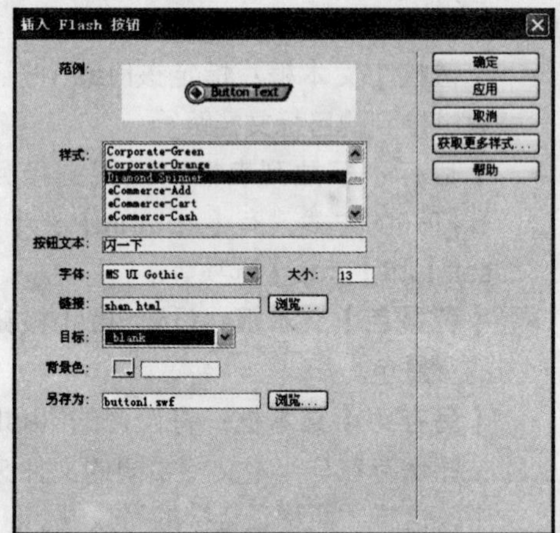

★ 图10.18

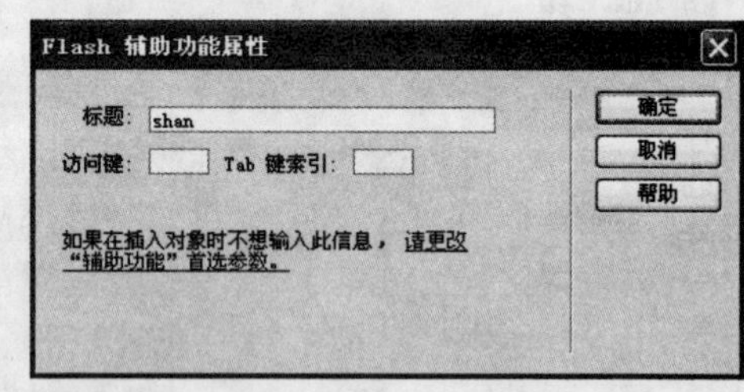

★ 图10.19

**5** 单击【确定】按钮，将Flash按钮插入到页面中，其效果如图10.20所示。

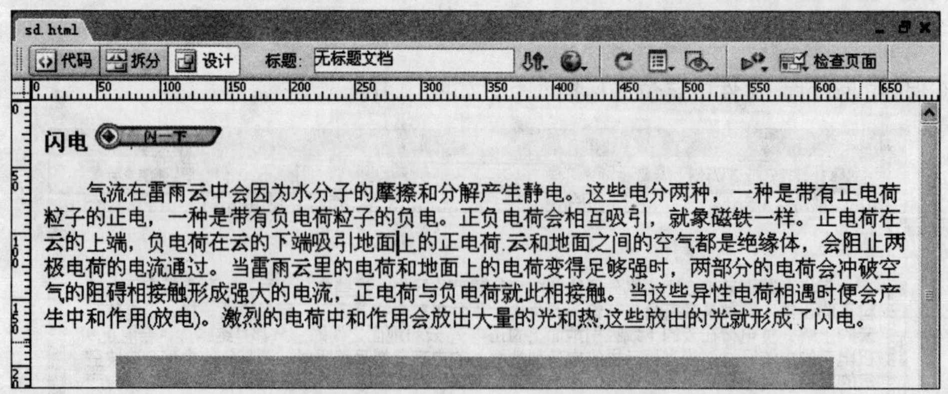

★ 图10.20

**6** 保存文件，按【F12】键预览，效果如图10.21所示。

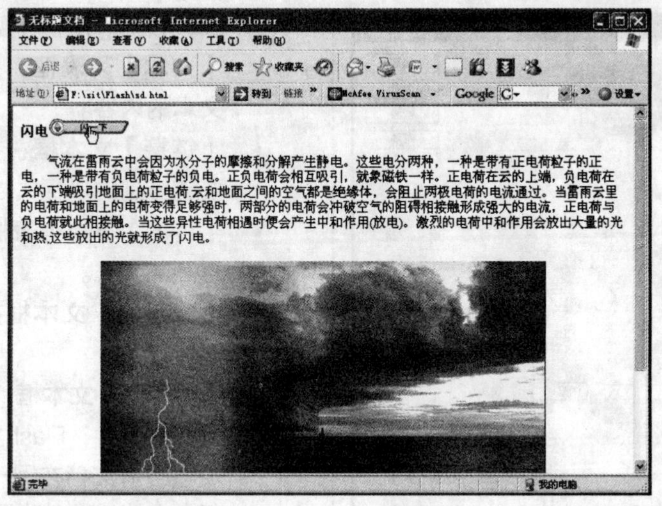

★ 图10.21

**注　意**

要插入Flash按钮的站点路径中不能有中文命名的文件，否则会弹出如图10.22所示的系统提示框。

★ 图10.22

### 10.2.3　插入Flash文本

在网页中还可以插入Flash文本，Dreamweaver CS3提供的Flash文本是系统集成的文本动画，通过【插入Flash文本】对话框创建。与插入Flash按钮的方法类似，首先将光标插入点定位到需插入Flash文本的位置再按以下步骤进行：

**1**　选择【插入记录】→【媒体】→【Flash文本】命令。

**提　示**

或在【插入】栏的【常用】选项卡下单击【媒体：Flash】下拉按钮，从弹出的下拉菜单中选择【Flash文本】选项，如图10.23所示。

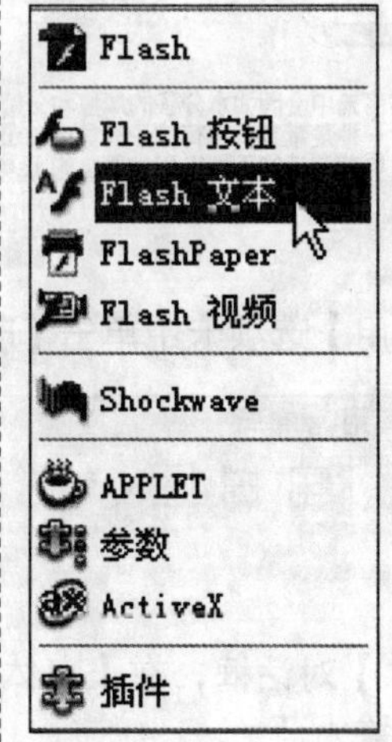


★ 图10.23

**2**　弹出【插入Flash文本】对话框，从中选择设置，如图10.24所示。

★ 图10.24

【插入Flash文本】对话框中的各项参数含义如下。

- 【颜色】文本框：设置Flash文本正常显示时的颜色。
- 【转滚颜色】文本框：设置鼠标移上Flash文本时的颜色。
- 【文本】列表框：在区域输入Flash文本的内容。
- 【链接】文本框：指定该Flash文本要链接到的目标文档路径。
- 【目标】下拉列表框：设置链接目标打开的方式。
- 【背景色】文本框：设置Flash文本的背景色。
- 【另存为】文本框：将Flash文本另存为 swf 文件，Flash文本的保存位置必须与当前文档在同一文件夹中，并且保存文档的绝对路径中无中文。

**动手练**

下面练习在网页中插入Flash文本，具体操作步骤如下：

**1** 在保存的“sd.html”文件中定位光标插入点，如图10.25所示。

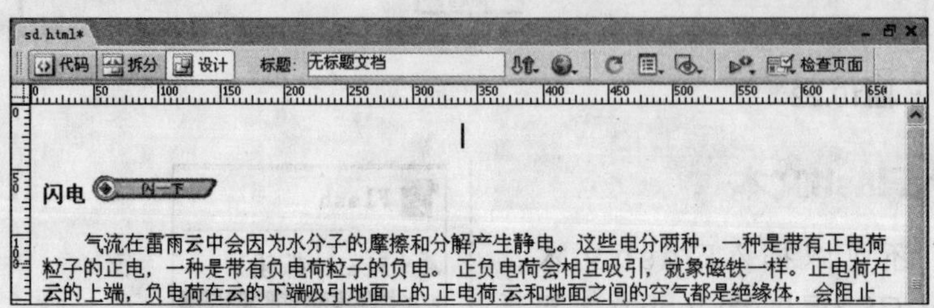


★ 图10.25

**2** 在【插入】栏的【常用】选项卡中单击【Flash文本】按钮，如图10.26所示。

★ 图10.26

**3** 弹出【插入Flash文本】对话框，在【字体】下拉列表中选择【楷体】选项，颜色设置为浅蓝色，转滚颜色设置为蓝色。

**4** 在【文本】文本框中输入Flash文本的文字“闪电动画”。

**5** 在【链接】文本框中设置一个电子邮件地址，如图10.27所示。

**6** 单击【确定】按钮，弹出【Flash辅助功能属性】对话框，在【标题】文本框中输入文本“闪电动画”，如图10.28所示。

插入 Flash文本
字体：楷体_GB2312 大小：30
颜色：#00CCFF 转滚颜色：#0000FF
文本：闪电动画
显示字体
链接：shandian@126.com 浏览...
目标：_blank
背景色：
另存为：text1.swf 浏览...
确定 应用 取消 帮助

★ 图10.27

Flash 辅助功能属性
标题：闪电动画
访问键： Tab 键索引：
如果在插入对象时不想输入此信息，请更改"辅助功能"首选参数。
确定 取消 帮助

★ 图10.28

**7** 单击【确定】按钮，将Flash文本插入到页面中，如图10.29所示。

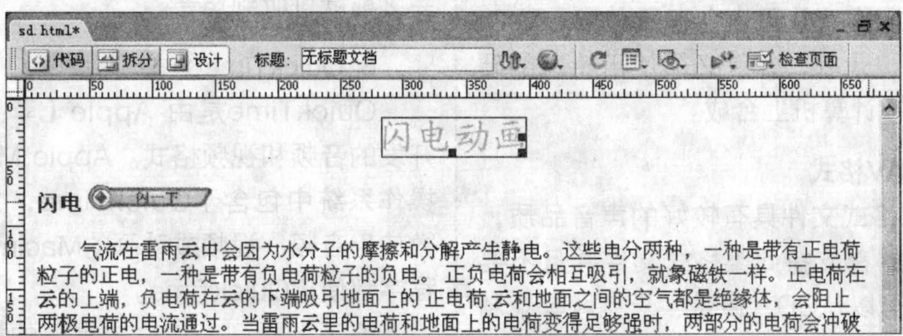


★ 图10.29

**8** 保存文件，按【F12】键预览，如图10.30所示。

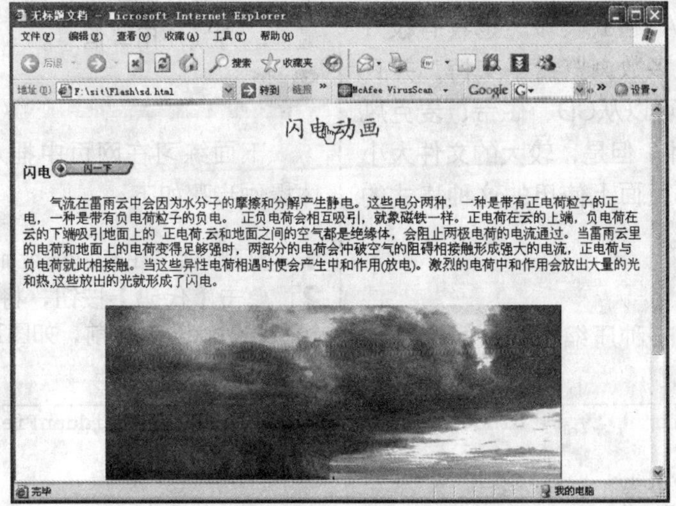


★ 图10.30

## 10.3 插入背景声音

知识点讲解

声音文件可以用做网页的背景音乐。在浏览网页的同时能欣赏动听的音乐，这样更能吸引访问者。网页中使用的声音文件很多，下面就来介绍一下较为常见的音频文件格式。

**1. MIDI或MID格式**

MIDI或MID格式用于器乐，许多浏览器都支持MIDI文件并且不要求插件。尽管其声音品质非常好，但由于访问者的声卡不同，所以声音效果也会有所差异。MIDI文件不能被录制，并且必须使用特殊的硬件和软件在计算机上合成。

**2. WAV格式**

WAV格式文件具有较好的声音品质，许多浏览器都支持此类格式文件并且不要求插件。可以从CD、磁带、麦克风等录制WAV文件，但是较大的文件大小严格限制了它在Web页面上能使用的声音剪辑的长度。

**3. AIF（音频交换文件格式，或 AIFF）**

该格式与WAV格式类似，也具有较好的声音品质，大多数浏览器都支持，并且不要求插件，也可以从CD、磁带、麦克风等录制 AIFF 文件。但是，较大的文件大小也限制了在Web页面上使用的这种格式的声音剪辑的长度。

**4. MP3格式**

MP3格式是一种压缩格式，声音文件小，声音品质非常好。如果正确录制和压缩MP3文件，其质量甚至可以和CD相媲美。采用MP3这种技术，用户可以对文件进行流式处理，以便访问者不必等待整个文件下载完成即可收听音乐。

**5. Real Audio格式**

Real Audio格式具有非常高的压缩程度，文件大小小于 MP3格式的文件。因为可以在普通的Web服务器上对这些文件进行流式处理，所以访问者在文件完全下载完之前就可听到声音。

**6. QuickTime格式**

QuickTime是由 Apple（苹果）公司开发的音频和视频格式。Apple Macintosh操作系统中包含了QuickTime，并且大多数使用音频、视频或动画的Macintosh应用程序都使用QuickTime。

除了上面列出的比较常用的格式外，还有许多不同格式的音频和视频文件可以在Web 上使用。如果遇到不熟悉的媒体文件格式，可以在网络上查询，获取有关如何以最佳的方式使用等信息。

动手练

下面练习在网页中插入背景音乐，具体操作步骤如下：

**1** 打开站点中的index.html文件。

**2** 单击【代码】按钮，将鼠标光标定位在“</body>”之前，如图10.31所示。

```
<input type="hidden" name="hiddenField" id="hiddenField" />
|
</body>
</html>
```

★ 图10.31

**3** 在页面中输入“<”，然后从弹出的代码提示框中选择【bgsound】选项，如图10.32所示。

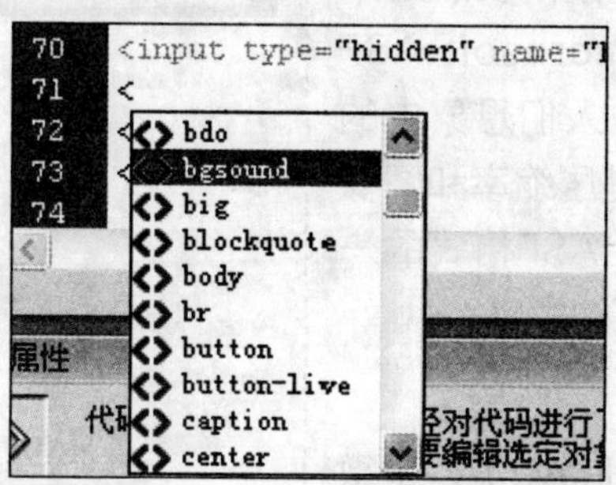


★ 图10.32

**4** 接着输入：src="music/bg.mp3">，如图10.33所示。

```
<input type="hidden" name="hiddenField" id="hiddenField" />
<bgsound src="music/bg.mp3">
</body>
</html>
```

★ 图10.33

**5** 这样，在打开index.html网页时，会自动开始播放背景音乐。

**提　示**

如果需要循环播放背景音乐，只需要使用如下的代码即可：

```
<bgsound src="music/bg.mp3" loop=true>
```

## 10.4 插入插件

**知识点讲解**

利用【插件】命令可以在网页中插入各种类型的媒体元素，插件对象包括的范围很广，如视频文件、音乐文件和动画文件等，本节介绍视频插件的插入。

常见的视频格式有ASF格式、NAVI格式、AVI格式、MPEG格式和DIVX格式等。下面分别介绍网页中常用的几种视频格式。

### 1. ASF格式

ASF的全称是Advanced Streaming Format，即高级流格式。它使用了MPEG-4的压缩算法，所以压缩率和图像的质量都很不错。因为ASF是以一个可以在网上即时观赏的视频流格式存在的，所以它的图像质量比VCD差一点，但比同是视频流格式的RAM格式要好。

### 2. NAVI格式

NAVI（New AVI），是刚刚发展起来的一种新视频格式。它由Microsoft ASF压缩算法修改而来，并不是人们想象中的AVI。视频格式追求的无非是压缩率和图像质量，所以NAVI改善了原始ASF格式的一些不足，NAVI可以拥有更高的帧率。

### 3. AVI格式

AVI（Audio Video Interleave），是微软发布的视频格式。它兼容功能强、调用方便、图像质量好，缺点是尺寸大。

### 4. MPEG格式

MPEG（Motion Picture Experts Group），它包括了MPEG-1、MPEG-2和MPEG-4。MPEG-4是一种新的压缩算法，使用这种算法的ASF格式可以把一部120分钟长的电影压缩为300 MB左右的视频流，方便用户在网上观看。

### 5. DIVX格式

DIVX 视频编码技术可以说是一种对DVD构成威胁的新生视频压缩格式，它使用MPEG-4压缩算法。

**动手练**

下面练习在网页中插入视频插件，具体操作步骤如下：

1 用鼠标在页面内选择一个插入点。

2 在【插入】栏的【常用】选项卡中选择【插件】命令，如图10.34所示。

3 弹出【选择文件】对话框，选中一个视频文件，如图10.35所示。

4 单击【确定】按钮，将视频文件插入到页面中，并以插件图标的形式显示，如图10.36所示。

5 这样在打开网页的时候，视频文件就会自动播放。

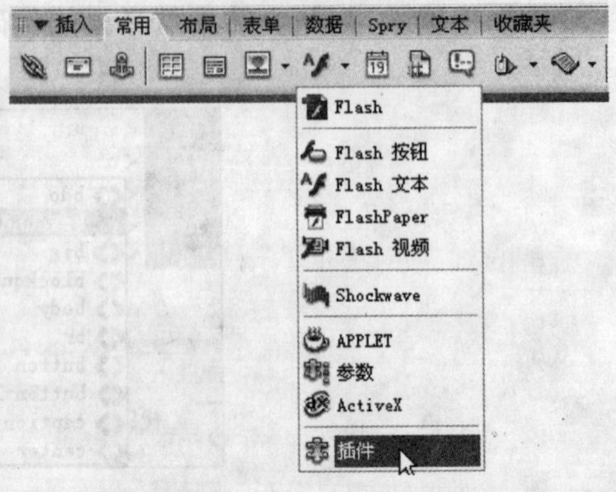


★ 图10.34

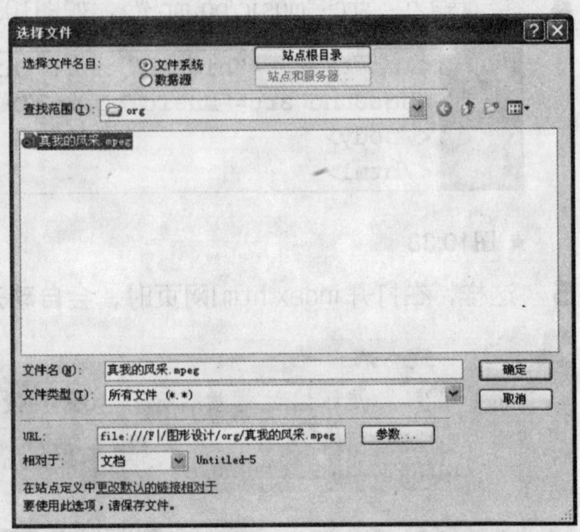


★ 图10.35

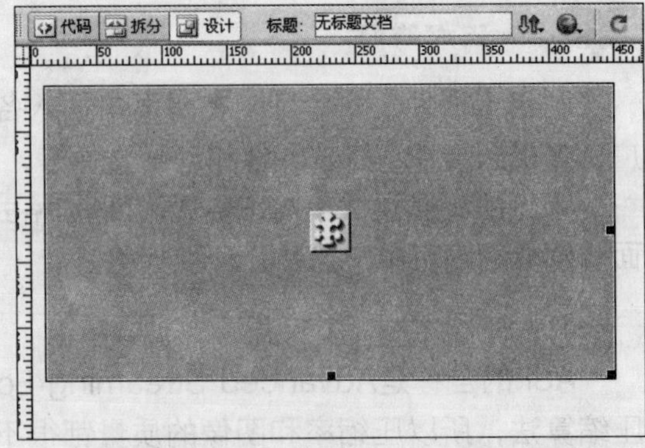


★ 图10.36

6 在插入的MPEG视频文件上单击鼠标右键，从弹出的快捷菜单中选择【参数】命令，如图10.37所示。

**7** 弹出【参数】对话框，设置一个参数为“loop”，值为“true”，可以设置视频文件为循环播放，如图10.38所示。

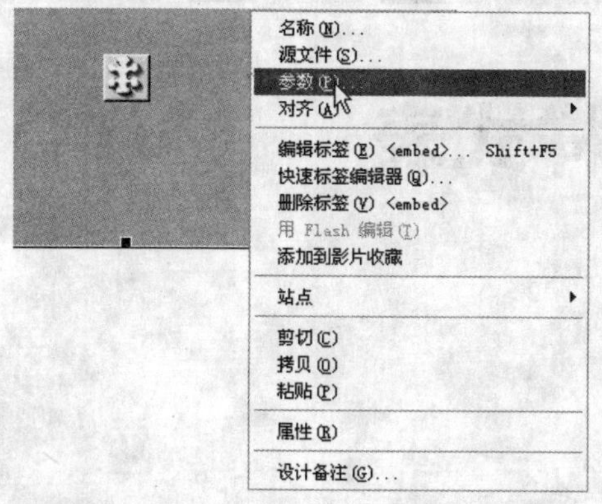


★ 图10.37

★ 图10.38

**8** 至此就完成了在页面中插入MPEG视频文件的操作。

## 疑难解答

**问** 在添加Flash按钮时，设置好【插入Flash按钮】对话框，在【另存为】文本框中默认名称为“button1.swf”，但在单击 确定 按钮时却打开对话框提示“button1.swf是一个无效文件名，或者文件路径或文件名中含有中文字符，请输入一个不同的名称或路径”，这是怎么回事?

**答** 添加Flash按钮会自动生成一个Flash文件，通常默认的Flash文件存储路径是该网页所在的文件夹，之所以造成这种情况是因为你的存储路径中包含有中文名称的文件夹，修改这些名称为英文或拼音即可。

**问** 在网页中插入的Shockwave媒体文件为什么无法显示?

**答** Shockwave媒体文件需要安装Shockwave播放器后才能正常显示，用Dreamweaver CS3插入Shockwave媒体文件时会自动添加下载Shockwave播放器插件的代码，只要你的计算机连接到Internet，浏览插入有Shockwave媒体文件（必须是使用Dreamweaver插入的）的网页，就会自动下载该插件。

**问** 使用插入插件的方法插入一个音乐文件后，在预览时只看见一个小方块显示了播放器的一小部分，这是怎么回事?

**答** 在Dreamweaver中选中添加的插件，然后在【属性】面板中将其宽和高的值设置得足够大，就可以在预览时显示整个播放器了。

Chapter 11

# 第11章　网页中的样式表

*本章要点*

- *样式表简介*
- *创建和编辑样式*
- *设置样式*

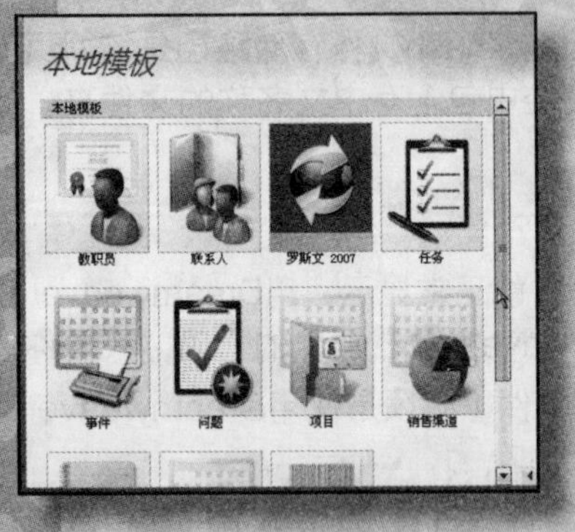

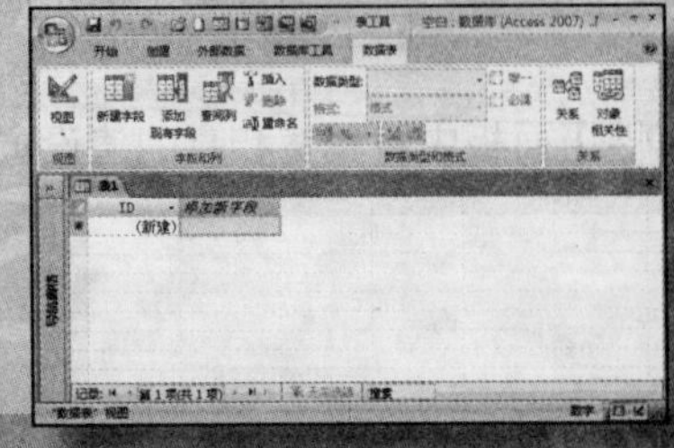

在设计网页过程中，常常需要对网页中各种元素的属性进行设置，一般来说，在同一个网站的所有页面中，相同类型的网页元素应该具有相同的属性，如所有正文的字体、大小和颜色都是一样的，等等。要逐一修改这些元素很麻烦，这时，就可以使用CSS样式表（Cascading Style Sheets）来统一进行控制。定义了一个CSS样式后，就可以把它应用到不同的网页元素中，这样所有应用该CSS样式的网页元素就会具有相同的属性，当修改该CSS样式后，所有应用该CSS样式的网页元素属性就会统一被修改。

# 11.1 样式表简介

Dreamweaver CS3支持强大的样式表定义，通过样式表编辑功能，可以轻松地为网页定义各种各样的样式表。合理有效地使用CSS样式，可以减少网页编辑工作量，缩短网页代码长度，加快网页下载速度。

## 11.1.1 样式表的定义及作用

CSS是“层叠样式表”的简称，通过CSS可以精确定制网页中的文本格式，不仅可以控制一个页面的文本格式，而且采用外部链接的方式，可以控制多个页面的文本格式。CSS有多种定义方式，主要有标签CSS样式、类CSS样式和伪类CSS样式三种方式。

- **标签CSS样式**：可以直接为HTML标签定义CSS样式，这样网页中所有使用该标签的内容都会具有相同的属性。如为<img>标签定义CSS样式并设置边框的粗细为1像素，则网页中所有图像边框的粗细都为1像素。
- **类CSS样式**：任何一个HTML标签都可以被定义相应的CSS样式，但这种类型的CSS样式具有一定的缺陷。例如，不需要对网页中所有图像都添加边框，这时就可以定义类CSS样式。需要使用时，在标签内应用类CSS样式即可。
- **伪类CSS样式**：某些标签具有不同的状态，这些不同的状态称为伪类，可以为每个伪类分别定义不同的CSS样式。一个最常用的伪类就是锚伪类，即定义超链接的标签<a>，它具有link、active、visited和hover 4种伪类，其中，“link”表示还没有被访问过的超链接，“active”表示正在被访问的超链接，“visited”表示已经访问过的超链接，“hover”表示当鼠标光标移动到超链接上时，超链接的样式。

在网页设计中，为了用户操作方便，常用CSS样式来控制页面中字体的大小、行间距、背景图像的反复调用，以及表格效果的设置等。除此之外，使用CSS样式还可以实现以下几种功能：

- 更改HTML默认的设置。
- 应用于插入的文本、图表、表格和表单元素，统一整个站点的风格。
- 以CSS样式文件的形式存在，并链接到其他文档中多次应用。
- 修改CSS样式文件，同时修改其他链接有CSS样式的文件效果。

## 11.1.2 创建样式表

知识点讲解

在网页制作过程中，可以直接在网页的代码视图中输入CSS样式的代码。对于不熟悉代码的设计人员，可以使用Dreamweaver CS3提供的【CSS样式】面板来方便、快捷地创建CSS样式。

下面介绍两种创建CSS样式的方法。

### 1. 使用菜单命令创建样式表

通过选择【文本】→【CSS样式】→【新建】命令来创建样式表，如图11.1所示，弹出【新建CSS规则】对话框，如图11.2所示。

★ 图11.1

★ 图11.2

在【选择器类型】栏中选中【类（可应用于任何标签）】单选项，可以创建一个可以应用于完整文本块和部分文本块的CSS样式，在【名称】下拉列表框中输入一个名称，名称前必须有符号“.”，如定义文本样式可以命名为“.t1”。

在【选择器类型】栏中选中【标签（重新定义特定标签的外观）】单选项，可以创建一个对现有的某些标签格式进行重新定义的CSS样式。选中该单选项后会发现【名称】下拉列表框变为【标签】下拉列表框，可以选择设置所需要的标签，如图11.3所示。

在【选择器类型】中选中【高级（ID、伪类选择器等）】单选项，可以创建对某些HTML标记组合或所有含有某个ID属性的标记进行重新定义的CSS样式。选中该单选项后，【名称】文本框会变为【选择器】下拉列表框，在其中可以设置已经定义好的选择器，如图11.4所示。

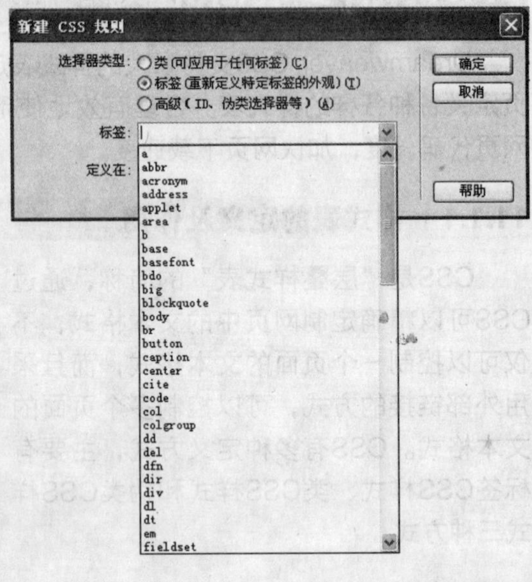

★ 图11.3

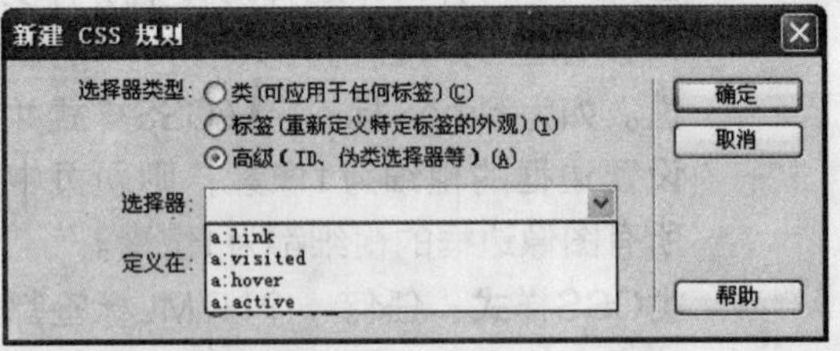

★ 图11.4

**提 示**

- 【a:link】选项：链接的正常状态，没有发生任何动作。
- 【a:visited】选项：被访问过的链接状态。
- 【a:hover】选项：当指针移动到链接上面时的状态。
- 【a:active】选项：选择链接的状态。

### 2. 使用【CSS样式】面板

选择【窗口】→【CSS样式】命令（或按【Shift+F11】组合键），打开【CSS样式】面板，如图11.5和11.6所示。

窗口(W)
✔ 插入(I)　Ctrl+F2
✔ 属性(P)　Ctrl+F3
CSS样式(C)　Shift+F11
AP 元素(L)　F2

★ 图11.5

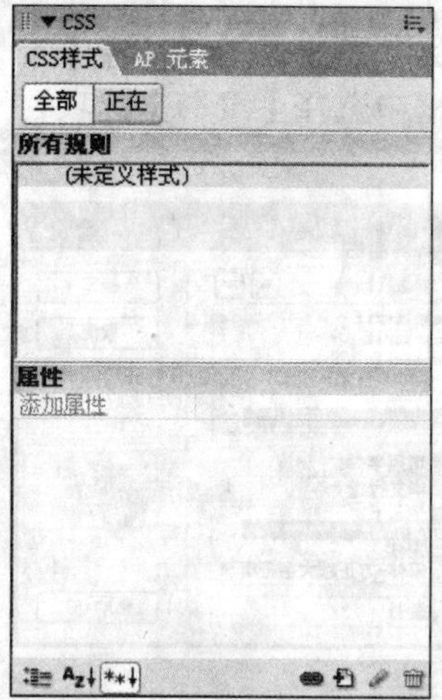


★ 图11.6

在【CSS样式】面板中各项参数含义如下。

- 【全部】按钮：单击该按钮，显示出所有样式。
- 【正在】按钮：显示出当前文档的样式。
- 【所有规则】列表框：列出网页中的样式表，还可以在其中直接修改样式文件。
- 【属性】列表框：列出指定样式表的属性。
- ☰按钮：单击该按钮，显示类别视图。
- A↓z按钮：单击该按钮，显示列表视图。
- **↓按钮：单击该按钮只显示设置属性。
- 按钮：附加样式表，可以链接外部CSS样式。
- 按钮：新建CSS规则，可以创建一个新的CSS样式。
- 按钮：编辑样式，可以对所选择的CSS样式进行编辑修改。
- 按钮：删除CSS规则，可以删除所选择的CSS样式。

在【CSS样式】面板上单击鼠标右键，从弹出的快捷菜单中选择【新建】命令，如图11.7所示，即可新建样式。

★ 图11.7

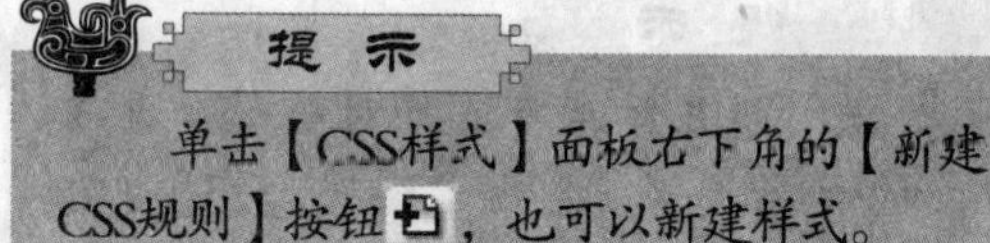

**提　示**

单击【CSS样式】面板右下角的【新建CSS规则】按钮，也可以新建样式。

**动手练**

**1. 创建自定义样式**

下面练习创建一个自定义样式，并通过应用CSS样式，对网页上的文字进行美化，具体操作步骤如下：

**1** 新建一个HTML文档，在其中输入文本，并将该文档保存为"flower.html"，如图11.8所示。

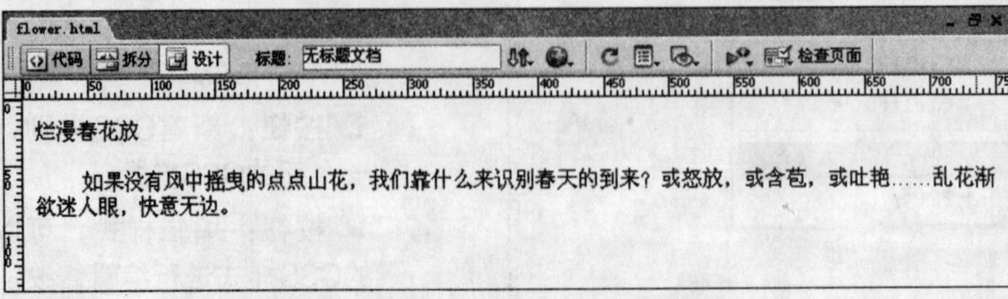


★ 图11.8

**2** 选择【文本】→【CSS样式】→【新建】命令，弹出【新建CSS规则】对话框，在【选择器类型】栏中选中【类（可用于任何标签）】单选项。

**3** 在【名称】文本框中输入自定义的样式名称“.dw”。

**4** 在【定义在】栏中选中【仅对该文档】单选项，如图11.9所示。

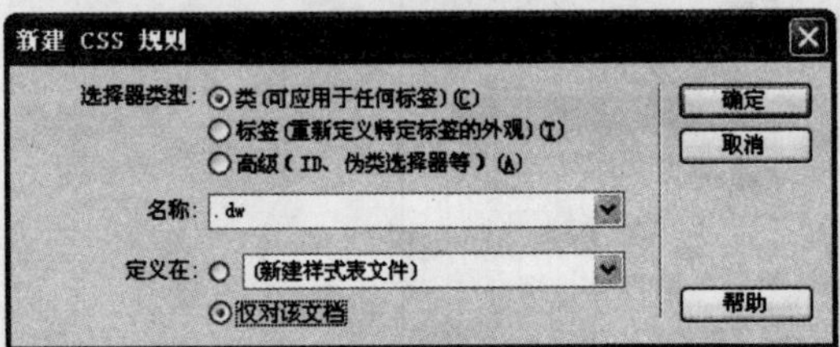


★ 图11.9

**5** 单击【确定】按钮，弹出【.dw的CSS规则定义】对话框。

**6** 在【分类】列表框中选择【类型】选项，右侧会显示对应的参数设置。

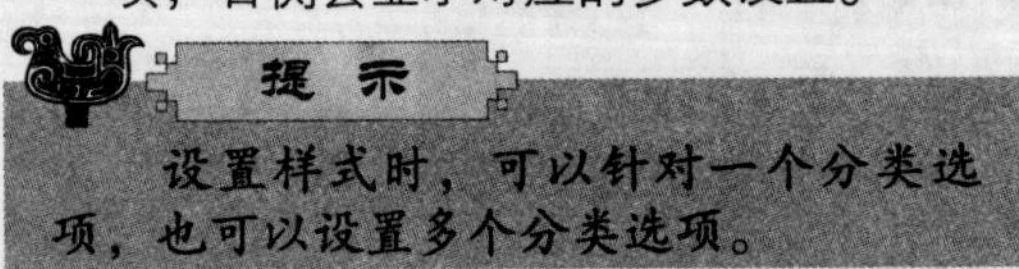

**提 示**

设置样式时，可以针对一个分类选项，也可以设置多个分类选项。

**7** 在【字体】下拉列表中选择【编辑字体列表】选项，如图11.10所示。

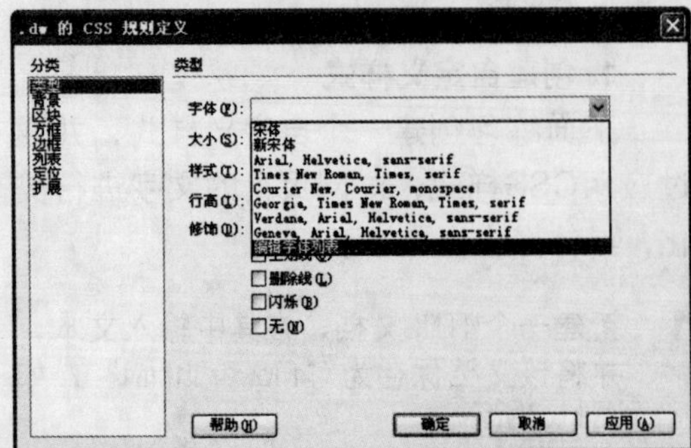


★ 图11.10

**8** 弹出【编辑字体列表】对话框，在【可用字体】列表框中选择【隶书】选项，如图11.11所示。

★ 图11.11

**9** 单击【添加】<<按钮，将其加入到【选择的字体】列表框中，如图11.12所示。

★ 图11.12

**10** 单击【确定】按钮，返回到【.dw 的CSS规则定义】对话框。

**11** 设置字体为“隶书”，字体大小为24像素，颜色设置为“#9900FF”，如图11.13所示。

**12** 单击【确定】按钮，完成样式的创建。

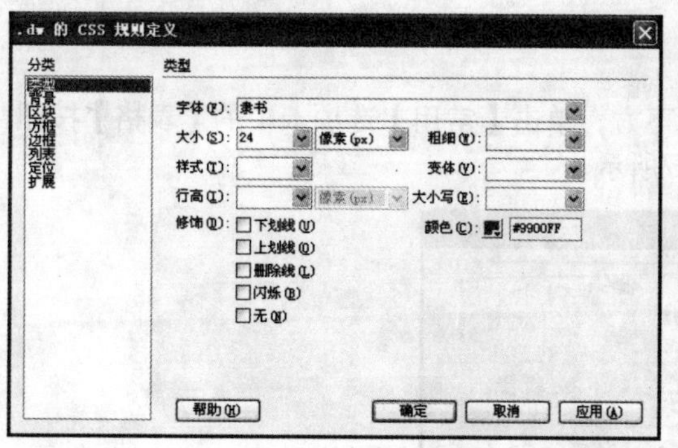

★ 图11.13

13 在【CSS样式】面板中就会出现一个名为“.dw”的自定义样式，即刚刚定义的样式，如图11.14所示。

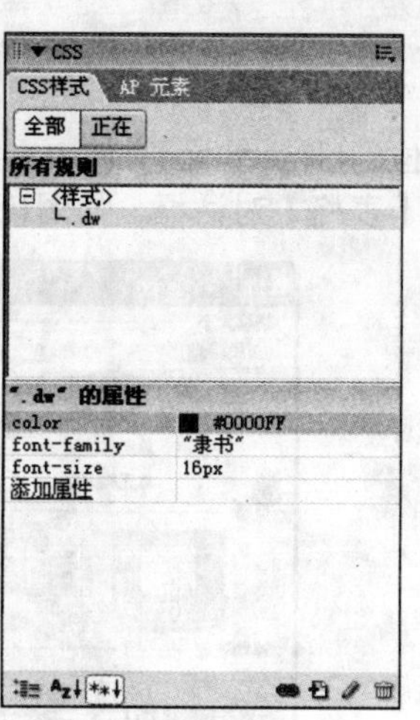

★ 图11.14

14 在设计页面中选中一段需要应用样式的文字，在【属性】面板的【样式】下拉列表中选择【dw】选项，为文字应用自定义的样式，如图11.15所示。

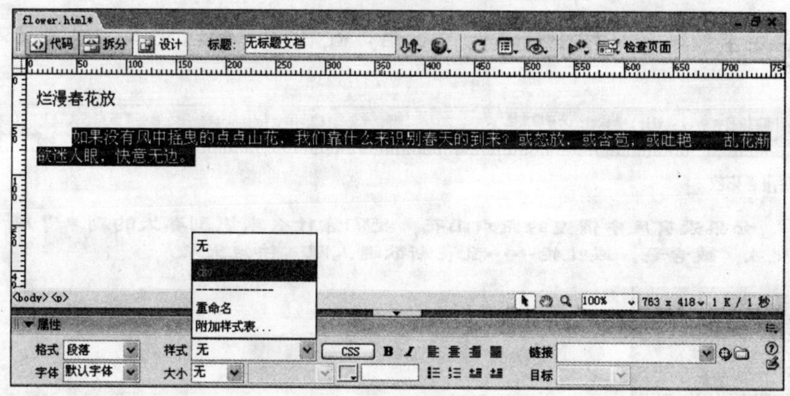

★ 图11.15

15 设置后的效果如图11.16所示。

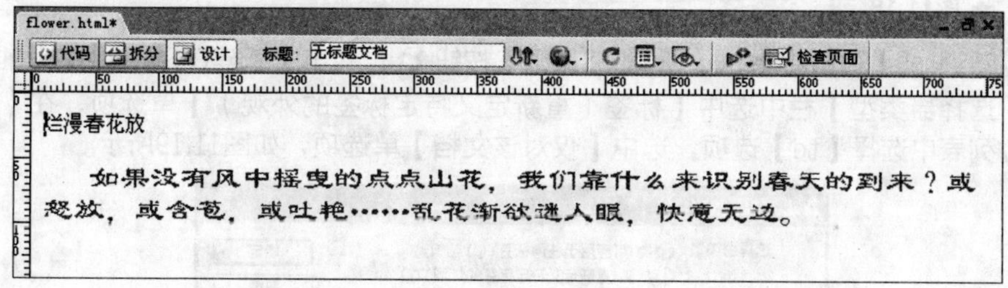

★ 图11.16

2. 重新定义HTML标签

重新定义HTML标签，可以为标签内的文字自动应用CSS样式，练习的具体操作步骤如下：

**1** 将光标插入点定位到flower.html文件中文字下方，单击【常用】选项卡中的【表格】按钮，设置弹出的【表格】对话框，如图11.17所示。

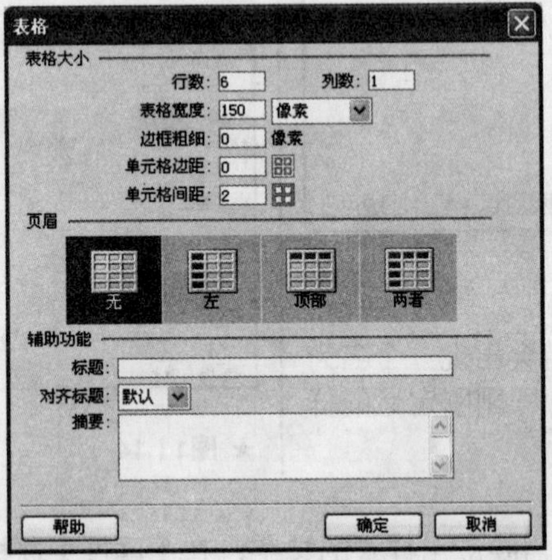


★ 图11.17

**2** 单击【确定】按钮在文档中插入一个表格，在表格中输入文本，设置文本格式如图11.18所示。

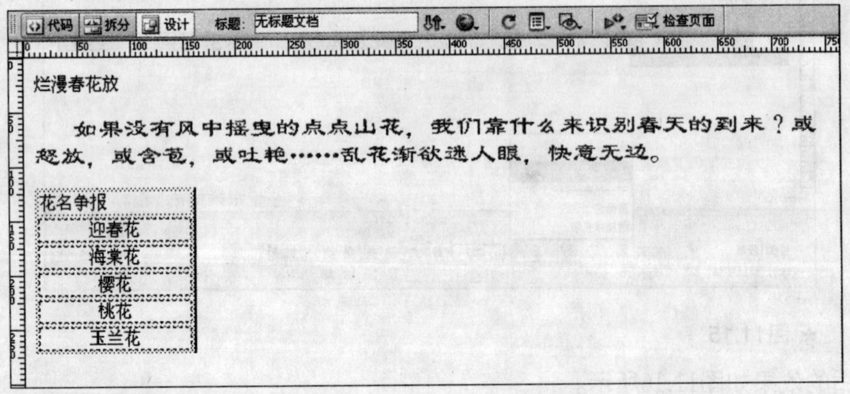


★ 图11.18

**3** 在【CSS样式】面板中单击【新建CSS规则】按钮，弹出【新建CSS规则】对话框。

**4** 在【选择器类型】栏中选中【标签（重新定义特定标签的外观）】单选项，在【标签】下拉列表中选择【td】选项，选中【仅对该文档】单选项，如图11.19所示。

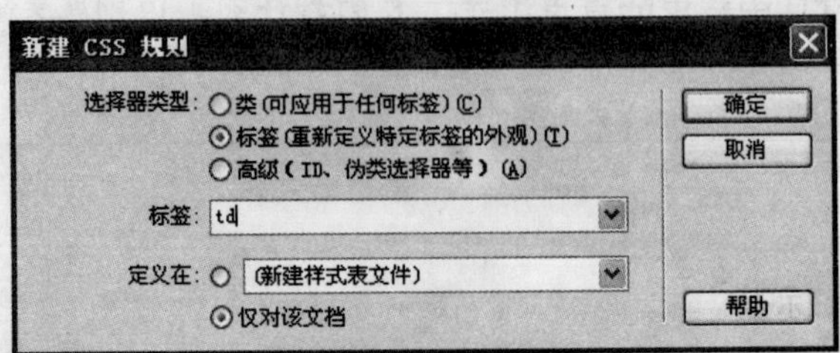


★ 图11.19

**5** 单击【确定】按钮，弹出【td的CSS规则定义】对话框。在【分类】列表框中选择【类型】选项，设置字体为“‘宋体’，‘黑体’”，大小为18像素，颜色为“#00CC00”，如图11.20所示。

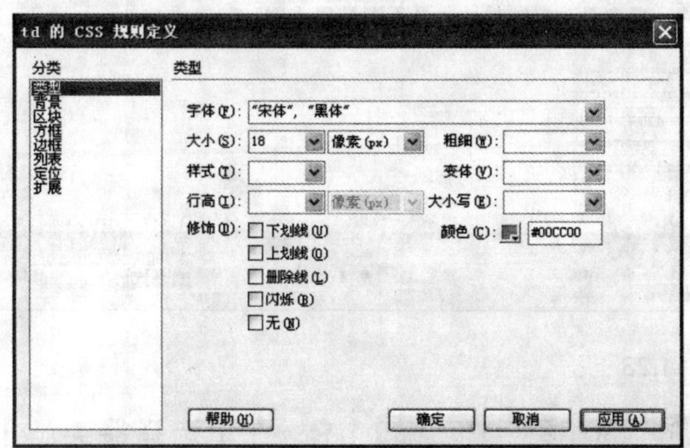

★ 图11.20

**6** 单击【确定】按钮，在【CSS样式】面板中就会出现一个名为“td”的样式，如图11.21所示。

**7** 由于CSS样式中包含了表格<td>标签，所以表格中的文字被自动应用了样式，效果如图11.22所示。

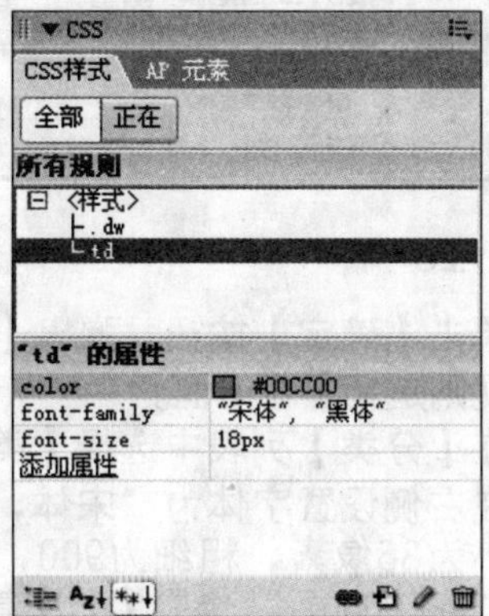

★ 图11.21

★ 图11.22

### 3. 动态链接CSS样式

应用动态链接CSS样式，可以美化页面中文字的链接效果，练习的操作步骤如下：

**1** 选择flower.html文档中的文本“烂漫春花放”，在【属性】面板中设置文本居中，并为文本设置超链接，如图11.23所示。

**2** 在【CSS样式】面板中单击【新建CSS规则】按钮，弹出【新建CSS规则】对话框。

**3** 在【选择器类型】栏中选中【标签（重新定义特定标签的外观）】单选项，在【标签】下拉列表中选择【a】选项，因为超链接都在<a>标签内。

**4** 在【定义在】栏中选中【仅对该文档】单选项，如图11.24所示。

★ 图11.23

★ 图11.24

5　单击【确定】按钮，弹出【a的CSS规则定义】对话框。

6　在【分类】列表框中选择【类型】选项，设置字体为“宋体，黑体”，大小为36像素，粗细为900，颜色为“#FF0000”，选中【无】复选项，如图11.25所示。

★ 图11.25

7　单击【确定】按钮，完成标签的样式定义。

8　接下来定义超链接的样式。在【CSS样式】面板中单击【新建CSS规则】按钮，弹出【新建CSS规则】对话框。

9　在【选择器类型】栏中选中【高级（ID、伪类选择器等）】单选项，在【选择器】下拉列表中选择【a: link】选项，选中【仅对该文档】单项项，如图11.26所示。

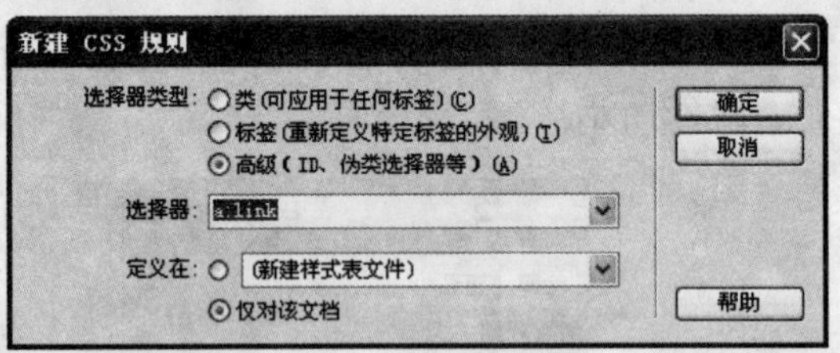

★ 图11.26

10　单击【确定】按钮，弹出【a:link的CSS规则定义】对话框。

11　在【分类】列表中选择【类型】选项，在右侧设置字体为“宋体，黑体”，大小为36像素，粗细为900，颜色设置为“#FF0000”，选中【无】复选项，如图11.27所示。

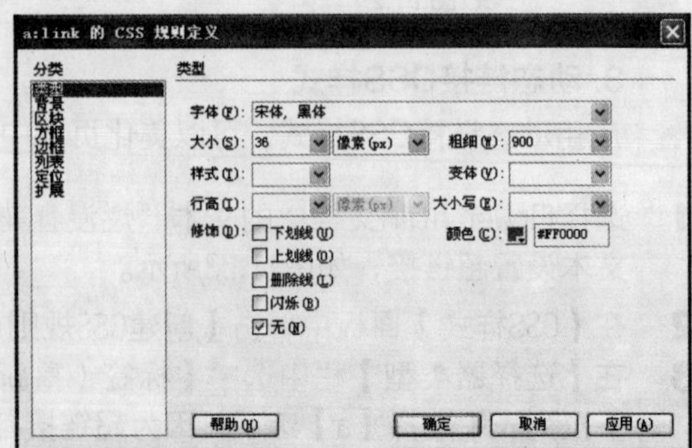

★ 图11.27

**12** 单击【确定】按钮，完成链接样式的定义。

**13** 然后定义当鼠标移动到超链接时的样式。在【CSS样式】面板中单击【新建CSS规则】按钮，弹出【新建CSS规则】对话框。

**14** 在【选择器类型】栏中选中【高级（ID、伪类选择器等）】单选项，在【选择器】下拉列表中选择【a:hover】选项，选中【仅对该文档】单选项，如图11.28所示。

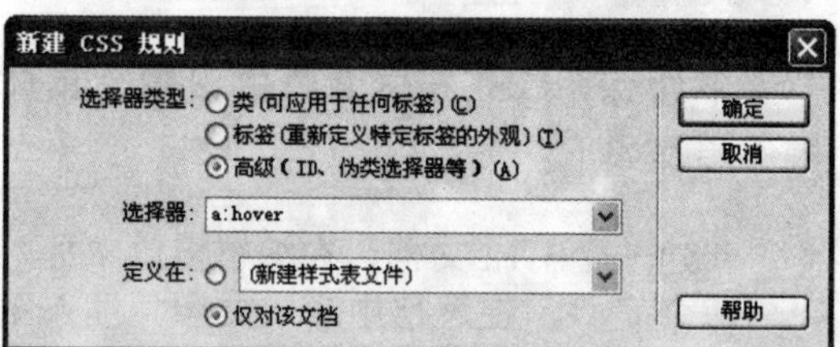


★ 图11.28

**15** 单击【确定】按钮，此时将会弹出【a:hover的CSS规则定义】对话框。

**16** 在【分类】列表中选择【类型】选项，设置大小为36像素，粗细为“正常”，颜色为“#FF0066”，选中【无】复选项，如图11.29所示。

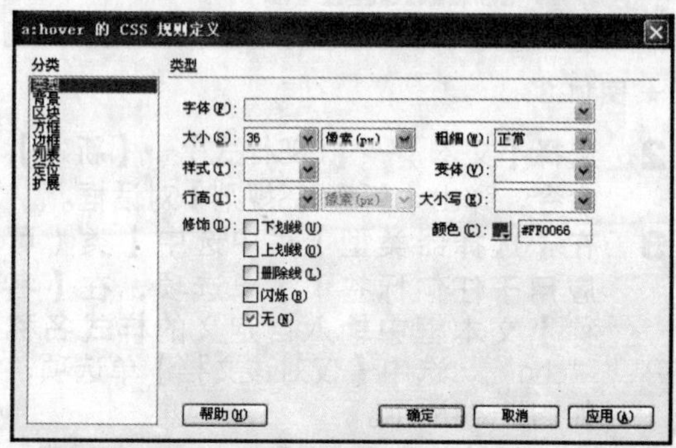


★ 图11.29

**17** 单击【确定】按钮，在【CSS样式】面板中会出现所设置的动态链接样式，如图11.30所示。

**18** 按【F12】键在浏览器中预览网页，网页的动态链接的效果如图11.31所示。

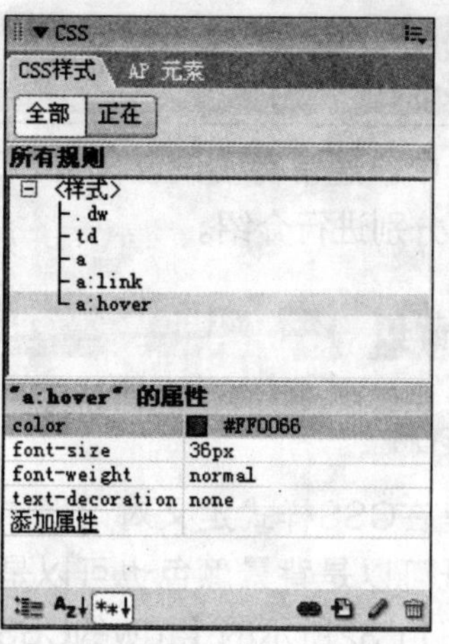


★ 图11.30

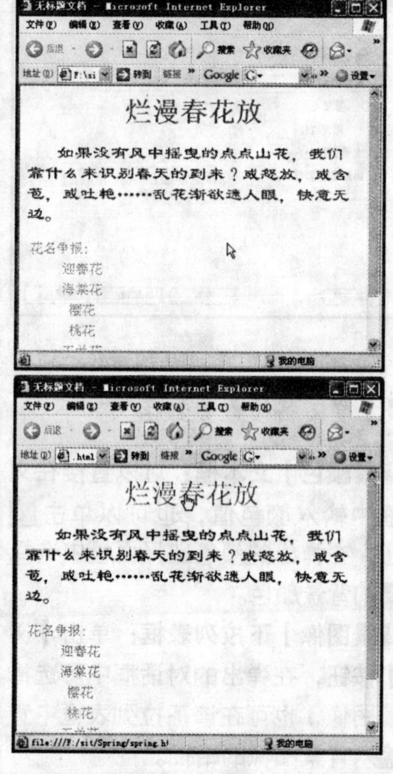


★ 图11.31

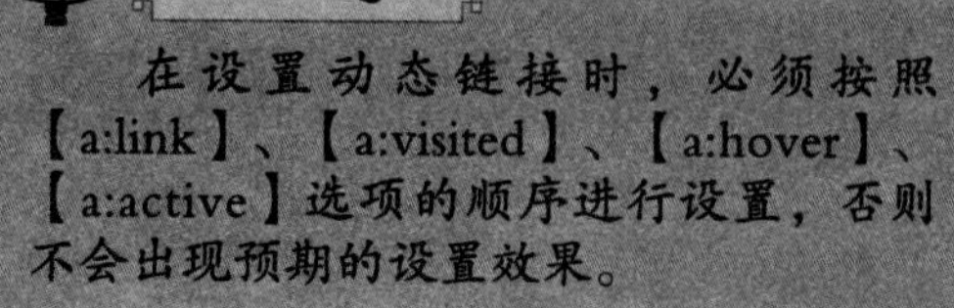

注　意

在设置动态链接时，必须按照【a:link】、【a:visited】、【a:hover】、【a:active】选项的顺序进行设置，否则不会出现预期的设置效果。

## 11.2 CSS样式的设置

在网页设计中，通常需要设置背景、区块、方框、边框、定位、列表及光标效果等各种样式，下面分别进行介绍。

### 11.2.1 设置背景

**知识点讲解**

背景样式是在CSS样式定义对话框中进行设置的，既可以是背景颜色也可以是背景图像，如图11.32所示的【.dw的CSS规则定义】对话框中的背景设置。

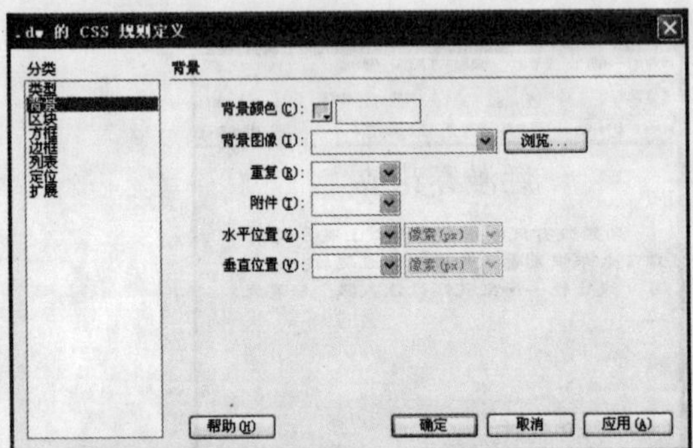


★ 图11.32

【背景】栏中各设置参数含义如下。

- **【背景颜色】文本框**：可以直接在文本框中输入颜色值，也可以单击按钮，在弹出的颜色选择面板中选择需要的背景颜色。
- **【背景图像】下拉列表框**：单击【浏览】按钮，在弹出的对话框中可选择背景图像，也可在该下拉列表框中直接输入背景图像的路径。
- **【重复】下拉列表框**：在这里可设置背景图像的重复放置方式。
- **【附件】下拉列表框**：在这里可设置背景图像是固定在原始位置还是可以滚动的。
- **【水平位置】下拉列表框**：在这里可以设置背景图像相对于应用样式元素的水平位置。
- **【垂直位置】下拉列表框**：在其中可以设置背景图像相对于应用样式元素的垂直位置。

**动手练**

下面练习CSS样式背景的设置，具体操作步骤如下：

**1** 新建一个HTML文档，在编辑窗口中插入两个表格，在表格中输入文字并插入图片，如图11.33所示。

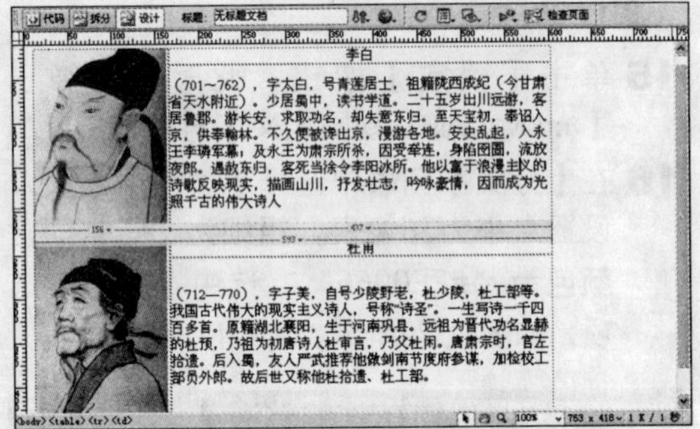


★ 图11.33

**2** 选择【文本】→【CSS样式】→【新建】命令，弹出【新建CSS规则】对话框。

**3** 在【选择器类型】栏中选中【类（可应用于任何标签）】单选项，在【名称】文本框中输入自定义的样式名称“.bg”，选中【仅对该文档】单选项，如图11.34所示。

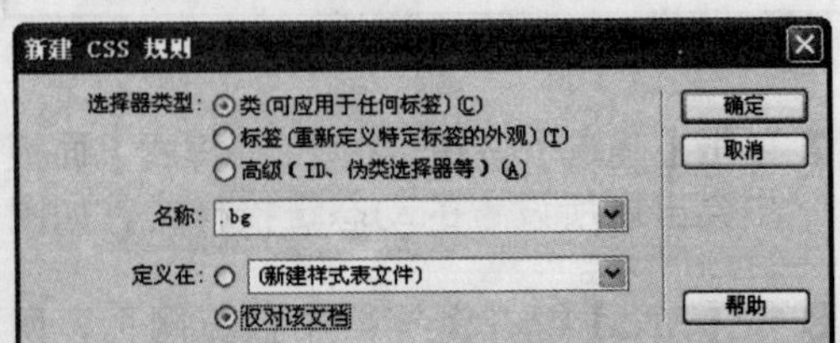


★ 图11.34

4 单击【确定】按钮，弹出【.bg的CSS规则定义】对话框。

5 在【分类】列表框中选择【背景】选项，设置背景颜色为“#0099FF”，如图11.35所示。

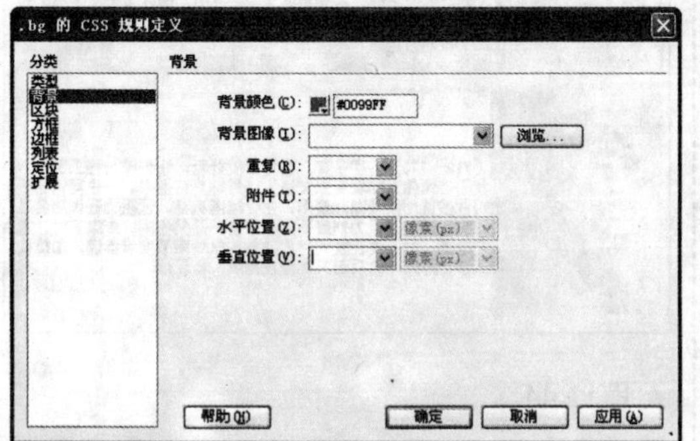

★ 图11.35

6 单击【确定】按钮，完成样式表的创建，【CSS样式】面板如图11.36所示。

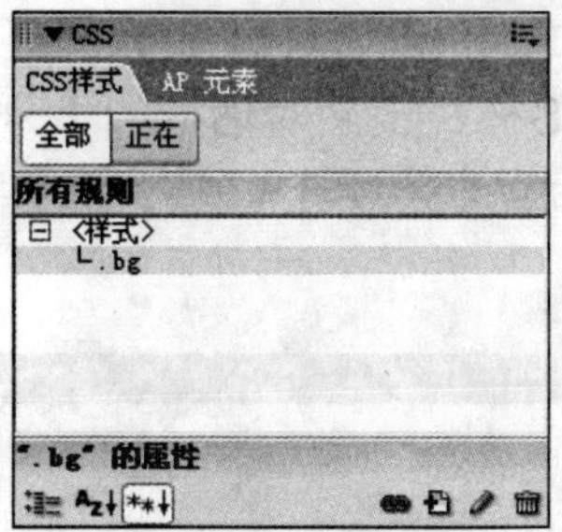

★ 图11.36

7 在设计视图下需要应用背景颜色样式的部分单击鼠标右键，从弹出的快捷菜单中选择【CSS样式】→【bg】命令，如图11.37所示。

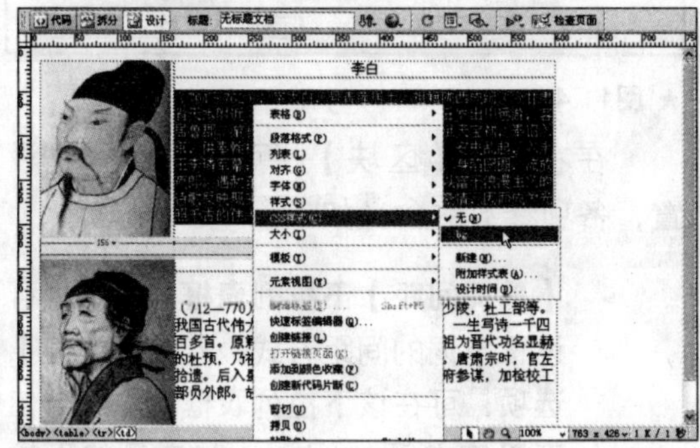

★ 图11.37

8 保存后浏览的效果如图11.38所示。

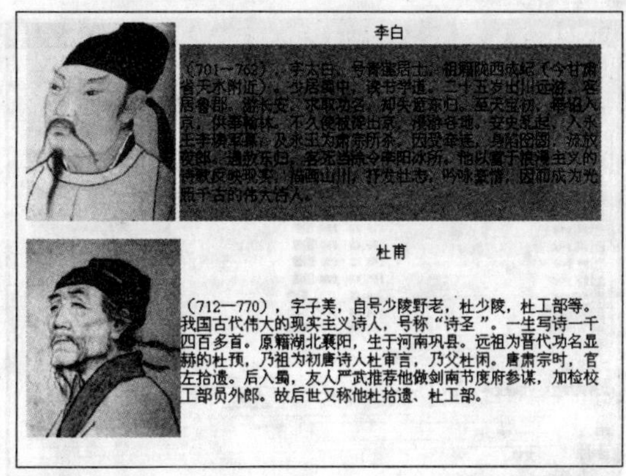

★ 图11.38

9 在【CSS样式】面板中双击【.bg】选项，如图11.39所示。

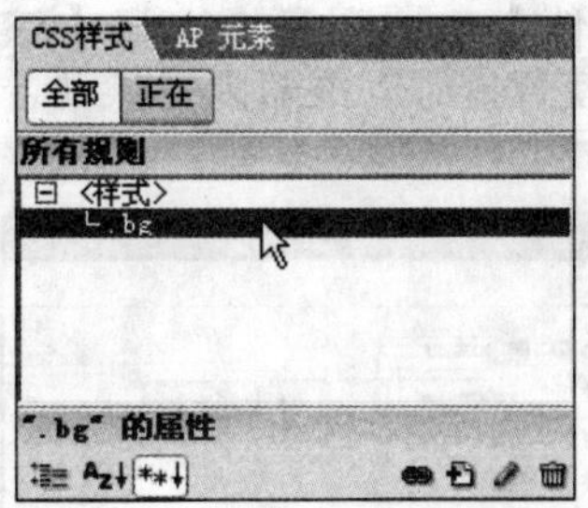

★ 图11.39

10 弹出【.bg的CSS规则定义】对话框，在【分类】列表中选择【背景】选项，在右侧单击【浏览】按钮，如图11.40所示。

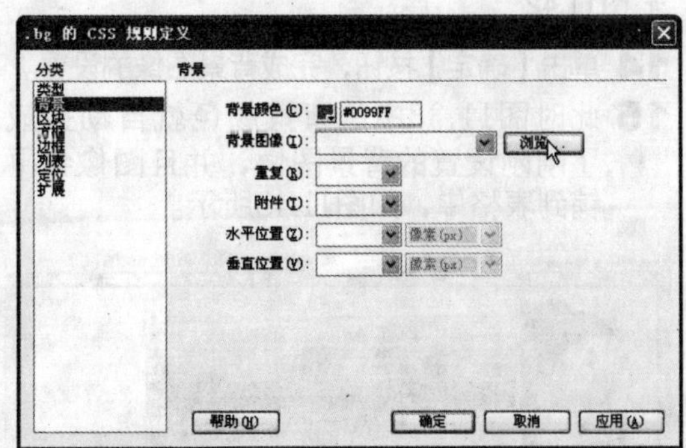

★ 图11.40

11 在弹出的【选择图像源文件】对话框中选择一个背景图像，如图11.41所示。

12 单击【确定】按钮返回【.bg的CSS规则定义】对话框。

★ 图11.41

**13** 在【重复】下拉列表中选择【重复】选项，在【附件】下拉列表中选择【滚动】选项，使背景可以跟随内容滚动，如图11.42所示。

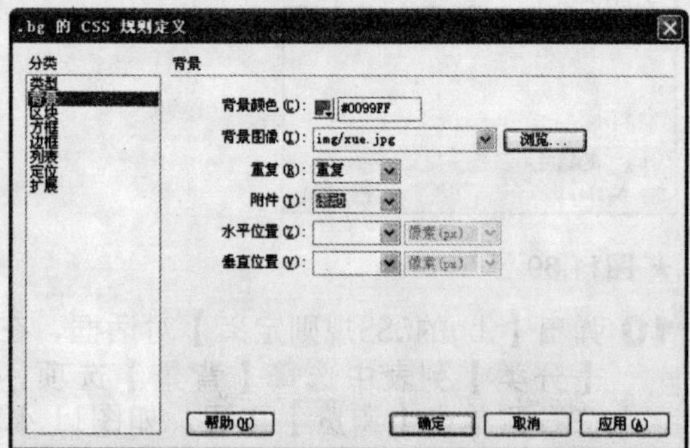

★ 图11.42

**14** 单击【确定】按钮，完成背景图像的设置。

**15** 此时图11.38中的背景颜色就自动换成了刚刚设置的背景图像，并且图像会平铺到表格中，如图11.43所示。

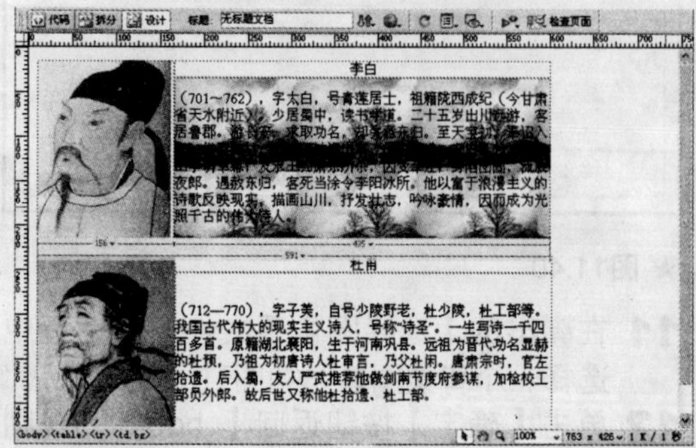

★ 图11.43

**16** 保存后浏览的效果如图11.44所示。

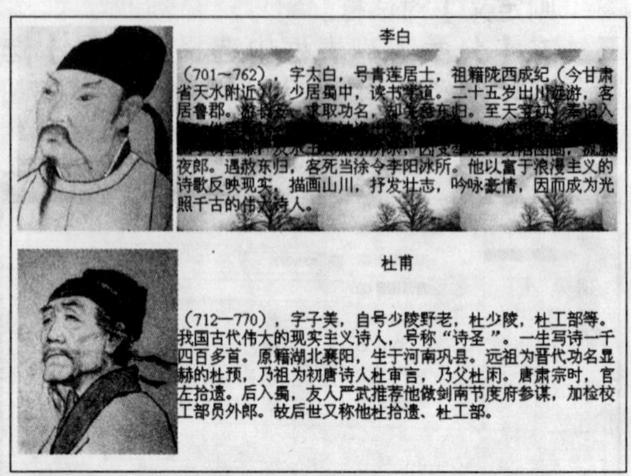

★ 图11.44

## 11.2.2 设置区块

应用区块样式可以对网页中的文字进行排版。在CSS样式定义对话框的【分类】列表框中选择【区块】选项，如图11.45所示，

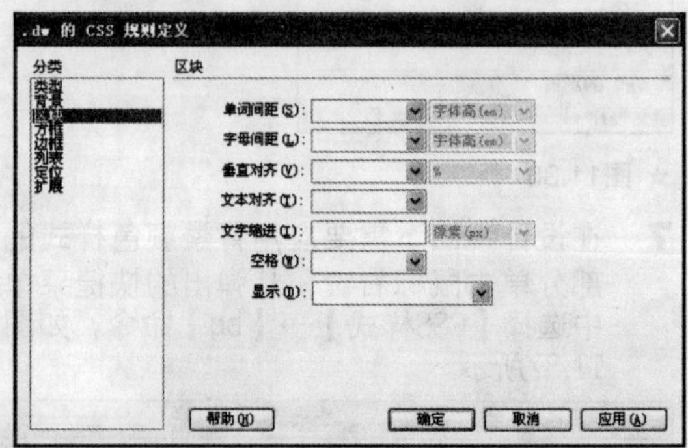

★ 图11.45

在右侧的【区块】栏可以进行样式设置，各项参数的含义如下。

- **【单词间距】下拉列表框**：在这里可设置单词的间距方式，若选择【值】选项，可在该下拉列表框中输入数值来确定单词的间距，其右侧的下拉列表框会被激活，在其中设置数值的单位。

- 【字母间距】下拉列表框：在其中可设置字母的间距，若选择【值】选项，其右侧的下拉列表框将被激活，可在其中设置数值的单位。
- 【垂直对齐】下拉列表框：在其中可指定元素相对于其父级元素在垂直方向上的对齐方式。
- 【文本对齐】下拉列表框：在其中可指定文本在应用该样式元素中的对齐方式。
- 【文字缩进】文本框：在该文本框中可输入首行的缩进距离，并在右侧的下拉列表框中选择数值单位。
- 【空格】下拉列表框：在其中可设置处理空格的方式。
- 【显示】下拉列表框：在其中可选择区块中要显示的格式。

**动手练**

下面练习对区块样式进行设置，具体操作步骤如下：

1 在【CSS样式】面板中单击鼠标右键，从弹出的快捷菜单中选择【新建】选项，弹出【新建CSS规则】对话框。

2 在【选择器类型】栏中选中【类（可应用于任何标签）】单选项，在【名称】文本框中输入自定义的样式名称“.block”，在【定义在】栏中选中【仅对该文档】单选项，如图11.46所示。

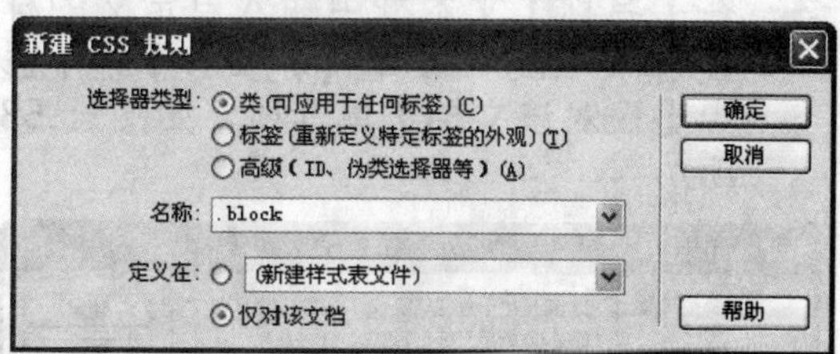


★ 图11.46

3 单击【确定】按钮，弹出【.block的CSS规则定义】对话框。

4 在【分类】列表中选择【区块】选项，设置字母间距为5像素，如图11.47所示。

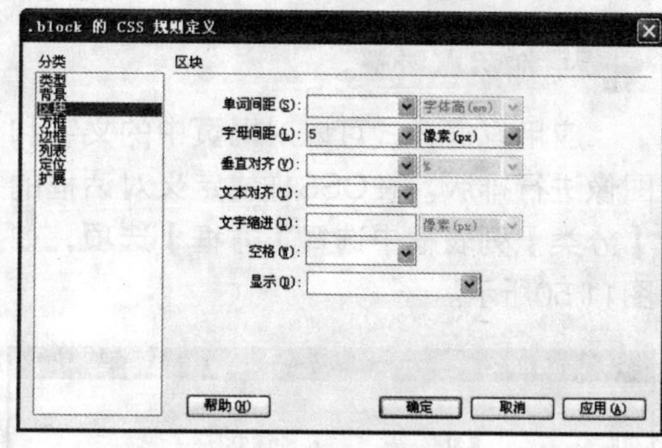


★ 图11.47

5 单击【确定】按钮，完成样式表的创建。

6 在【设计】视图中选择一段文本，单击鼠标右键，从弹出的快捷菜单中选择【CSS样式】→【block】命令，如图11.48所示。

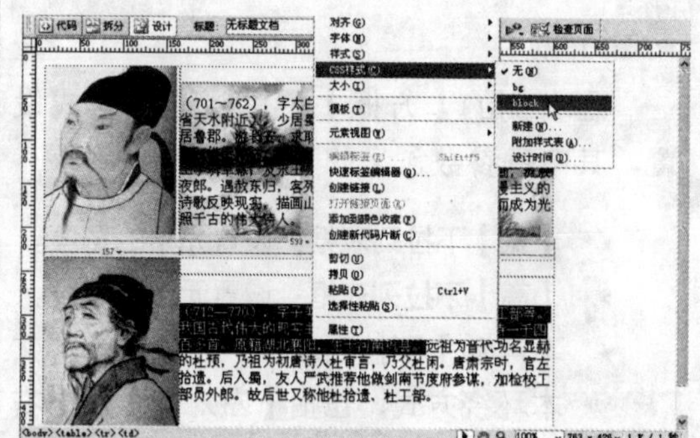

★ 图11.48

7 保存后浏览的效果如图11.49所示。

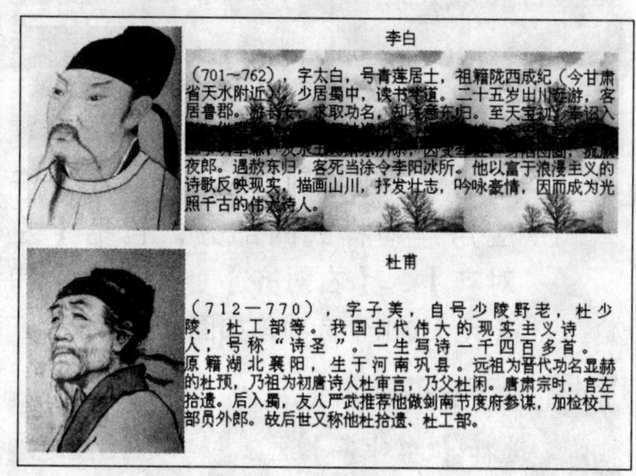


★ 图11.49

## 11.2.3 设置方框

知识点讲解

应用方框样式可以对网页中的文字和图像进行排版。在CSS样式定义对话框的【分类】列表框中选择【方框】选项，如图11.50所示。

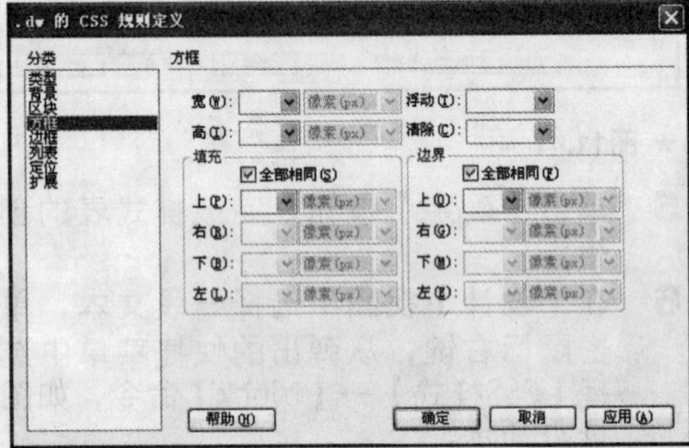

★ 图11.50

在右侧的【方框】栏可以进行样式设置，其中各参数含义如下。

- **【宽】下拉列表框**：设置元素的宽度。
- **【高】下拉列表框**：设置元素的高度。
- **【浮动】下拉列表框**：设置元素的文本环绕方式，包括【左对齐】、【右对齐】和【无】3种方式，如图11.51所示。

提 示

选择【左对齐】选项，对象浮动在左边；选择【右对齐】选项，对象浮动在右边；选择【无】选项，对象不浮动。

- **【清除】下拉列表框**：设置不允许应用浮动样式的部分，包括【左对齐】、【右对齐】、【两者】和【无】这4个选项，如图11.52所示。

提 示

选择【左对齐】选项，不允许左边有浮动对象；选择【右对齐】选项，不允许右边有浮动对象；选择【两者】选项，左右两边都不允许有浮动对象；选择【无】选项，允许左右两边都有浮动对象。

- **【填充】栏**：指定元素内容与元素边框之间的间距。可以分别设置上、下、左和右4个值。
- **【边界】栏**：指定元素的边框与另一个元素边框的间距，可以分别设置上、下、左和右4个值。

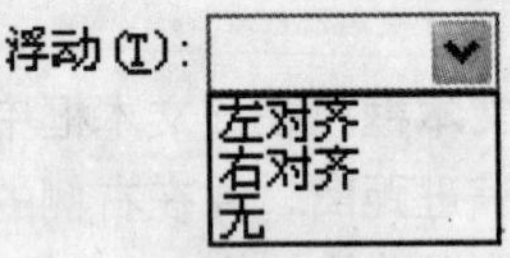


★ 图11.51

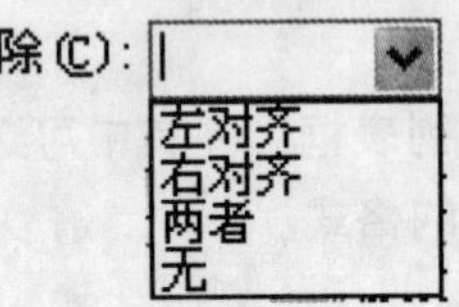


★ 图11.52

动 手 练

下面练习设置方框样式，具体操作步骤如下：

1 在【CSS样式】面板中单击【新建CSS规则】按钮，弹出【新建CSS规则】对话框。
2 在【选择器类型】栏中选中【类（可应用于任何标签）】单选项。
3 在【名称】文本框中输入自定义的样式名称“.box”，在【定义在】栏中选中【仅对该文档】单选项，如图11.53所示。

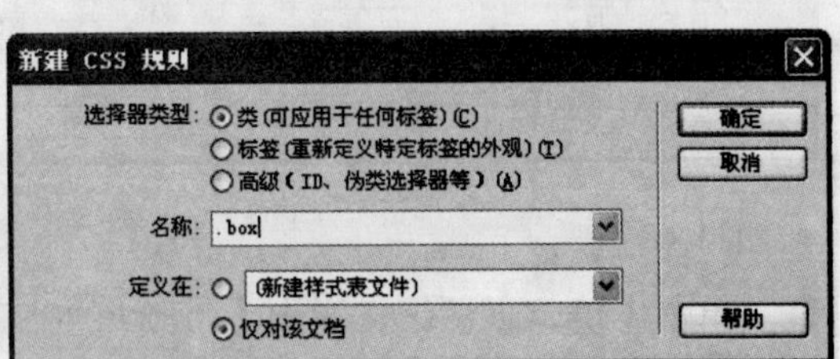


★ 图11.53

4　单击【确定】按钮，弹出【.box的CSS规则定义】对话框。

5　在【分类】列表框中选择【方框】选项，在【边界】栏的【上】下拉列表框中输入“15”，使用“像素”作为单位，如图11.54所示。

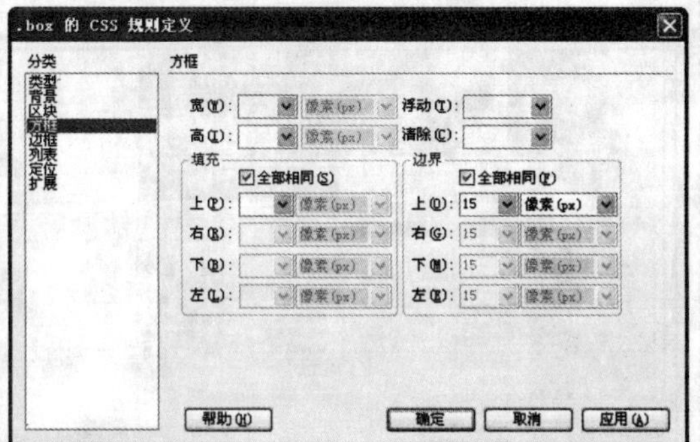

★ 图11.54

6　单击【确定】按钮，完成样式的创建。

7　在【设计】视图中选择“李白”图像，单击鼠标右键，从弹出的快捷菜单中选择【CSS样式】→【box】命令，如图11.55所示。

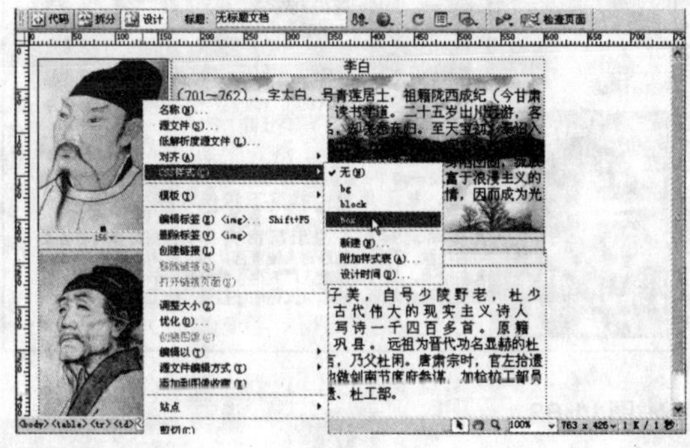

★ 图11.55

8　保存后浏览的效果如图11.56所示，图片和文本的距离变大了。

## 11.2.4　设置边框

应用边框样式可以制作出各种各样的边框，用其美化网页中的表格和按钮会得到意想不到的效果。在CSS样式定义对话框的【分类】列表框中选择【边框】选项，如图11.57所示。

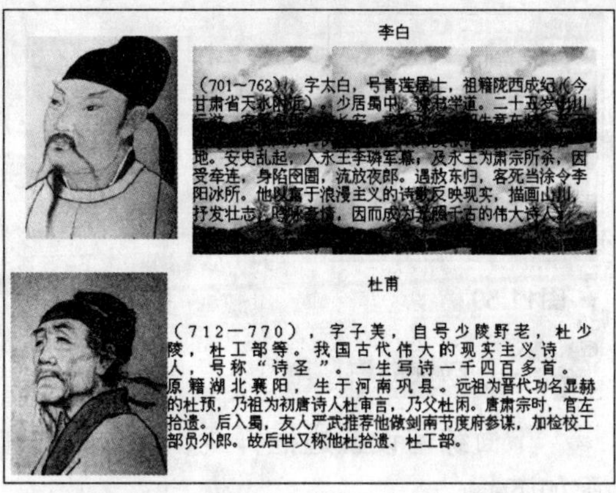

★ 图11.56

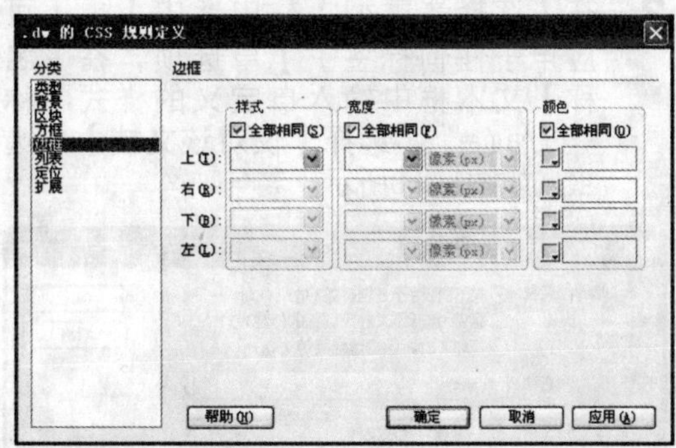

★ 图11.57

【边框】栏中各设置参数含义如下。

- 【样式】栏：用于设置元素上、下、左、右的边框样式，如图11.58所示。
- 【宽度】栏：用于设置元素上、下、左、右的边框宽度，如图11.59所示。
- 【颜色】栏：用于设置元素上、下、左、右的边框颜色。

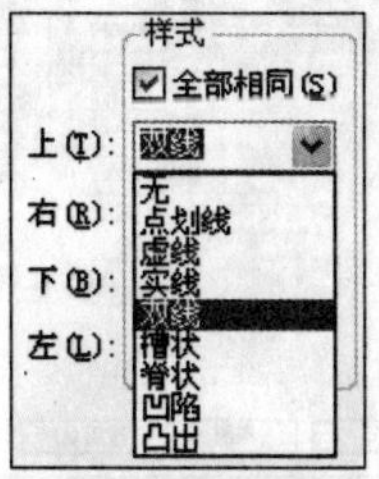

★ 图11.58

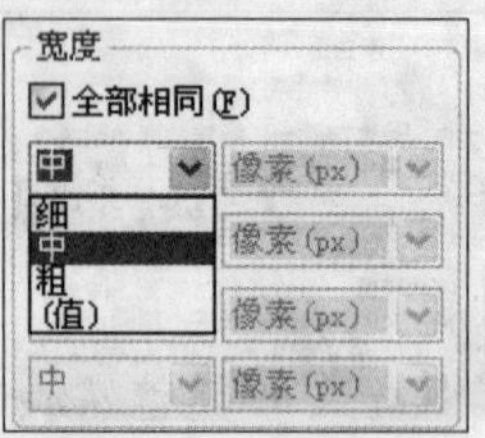


★ 图11.59

下面练习设置边框样式，具体操作步骤如下：

**1** 在【CSS样式】面板中单击【新建CSS规则】按钮，弹出【新建CSS规则】对话框。

**2** 在【选择器类型】栏中选中【类（可应用于任何标签）】单选项，在【名称】文本框中输入自定义的样式名称“.frame”，选择【仅对该文档】单选项，如图11.60所示。

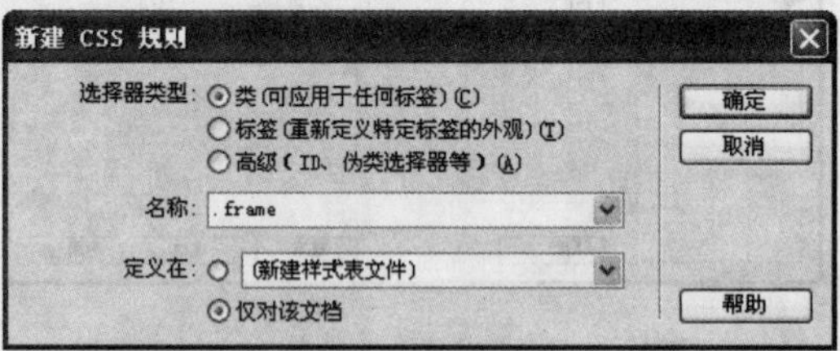


★ 图11.60

**3** 单击【确定】按钮，弹出【.frame的CSS规则定义】对话框。

**4** 在【分类】列表中选择【边框】选项，设置样式为“双线”，宽度为“中”，颜色为“#0000FF”，如图11.61所示。

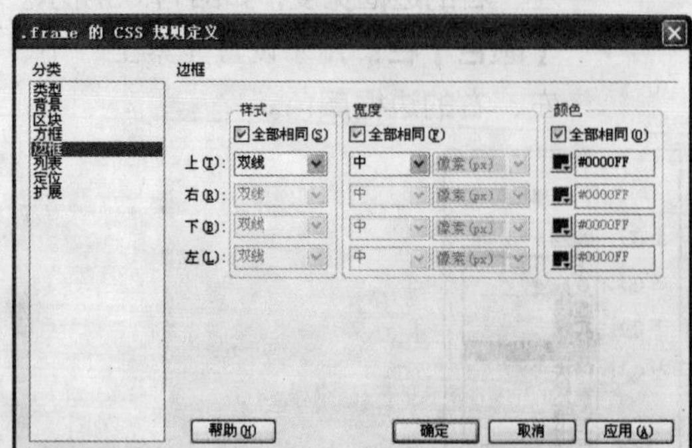


★ 图11.61

**5** 单击【确定】按钮，完成样式表的创建。

**6** 在设计视图下选择“杜甫”图像，单击鼠标右键，从弹出的菜单中选择【CSS样式】→【frame】命令，如图11.62所示。

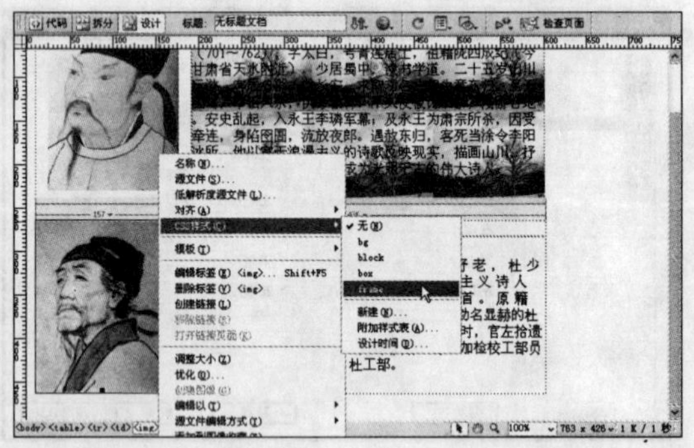

★ 图11.62

**7** 保存后浏览的效果如图11.63所示。

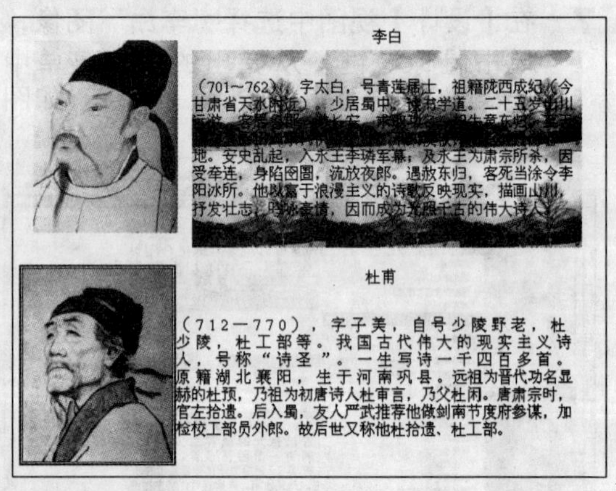


★ 图11.63

## 11.2.5 设置列表

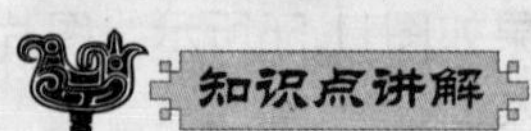


应用列表样式可以增强网页中文字的条理性，在CSS样式定义对话框的【分类】列表框中选择【列表】选项，如图11.64所示。

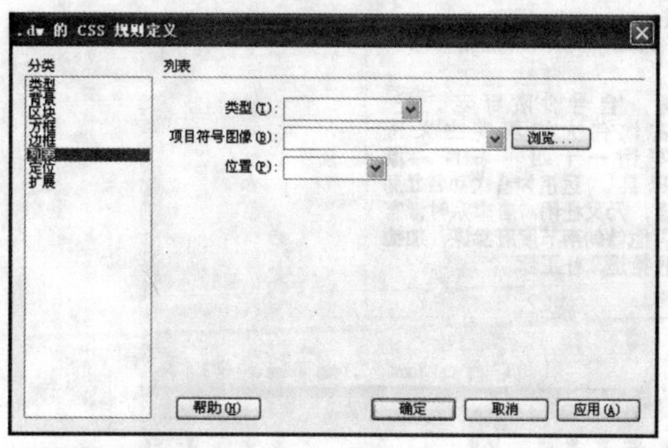

★ 图11.64

【列表】栏中各参数设置含义如下。

- **【类型】下拉列表框**：设置列表的项目符号，如图11.65所示。

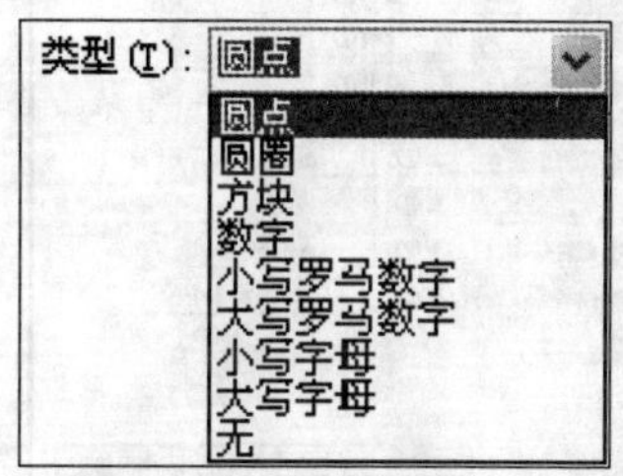


★ 图11.65

- **【项目符号图像】下拉列表框**：在其中可指定图像作为项目符号，可直接在其中输入图像的路径，也可单击【浏览】按钮，在弹出的对话框中选择一个图像。
- **【位置】下拉列表框**：在其中可以选择列表文本是否换行和缩进。其中，【内】选项表示当列表过长而自动换行时不缩进；【外】选项表示当列表过长而自动换行时，以缩进方式显示，如图11.66所示。

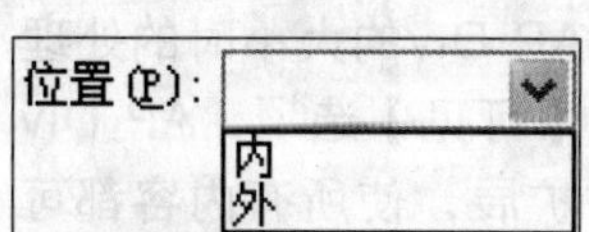


★ 图11.66

动手练

下面做一个设置列表样式的练习，具体操作步骤如下：

1 选择【文本】→【CSS样式】→【新建】命令，弹出【新建CSS规则】对话框。

2 在【选择器类型】栏中选中【类（可应用于任何标签）】单选项，在【名称】下拉列表框中输入自定义的样式名称“.list”，选中【仅对该文档】单选项，如图11.67所示。

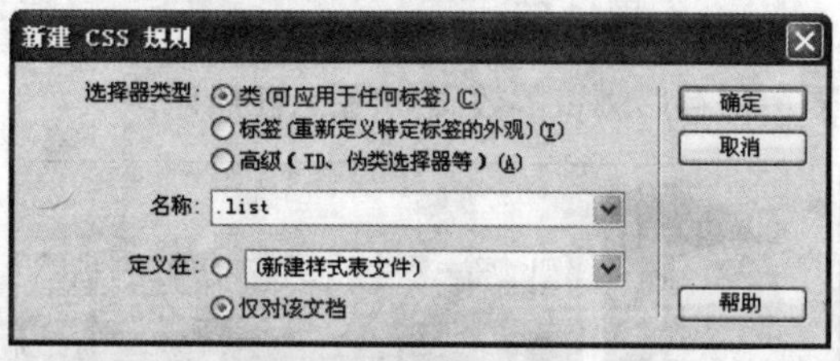

★ 图11.67

3 单击【确定】按钮，弹出【.list的CSS规则定义】对话框。

4 在【分类】列表中选择【列表】选项，在【类型】下拉列表中选择【圆点】选项，如图11.68所示。

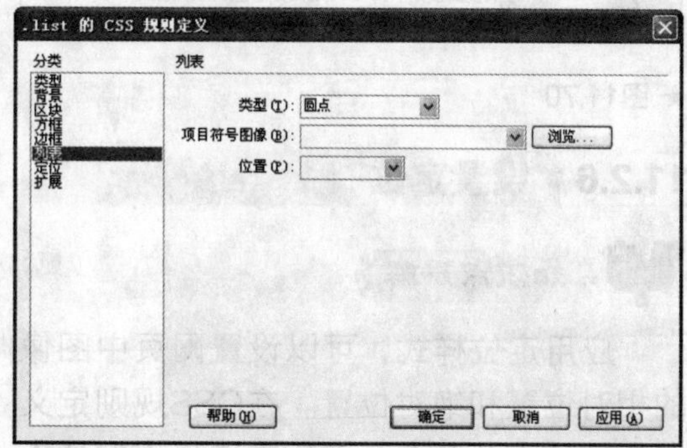

★ 图11.68

5 单击【确定】按钮，完成样式表的创建。

6 在设计视图中选择文字，在【属性】面板中单击【项目列表】按钮，在【样式】下拉列表中选择【list】选项，效果如图11.69所示。

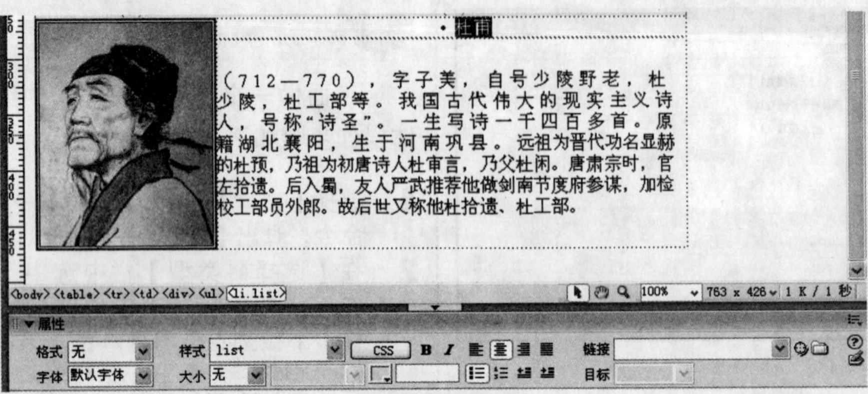

★ 图11.69

7 保存后浏览的效果如图11.70所示。

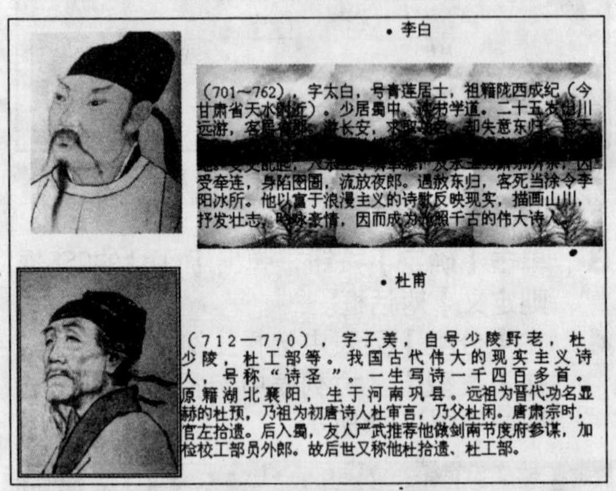

★ 图11.70

## 11.2.6 设置定位

应用定位样式，可以设置网页中图像的相对位置和绝对位置。在CSS规则定义对话框的【分类】列表框中选择【定位】选项，如图11.71所示。

右侧各参数设置含义如下。

- 【类型】下拉列表框：用于设置定位的方式，选择【绝对】选项，可以使用下面的【定位】栏中输入的坐标值，相对于页面左上角来放置对象；选择【相对】选项，可以使用下面的

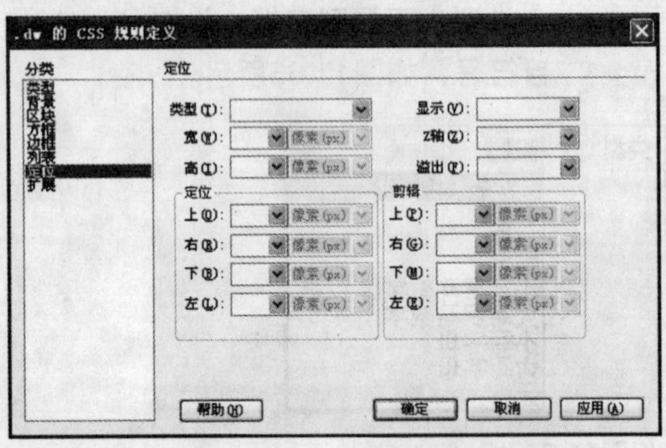

★ 图11.71

【定位】栏中输入的坐标值，相对于对象当前的位置来放置对象；选择【静态】选项，可以将对象放在它在文本中的位置。

- 【显示】下拉列表框：确定对象的显示方式。
- 【Z轴】下拉列表框：确定对象的堆叠顺序，编号较大的对象显示在编号较小的对象的上面。
- 【溢出】下拉列表框：确定当对象的内容超出AP Div的大小时的处理方式，选择【可见】选项，AP Div将向右下方扩展，使所有内容都可见；选择【隐藏】选项，将保持AP Div的大小并剪裁任何超出的内容；选择【滚动】选项，将在AP Div中添加滚动条，不论内容是否超出AP

Div的大小；选择【自动】选项，当AP Div的内容超出AP Div的边界时显示滚动条。

- **【定位】栏**：指定对象的位置和大小。
- **【剪辑】栏**：定义对象的可见部分。

下面练习设置定位样式，具体操作步骤如下：

1 在【CSS样式】面板中单击【新建CSS规则】按钮，弹出【新建CSS规则】对话框。

2 在【选择器类型】栏中选中【类（可应用于任何标签）】单选项，在【名称】下拉列表框中输入自定义的样式名称“.position”，选中【仅对该文档】单选项，如图11.72所示。

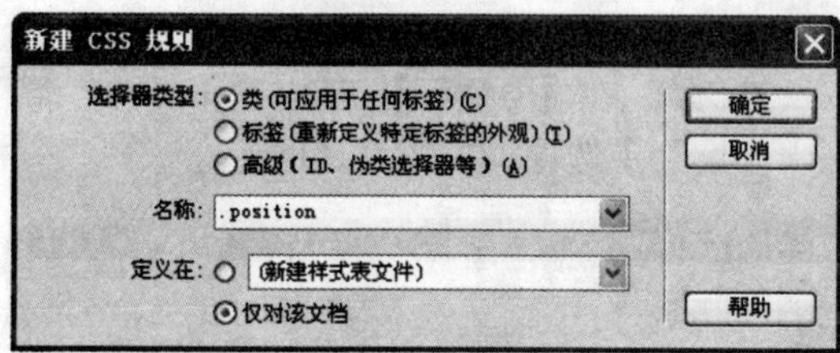


★ 图11.72

3 单击【确定】按钮，弹出【.position的CSS规则定义】对话框。

4 在【分类】列表框中选择【定位】选项，在【类型】下拉列表中选择【相对】选项，在下面的【定位】栏中设置上为30像素，右为10像素，如图11.73所示。

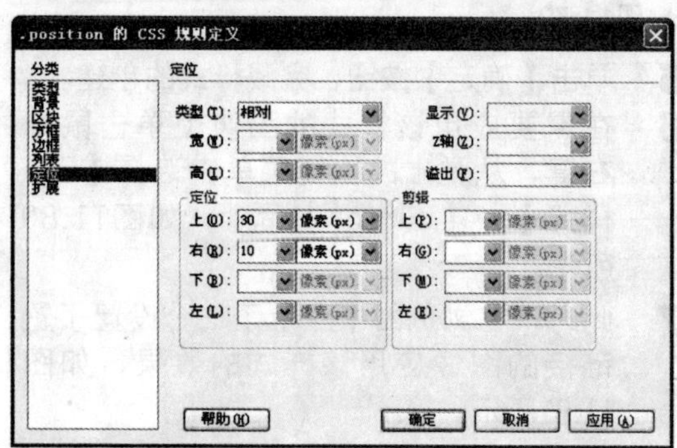


★ 图11.73

5 单击【确定】按钮，完成样式表的创建。

6 选择“李白”图像，单击鼠标右键，从弹出的快捷菜单中选择【CSS样式】→【position】选项，如图11.74所示。

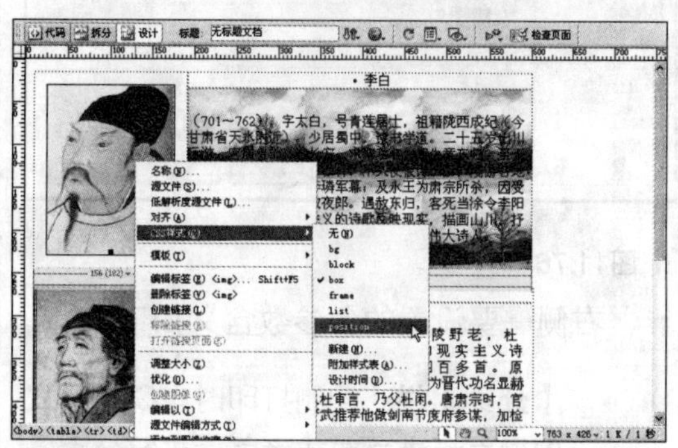

★ 图11.74

7 此时该图像的位置发生了偏移，如图11.75所示。

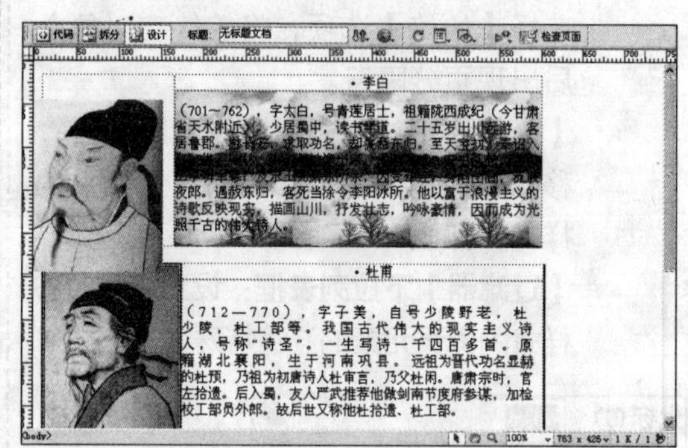

★ 图11.75

## 11.2.7 设置指针效果

应用扩展样式，可以将鼠标经过超链接时的指针样式更换为十字型图标或等待图标等样式效果。在CSS规则定义对话框的【分类】列表框中选择【扩展】选项，如图11.76所示。

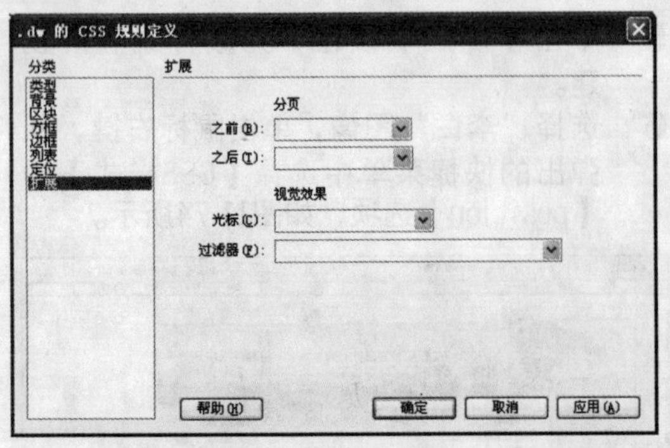

★ 图11.76

右侧需要设置的各参数含义如下。

- 【分页】栏：控制打印时在CSS样式的网页元素之前或者之后进行分页。若在【之前】下拉列表中选择【始终】选项时，将始终在对象之前出现页分隔符；若在【之后】下拉列表中选择【始终】选项，将始终在对象之后出现页分隔符。
- 【光标】下拉列表框：设置鼠标指针移动到应用CSS样式的网页元素上的样式，如图11.77所示。
- 【过滤器】下拉列表框：设置应用CSS样式的网页元素的滤镜特殊效果。

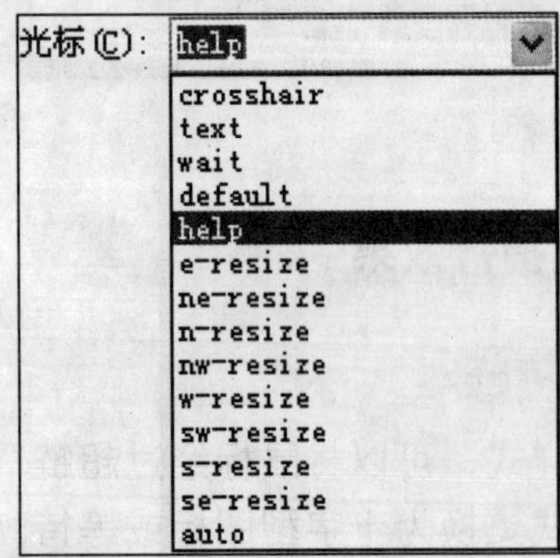


★ 图11.77

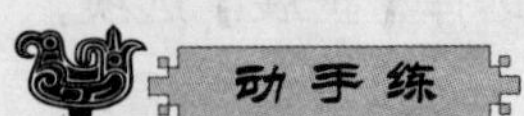


下面做一个设置扩展样式的练习，具体操作步骤如下：

1 在【CSS样式】面板中单击【新建CSS规则】按钮，弹出【新建CSS规则】对话框。

2 在【选择器类型】栏中选中【类（可应用于任何标签）】单选项，在【名称】下拉列表框中输入自定义的样式名称“.cursor”，选中【仅对该文档】单选项，如图11.78所示。

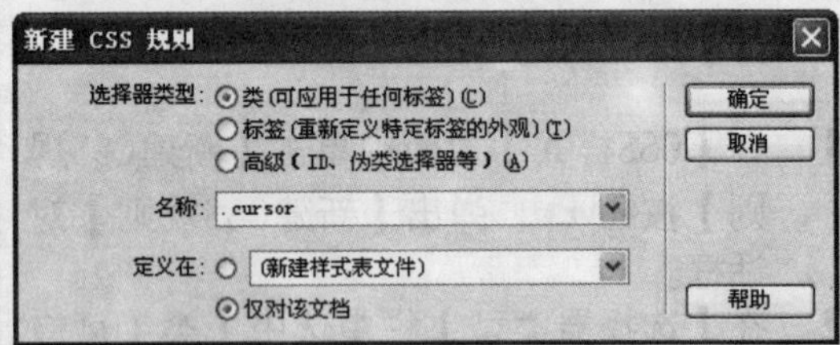

★ 图11.78

3 单击【确定】按钮，弹出【.cursor的CSS规则定义】对话框。

4 在【分类】列表框中选择【扩展】选项，在【光标】下拉列表中选择【help】选项，如图11.79所示。

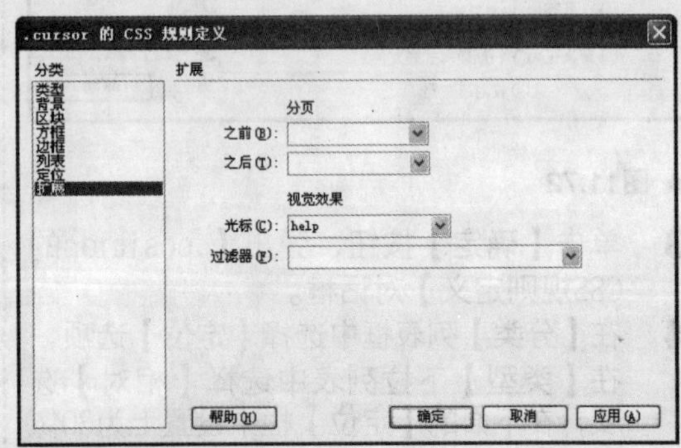

★ 图11.79

5 单击【确定】按钮，完成样式的创建。

6 在需要应用该样式的图像上单击鼠标右键，从弹出的快捷菜单中选择【CSS样式】→【cursor】命令，如图11.80所示。

7 此时，在浏览器中显示了一个设置了超链接的图像应用该样式的效果，如图11.81所示。

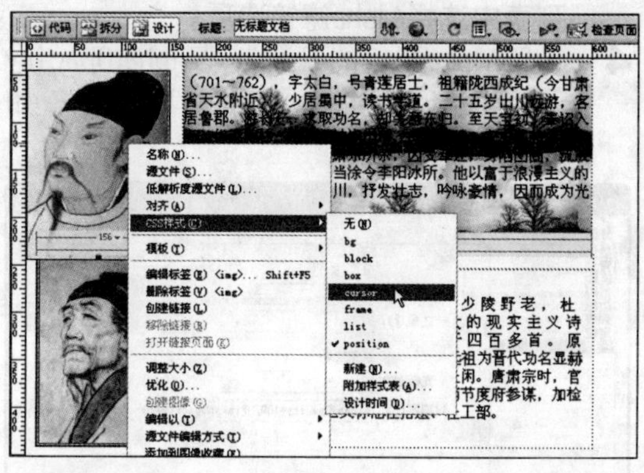

★ 图11.80

★ 图11.81

## 11.2.8 设置滤镜效果

知识点讲解

Dreamweaver CS3的滤镜设置在CSS样式定义对话框中的【扩展】分类中，单击【过滤器】下拉按钮，可以从弹出的下拉列表中选择效果，如图11.82所示。

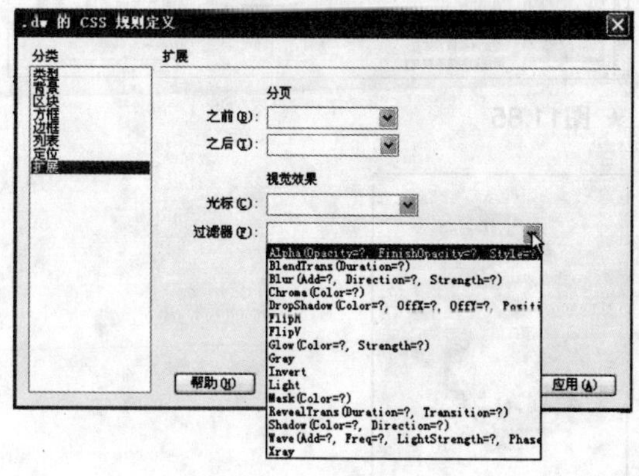


★ 图11.82

Alpha滤镜用来设置对象的透明度，应用Alpha滤镜样式，将指定的图像进行滤镜处理，实现边缘模糊的效果，其参数含义如下。

- Opacity：透明度的级别。值的范围是0～100，其中“0”代表完全透明，“100”代表不透明。
- FinishOpacity：在设置渐变的透明效果时，用来指定结束时的透明度，值的范围是0～100。
- Style：设置渐变透明度的样式。值为“0”代表统一形状，值为“1”代表线形，值为“2”代表放射状，值为“3”代表长方形。
- StartX：设置渐变透明度开始的X轴坐标。
- StartY：设置渐变透明度开始的Y轴坐标。
- FinishX：设置渐变透明度结束的X轴坐标。
- FinishY：设置渐变透明度结束的Y轴坐标。

在【过滤器】下拉列表中还可以选择其他效果，如Blur滤镜效果和Wave滤镜效果等。

Blur滤镜用来设置对象的模糊程度，其参数含义如下。

- Add：设置是否为图片添加模糊效果。
- Strength：代表有多少像素的宽度将受到模糊影响，只能为整数。
- Direction：设置模糊的方向。模糊的操作是按顺时针进行的，0°代表垂直向上。

Wave滤镜用来设置对象的波动程度，其参数含义如下。

- Add：设置是否显示原对象。值为“0”代表不显示，而非零表示显示

原对象。

- Freq：设置波动的个数。
- LightStrength：设置波动效果的光照强度，值的范围是0～100，其中“0”代表最弱，“100”代表最强。
- Phase：设置波动的起始角度。值的范围是0～100，例如值为“25”代表90°。
- Strength：设置波动摇摆的幅度。

此外，CSS还提供了其他几种滤镜。DropShadow滤镜用来建立投射阴影，FlipH滤镜用来设置水平翻转，FlipV滤镜用来设置垂直翻转，Glow滤镜为对象边界增加色彩光效，Gray滤镜将图像以灰度显示，Invert滤镜制作底片效果，Light滤镜进行灯光投影，Mask滤镜建立彩色透明遮罩，Xray滤镜只显示对象轮廓。

动手练

下面练习Alpha滤镜样式的设置，具体操作步骤如下：

1 选择【文本】→【CSS样式】→【新建】命令，弹出【新建CSS规则】对话框。

2 在【选择器类型】栏中选中【类（可应用于任何标签）】单选项，在【名称】下拉列表框中输入自定义的样式名称“.alpha”，选中【仅对该文档】单选项，如图11.83所示。

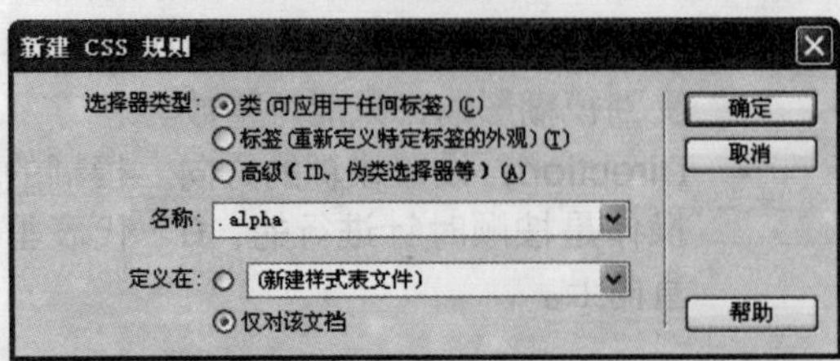


★ 图11.83

3 单击【确定】按钮，弹出【.alpha的CSS规则定义】对话框，在【分类】列表中选择【扩展】选项，在【过滤器】下拉列表中选择Alpha滤镜选项。

4 设置Alpha滤镜的参数为“Alpha(Opacity=100,FinishOpacity=20,Style=2)”，如图11.84所示。

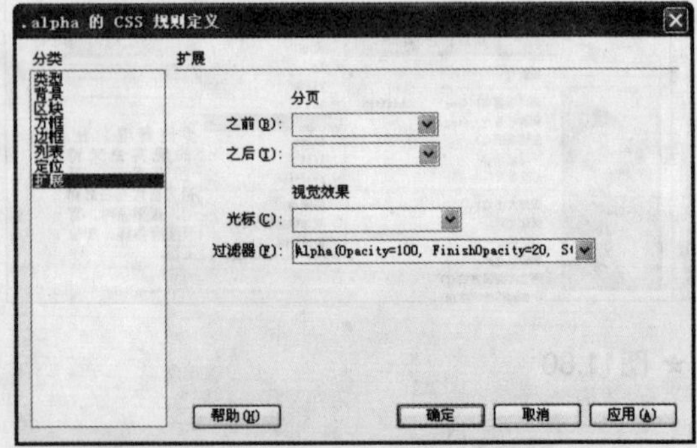


★ 图11.84

5 单击【确定】按钮，完成样式的创建。

6 在需要应用Alpha滤镜的图像上单击鼠标右键，从弹出的快捷菜单中选择【CSS样式】→【alpha】命令，如图11.85所示。

7 在浏览器中预览的效果如图11.86所示。

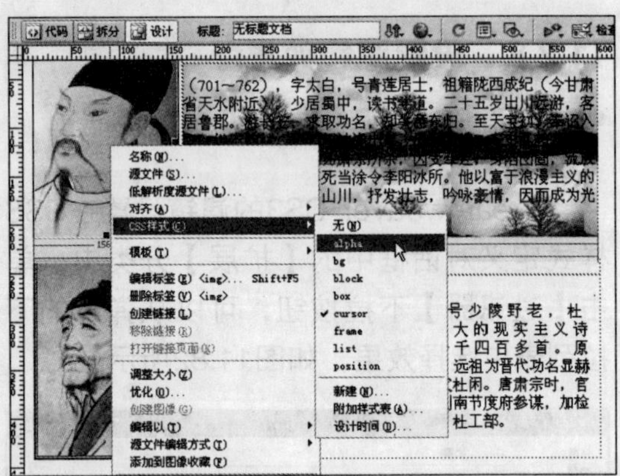


★ 图11.85

★ 图11.86

**8** 按上面的步骤设置Blur滤镜效果，定义样式的名称为“.blur”，设置Blur滤镜的参数为“Blur（Add=0, Direction=2, Strength=10）”，如图11.87所示。

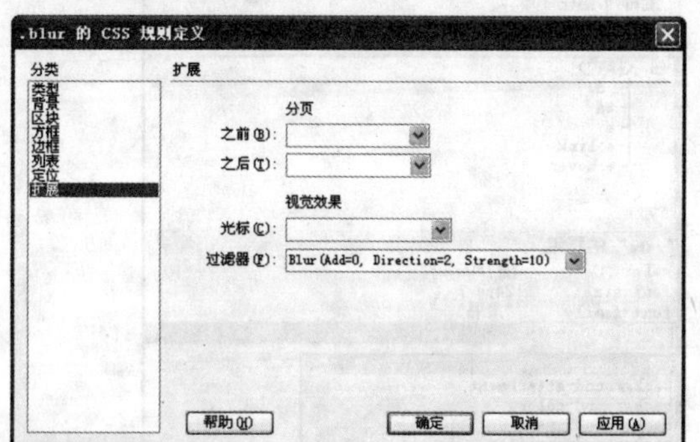


★ 图11.87

**9** 对图片应用该样式，效果如图11.88所示。

**10** 按同样的方法设置Wave滤镜的效果如图11.89所示。

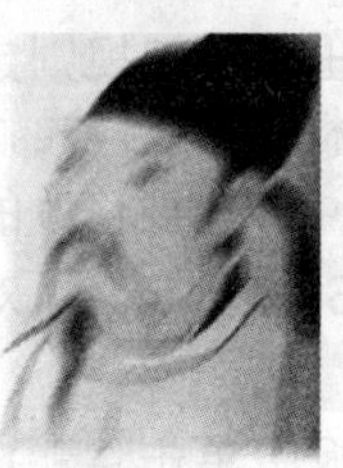

★ 图11.88

★ 图11.89

## 11.3 CSS样式的管理和应用

初次创建的CSS样式可能不太符合实际需要，需要用户对CSS样式进行编辑。另外，部分CSS样式在创建好后，还需制作者手动进行应用。

### 11.3.1 编辑CSS样式

在Dreamweaver CS3中可以对已创建的CSS样式进行修改编辑，也可以删除已创建的CSS样式。

#### 1. 重命名CSS样式

CSS样式创建好后，如果发现名称不太直观，可以对CSS样式进行重命名，系统会自动将引用了原样式的内容修改为以新名称命名的样式，方法如下：

- 在【CSS样式】面板中选中需重命名的样式，单击鼠标右键，在弹出的快捷菜单中选择【重命名】命令，弹出【重命名类】对话框，在【新建名称】文本框中输入新的名称。
- 在【CSS样式】面板中单击要命名的CSS样式名称两次，直接在面板中重命名。

#### 2. 修改CSS样式

要修改CSS样式，用户可以在【CSS规则定义】对话框中进行，也可以直接在【CSS样式】面板中进行操作，方法如下：

- 在【CSS样式】面板中选择要修改的样式，单击面板底部的【编辑样式表】按钮，弹出【CSS规则定义】对话框，在对话框中修改样式。
- 在【CSS样式】面板中双击要修改的样式，在弹出的【CSS规则定义】对话框中进行修改。
- 在【CSS样式】面板中单击全部按钮，显示当前文档中所有CSS样式列表。在【属性】列表框中选择需要修改的属性，并单击后面激活的下拉按钮，在弹出的下拉列表中选择或输入新的属性值，如图11.90所示。

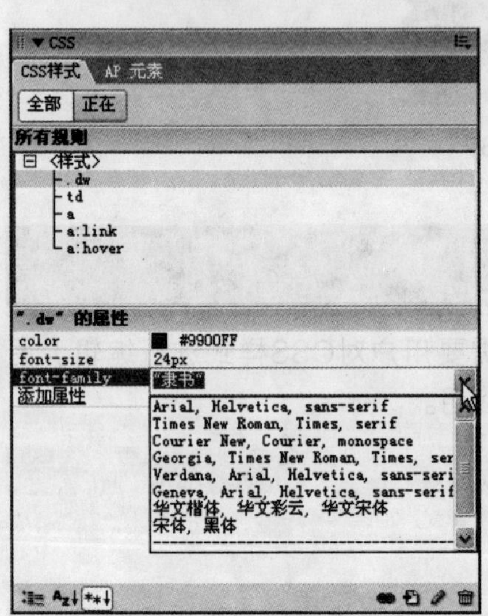


★ 图11.90

- 如果需要增加新的属性，可以单击【添加属性】超链接，从弹出的下拉列表中选择需要的属性选项即可，如图11.91所示。
- 要增加新的属性还可以单击【显示类别视图】按钮和【显示列表视图】按钮，显示所有的属性，并进行修改，如图11.92所示。

**3. 取消属性的设置**

如果要取消某项属性的设置，可以在CSS规则定义对话框中删除相应的值，或者在【CSS样式】面板的【属性】列表框中删除相应属性的值。

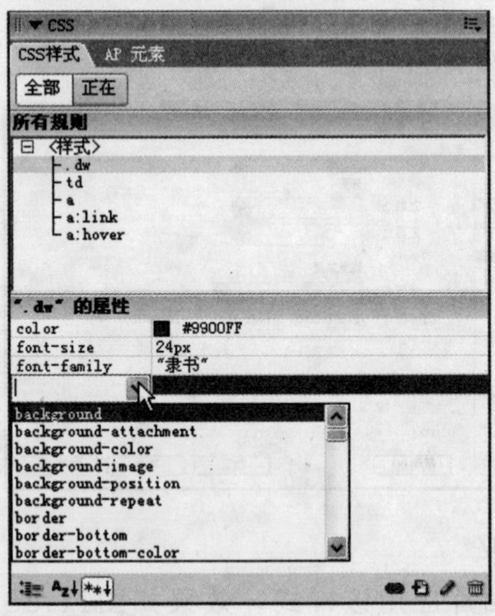


★ 图11.91

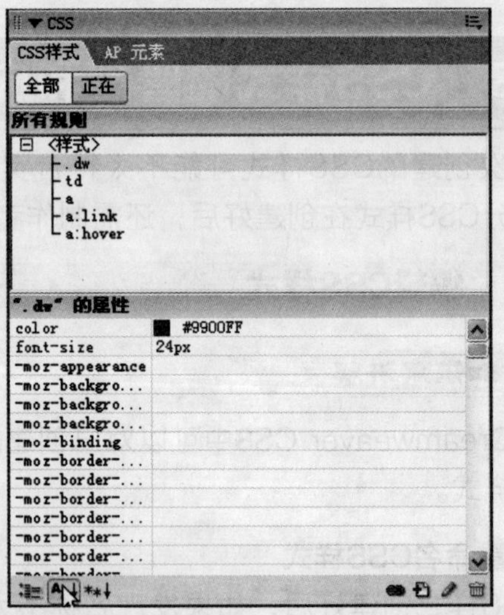


★ 图11.92

**4. 删除CSS样式**

如果不再需要某个CSS样式，可以将其删除，在【CSS样式】面板中选择要删除的CSS样式，再单击按钮，即可删除该CSS样式。

**5. CSS样式的应用**

设置好CSS样式后，标签CSS样式和

伪类CSS样式会自动应用到相应的HTML标签和伪类上，类CSS样式需要手动应用到需要的网页元素上。将类CSS样式应用到网页元素上主要有使用网页元素的快捷菜单、使用CSS样式的快捷菜单和使用网页元素的【属性】面板三种方法。

- **使用网页元素的快捷菜单应用CSS样式**

  在需要应用CSS样式的网页元素上单击鼠标右键，在弹出的快捷菜单中的【CSS样式】子菜单中选择相应命令即可（以上练习中对CSS样式的应用都是采用的这种方法）。

- **使用CSS样式的快捷菜单应用CSS样式**

  在页面中选择要应用CSS样式的网页元素，然后在【CSS样式】面板中选择需要使用的CSS样式，单击鼠标右键，在弹出的快捷菜单中选择【套用】命令即可，如图11.93所示。

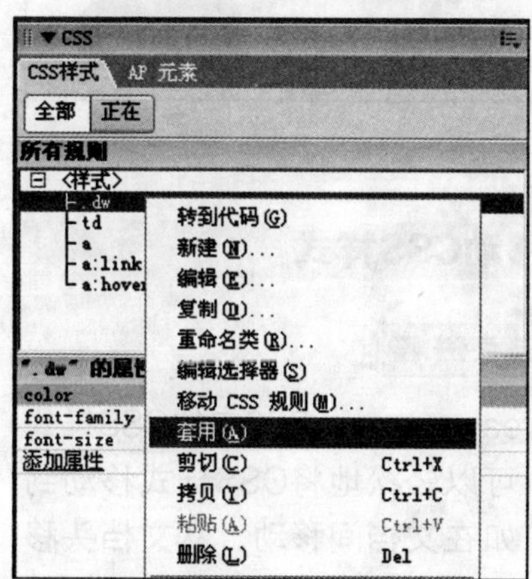

★ 图11.93

- **使用网页元素的【属性】面板应用CSS样式**

  在页面中选择要应用CSS样式的网页元素，然后在其【属性】面板的【类】下拉列表（文本【属性】面板中为【样式】下拉列表）中选择需要的选项即可，如图11.94所示。

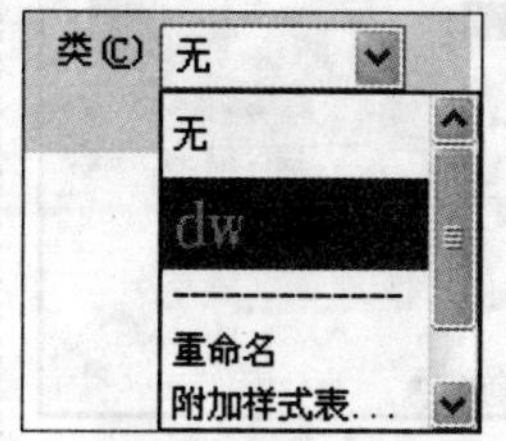

★ 图11.94

Dreamweaver CS3将网页页面中最常用的一些层叠样式表集中在页面属性中，通过对页面属性的设置可以直接应用CSS样式。

**动手练**

设置页面属性实际是通过创建层叠样式表来实现对整个网页的控制的，下面就来做一个设置页面属性的练习。

1 打开“flower.html”文件，在【属性】面板中单击【页面属性】按钮 页面属性... ，弹出【页面属性】对话框，如图11.95所示。

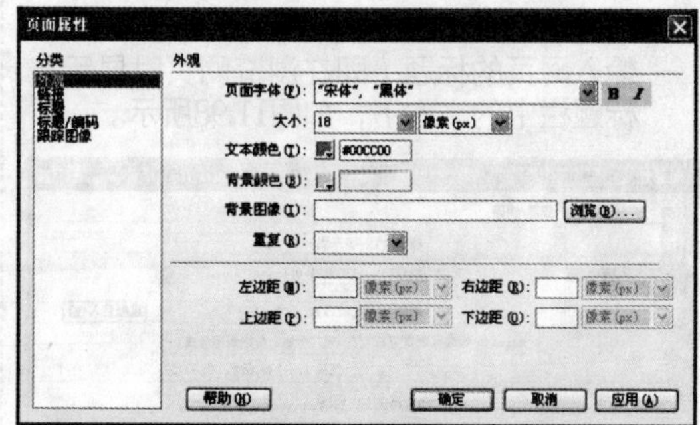

★ 图11.95

2 单击【背景图像】文本框右侧的【浏览】按钮，从弹出的【选择图像源文件】对话框中选择一幅图像，如图11.96所示。

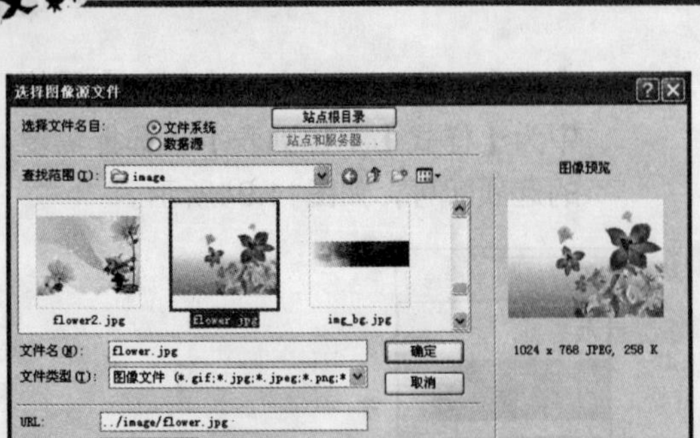

★ 图11.96

3 单击【确定】按钮，返回【页面属性】对话框，设置左边距和上边距均为0，如图11.97所示。

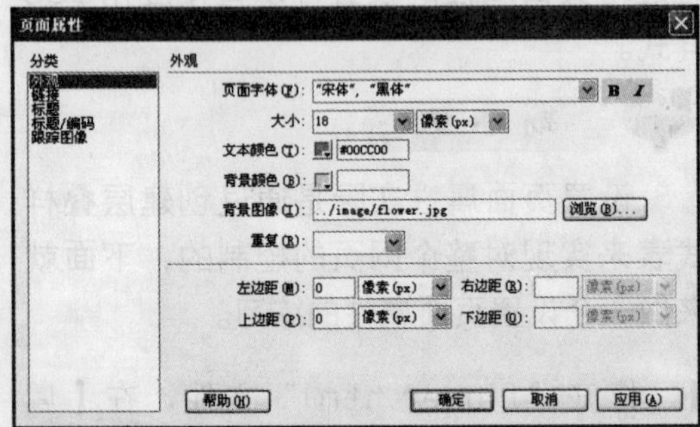

★ 图11.97

4 在左侧的【分类】列表框中选择【标题/编码】选项，在右侧的【标题】文本框中输入网页的标题（即在浏览网页时显示在标题栏中的文本），如图11.98所示。

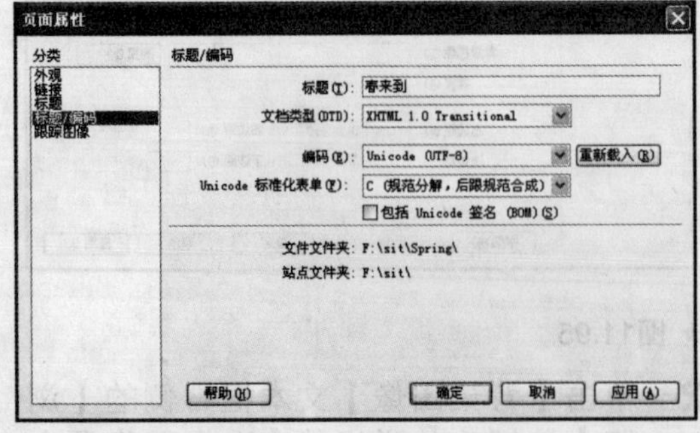

★ 图11.98

5 单击【确定】按钮，完成页面属性的设置，在【CSS样式】面板中即可看到body样式的设置，如图11.99所示。

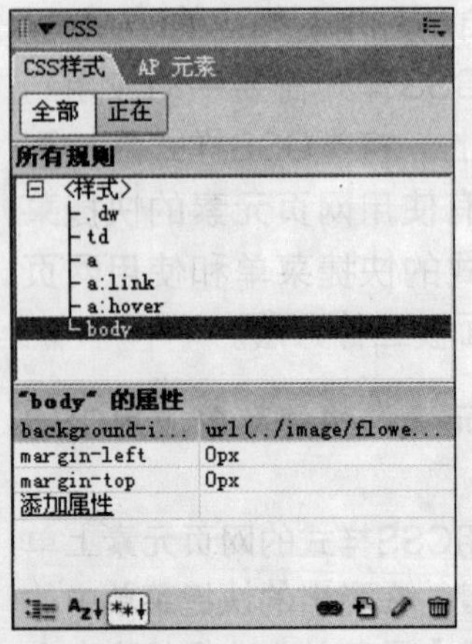

★ 图11.99

6 按【F12】键预览网页，效果如图11.100所示。

★ 图11.100

## 11.3.2 移动CSS样式

知识点讲解

使用Dreamweaver CS3中的CSS样式管理功能，可以轻松地将CSS样式移动到不同位置，如在文档间移动、从文档头移动到外部样式表，或在外部CSS文件间移动等。这样在不同文档中使用CSS样式时就不用重复创建了。

### 1. 将CSS样式移至新的样式表

在【CSS 样式】面板中选择要移动的一个或多个样式，然后右键单击选中的样式，从弹出的快捷菜单中选择【移

动 CSS 规则】命令，在弹出的【移至外部样式表】对话框中选中【新样式表】单选项，单击【确定】按钮，弹出【保存样式表文件为】对话框，在其中输入新样式表的名称，单击【保存】按钮，这时Dreamweaver CS3会保存新样式表。

**2. 将CSS样式移至已有的样式表**

在【CSS 样式】面板中选择要移动的一个或多个样式，然后右键单击选中的样式，从弹出的快捷菜单中选择【移动 CSS 规则】命令，在弹出的【移至外部样式表】对话框中选中【样式表】单选项，单击【浏览】按钮，弹出【选择样式表文件】对话框，在其中选择已创建的样式表，单击【确定】按钮。

下面练习CSS样式的移动，具体操作步骤如下：

**1** 在【CSS样式】面板中选择CSS样式，单击鼠标右键，从弹出的快捷菜单中选择【移动CSS规则】命令，如图11.101所示。

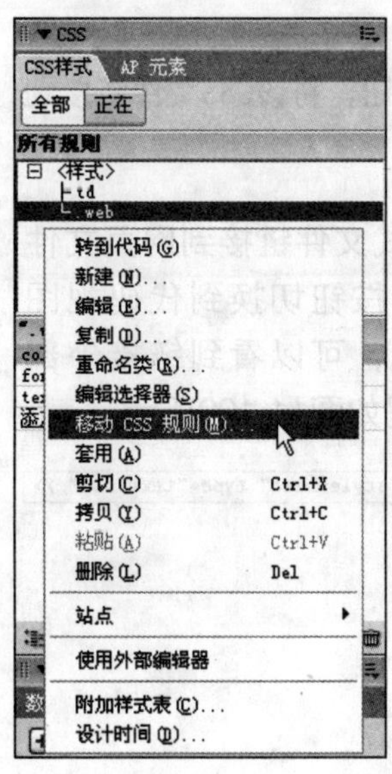

★ 图11.101

**2** 弹出【移至外部样式表】对话框，如图11.102所示。

★ 图11.102

**3** 单击【浏览】按钮，弹出【选择样式表文件】对话框，选择CSS文件，如图11.103所示。

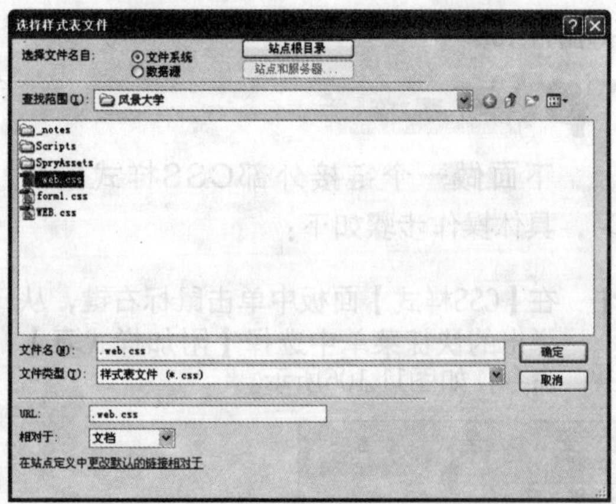

★ 图11.103

**4** 单击【确定】按钮，返回【移至外部样式表】对话框，如图11.104所示。

★ 图11.104

**5** 单击【确定】按钮，完成移动。

### 11.3.3 链接外部CSS样式

CSS样式通常只显示在创建该样式的页面的【CSS样式】面板中，通过链接外部CSS样式，可以将其他页面中的样式直接应用到自己的网页中，而不用自己再定义CSS样式，使用起来更加方便。

单击【CSS样式】面板中的【附加样式表】按钮，弹出【链接外部样式表】对话框，在其中可选择需要链接的CSS样式文件，如图11.105所示。

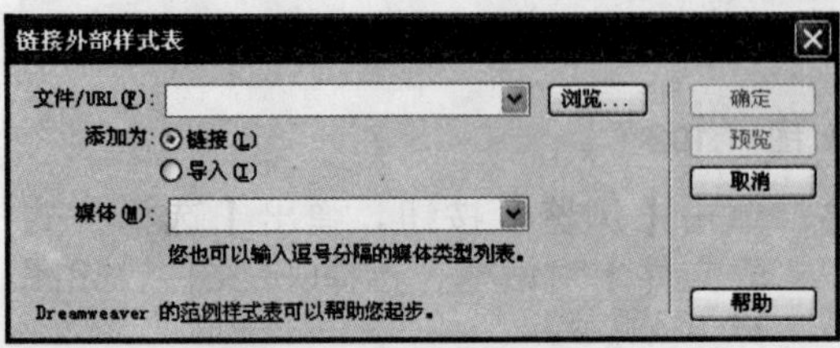


★ 图11.105

下面做一个链接外部CSS样式的练习，具体操作步骤如下：

**1** 在【CSS样式】面板中单击鼠标右键，从弹出的快捷菜单中选择【附加样式表】命令，如图11.106所示。

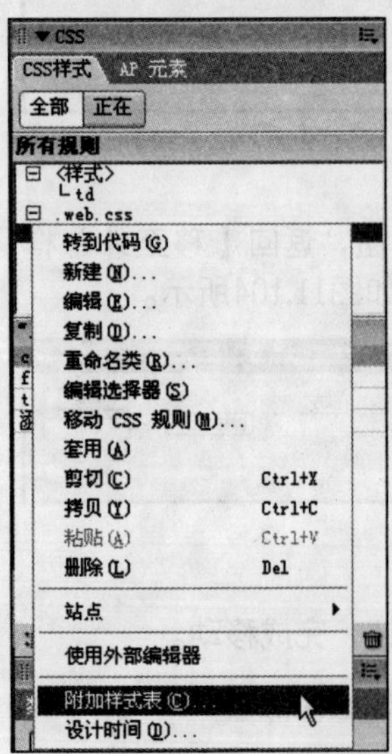


★ 图11.106

**2** 在弹出的【链接外部样式表】对话框中单击【浏览】按钮。

**3** 弹出【选择样式表文件】对话框，选择一个CSS样式文件，如图11.107所示。

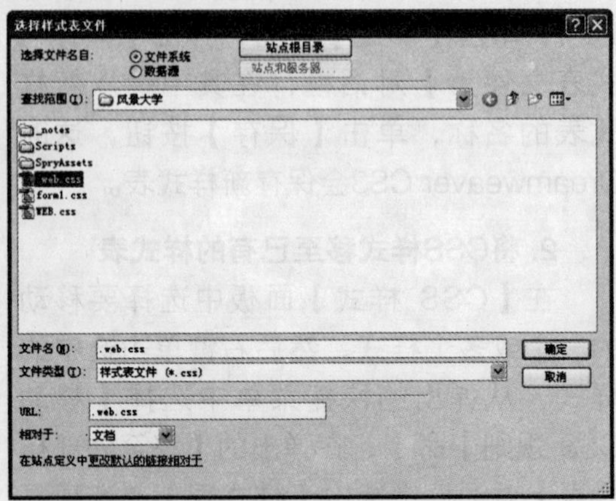


★ 图11.107

**4** 单击【确定】按钮，返回【链接外部样式表】对话框。

**5** 选中【链接】单选项，如图11.108所示。

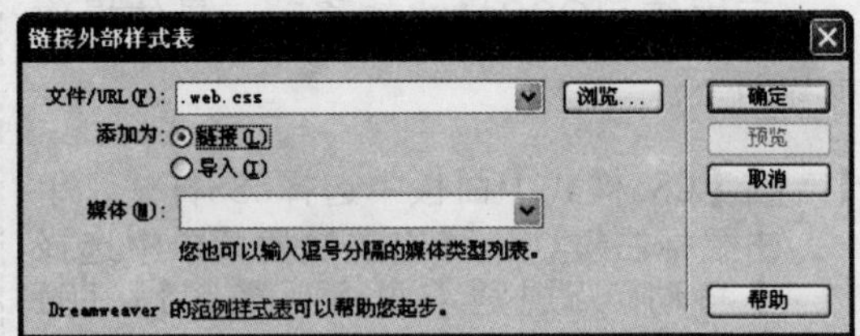


★ 图11.108

**6** 单击【确定】按钮，将该CSS文件链接到编辑的网页中。

将外部CSS样式文件链接到网页文件后，单击【代码】按钮切换到代码视图下，查看网页代码，可以看到链接外部CSS样式文件的代码如图11.109所示。

```
<link href=".web.css" rel="stylesheet" type="text/css" />
```

图11.109

## 疑难解答

**问** 在制作网页时，若需要为页面中的多个不连续文字设置相同的样式，有没有快速的方法?

**答** 在对其中的某部分文字进行设置后，在【属性】面板中的【样式】下拉列表中就会出现该样式的选项，系统通常将样式自动命名为STYLE1，STYLE2等，选中需设置的文本后再选择所需的样式即可。

**问** 创建好CSS样式后，若觉得不满意，怎样对其进行修改?

**答** 在【CSS样式】面板中选中需修改的样式，单击鼠标右键，在弹出的快捷菜单中选择【编辑】命令，打开CSS规则定义对话框，然后在原来的基础上进行修改，如果熟悉HTML语言的话，可以双击需修改的CSS样式，编辑窗口将自动切换到代码视图，用户可在其中编辑CSS样式的HTML代码。

**问** 创建好CSS样式后，若发现名称不太直观，如何对其进行重命名呢?

**答** 在【CSS样式】面板中选中需重命名的样式，单击鼠标右键，在弹出的快捷菜单中选择【重命名】命令，打开【重命名类】对话框，在【新建名称】文本框中输入新的名称，再单击 确定 按钮，系统会自动将引用了原样式的内容修改为引用以新名称命名的样式。

Chapter 12

# 第12章 网页中行为的应用

*本章要点*

- *了解行为*
- *行为的基本操作*
- *主要行为的使用*

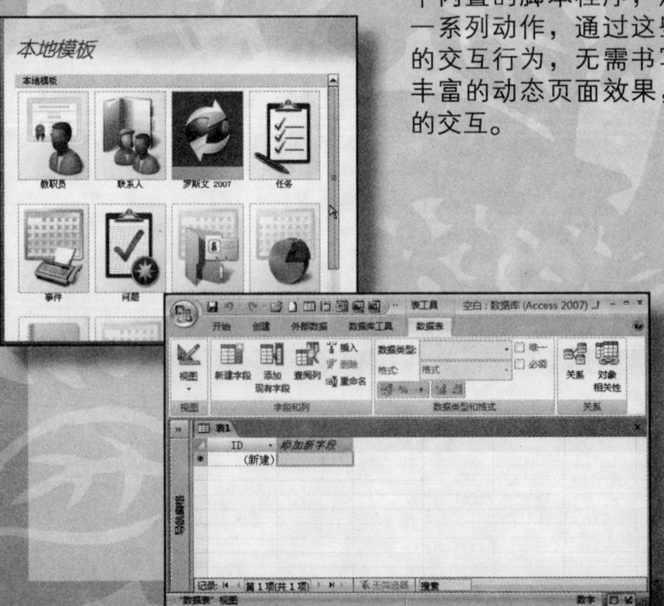

行为（Behavior）是Dreamweaver CS3中内置的脚本程序，是在网页中进行的一系列动作，通过这些动作构建页面中的交互行为，无需书写代码，即可实现丰富的动态页面效果，实现用户与页面的交互。

# 12.1 了解行为

行为是由事件和动作组成的。事件是动作被触发的条件，而动作是用于完成特殊任务的预先编好的JavaScript代码。在【行为】面板中，可以先指定一个动作，然后指定触发该动作的事件，从而将该行为添加到页面中。

## 12.1.1 行为定义

行为由事件和对应的动作组成，事件控制何时执行，动作控制执行什么。如将鼠标指针移动到某个超链接上时，该超链接就会产生一个onMouseOver事件，至于超链接文本变为其他颜色等效果，则是动作的具体内容了。

### 1. 事件

事件是浏览器生成的指示该页面的访问者执行了某种操作的消息。每个浏览器都提供一组事件，不同的浏览器有不同的事件，但常用的事件大部分浏览器都支持，常用的事件及作用说明如下。

- onAfterUpdate：在表单文档中更新内容时触发的事件。
- onBeforeUpdate：组成表单文档的内容改换为其他内容时触发的事件。
- onBlur：用鼠标单击其他对象，而使当前对象失去焦点时的事件。
- onClick：单击特定对象时触发的事件。
- onDblClick：双击特定对象时触发的事件。
- onDrag：拖动对象时触发的事件。
- onDragStart：开始拖动时触发的事件。
- onError：下载文档发生错误时触发的事件。
- onFocus：与onBlur相反，鼠标被激活时触发的事件。
- onKeyDown：按住指定键不放时触发的事件。
- onKeyPress：按指定键时触发的事件。
- onKeyUp：释放指定键时触发的事件。
- onLoad：在浏览器中下载文档或播放影片等对象时触发的事件。
- onUnLoad：当访问者从一个页面移到另一个页面时触发的事件。
- onMouseDown：按鼠标键时触发的事件。
- onMouseMove：移动鼠标时触发的事件。
- onMouseOut：指定当鼠标离开指定对象范围内时触发的事件。
- onMouseOver：指定当鼠标位于指定对象范围内时触发的事件。
- onMouseUp：鼠标按下后，释放时触发的事件。
- onReset：在表单文档中初始化内容时触发的事件。
- onStart：当Marquee元素开始显示内容时触发的事件。
- onSelect：选择表单文档中文本域中的文字时触发的事件。
- onScoll：移动滚动条时触发的事件。
- onSubmit：在表单文档中单击【提交】按钮时触发的事件。

### 2. 动作

动作由预先编写的JavaScript代码组

成，这些代码执行特定的任务，如打开浏览器窗口、显示或隐藏AP Div、播放声音或控制影片播放等。

为对象添加行为后，该对象只要发生了指定的事件，浏览器就会调用与该事件关联的动作。如将“弹出消息”动作附加到某个超链接，并指定它将由onMouseOver事件触发，那么只要在浏览器中用鼠标指向该超链接时，就会在对话框中弹出给定的消息。

单个事件可以触发多个不同的动作，可以指定这些动作发生的顺序，在不同的时间内执行这些动作。

**3. 基本行为**

Dreamweaver CS3为用户提供了丰富的行为动作，涉及网页制作各个方面的内容。读者利用这些行为，可以很容易地制作出看上去很复杂的网页效果。

（1）播放声音

播放声音动作可以在将鼠标移动到链接上或者在网页载入时播放声音，从而增加页面的吸引力。

（2）检查浏览器

不同浏览器的支持能力有一定的差异，利用这个行为，可以检查浏览器的版本，以跳转到不同的页面。

（3）控制Shockwave或Flash

Shockwave和Flash是网页制作时经常插入的对象，该行为就是用于控制这些对象的。利用它可以控制动画的播放、停止和返回，还可以控制直接跳转到第几帧。

（4）打开浏览器窗口

使用打开浏览器窗口动作可以在新窗口中打开一个URL。用户可以指定新窗口大小、属性（窗口大小是否可调整、是否有菜单栏等）及名称。

如果不指定新窗口的任何属性，那么新窗口与打开它的窗口属性相同。指定窗口的任何属性都将自动关闭所有其他未显示打开的属性。

（5）设置导航栏图像

用设置导航栏图像动作可以将图像转换成导航栏图像或改变导航栏中图像的显示及动作。

（6）调用JavaScript

调用JavaScript行为允许用户设置当某些事件被触发时，调用相应的JavaScript脚本，以实现相应的动作。在设置该行为时，可以直接输入JavaScript脚本或者函数。

（7）改变属性

改变属性行为允许用户动态地改变对象属性，如图像的大小和AP Div的背景颜色等。需要注意的是，这个行为的设置取决于浏览器是否支持。

（8）拖动AP元素

拖动AP元素行为可以实现在页面上AP元素的移动，甚至移动AP元素的内容。

（9）转到URL

可以设置当前的浏览器窗口或者将指定的框架窗口载入到指定的页面。

（10）跳转表单

跳转表单行为主要用于编辑跳转表单。

（11）弹出信息

如果要在页面上显示一个信息对话框，或者给用户一个提示信息，就可以使用弹出信息行为。

（12）显示-隐藏元素

使用显示-隐藏元素动作可以显示、隐藏或还原一个或多个元素的默认显示状态。当访问者和网页进行交互时，该动作对于显示信息很有帮助。

（13）交换图像

使用交换图像动作除了可以改变图像

标签的SRC属性，将该图像变换为另外一幅图像外，还可以创建按钮变换和其他图像效果，包括一次变换多幅图像等。由于在此动作中被影响到的只有SRC属性，因此变换图像应该具有和原图像相同的尺寸（即高度和宽度都应相同），防止产生图像变形等情况。

（14）恢复交换图像

恢复交换图像动作可以将最后设置的变换图像还原为原始图像。当用户为对象添加变换图像动作时，该动作将自动添加，如果此时选中了【鼠标滑开时恢复图像】复选项，那么变换图像还原行为就无需再手动添加。

（15）检查插件

有时候制作的页面需要某些插件的支持，如使用Flash制作的网页需要Flash插件的支持，所以有必要对用户浏览器的插件进行检查，查看是否安装了指定的插件。

### 12.1.2　【行为】面板

下面介绍Dreamweaver CS3的【行为】面板。

选择【窗口】→【行为】命令（或按【Shift+F4】组合键），打开【行为】面板，如图12.1所示。

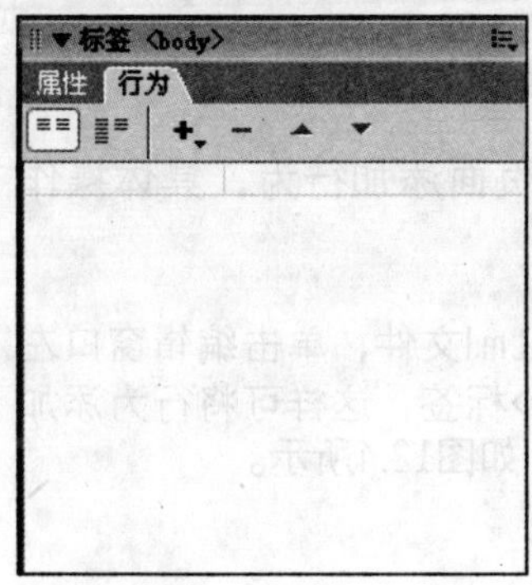


★ 图12.1

在【行为】面板顶部有6个按钮，分别是【显示设置事件】按钮、【显示所有事件】按钮、【添加行为】按钮、【删除事件】按钮、【增加事件值】按钮和【降低事件值】按钮。

- **【显示设置事件】按钮**：在对话框中显示所设置的事件。
- **【显示所有事件】按钮**：在对话框中显示所有的事件。
- **【添加行为】按钮**：单击此按钮会弹出一个下拉菜单，从中选择一个命令，弹出对话框，在其中可以设置动作和事件的各项参数。
- **【删除事件】按钮**：单击此按钮可以将选择的事件和动作删除。
- **【增加事件值】按钮**：单击此按钮可以向上移动所选的事件和动作。这样就改变了行为在列表中的顺序，即改变了其执行顺序。
- **【降低事件值】按钮**：单击此按钮可以向下移动所选的事件和动作。

动手练

通过下面的练习认识Dreamweaver CS3的基本行为，操作步骤如下：

1 新建一个HTML文档，选择【窗口】→【行为】命令，打开【行为】面板。

2 在【行为】面板上单击【添加行为】按钮，弹出如图12.2所示的下拉菜单，熟悉其中列出的常用行为。

说　明

如果【添加行为】下拉菜单中的行为呈灰色显示，说明对所选定的对象不能添加该行为。

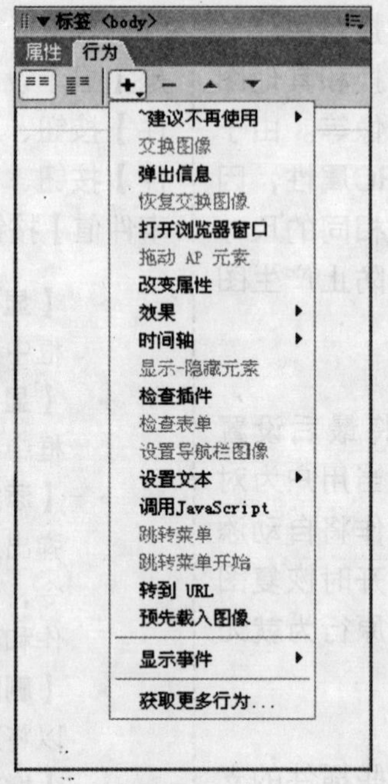


★ 图12.2

## 12.2 行为的基本操作

网页中行为的基本操作主要是在【行为】面板中进行的，包括添加行为和编辑行为等，下面就来介绍这些基本操作。

### 12.2.1 添加行为

添加行为就是将行为添加到网页的各个对象中，如<body>标签、超链接、图像或表单等网页对象，从而达到交互效果。由于附加行为由浏览器类型决定，所以在添加行为之前先要查看浏览器的类型。不同的浏览器版本支持不同的动作，添加行为前首先要明确支持该动作行为的浏览器的最低版本。

在【行为】面板中单击【添加行为】按钮，在弹出的下拉菜单的【显示事件】子菜单中选择不同版本的浏览器，查看各种浏览器支持的行为，如图12.3所示。

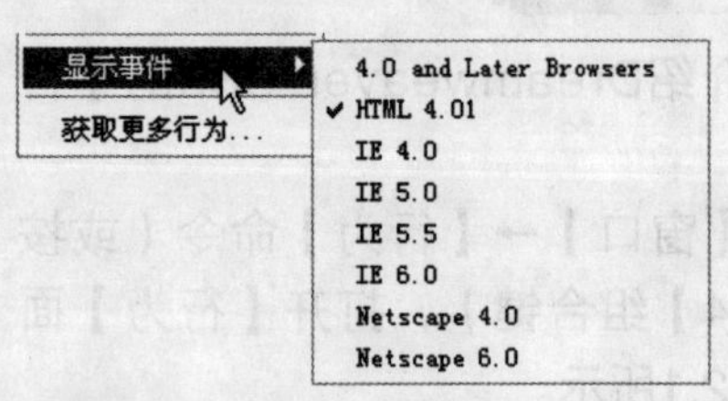


★ 图12.3

下面练习为页面添加行为，具体操作步骤如下：

**1** 打开flower.html文件，单击编辑窗口左下角的<body>标签，这样可将行为添加到整个页面，如图12.4所示。

★ 图12.4

2 单击【行为】面板上的【添加行为】按钮 ，从弹出的下拉菜单中选择【设置文本】→【设置状态栏文本】命令，弹出【设置状态栏文本】对话框。

3 在【消息】文本框中输入要显示在状态栏中的文本信息，如图12.5所示。

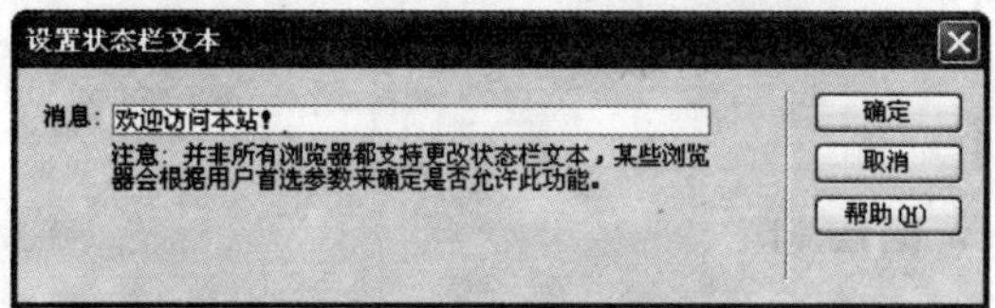


★ 图12.5

4 单击【确定】按钮，行为即添加到【行为】面板中，如图12.6所示。

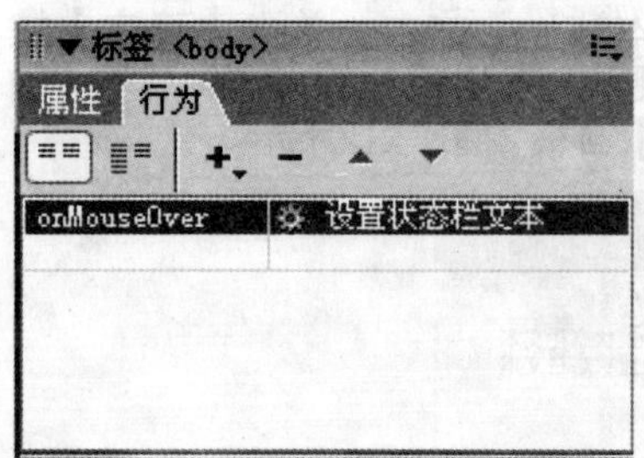


★ 图12.6

5 选择【onMouseOver】事件选项，再单击右侧激活的下拉按钮 ，在弹出的下拉列表中选择【onLoad】选项，如图12.7所示。

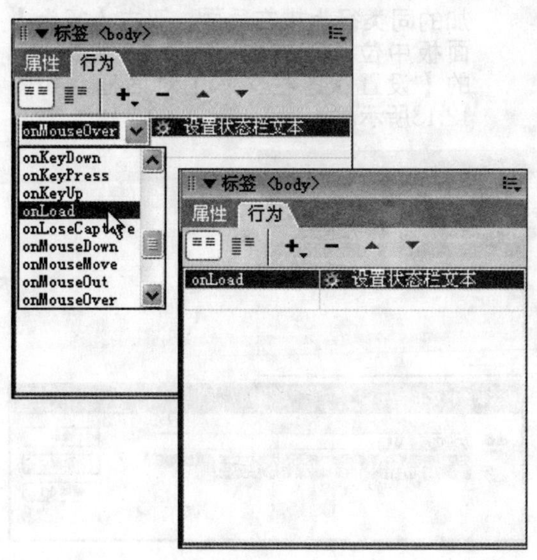


★ 图12.7

6 保存文件，按【F12】键在浏览器中预览，在网页底部状态栏中会显示文本信息，效果如图12.8所示。

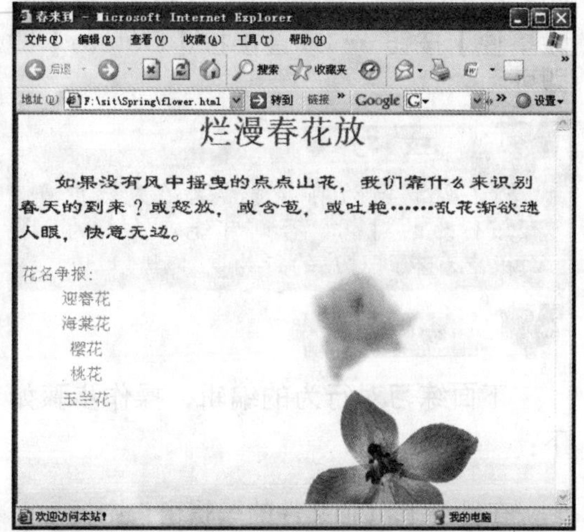


★ 图12.8

## 12.2.2 编辑行为

对添加的行为进行编辑主要包括修改和删除两个方面。

### 1. 修改添加的行为

可以对添加的行为进行修改，主要包括修改行为的事件、修改行为的动作和修改行为的顺序，分别介绍如下。

- **修改行为的事件**：先选择要修改行为的对象，然后在【行为】面板的触发事件对应的下拉列表中重新选择需要的事件即可。
- **修改行为的动作**：在【行为】面板的【动作】列表中双击要修改的动作，在弹出的对话框中进行修改，单击【确定】按钮即可。
- **修改行为的顺序**：选择要调整顺序的行为，单击【增加事件值】按钮 或【降低事件值】按钮 将其上移或下移。

**2. 删除行为**

如果不需要某种行为，可以将其删除。方法是选中要删除的行为，单击【删除事件】按钮 − 或直接按【Delete】键即可。

**技 巧**

在编辑行为前，通常需要先选中具有该行为的对象，否则可能在【行为】面板中看不到对应的行为。

**动手练**

下面练习对行为的编辑，操作步骤如下：

**1** 在flower.html文件的编辑窗口中插入一个AP Div，并在AP Div中插入一幅图片，如图12.9所示。

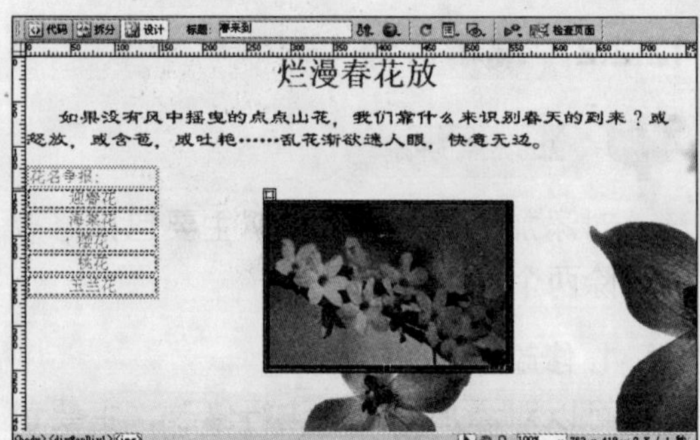


★ 图12.9

**2** 选中插入到AP Div中的图片，单击【行为】面板上的【添加行为】按钮 +，从弹出的下拉菜单中选择【设置文本】→【设置状态栏文本】命令，弹出【设置状态栏文本】对话框，在文本框中输入要显示在状态栏中的文本信息“迎春花”，如图12.10所示。

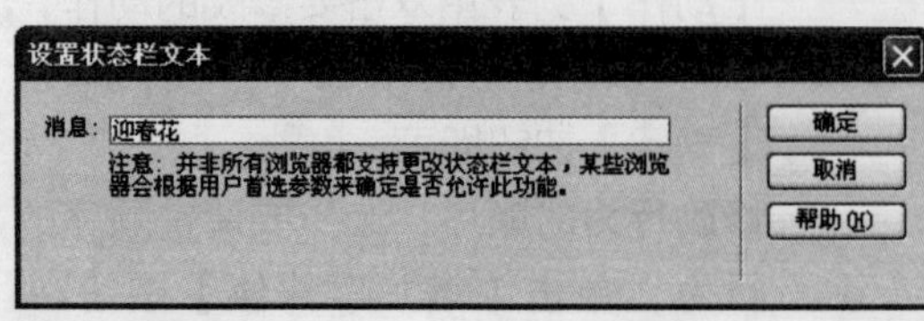


★ 图12.10

**3** 单击【确定】按钮，行为即添加到【行为】面板中，如图12.11所示。

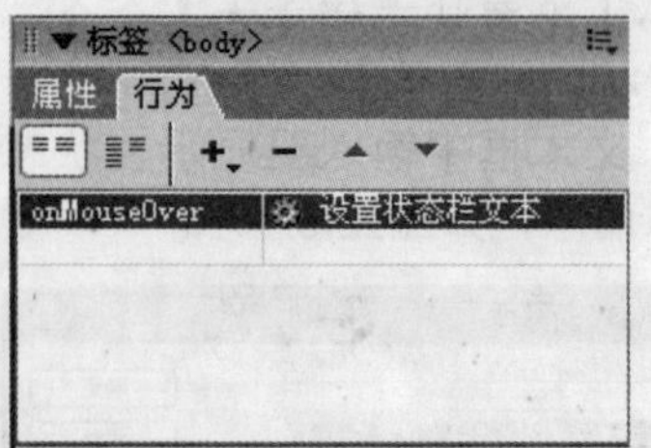


★ 图12.11

**4** 保持图片的选中状态，再次单击【添加行为】按钮 +，选择【设置文本】→【设置状态栏文本】选项，在弹出的【设置状态栏文本】对话框中输入“欢迎访问本站！”文本，单击【确定】按钮，为图片添加另一个行为，这时的【行为】面板如图12.12所示。

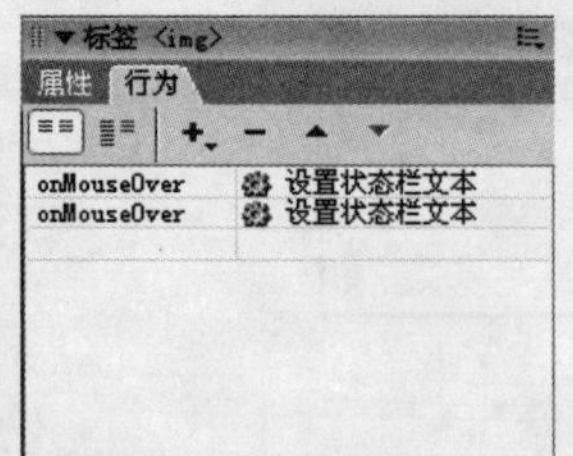


★ 图12.12

**5** 设置文本行为的默认事件为onMouseOver事件，Dreamweaver CS3自动将以后添加的同类行为排在后面。双击【行为】面板中位于下方的行为，打开该行为的【设置状态栏文本】对话框，如图12.13所示。

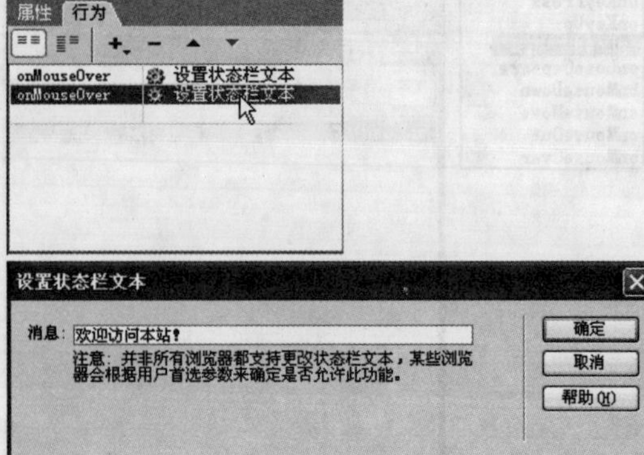


★ 图12.13

6　保持该行为的选中状态，单击【增加事件值】按钮▲，改变该行为在列表中的顺序，即改变其执行顺序，如图12.14所示。

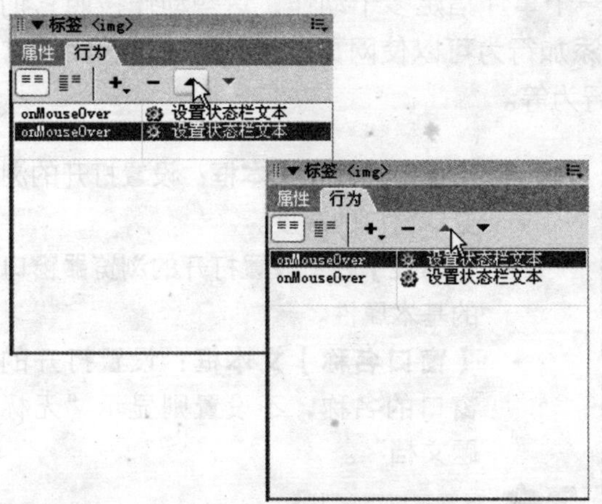

★ 图12.14

7　选择【onMouseOver】事件选项，激活下拉按钮，单击下拉按钮，在弹出的下拉列表中选择【onMouseOut】选项，如图12.15所示。

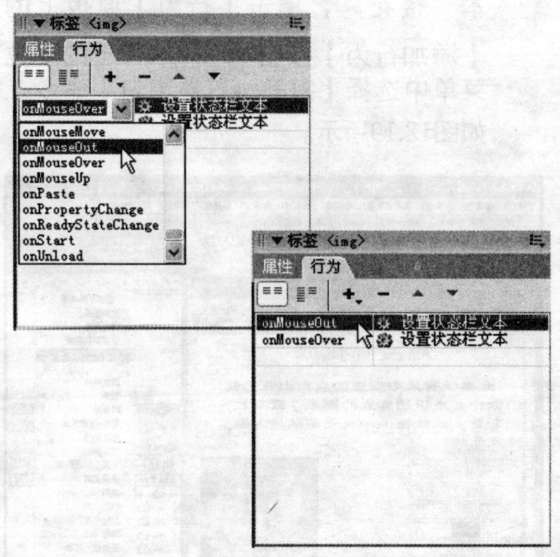

★ 图12.15

8　按【Ctrl+S】组合键保存文件，按【F12】键在浏览器中预览，效果如图12.16所示。

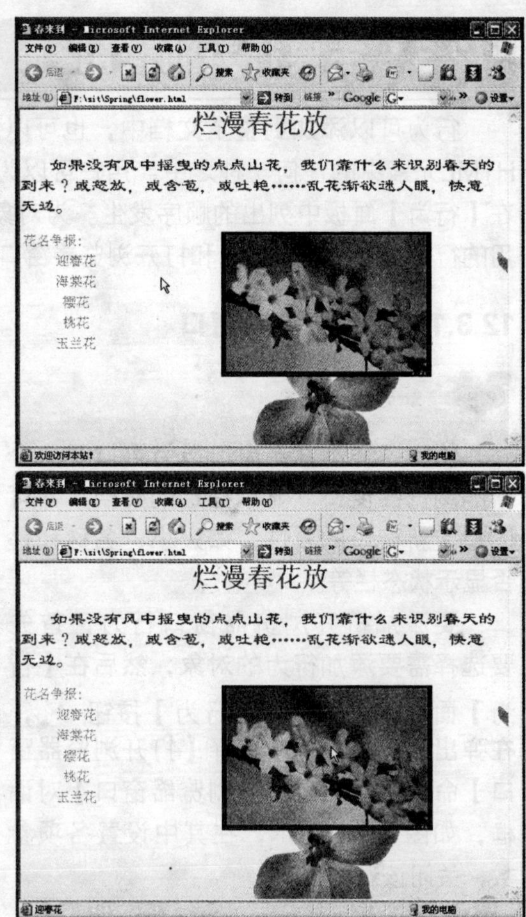

★ 图12.16

9　关闭预览窗口，在【行为】面板中选择一个行为，单击【删除事件】按钮−，将该行为删除，如图12.17所示。

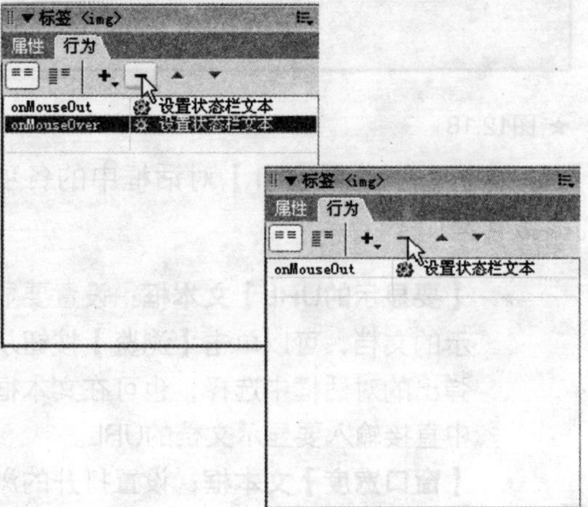

★ 图12.17

## 12.3 主要行为的使用

行为可以添加到整个文档中，也可以添加到超链接、图像、表单元素或多种其他HTML元素中的任何一种之中。用户可以为一个事件指定多个动作，这些动作按照它们在【行为】面板中列出的顺序发生。为对象添加行为可以使网页产生各种效果，比较常用的行为有弹出信息行为和打开浏览器窗口行为等。

### 12.3.1 打开浏览器窗口

使用打开浏览器窗口行为可打开一个新的浏览器窗口，显示指定的文档，并可以指定新窗口的属性，如大小、名称和是否显示状态栏等。

要添加打开浏览器窗口行为，首先要选择需要添加行为的对象，然后在【行为】面板中单击【添加行为】按钮 ，在弹出的下拉菜单中选择【打开浏览器窗口】命令，弹出【打开浏览器窗口】对话框，如图12.18所示，在其中设置各项参数，关闭该对话框。

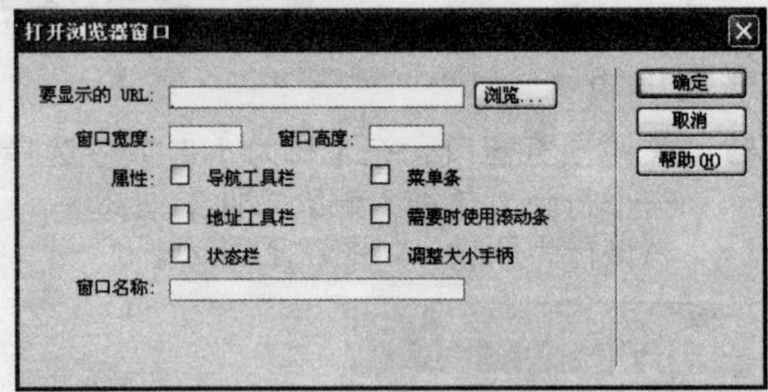


★ 图12.18

【打开浏览器窗口】对话框中的各项参数含义如下。

- **【要显示的URL】文本框**：设置要显示的文档，可以单击【浏览】按钮从弹出的对话框中选择，也可在文本框中直接输入要显示文档的URL。
- **【窗口宽度】文本框**：设置打开的浏览器窗口的宽度。
- **【窗口高度】文本框**：设置打开的浏览器窗口的高度。
- **【属性】栏**：设置打开的浏览器窗口的基本属性。
- **【窗口名称】文本框**：设置打开的窗口的名称，不设置则显示“无标题文档”。

动手练

下面练习为页面对象添加打开浏览器窗口行为，操作步骤如下：

1 在flower.html文件的编辑窗口中选中文本“樱花”，单击【行为】面板上的【添加行为】按钮 ，从弹出的下拉菜单中选择【打开浏览器窗口】命令，如图12.19所示。

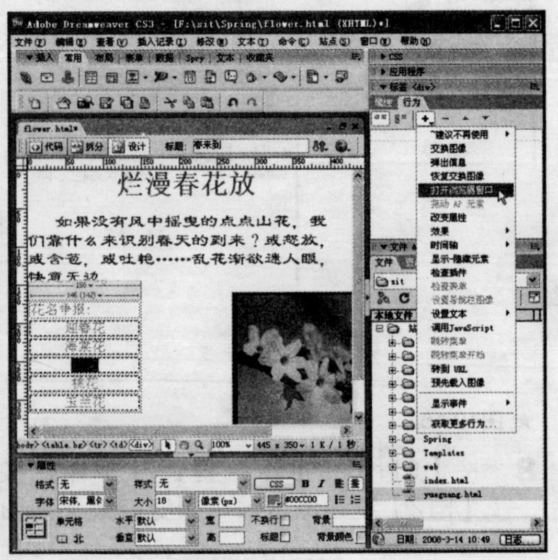


★ 图12.19

2 弹出【打开浏览器窗口】对话框，在【要显示的URL】文本框中设置要显示的文档，设置窗口宽度和高度均为500，选中【需要时使用滚动条】复选项，如图12.20所示，

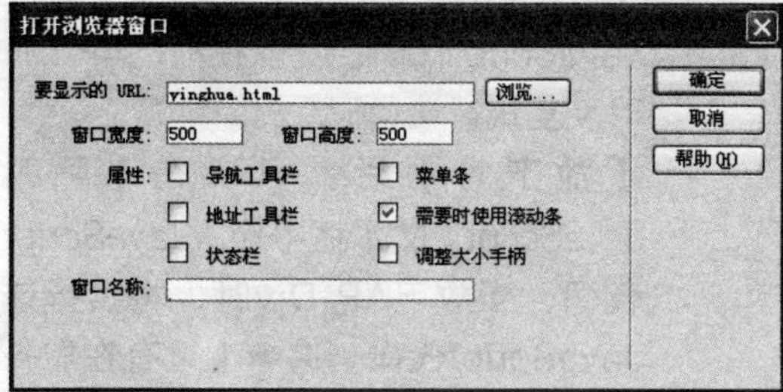


★ 图12.20

3 单击【确定】按钮，这时的【行为】面板如图12.21所示。

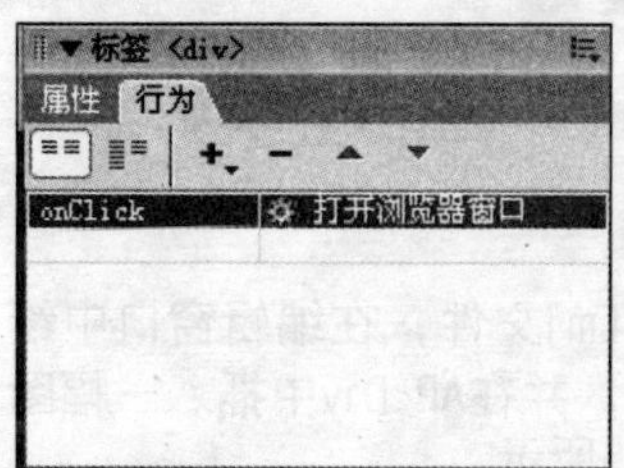


★ 图12.21

4 保存文件，按【F12】键在浏览器中预览效果，如图12.22所示。

★ 图12.22

## 12.3.2 拖动AP元素

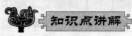

拖动AP元素行为方便浏览者在访问页面时拖动AP Div。通过设定，浏览者可以向水平、垂直或任意方向拖动AP Div。如果设定了一个目标位置，当浏览者将AP Div拖动到接近目标位置时，AP Div会自动定位到目标位置。

创建AP Div后（不要选中AP Div），打开【行为】面板，单击【添加行为】按钮 +，在弹出的下拉菜单中选择【拖动AP元素】命令，弹出【拖动AP元素】对话框，该对话框包括【基本】和【高级】两个选项卡，如图12.23所示。

★ 图12.23

【拖动AP元素】对话框中的参数设置如下。

### 1.【基本】选项卡的设置

【基本】选项卡如图12.23所示，在其中可选择添加行为的AP Div，设置拖动限制等，其中各项含义如下。

- **【AP元素】下拉列表框**：在其中设置需要被拖动的AP Div。
- **【移动】下拉列表框**：包括【限制】和【不限制】两个选项，选择【限制】选项，会激活【上】、【下】、【左】和【右】4个文本框，可以输入数值以限制AP Div的移动范围；若选择【不限制】选项，则AP Div可移动到页面的任意位置。

- 【放下目标】栏：用于设置目标位置，在【左】和【上】两个文本框中设置目标位置的坐标。单击【取得目前位置】按钮，AP Div的当前位置会自动填充到这两个文本框中。
- 【靠齐距离】文本框：当用户拖动的AP Div与目标位置的距离小于设置的靠齐距离时放下AP Div，AP Div将自动靠齐到目标位置。该值设置得越大，就越容易将AP Div拖动到放置的目标位置。

2.【高级】选项卡的设置

【高级】选项卡如图12.24所示，在其中可进行拖动AP Div的控制点、在拖动AP Div时跟踪AP Div的移动以及放下AP Div时触发一个动作等设置，其中各项含义如下。

★ 图12.24

- 【拖动控制点】下拉列表框：用于设置选择拖动控制点是整个AP Div还是AP Div内的某个区域，选择【整个元素】选项，即在AP Div的任意位置上都可以拖动AP Div；选择【元素内的区域】选项，将出现【上】、【下】、【左】和【右】4个文本框，用于设置区域，当使用鼠标在该区域内拖动时才能拖动AP Div。
- 【拖动时】栏：用于设置拖动AP Div时的属性，选中【将元素置于顶层】复选项，则在拖动AP Div时，AP Div移动到最前面。如果在其后的下拉列表中选择【留在最上方】选项，则表示AP Div在被拖动时应该移动到堆叠顺序的顶部；如果选择【恢复Z轴】选项，则表示将其恢复到它在堆叠顺序中的原位置。在【呼叫JavaScript】文本框中输入JavaScript代码，可以在拖动AP Div时反复执行该代码。
- 【放下时】栏：可以在【呼叫JavaScript】文本框中输入JavaScript代码，当放下AP Div时，将执行该JavaScript代码。选中【只有在靠齐时】复选项，则表示只有当AP Div到达拖放目标时，才执行该JavaScript代码。

**动手练**

下面做一个拖动AP Div的练习，具体操作步骤如下：

**1** 打开flower.html文件，在编辑窗口中绘制一个AP Div，并在AP Div中插入一幅图片，如图12.25所示。

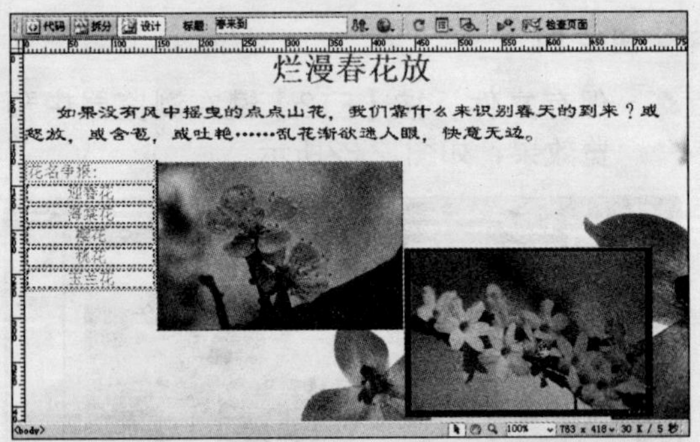


★ 图12.25

**2** 选择【窗口】→【AP元素】命令，打开【AP元素】面板，在其中可以看到该网页中的AP Div，如图12.26所示。

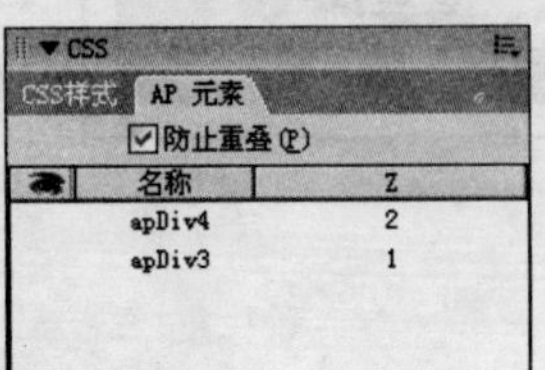


★ 图12.26

**3** 不选中AP Div，在【行为】面板中单击【添加行为】按钮+，在弹出的下拉菜单中选择【拖动AP元素】命令，如图12.27所示。

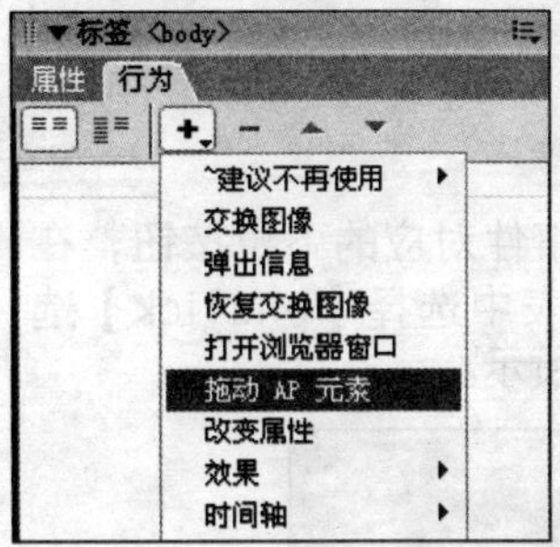


★ 图12.27

**4** 弹出【拖动AP元素】对话框，在对话框的【基本】选项卡下的【AP元素】下拉列表中选择被拖动的AP Div，如图12.28所示。

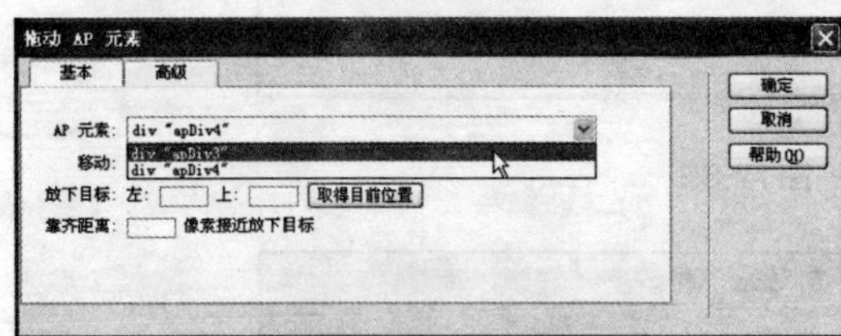


★ 图12.28

**5** 其他参数保持默认设置，单击【确定】按钮，这时的【行为】面板如图12.29所示。

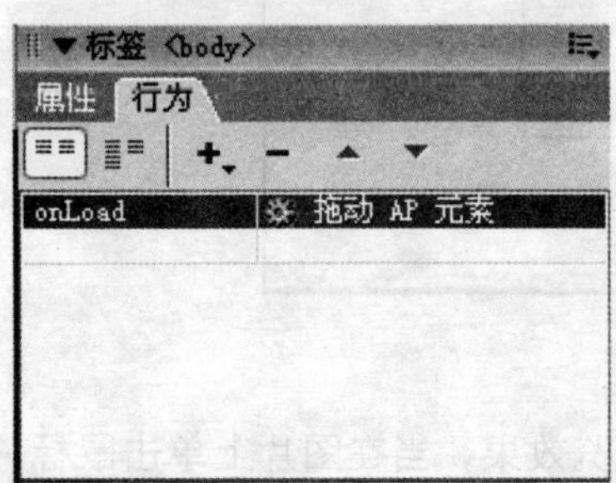


★ 图12.29

**6** 保存文档，按【F12】键在浏览器中预览效果，添加了拖动AP元素行为的AP Div可以被拖动，另外一个则不可以被拖动，如图12.30所示。

★ 图12.30

## 12.3.3 添加弹出信息

在制作网页时，有时需要加入一些说明内容，如果把这些说明内容全部加入到页面中，会使页面的结构显得过于杂乱。应用Dreamweaver CS3的弹出信息行为，可以解决这个问题。

要添加弹出信息行为，先要选中网页中需要添加说明的对象，然后在【行为】面板中单击【添加行为】按钮+，从弹出的下拉菜单中选择【弹出信息】命令，弹出【弹出信息】对话框（如图12.31所示），在其中的【消息】文本框中输入提示的说明信息即可。

★ 图12.31

下面练习添加弹出信息行为，具体操作步骤如下：

1 在flower.html文档中选择需要添加弹出信息的图片，如图12.32所示。

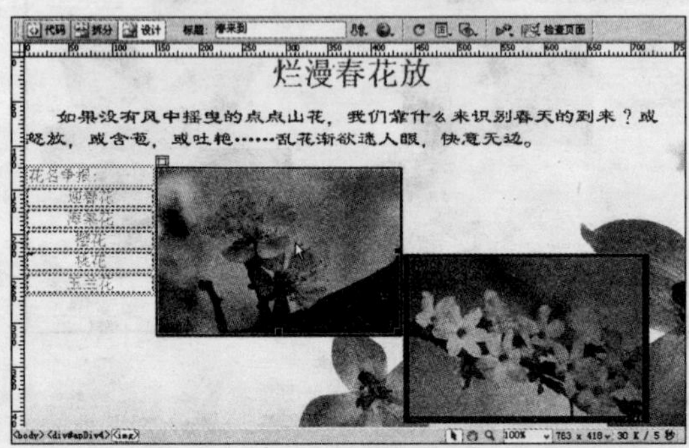


★ 图12.32

2 单击【行为】面板中的【添加行为】按钮 + ，从弹出的下拉菜单中选择【弹出信息】命令，如图12.33所示。

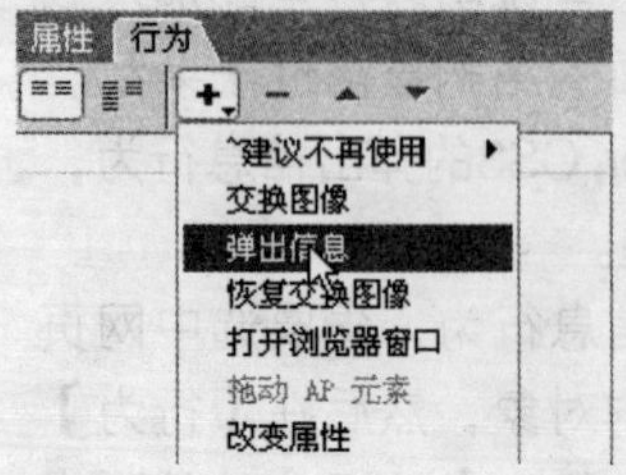


★ 图12.33

3 弹出【弹出信息】对话框，在【消息】文本框中输入信息内容“春季桃花俏”，如图12.34所示。

4 单击【确定】按钮，这时的【行为】面板如图12.35所示。

★ 图12.34

5 单击该行为的事件对应的下拉按钮，在弹出的下拉列表中选择【onClick】选项，如图12.36所示。

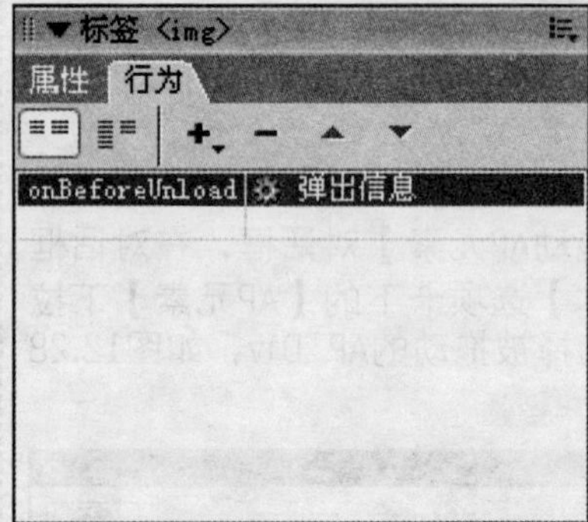


★ 图12.35

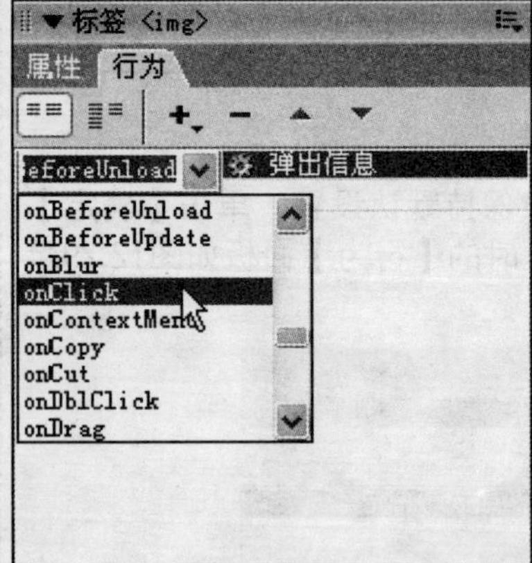


★ 图12.36

6 保存后浏览效果，当在图片上单击鼠标时会弹出说明信息，如图12.37所示。

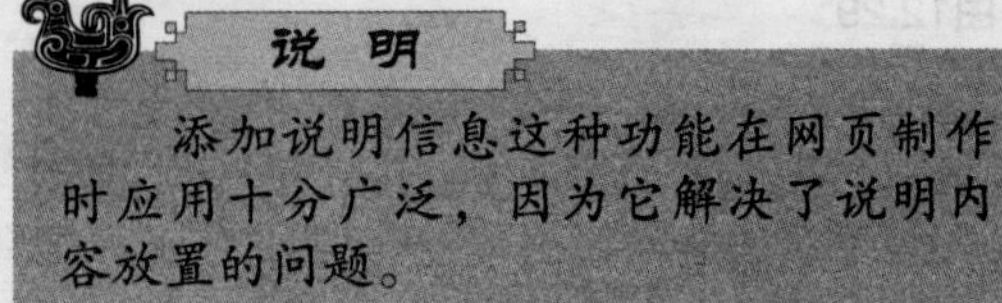

说明
添加说明信息这种功能在网页制作时应用十分广泛，因为它解决了说明内容放置的问题。

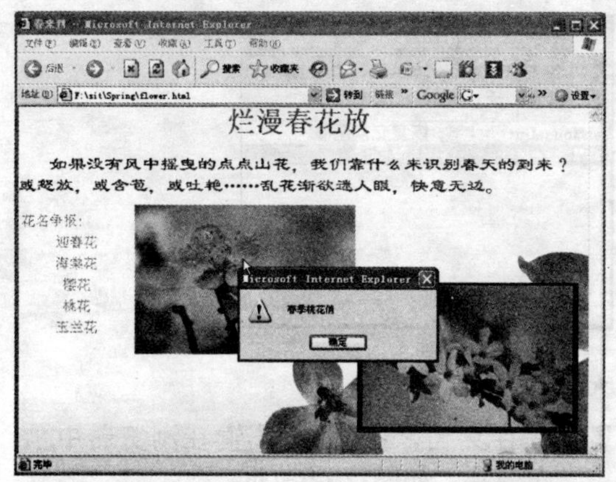

★ 图12.37

## 12.3.4 设置交换图像

交换图像行为通过更改<img>标记的src属性（该属性用于设置超链接的图像，即图像的路径及名称），可实现一个图像和另一个图像的交换。

要添加交换图像行为，首先需要在编辑窗口中选中一个图像，然后单击【行为】面板中的【添加行为】按钮，在弹出的下拉菜单中选择【交换图像】命令，弹出【交换图像】对话框，如图12.38所示。

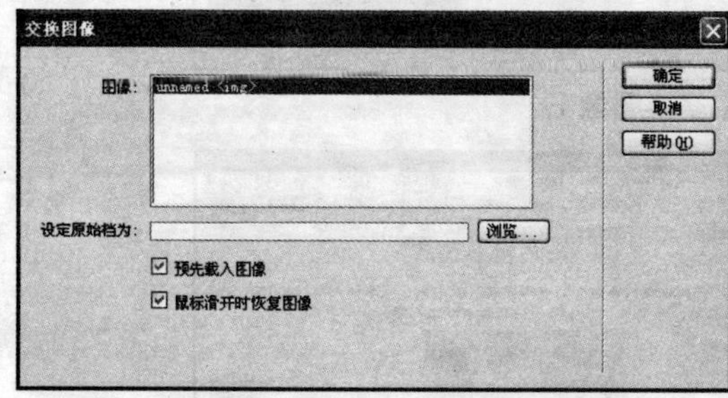


★ 图12.38

【交换图像】对话框中各参数含义如下。

- **【图像】列表框**：显示文档中的所有图像，在其中选择需要添加交换图像行为的图像。
- **【设定原始档为】文本框**：单击【浏览】按钮，在打开的对话框中双击选择替换的图像文件。
- **【预先载入图像】复选项**：选中该复选项，在页面载入时，替换图像就会载入浏览器缓存中，以防止显示延迟。
- **【鼠标滑开时恢复图像】复选项**：选中该复选项，可使鼠标离开图像后，图像恢复为原始图像。

动手练

下面练习添加交换图像行为，实现的效果是当鼠标移动到一幅图像上面的时候，图像会变换为另外一幅，并且显示提示信息，具体操作步骤如下：

**1** 在flower.html文档中选择一幅图像，在【属性】面板的【图像名称】文本框中输入该图像名称“t1”，如图12.39所示。

★ 图12.39

**2** 单击【行为】面板中的【添加行为】按钮，从弹出的下拉菜单中选择【交换图像】命令，如图12.40所示。

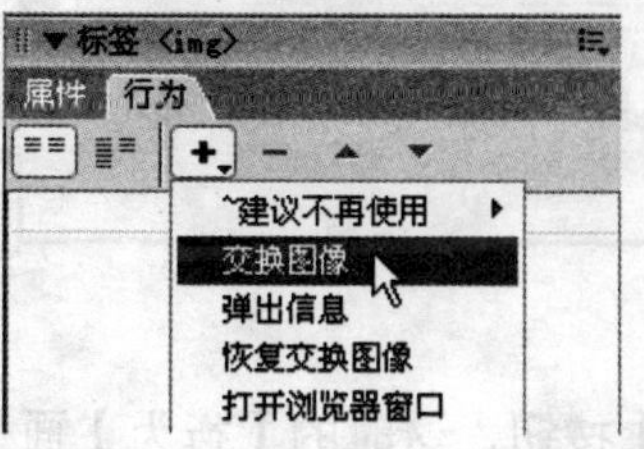


★ 图12.40

3 弹出【交换图像】对话框，在【图像】列表框中选择“t1”图像，如图12.41所示。

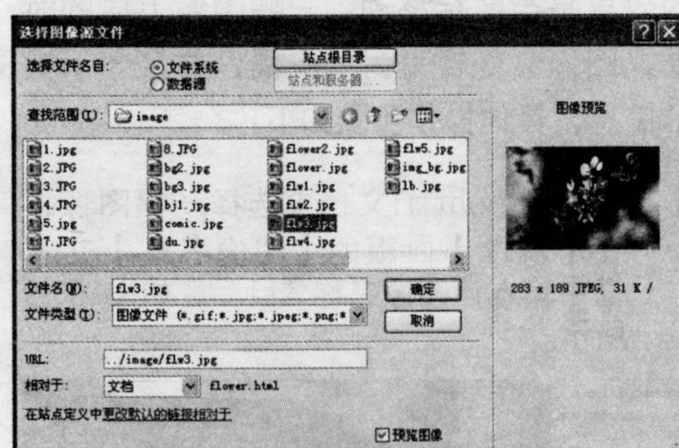

★ 图12.41

4 单击【设定原始档为】文本框右侧的【浏览】按钮，在弹出的【选择图像源文件】对话框中选择一幅图像作为交换的图像，如图12.42所示。

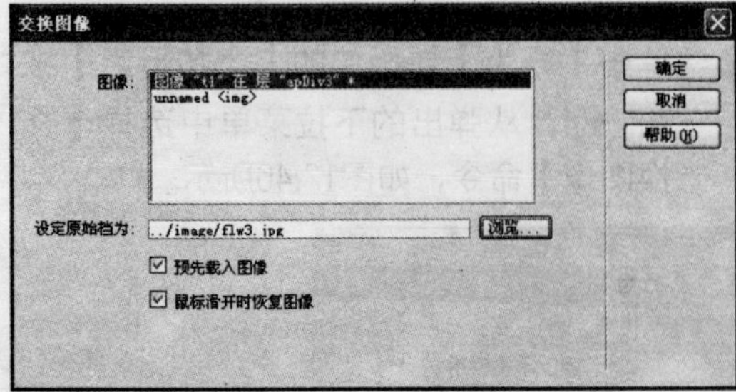

★ 图12.42

5 单击【确定】按钮，返回【交换图像】对话框，保持两个复选项的选中，如图12.43所示。

★ 图12.43

6 单击【确定】按钮，这时的【行为】面板如图12.44所示。

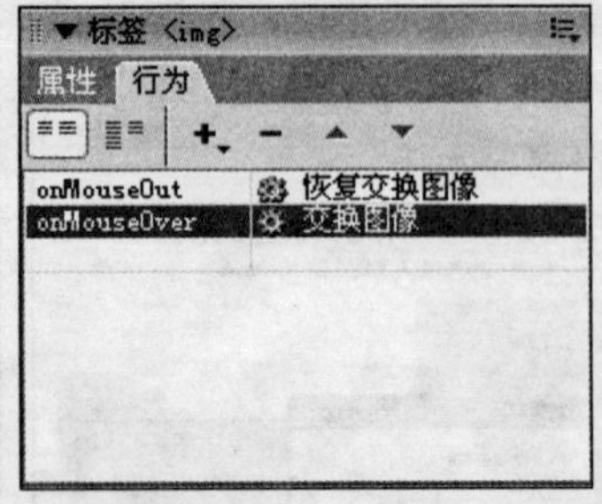

★ 图12.44

7 保存文档，按【F12】键在浏览器中预览效果，如图12.45所示。

（原始文档）

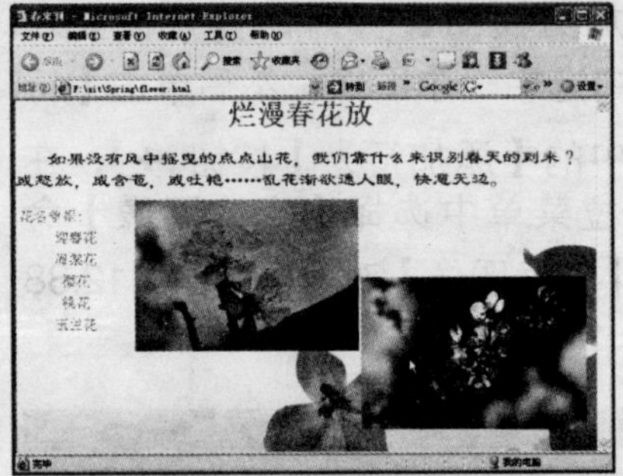

（交换图像）

（鼠标移开）

★ 图12.45

## 12.3.5 制作时间轴动画

通过添加时间轴行为，可以在Dreamweaver CS3中制作简单的动画，【时间轴】面板是一个较复杂的面板，在使用它制作简单动画之前需要先了解【时间轴】面板的组成和功能。

### 1.【时间轴】面板

选择【窗口】→【时间轴】命令，打开【时间轴】面板，如图12.46所示。

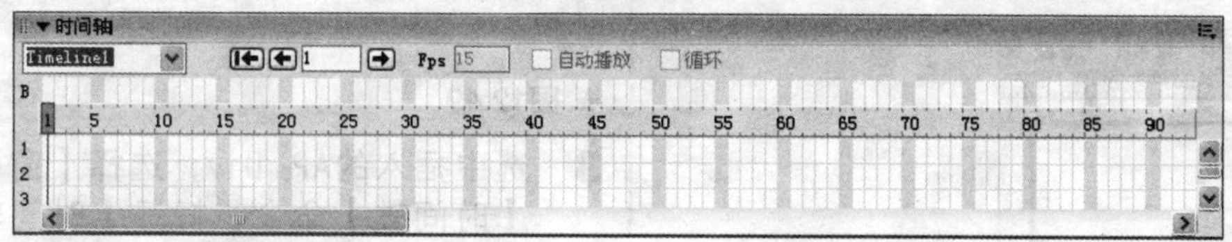


★ 图12.46

【时间轴】面板中各部分的功能如下。

- 【时间轴名称】下拉列表框：当网页中包含多个时间轴时，可以选择其他时间轴。
- 按钮：将时间指针移动到第一帧。
- 按钮：将时间指针移动到上一帧。
- 按钮：将时间指针移动到下一帧。
- 【当前帧】文本框：显示时间指针当前所在的帧，在其中输入一个数字，可以将时间指针移动到相应的帧上。
- 【自动播放】复选项：选中该复选框后，当打开该网页时就会自动播放动画，否则需要执行相应的行为才能播放。
- 【循环】复选项：选中该复选项后，当打开该网页时就会循环播放动画，否则只播放一次。
- 行为层：在其中可以添加各种行为，以对时间轴进行控制。
- 元素层：可以在其中添加网页中的一些元素，并通过添加关键帧和改变网页元素的属性来实现动画效果。

### 2. 添加网页元素到时间轴

利用时间轴制作动画，可以分为添加网页元素到时间轴、设置帧和设置关键帧属性三个步骤。将网页元素添加到时间轴上的操作如下。

首先在编辑窗口中选中要添加到时间轴上的Div或图像，按【Alt+F9】组合键打开【时间轴】面板，然后将选中的Div或图像拖动到时间轴的第1帧上，释放鼠标即可，如图12.47所示。

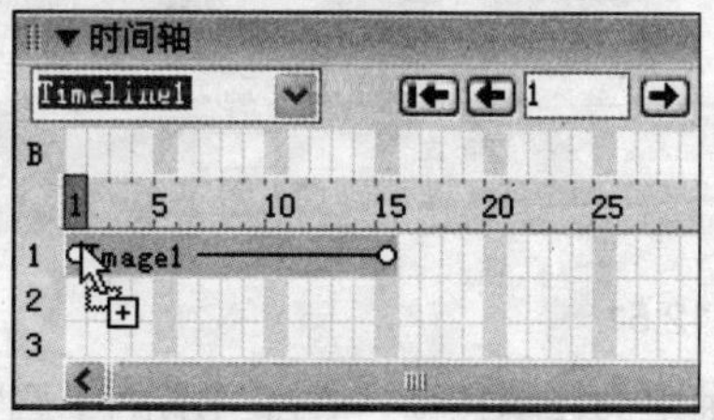


★ 图12.47

> 添加AP Div或图像到时间轴上时，Dreamweaver CS3默认延长15帧，并在开始位置和结束位置各添加一个关键帧。

下面练习制作一个时间轴动画，实现在网页中通过时间轴来控制图像的打开和关闭的动画效果，具体操作步骤如下：

**1** 新建一个HTML文档，选择【插入记录】→【布局对象】→【AP Div】命令，在页面中插入一个AP Div，将光标放置在AP Div中，定位插入点，如图12.48所示。

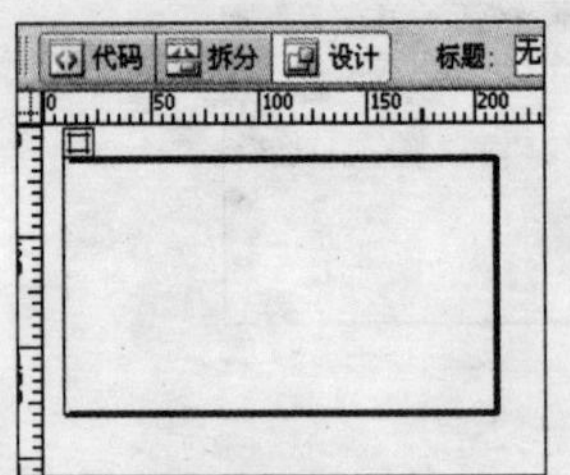

★ 图12.48

**2** 选择【插入记录】→【图像】命令，将一幅图像插入到AP Div中，并调整AP Div的尺寸，使其与图像的尺寸相同，如图12.49所示。

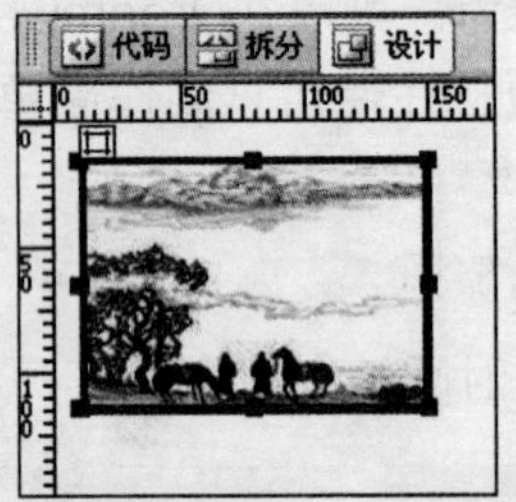

★ 图12.49

**3** 选中插入的AP Div，选择【窗口】→【时间轴】命令，打开【时间轴】面板，将鼠标放置到AP Div左上角，拖动AP Div到时间轴的第1帧上，在【时间轴】面板中会增加一个长度为15帧的时间轴，如图12.50所示。

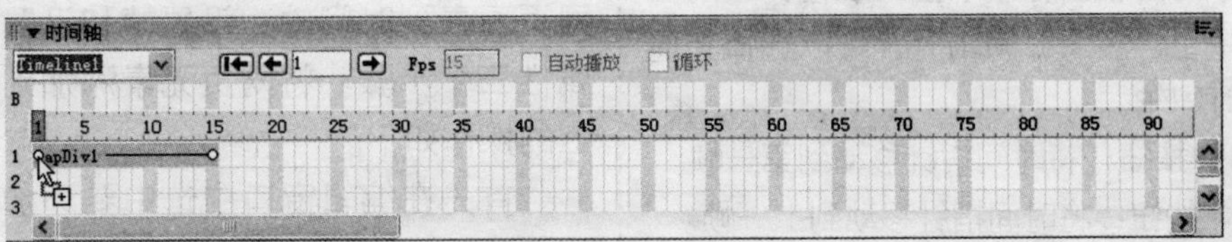

★ 图12.50

**4** 在时间轴中选择第1帧，在AP Div的【属性】面板中将其宽度和高度都设置为0px，如图12.51所示。

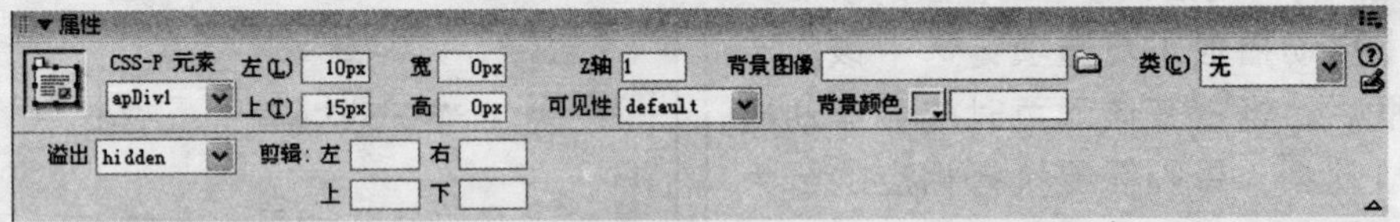

★ 图12.51

**5** 在时间轴中选择第15帧，在AP Div的【属性】面板中将其宽度设置为140px，高度设置为100px，即图像的实际尺寸，如图12.52所示。

★ 图12.52

**6** 在第15帧上单击鼠标右键，从弹出的快捷菜单中选择【拷贝】命令，复制当前的时间轴。

7 在第15帧上再次单击鼠标右键，从弹出的快捷菜单中选择【添加时间轴】命令，如图12.53所示。

8 这时就会增加一个新的时间轴Timeline2，在这个时间轴的第1帧上单击鼠标右键，在弹出的快捷菜单中选择【粘贴】命令，如图12.54所示。

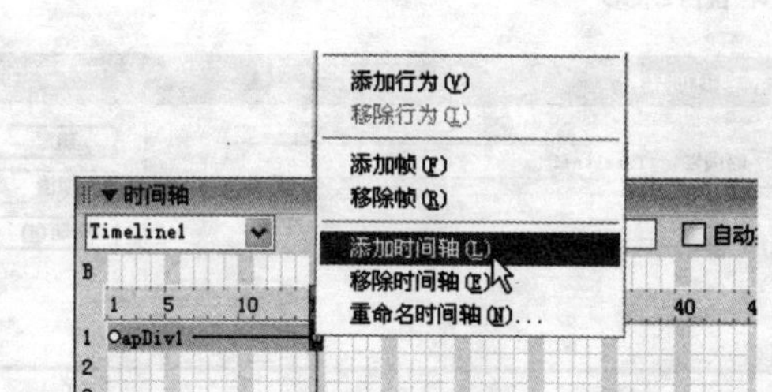


★ 图12.53

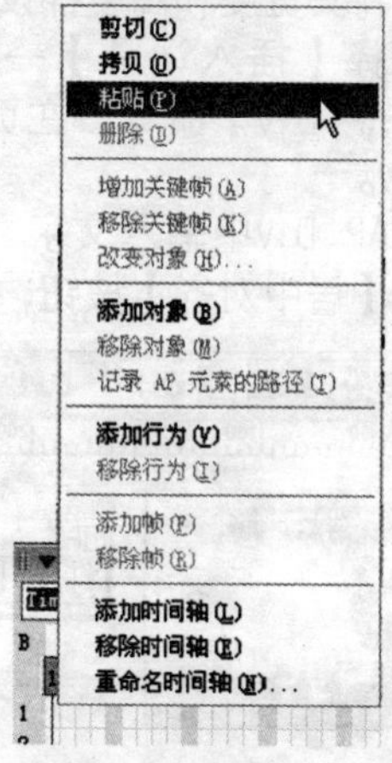


★ 图12.54

9 操作完成后，就可以将时间轴Timeline1中长度为15帧的时间轴复制到时间轴Timeline2中，如图12.55所示。

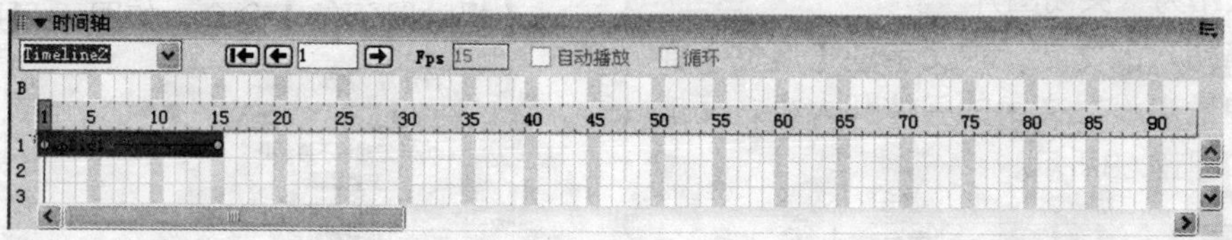


★ 图12.55

10 在时间轴Timeline2中的第2帧上单击鼠标右键，从弹出的快捷菜单中选择【增加关键帧】命令，如图12.56所示。

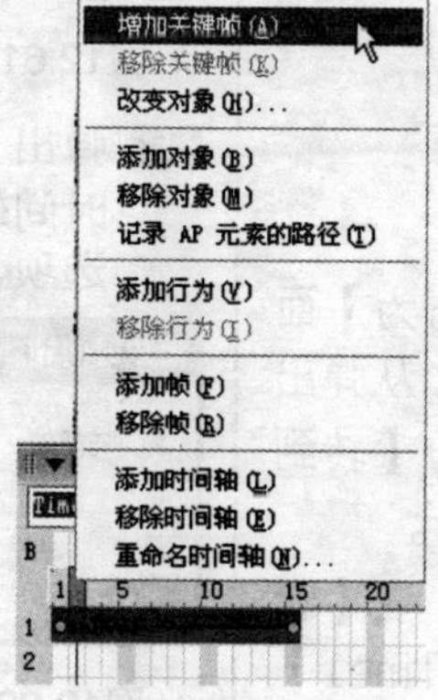


★ 图12.56

11 在时间轴Timeline2中选择第1帧，在AP Div的【属性】面板中将其宽度和高度都设置为0px。

**12** 选择第2帧，在AP Div的【属性】面板中将其宽度设置为140px，高度设置为100px，即图像的实际尺寸。

**13** 选择第15帧，在AP Div的【属性】面板中将其宽度和高度都设置为0px。

**14** 选择【插入记录】→【布局对象】→【AP Div】命令，在页面中插入一个AP Div。

**15** 在AP Div中输入文字“打开图片”，单击【居中对齐】按钮，如图12.57所示。

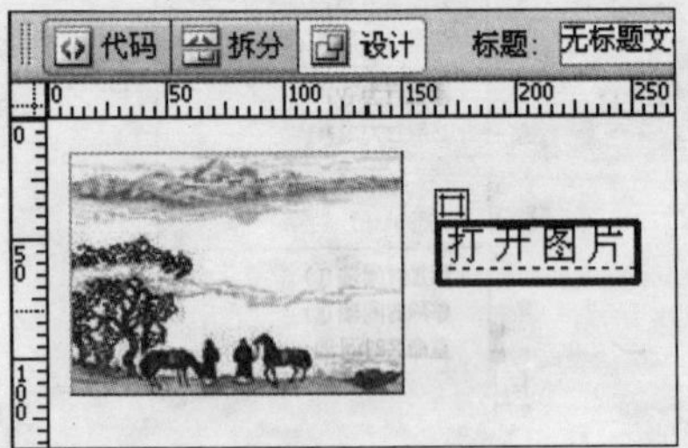


★ 图12.57

**16** 用同样的方法，再插入一个AP Div，输入文字为“关闭图片”。

**17** 选择输入的文字，在文字的【属性】面板中适当设置文字的字体和大小，完成后如图12.58所示。

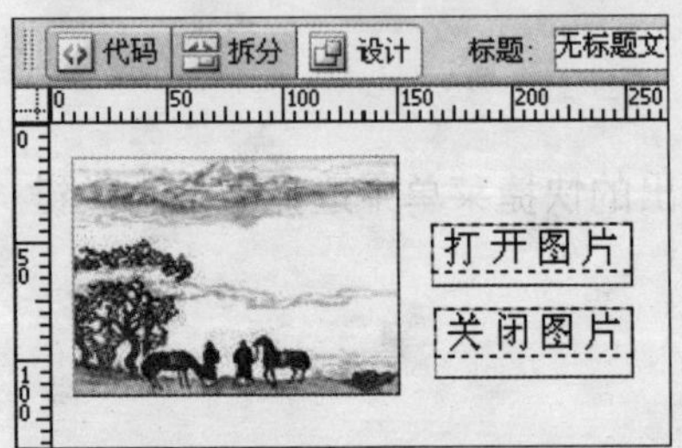


★ 图12.58

**18** 选中“打开图片”文字，在【行为】面板中单击【添加行为】按钮，从弹出的下拉菜单中选择【时间轴】→【转到时间轴帧】命令，如图12.59所示。

**19** 弹出【转到时间轴帧】对话框，在【时间轴】下拉列表中选择【Timeline1】选项，在【前往帧】文本框中输入“1”，如图12.60所示。

**20** 设置完成后单击【确定】按钮。

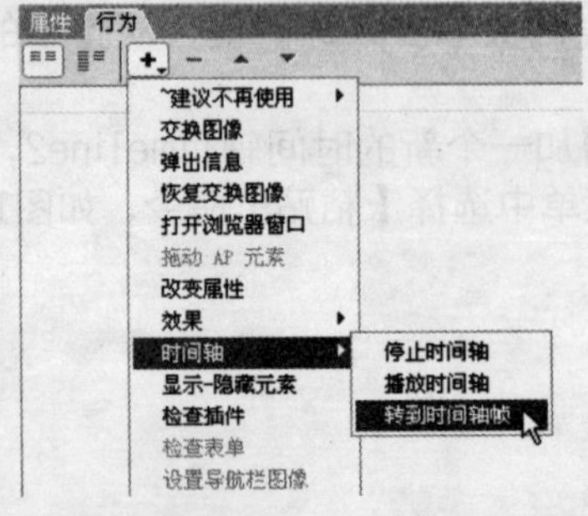


★ 图12.59

★ 图12.60

**21** 然后保持文字的选中状态，在【行为】面板中单击【添加行为】按钮，从弹出的下拉菜单中选择【时间轴】→【播放时间轴】命令，如图12.61所示。

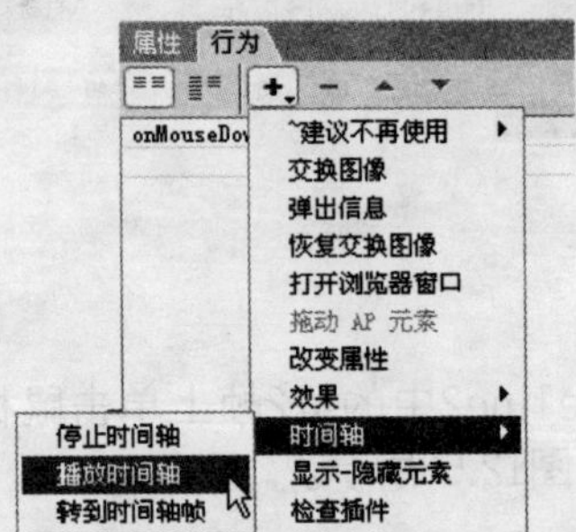


★ 图12.61

**22** 弹出【播放时间轴】对话框，在【播放时间轴】下拉列表中选择【Timeline1】选项，如图12.62所示。

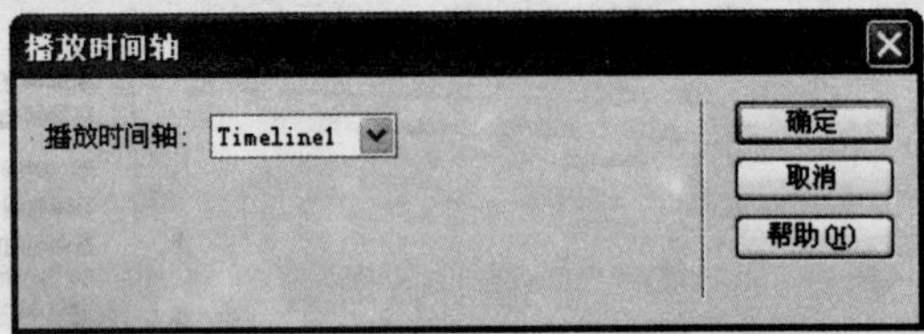


★ 图12.62

**23** 单击【确定】按钮，Timeline1就设置完成了，这时的【行为】面板如图12.63所示。

★ 图12.63

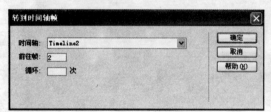

**24** 选择文字“关闭图片”，在【行为】面板中单击【添加行为】按钮 +，从弹出的下拉菜单中选择【时间轴】→【转到时间轴】命令。

**25** 弹出【转到时间轴帧】对话框，在【时间轴】下拉列表中选择【Timeline2】选项，在【前往帧】文本框中输入“2”，如图12.64所示。

转到时间轴帧
时间轴：Timeline2
前往帧：2
循环：次
确定 取消 帮助(H)

★ 图12.64

**26** 单击【确定】按钮。

**27** 在【行为】面板中单击【添加行为】按钮 +，从弹出的下拉菜单中选择【时间轴】→【播放时间轴】选项。

**28** 弹出【播放时间轴】对话框，选择Timeline2播放时间轴，如图12.65所示。

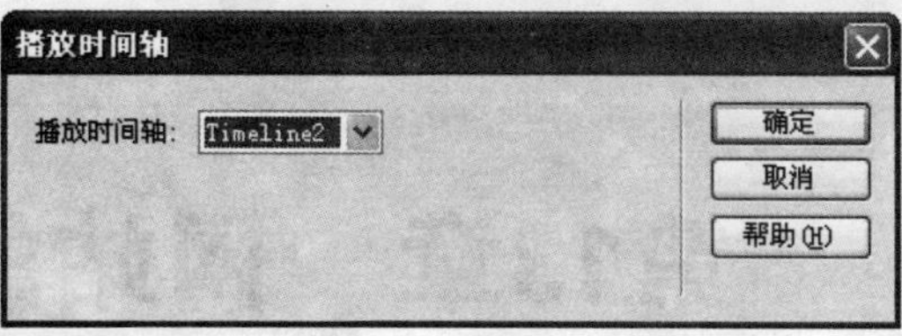


★ 图12.65

**29** 单击【确定】按钮，至此时间轴动画就制作完成了。

**30** 保存后浏览网页效果。单击【打开图片】按钮，图片就被展开；单击【关闭图片】按钮，图片就被关闭，如图12.66所示。

★ 图12.66

在本例的制作中，还可以设置打开图像的动作触发事件为onLoad，那么只要一打开网页，图像就会被自动展开，得到漂亮的动画效果。

## 疑难解答

**问** 怎样在网页中实现鼠标拖动的操作?

**答** 可以将需要拖动的部分制作成一个AP Div，然后添加拖动AP元素行为即可。

**问** 怎样在网页中显示或隐藏部分内容?

**答** 将需要显示或隐藏的部分制作成一个AP Div，然后再添加按钮或文本，为按钮或文本添加显示-隐藏元素行为即可。

**问** 添加从网上下载行为后，如何删除?

**答** 在Dreamweaver CS3中选择【命令】→【扩展管理】命令，在弹出的对话框中选择要删除的行为，然后单击【删除】按钮，在弹出的对话框中单击 是(Y) 按钮即可。删除行为后，需要重新启动Dreamweaver CS3才能使更改生效。

Chapter 13

# 第13章 网站的发布

*本章要点*

- *测试站点*
- *站点的发布*
- *网站的宣传*

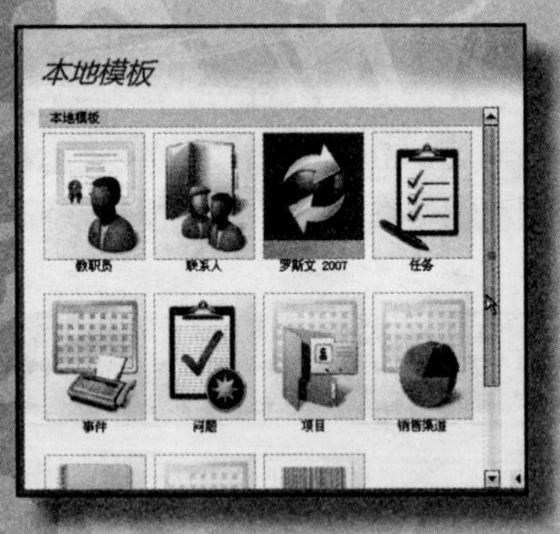


网站制作完成后，需要将其发布到Internet上，浏览者通过访问Internet才能浏览制作的网页，因此需要申请域名和网站存放空间。另外，在发布网站前应先进行测试，保证发布到Internet上的网站能正常运行。Internet上的网站正常运行后，还需要对其进行管理，如更新网站内容等。

本章分为站点测试、站点的上传与发布和站点维护三个部分，向读者介绍网站构建完成之后测试、上传和维护的相关知识。

# 13.1 站点的测试

一个网站设计制作完成后，需要对站点进行测试，以便发现错误并对其进行修改，包括检查链接、生成站点报告、检查浏览器兼容性和验证整个站点等。

## 13.1.1 检查链接

由于每个站点都在不断地设计和重新组织，完成的网站中原来链接的页面可能已被移动或删除，所以当网站制作完成后，需要检查网站中的链接，以便发现错误并对其进行修改。检查链接主要应用于打开的文件和本地站点的某一部分，以及在整个本地站点中查找断掉的链接和未被引用的文件（即孤立文件）。

检查网页的链接是在【结果】面板中进行的，选择【窗口】→【结果】命令，打开【结果】面板，如图13.1所示。

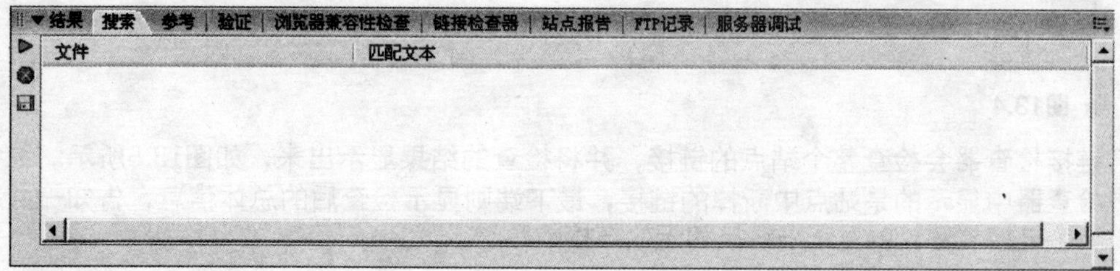


★ 图13.1

在【结果】面板中包括【搜索】、【参考】、【验证】、【浏览器兼容性检查】、【链接检查器】、【站点报告】、【FTP记录】和【服务器调试】8个选项卡，网站的测试工作都在这个面板中进行。

在【结果】面板的【链接检查器】选项卡中检查网页的链接，显示的结果分为断掉的链接、外部链接和孤立文件3种类型，可以在【显示】下拉列表中进行选择，分别查看，如图13.2所示。

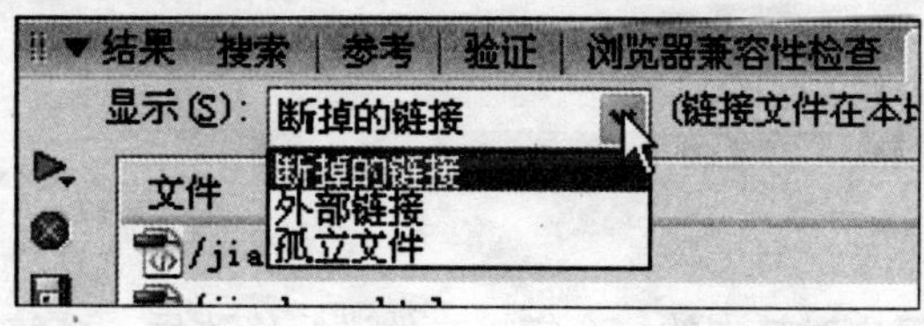


★ 图13.2

- **断掉的链接**：链接文件在本地磁盘中没有找到。
- **外部链接**：链接到站点外的页面无法检查。
- **孤立文件**：没有进入链接的文件。

下面练习检查网页的链接，具体操作步骤如下：

1 选择【窗口】→【结果】命令，如图13.3所示。

2 打开【结果】面板，在其中选择【链接检查器】选项卡。

3 单击【检查链接】下拉按钮，从弹出的下拉菜单中选择【检查整个当前本地站点的链接】命令，如图13.4所示。

| 窗口(W) | 帮助(H) |
|---|---|
| ✔ 插入(I) | Ctrl+F2 |
| 属性(P) | Ctrl+F3 |
| CSS样式(C) | Shift+F11 |
| AP 元素(L) | F2 |
| 数据库(D) | Ctrl+Shift+F10 |
| 绑定(B) | Ctrl+F10 |
| 服务器行为(O) | Ctrl+F9 |
| 组件(S) | Ctrl+F7 |
| ✔ 文件(F) | F8 |
| 资源(A) | F11 |
| 代码片断(N) | Shift+F9 |
| 标签检查器(T) | F9 |
| 行为(E) | Shift+F4 |
| 结果(R) | F7 |
| 参考(F) | Shift+F1 |

★ 图13.3

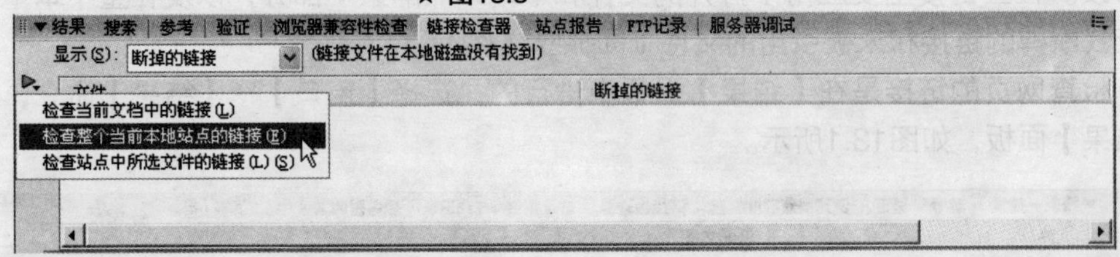


★ 图13.4

**4** 链接检查器会检查整个站点的链接，并将检查的结果显示出来，如图13.5所示。在链接检查器中显示的是站点中断掉的链接，最下端则显示检查后的总体信息，告知一共有多少个链接文件，以及正确链接和无效链接的数量。

结果 搜索 参考 验证 浏览器兼容性检查 链接检查器 站点报告 FTP记录 服务器调试

显示(S): 断掉的链接 (链接文件在本地磁盘没有找到)

| 文件 | 断掉的链接 |
|---|---|
| /jiaohuan.html | img/悉尼歌剧院2.jpg |
| /jiaohuan.html | img/悉尼歌剧院2.jpg |
| /jiaohuan.html | img/悉尼歌剧院.jpg |

总共 49 个，28 个HTML，22 个孤立文件。 总共 137 个链接，45 个正确，3 个断掉，89 个外部链接

★ 图13.5

**5** 在【断掉的链接】列表中，选择一个无效链接，单击右侧激活的【浏览】按钮，可以为无效的链接指定正确的链接文件，如图13.6所示。

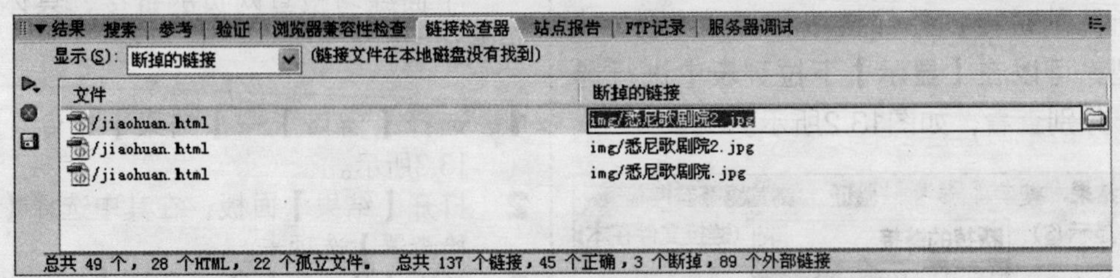


★ 图13.6

**6** 如果多个文件都有相同的断掉的链接，当用户对其中的一个链接文件进行修改后，系统会打开如图13.7所示的提示对话框，询问是否修复其他引用了该文件的链接。

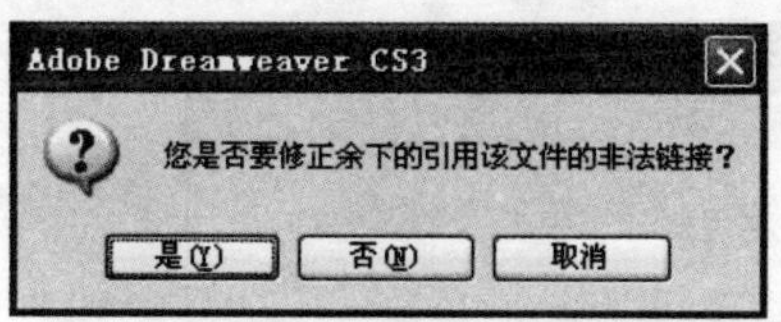


★ 图13.7

**7** 单击【是】按钮，关闭提示框，系统自动将其他具有相同断掉的链接的文件重新指定新的链接路径。

## 13.1.2 生成站点报告

检查完站点的链接并修改错误的链接后，可以生成站点报告。使用Dreamweaver CS3的站点报告，可以提高站点开发和维护人员之间合作的效率。

站点报告有如下一些功能：查看哪些文件的设计笔记与这些被隔离的文件有联系；获知站点中的哪个文件正在被哪个维护人员进行隔离编辑；通过制定姓名参数和值参数进一步改善设计笔记报告。

在生成报告之前，需要先在【报告】对话框中进行设置。选择【站点】→【报告】命令，弹出【报告】对话框，单击【报告在】下拉按钮，弹出下拉列表进行选择，如图13.8所示，继续在【选择报告】栏中进行设置，完成后单击【确定】按钮。

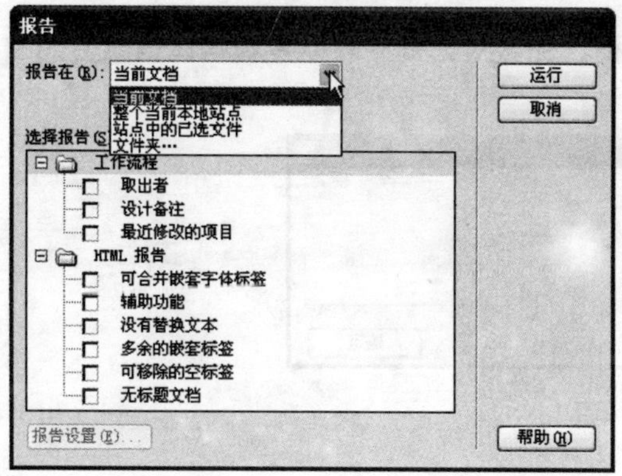


★ 图13.8

【报告】对话框中各项参数的含义分别如下。

- **【整个当前本地站点】选项**：表示要对当前的整个站点进行相关报告。
- **【当前文档】选项**：表示要对当前打开或选择的文档进行报告。
- **【站点中的已选文件】选项**：表示要对当前站点中选择的文件进行报告。
- **【文件夹】选项**：表示要对某一文件夹中的文件进行报告，选择该选项后会在下方激活一个文本框，如图13.9所示，可直接在文本框中输入文件夹的地址，也可以单击右侧的按钮，在弹出的对话框中选择一个文件夹。
- **【选择报告】栏**：在【选择报告】栏，用户可以根据需要选择想要查看的报告类别。

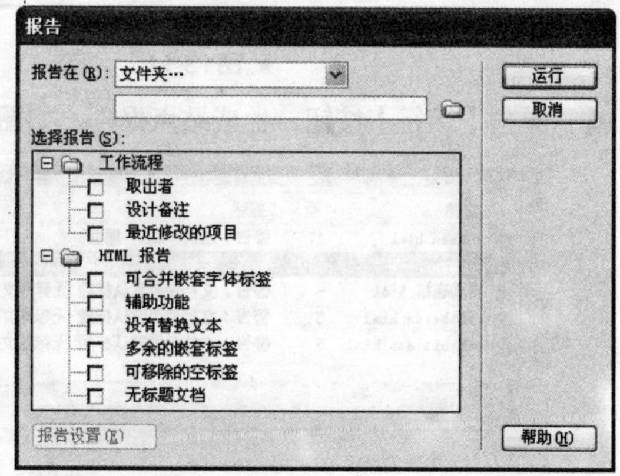


★ 图13.9

下面做一个生成站点报告的练习，具体操作步骤如下：

**1** 检查完站点的链接并修改错误的链接后，在【结果】面板中选择【站点报告】选项卡，单击【报告】按钮，如图13.10所示。

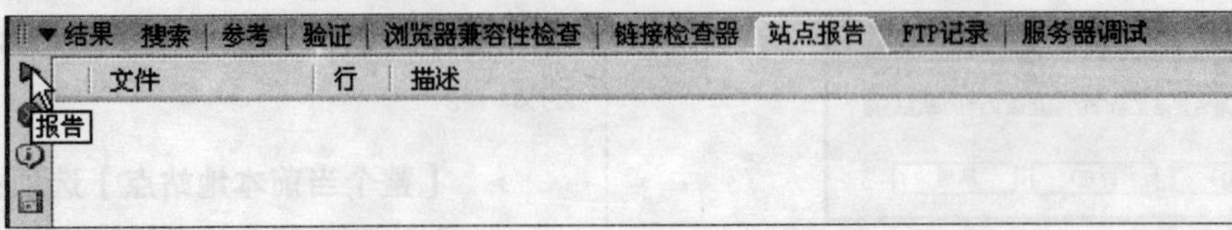


★ 图13.10

2 弹出【报告】对话框，在【报告在】下拉列表中选择【整个当前本地站点】选项。

3 在【选择报告】栏中选中【没有替换文本】、【多余的嵌套标签】、【可移动的空标签】和【无标题文档】4个复选项，如图13.11所示。

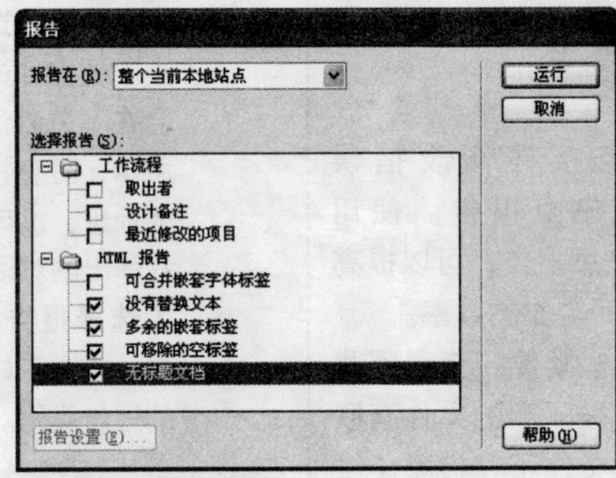


★ 图13.11

4 单击【运行】按钮，生成站点报告，如图13.12所示。

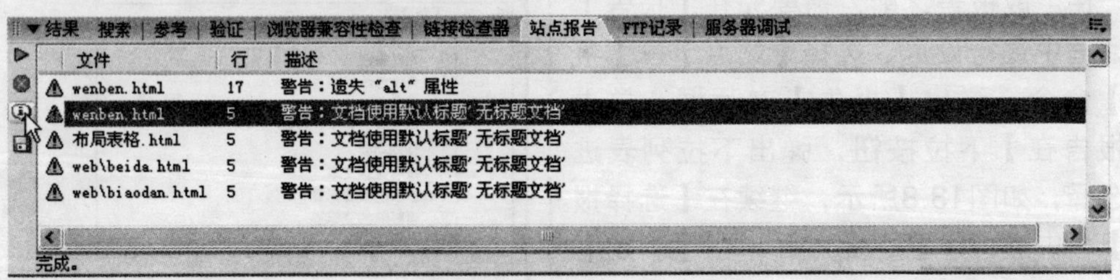


★ 图13.12

5 单击【更多信息】按钮，弹出【描述】对话框，在该对话框中可以查看具体信息，如图13.13所示。

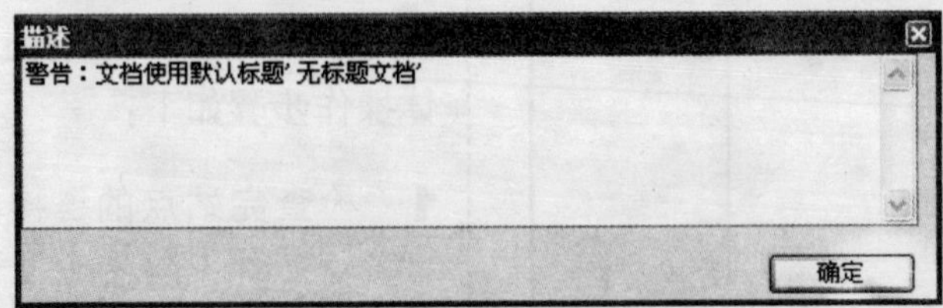


★ 图13.13

### 13.1.3　站点浏览器的兼容性

在Dreamweaver CS3中对浏览器的兼容性测试是为了检查文档中是否有目标浏览器所不支持的标签或属性等元素，如页面中的层、样式、JavaScript或插件等。当这些元素不被目标浏览器所支持时，在浏览器中会显示不完全或功能运行不正常。

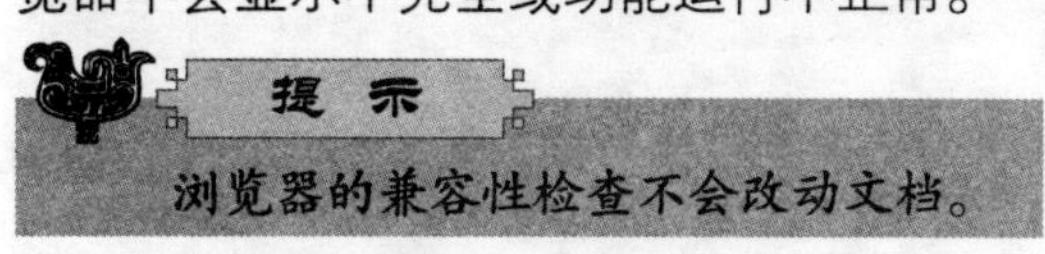


浏览器的兼容性检查不会改动文档。

目标浏览器检查可提供以下三个级别的潜在问题信息：告知性信息、警告和错误。这三个级别的错误含义如下。

- **告知性信息**：表示代码在特定浏览器中不被支持，但没有可见的影响。
- **警告**：表示某段代码将不能在特定浏览器中正确显示，但不会导致任何严重的显示问题。
- **错误**：表示代码可能在特定浏览器中导致严重的、可见的问题，如导致页面的某些部分消失。

用户终端存在各种各样的浏览器，要使网页在所有的浏览器中都能被正确浏览是很不容易的，注意检查常用浏览器的兼容性即可。

下面练习在Dreamweaver CS3中检测浏览器的兼容性，具体操作步骤如下：

**1**　打开站点中的一个文件作为要检查的目标对象，如图13.14所示。

★ 图13.14

**2**　在【结果】面板中选择【浏览器兼容性检查】选项卡，单击面板左侧的【检查浏览器兼容性】下拉按钮，从弹出的下拉菜单中选择【设置】命令，弹出【目标浏览器】对话框，如图13.15所示，在其中可选择要检查兼容性的浏览器。

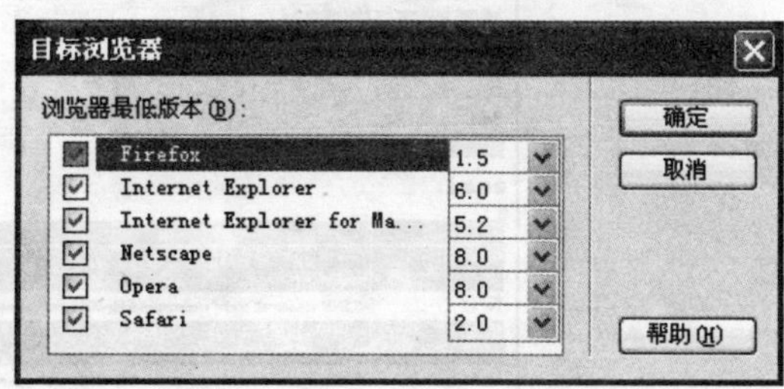


★ 图13.15

**3**　单击【确定】按钮，单击面板左侧的【检查浏览器兼容性】按钮，从弹出的下拉菜单中选择【检查浏览器兼容性】命令，如图13.16所示，这时即可检查网页在选择的浏览器下的兼容性。

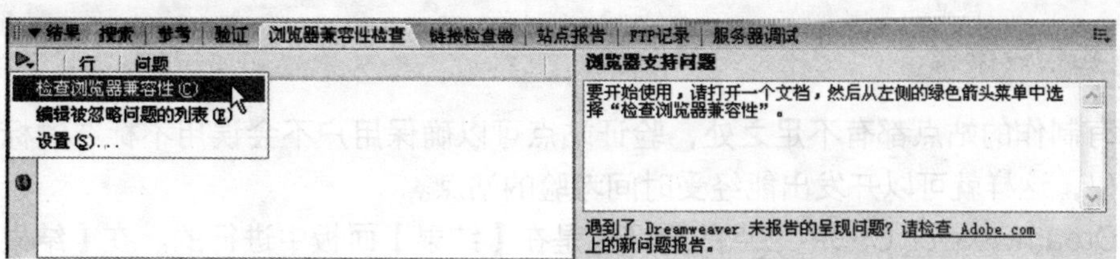


★ 图13.16

**4** 检查完毕后会显示检查结果，告诉用户哪些文档中存在错误，哪些文档值得注意，并标出错误的代码，如图13.17所示。当没有错误时，会在面板下方显示“未检测到任何问题”。

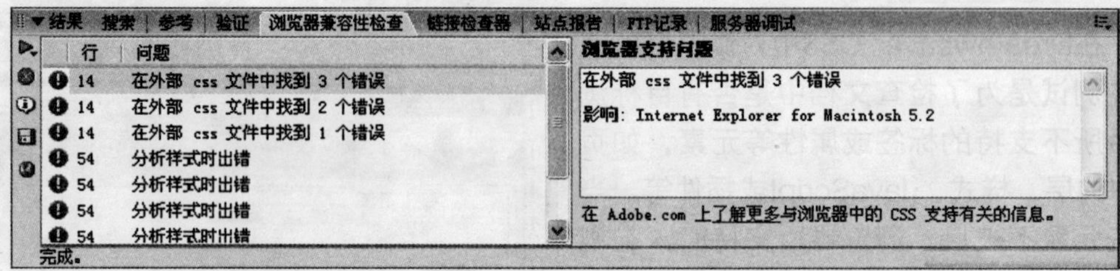


★ 图13.17

**5** 单击【结果】面板组左侧的【浏览报告】按钮，将会在浏览器中显示检查报告，如图13.18所示。

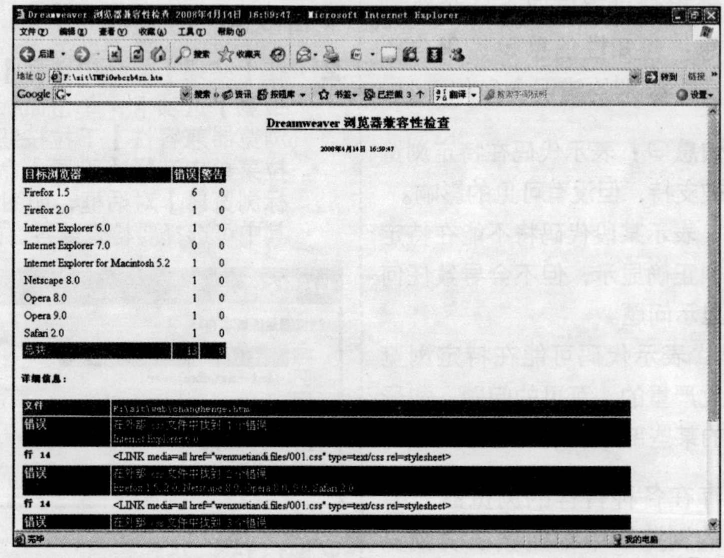


★ 图13.18

**6** 单击【结果】面板左侧的【保存报告】按钮，可对检查结果进行保存。

**7** 双击【结果】面板的错误信息列表框中需要修改的错误信息，在拆分视图下，系统自动选中不支持的代码，将不支持的代码更改为目标浏览器能够支持的其他代码或将其删除，修改错误。

## 13.1.4 验证站点

**知识点讲解**

所有制作的站点都有不足之处，验证站点可以确保用户不会误用不标准的标签或错误的代码，这样就可以开发出能经受时间考验的站点。

在Dreamweaver CS3中站点的验证也是在【结果】面板中进行的。在【结果】面板中选择【验证】选项卡，单击面板左侧的【验证】下拉按钮，如图13.19所示，选择下拉

菜单中的命令后可以分别验证当前文档、整个站点或选定的文件。

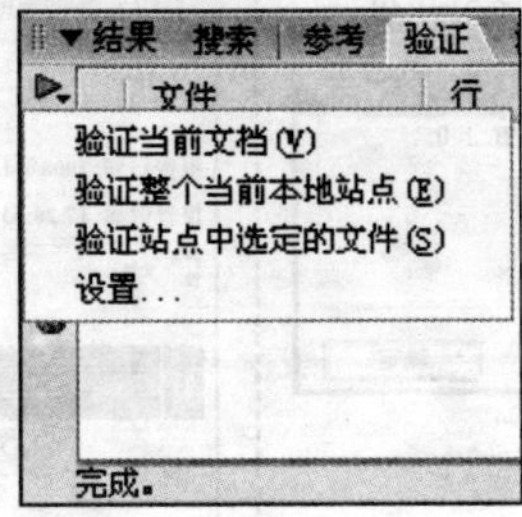


★ 图13.19

下面练习在Dreamweaver CS3中验证站点，具体操作步骤如下：

**1** 在【结果】面板中选择【验证】选项卡，单击面板左侧的【验证】按钮，从弹出的下拉菜单中选择【验证整个当前本地站点】命令，如图13.20所示。

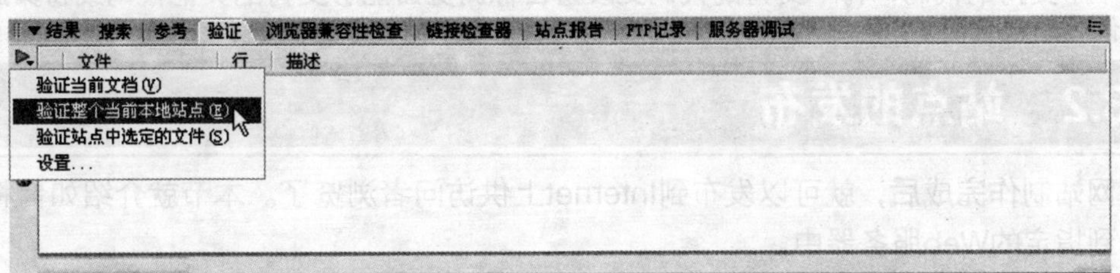


★ 图13.20

**2** 生成验证站点的检查报告，如图13.21所示。

| 文件 | 行 | 描述 |
|---|---|---|
| web\jianjie.html | | 未找到错误或警告。[XHTML 1.0 Transitional] |
| web\Untitled-... | | 未找到错误或警告。[XHTML 1.0 Transitional] |
| web\bg.html | 9 | 标签"table"在当前活动版本中不具有属性"bordercolor"。[XHTML 1.0 Transitional] |
| web\bg.html | 9 | 标签"table"在当前活动版本中不具有属性"bordercolorlight"。[XHTML 1.0 Transitional] |
| web\bj.html | 15 | 标签"table"在当前活动版本中不具有属性"bordercolor"。[XHTML 1.0 Transitional] |
| web\chg.html | | 未找到错误或警告。[XHTML 1.0 Transitional] |

完成。

★ 图13.21

**3** 选择生成的一项报告，单击【更多信息】按钮，如图13.22所示。

| 文件 | 行 | 描述 |
|---|---|---|
| web\jianjie.html | | 未找到错误或警告。[XHTML 1.0 Transitional] |
| web\Untitled-... | | 未找到错误或警告。[XHTML 1.0 Transitional] |
| web\bg.html | 9 | 标签"table"在当前活动版本中不具有属性"bordercolor"。[XHTML 1.0 Transitional] |
| web\bg.html | 9 | 标签"table"在当前活动版本中不具有属性"bordercolorlight"。[XHTML 1.0 Transitional] |
| web\bj.html | 15 | 标签"table"在当前活动版本中不具有属性"bordercolor"。[XHTML 1.0 Transitional] |
| web\chg.html | | 未找到错误或警告。[XHTML 1.0 Transitional] |

更多信息

完成。

★ 图13.22

**4** 弹出【描述】对话框，在该对话框中可以查看具体信息描述，如图13.23所示。

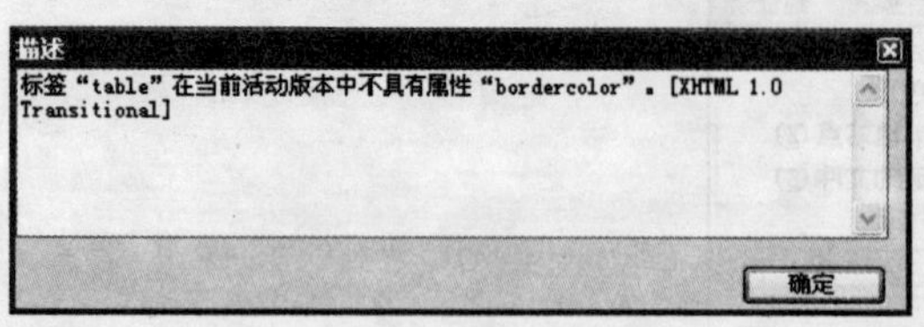


★ 图13.23

**5** 在【结果】面板中单击【浏览报告】按钮，Dreamweaver CS3会生成一个关于验证结果的报告文件，在该文件中可以查看检查的整体信息，如图13.24所示。

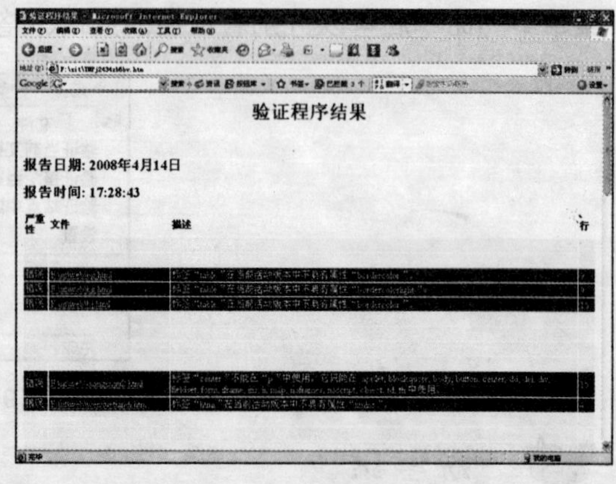


★ 图13.24

**6** 双击【结果】面板的错误信息列表框中需要修改的错误信息，在拆分视图下系统自动选中不支持的代码，将不支持的代码更改为目标浏览器能够支持的其他代码或将其删除，修改错误即可。

## 13.2 站点的发布

网站制作完成后，就可以发布到Internet上供访问者浏览了。本节就介绍如何将站点上传到指定的Web服务器中。

### 13.2.1 申请网站域名和空间

知识点讲解

网站空间是用于存放Internet网站内容的空间，其实也是计算机中的某个文件夹，只要该计算机总处于开机状态，而且连入了Internet，浏览者随时都可以通过该网站对应的域名来访问网站里的页面。

网站空间有免费的和收费的两种。免费网站空间的大小和运行的支持条件会受一定的限制，通常不稳定，对存放在其中的网站没有保障，网站资料很容易丢失，因此在申请免费网站空间时一定要选择一些口碑好的大型网站提供的免费网站空间。收费网站空间一般由网站托管机构提供，其空间大小及支持条件可供用户根据需要进行选择，稳定性和相关服务会比较好。

域名是访问网站内容的一个地址，在申请网站空间时，通常会同时提供访问网站的域名，但这些域名可能并不符合自己的要求，如申请的域名为三级域名等，此时可以自行申请免费或收费的域名，如二级域名等。

动手练

目前提供收费空间的网站有很多，下面以九八七网络为例练习在网上注册收费空间。由于有很多域名已经被注册了，在申请域名之前应该多准备几个想使用的域名。申请域名的具体操作步骤如下：

**1** 在浏览器地址栏中输入"http://www.987.cn/"，进入九八七网络的主页，输入账号及密码，单击【登录】按钮 登录 进入会员管理中心页面，单击【注册域名】超链接，如图13.25所示。

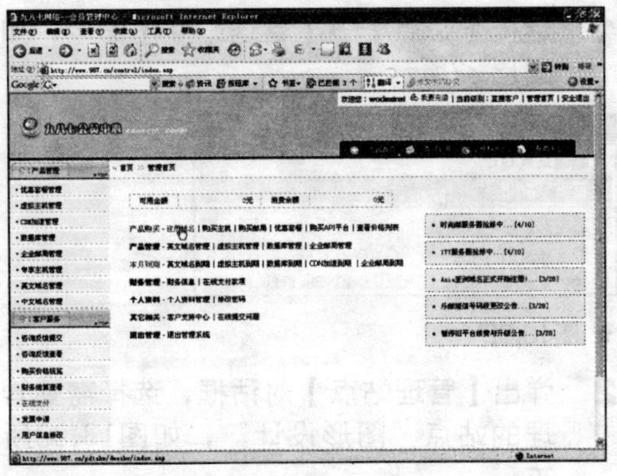

★ 图13.25

**2** 网页中显示申请域名的位置，在文本框中输入要注册的名称，在下方的【.cn】和【.com】复选项列表中选择需要的后缀，如图13.26所示。

★ 图13.26

**3** 单击【搜索】按钮，查询该域名是否已被注册，显示如图13.27所示。

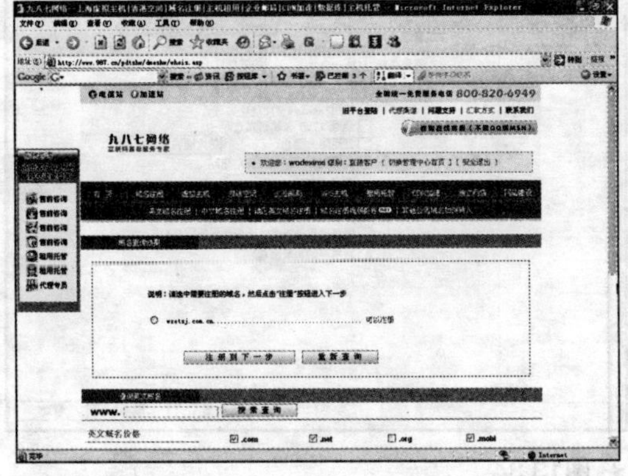

★ 图13.27

**4** 选中该域名，单击【注册到下一步】按钮，在打开的页面中填写信息，如图13.28所示。

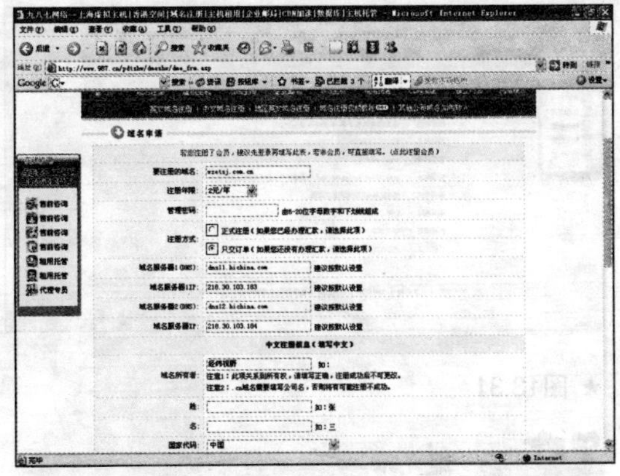

★ 图13.28

**5** 填写完成后单击页面底部的【到下一步】按钮，打开图13.29所示的提示框。

★ 图13.29

**6** 单击【确定】按钮，开始注册，如图13.30所示。

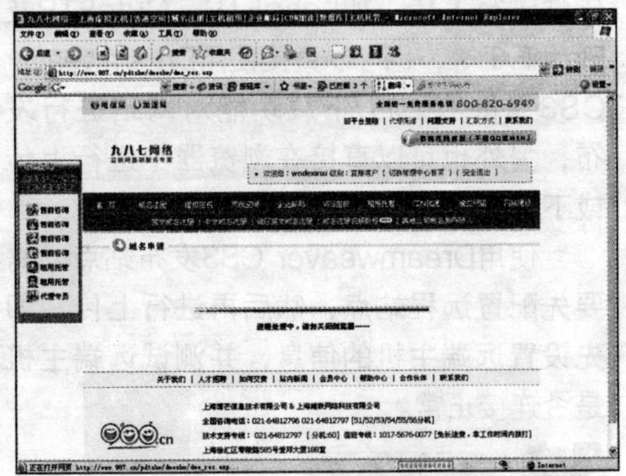

★ 图13.30

**7** 注册完成后的页面如图13.31所示。

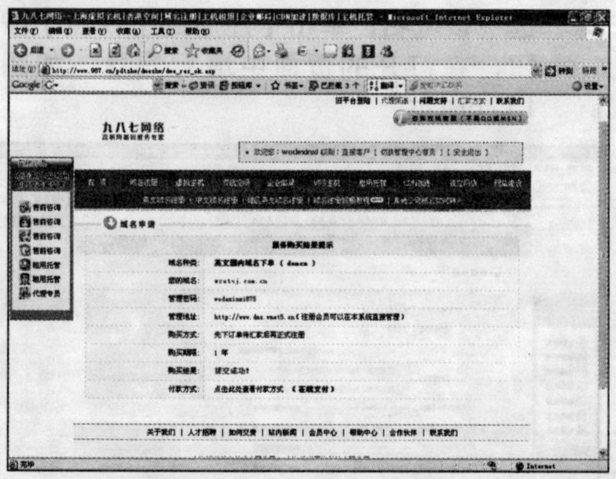

★ 图13.31

如果该域名已被注册，系统将提示重新填写域名，直到输入的域名没有被占用为止。

## 13.2.2 上传站点

对站点进行了检查和测试，并申请好域名和网站空间后，就可以将站点上传到申请的网站空间中了，这个过程就是站点的发布过程。

发布站点时，可以使用专门的FTP软件进行上传，如LeapFTP、CuteFTP及FlashFXP等，也可以直接使用Dreamweaver CS3提供的上传/下载功能对网站进行发布，另外也可以直接在浏览器中进行上传或下载。

使用Dreamweaver CS3发布站点，需要先配置远程站点，然后再进行上传，即先设置远端主机的信息，并测试远端主机是否连接正常。

动手练

下面练习上传站点，具体操作步骤如下：

1 选择【站点】→【管理站点】命令，如图13.32所示。

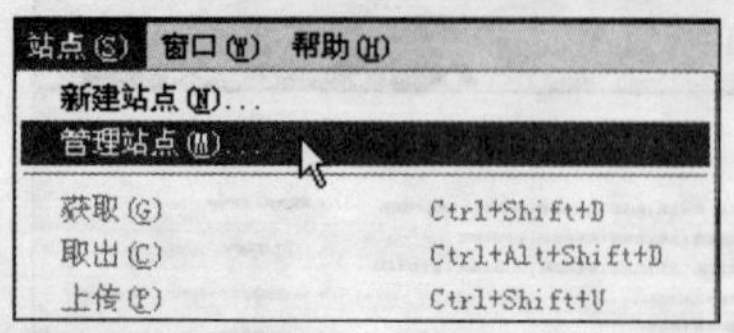


★ 图13.32

2 弹出【管理站点】对话框，选择需要管理的站点“图形设计”，如图13.33所示。

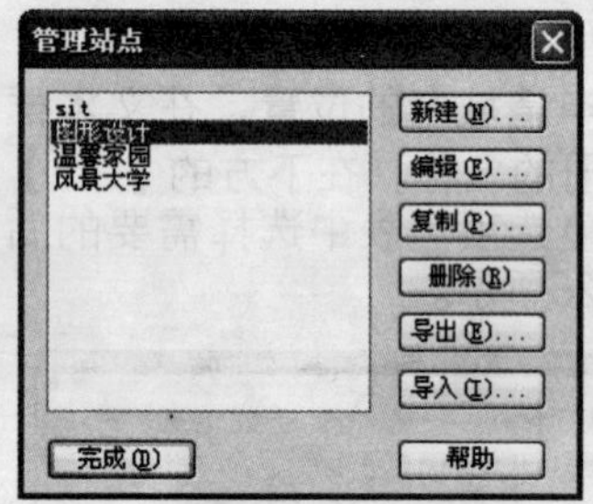


★ 图13.33

3 单击【编辑】按钮，弹出【图形设计的站点定义为】对话框。

4 选择【高级】选项卡，在【分类】列表框中选择【远程信息】选项。

5 在【访问】下拉列表中选择访问方式为“FTP”，并设置FTP的主机地址、FTP主机的登录名及FTP主机的密码，如图13.34所示。

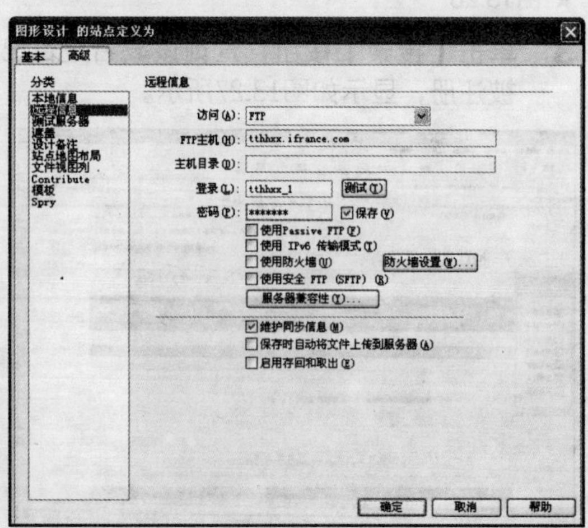

★ 图13.34

**6** 设置完成后，单击【测试】按钮，就可以测试远程主机了。

**7** 测试成功后弹出如图13.35所示的对话框。

★ 图13.35

**8** 单击【确定】按钮，远程主机设置完成并测试成功，然后就可以上传文件了。

**9** 在【文件】面板中单击【连接到远端主机】按钮，连接到设置的远程服务器，如图13.36所示。

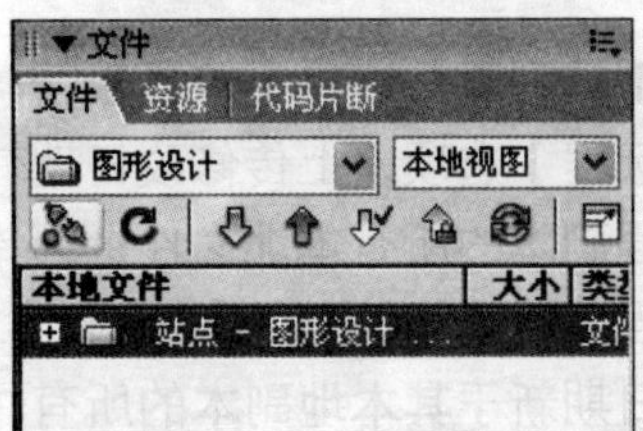


★ 图13.36

**10** 弹出连接提示对话框，提示网络连接的进度，如图13.37所示。

★ 图13.37

**11** 远端服务器连接成功后，【连接到远端主机】按钮会变为【从远端主机断开】按钮，如图13.38所示。

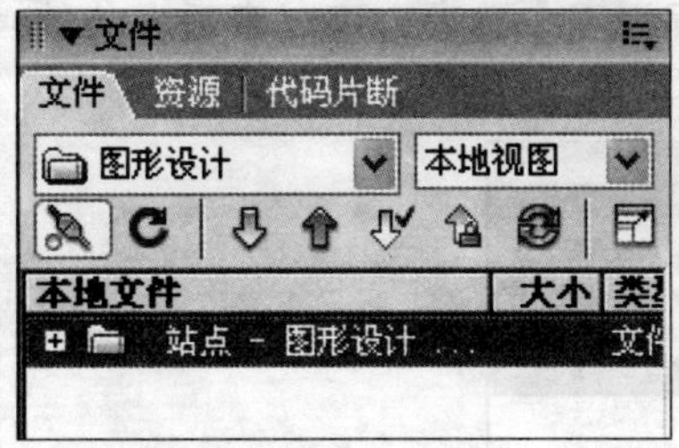


★ 图13.38

**12** 单击【上传文件】按钮，弹出一个提示对话框，询问是否确定要上传整个站点，如图13.39所示。

★ 图13.39

**13** 单击【确定】按钮，本地站点文件就开始被上传到远程服务器中，如图13.40所示。

★ 图13.40

**14** 上传结束后，在【结果】面板的【FTP记录】选项卡下就可以看到上传文件的所有信息，如图13.41所示。

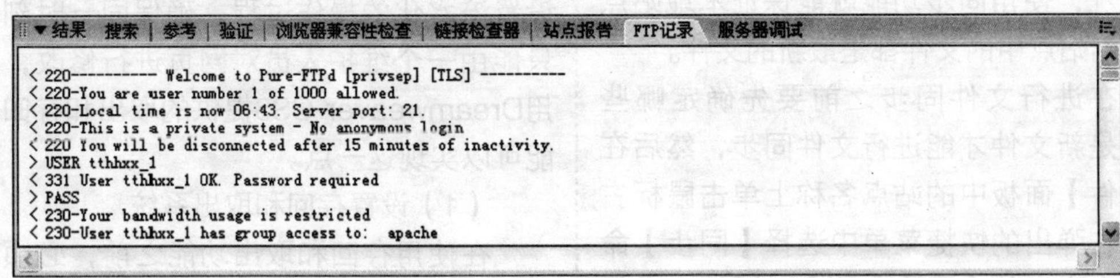


★ 图13.41

**15** 在【文件】面板右上角的下拉列表中选择【远程视图】选项，可以查看上传的文件和文件夹，如图13.42所示。

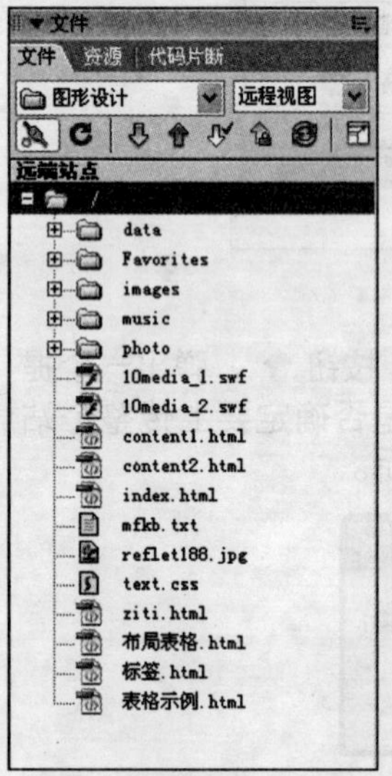

★ 图13.42

## 13.2.3 管理与维护站点

站点需要随时进行管理与维护，如更新网站内容和修复网站错误等。Dreamweaver CS3可以对站点进行管理和维护，包括网站的同步、文件的存回取出及设计备注等。

### 1. 站点的同步

由于本地站点文档和远端站点文档都可以进行编辑，因此可能出现文件不一致的情况，使用同步功能就能保证本地站点和远端站点中的文件都是最新的文件。

在进行文件同步之前要先确定哪些文件是新文件才能进行文件同步，然后在【文件】面板中的站点名称上单击鼠标右键，在弹出的快捷菜单中选择【同步】命令，在弹出的【同步文件】对话框中进行设置，如图13.43所示。

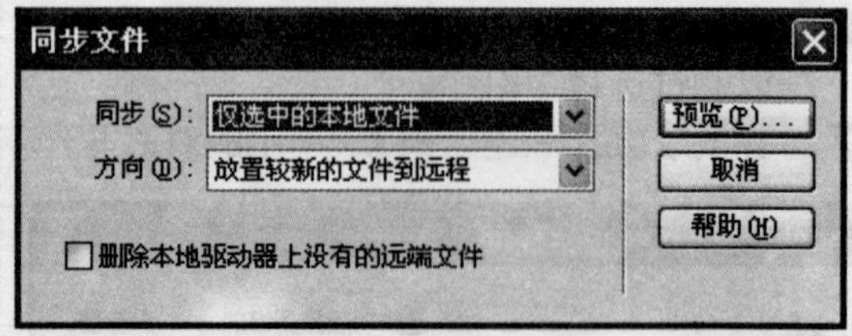

★ 图13.43

- **【同步】下拉列表**：若要同步整个站点，选择【整个站点】选项；若只同步选定的文件，则选择【仅选中的本地文件】选项；如果最近一次的选择是在【文件】面板的远程视图中进行的，则选择【仅选中的远程文件】选项。
- **【方向】下拉列表**：选择【放置较新的文件到远程】选项，上传修改日期新于其远程副本的所有本地文件；选择【从远程获得较新的文件】选项，下载修改日期新于其本地副本的所有远程文件；选择【获得和放置较新的文件】选项，将所有文件的最新版本放置在本地和远程站点上。

### 2. 取出和存回文件

随着站点规模扩大，对站点的维护也变得比较困难了。很多专业站点拥有成千上万的文件，要想一个人维护站点几乎是不可能的，这时就需要将站点分配给多人共同维护，这就存在着维护人员之间的协同合作问题。

对于多人共同维护站点的情况，必须设置流水化的操作过程，确保同一时刻，只能由一个维护人员对网页进行修改，利用Dreamweaver CS3提供的取出和存回功能可以实现这一点。

（1）设置存回和取出系统

在使用存回和取出功能之前，必须先将本地站点与远端服务器相关联，然后执行下列操作：

**1** 选择【站点】→【管理站点】命令，弹出【管理站点】对话框，选择“图形设计”站点，单击【编辑】按钮，弹出【图形设计的站点定义】对话框。

**2** 从左侧的【分类】列表框中选择【远程信息】选项，在右侧选中【启用存回和取出】复选项，这时会出现其他选项。如图13.44所示。

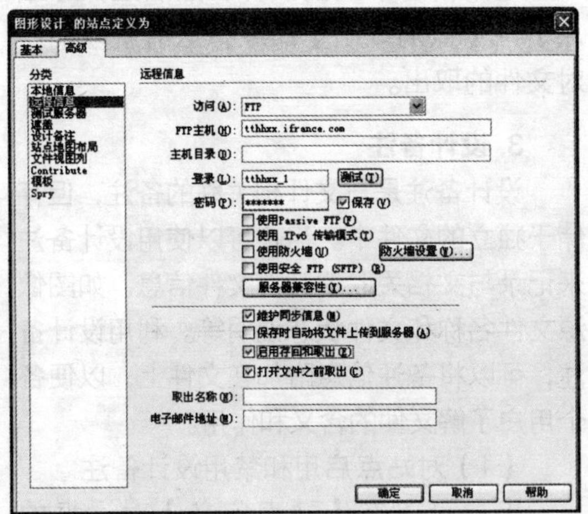

★ 图13.44

**3** 选中【打开文件之前取出】复选项，然后在【取出名称】和【电子邮件地址】文本框中输入相应内容。

**4** 单击【确定】按钮，启用存回和取出功能。

（2）文件的取出

设置完存回和取出系统后，就可以使用【文件】面板或从文档编辑窗口存回和取出远端服务器中的文件了。

若要使用【文件】面板取出文件，操作步骤如下：

**1** 在【文件】面板中选择要从远端服务器取出的文件，单击【文件】面板工具栏中的【取出文件】按钮（或者右键单击文件，从弹出的快捷菜单中选择【取出】命令），弹出【相关文件】对话框，如图13.45所示。

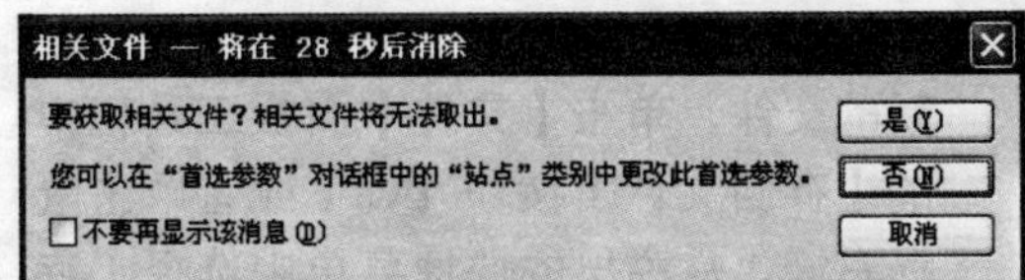

★ 图13.45

**2** 单击【是】按钮，将相关文件随选定文件一起下载，如果单击【否】按钮，则禁止下载相关文件。

**3** 文件取出后，一个绿色对钩标记会出现在本地文件图标的旁边，如图13.46所示。如果是自己取出的文件，则显示为绿色的对钩，如果是别人取出的文件，则显示为红色的对钩。

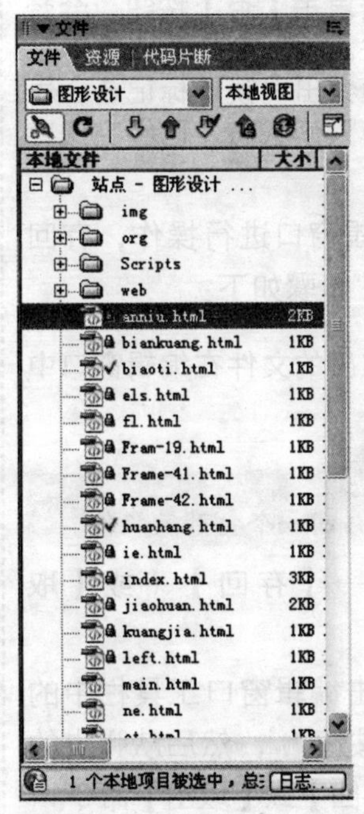

★ 图13.46

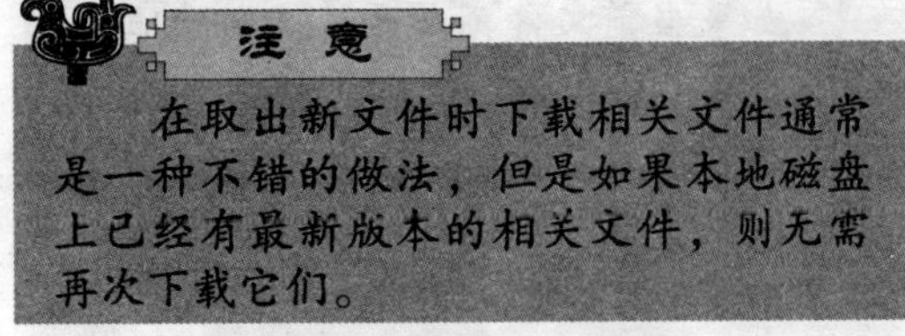

注　意

在取出新文件时下载相关文件通常是一种不错的做法，但是如果本地磁盘上已经有最新版本的相关文件，则无需再次下载它们。

（3）文件的存回

若要使用【文件】面板存回文件，可执行下列操作步骤：

1 在【文件】面板中，选择已经取出的或新的文件，单击【文件】面板工具栏中的【存回文件】按钮（或者单击鼠标右键，从弹出的快捷菜单中选择【存回】命令），弹出【相关文件】对话框，如图13.47所示。

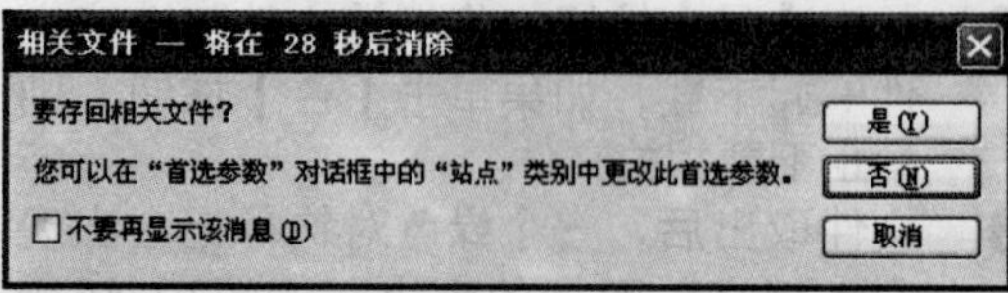


★ 图13.47

2 单击【是】按钮，将相关文件随选定文件一起存回，若单击【否】按钮，会禁止存回相关文件。存回文件后，在本地文件图标的旁边会出现锁形标记，表示该文件现在为只读状态，已经完成存回操作。

若要从文档编辑窗口进行操作，存回或取出打开的文件，步骤如下：

1 确保要存回或取出的文件在编辑窗口中处于活动状态。

提 示

用户每次只能存回一个打开的文件。

2 选择【站点】→【存回】（或【取出】）命令。

用户也可以单击编辑窗口工具栏中的【文件管理】下拉按钮，然后从弹出的下拉菜单中选择【存回】或【取出】命令。

提 示

如果当前文件不属于【文件】面板中的当前站点，Dreamweaver CS3将尝试确定当前文件属于哪一个本地定义的站点。如果当前文件仅属于一个本地站点，则Dreamweaver CS3将打开该站点，然后执行存回或取出操作。

如果用户取出当前处于活动状态的文件，则新的取出版本会覆盖该文件的当前打开版本。如果用户存回当前处于活动状态的文件，则根据设置的首选参数，该文件可能会在存回前自动保存。

（4）取消存回或取出操作

如果用户取出了一个文件，然后决定不对它进行编辑（或者决定放弃所做的更改），则可以撤消取出操作，文件会返回到原来的状态。方法如下：

选中自己取出的文件，然后选择【站点】→【撤消取出】命令，这时就取消了对文件的取出。

### 3. 设计备注

设计备注是与文件相关联的备注，但存储于独立的文件中。用户可以使用设计备注来记录与文档关联的其他文件信息，如图像源文件名称和文件状态说明等。利用设计备注，可以将备注信息附加在文件上，以便各个用户了解文件的含义和作用。

（1）对站点启用和禁用设计备注

用户可以在【站点定义】对话框的【设计备注】类别中对站点启用和禁用设计备注。当启用设计备注后，如果需要，可以选择仅在本地使用它们。

若要对站点启用或禁用设计备注或者仅在本地使用设计备注，可执行下列操作步骤：

1 选择【站点】→【管理站点】命令，弹出【管理站点】对话框。

2 选择“图形设计”站点，单击【编辑】按钮，弹出【站点定义】对话框。

3 从左侧的【分类】列表框中选择【设计备注】选项，这时的【站点定义】对话框如图13.48所示。

4 选中【维护设计备注】复选项，激活站点中的设计备注功能，附着于文件上的设计备注信息会同文件操作紧密相连，被一同复制、移动或删除。

5 选中【上传并共享设计备注】复选项，则在本地设置的设计备注在上传站点文件时会一同被上传，以便其他维护人员参阅。否则，设计备注只保存在本地站点中，不被共享。

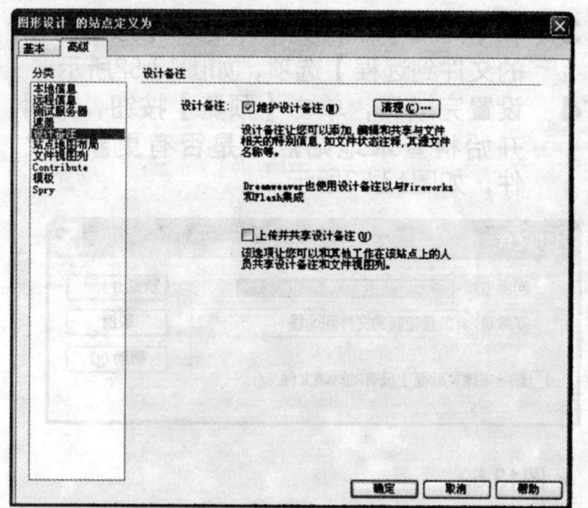


★ 图13.48

**6** 单击【清理】按钮，可以清除现有的同站点无关的设计备注。

**7** 设置完成后，单击【确定】按钮。

**8** 单击【完成】按钮，关闭【管理站点】对话框。

（2）建立设计备注与文件的关联

用户可以为站点中的每一文档或模板创建设计备注文件。还可以为文档中的applet、ActiveX 控件、图像、Flash 内容、Shockwave对象以及图像域创建设计备注。

**提 示**

如果在模板文件中添加设计备注，用该模板创建的文档不会继承这些设计备注。

若要将设计备注添加到文档中，可执行下列操作步骤：

**1** 在文档编辑窗口中打开文件，然后选择【文件】→【设计备注】命令，弹出【设计备注】对话框，如图13.49所示。

**提 示**

或者在【文件】面板中，右键单击文件，从弹出的快捷菜单中选择【设计备注】命令。如果该文件驻留在远程站点上，则用户必须首先取出该文件，然后在本地文件夹中选择它。否则执行该命令会弹出提示对话框，提示用户只读文件不能编辑设计备注，需在编辑之前注销该文件。

★ 图13.49

**2** 在【基本信息】选项卡下，从【状态】下拉列表中选择文档的状态。

**3** 单击【插入日期】按钮（在【备注】列表框的上方），在用户的备注中插入当前本地日期。

**4** 在【备注】文本框中输入注释。

**5** 选中【文件打开时显示】复选项，则在每次打开文件时显示设计备注文件。

**6** 在【所有信息】选项卡中，单击加号按钮，可以添加新的项；选择一个信息，单击减号按钮，可以将其删除，如图13.50所示。

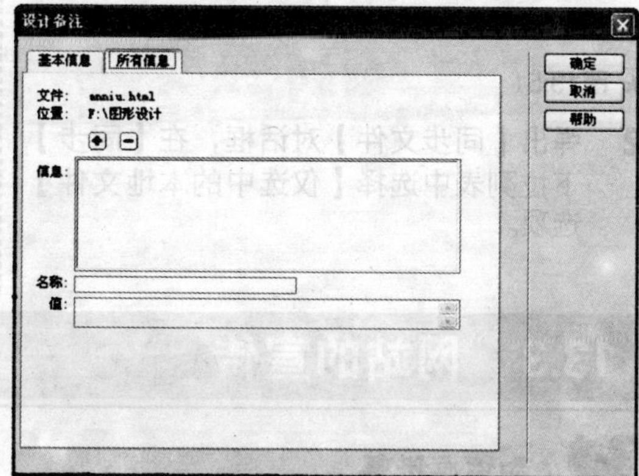


★ 图13.50

**7** 设置完成后，单击【确定】按钮保存备注。

Dreamweaver CS3将用户的备注保存到名为“_notes”的文件夹中，与当前文件处在相同的位置。文件名是文档的文件名加上后缀“.mno”。

例如，如果文件名是“index.html”，则关联的设计备注文件名为“index.html.mno”。

下面练习如何对远端服务器上的站点文件进行更新，具体的操作步骤如下：

1 在【文件】面板中的站点名称上单击鼠标右键，从弹出的快捷菜单中选择【同步】命令，如图13.51所示。

★ 图13.51

2 弹出【同步文件】对话框，在【同步】下拉列表中选择【仅选中的本地文件】选项。

3 在【方向】下拉列表中选择【放置较新的文件到远程】选项，如图13.52所示。

4 设置完成后，单击【预览】按钮，此时开始检查本地站点中是否有更新的文件，如图13.53所示。

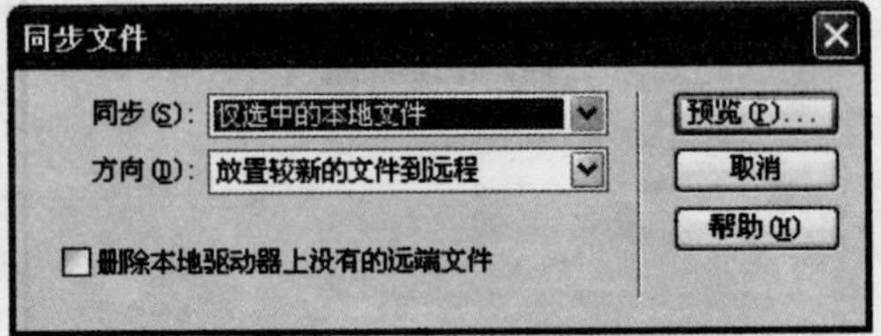


★ 图13.52

★ 图13.53

5 如果本地站点中存在更新的文件，那么会将该文件选中显示，如图13.54所示。

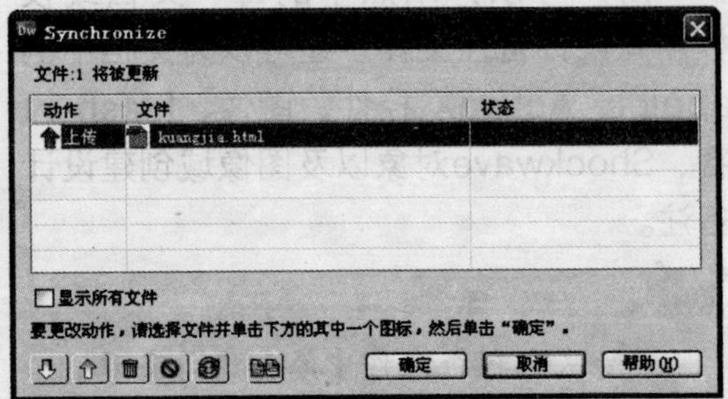


★ 图13.54

6 单击【确定】按钮，即可将该文件上传到远程服务器上，更新文件。

## 13.3 网站的宣传

在拥有了自己的网站后，就可以让朋友们都知道它的地址。下面就介绍一下如何宣传自己的网站，有以下几种方法可以宣传建立好的网站。

**1. 导航网站登录**

对于一个流量不大、知名度不高的网站来说，导航网站能给网站制作者带来的流量远远超过搜索引擎以及其他方法。这里列出几个流量比较大的导航网站供读者参考。

http://www.hao123.com（网址之家）：世界排名第274，可见其流量之大。

http://www.265.com（265网址）：世界排名第9 705，流量也比较大。

**2. 搜索引擎登录**

搜索引擎会给网站带来越来越多的访问量。通过手工登录网易、yahoo 等搜索引擎都会带来不少流量。其他一些门户网站目前采取了收费登录，读者可以根据自己的情况进行选择。

中文搜索引擎，目前用得最多的是百度和Google，目前这两个搜索引擎都有收费服务，当然也有免费登录。对于收费服务，可根据自己的情况选择。百度是每一下点击收0.3元，Google每一下点击为0.5元。另外，中国搜索联盟也有收费排名服务。

如果读者不想付费但还想尽量获得较好的排名的话，那么就要根据他们的相关规律，优化一下自己的网站，做一些详细的策略，如标题设计、标签设计和内容排版设计，等等。

**3. 网络广告投放**

网络广告投放虽然要花钱，但是给网站带来的流量却是很可观的，不过如何花最少的钱，获得最好的效果，就需要许多技巧了。

- **低成本，高回报**：怎样才能达到这样的效果呢？首先要对媒体进行选择，如果想获得知名度，那么就出钱到那些有知名度的网站投放；如果只是为了流量，那么就把这些媒体网站过滤掉吧，因为它们的价格都很高。那么，究意选什么样的网站作为投放媒体呢？建议选择那些名气不大但流量大的网站。目前，许多个人站点虽然名气不是很大，但是流量特别大，在那里做广告，价格一般都不高，但是每天却可以带来可观的访问量。
- **高成本，高收益**：这个“收益”不是流量，而是收入。对于一个商务网站，客流的质量和流量一样重要。此类广告投放要选择的媒体非常有讲究，首先，要了解自己的潜在客户是哪类人群，他们有什么习惯，然后寻找其浏览频率比较高的网站进行广告投放。也许价格会高些，但是它带来的客户质量比较好，所以带来的收益也比较高。比如，作为卖化妆品的网站“娑诗名妆特卖网”在某著名女性网站投放过，价格虽然有点高，但是带来的客户质量比较好，成为自己客户的也比较多，因而获得了很好的收益。

对于商业网站，高质量的客流很重要，广告投放一定要有目标性。

**4. 邮件广告**

目前，大多数的广告邮件都被视为垃圾邮件，主要原因是邮件地址的选择和邮件的设计等。广告邮件要想起到该有的作用，下面给出两点建议：

- **标题建议**：吸引人、简单明了，不要带有欺骗性质。
- **内容建议**：采用HTML格式比较好，另外排版一定要清晰。

“广告邮件群发”如果利用好了，效果也是非常好的，而且成本也不高。另外可以在自己的网站加入邮件列表功能，以便让网友订阅自己的电子杂志，然后在电子杂志中融入病毒式营销的相关策略，这可以取得很好的效果。

注 意

广告邮件，切勿盲目乱发，否则可能会适得其反。

5. 病毒式营销

病毒式营销主要是利用互利的方法，让网友帮自己宣传，制造一种像病毒传播一样的效果。下面介绍几种常用的方法：

- **免费服务**：如果有条件，可以为网友提供免费留言板、免费域名、免费邮件列表、免费新闻或免费计数器等，然后可以在这些服务中加入自己的广告或者链接。由于是免费，所以可以迅速推广。
- **有趣页面**：制作精美的页面或有趣的页面常常会被网友迅速传播开来，所以可以制作一些精美的或者有趣的页面，向网友推荐。
- **其他方法**：自己制作软件来宣传，再加上自己的网站链接，如果软件好的话就会被众多软件下载网站收录，到时你网站的知名度和流量就会获得很好的提升。

6. BBS宣传

BBS宣传，虽然花费精力，但是效果非常好。网络营销，细节致胜；网站推广，全面出击。BBS宣传要选择自己潜在网友所在的BBS，或者人气比较好的BBS。BBS宣传应注意以下几个策略：

- **不要直接发广告**：这样的帖子很容易被当做广告帖删除。
- **用好头像和签名**：头像可以专门设计一个，宣传自己的品牌，签名可以加入自己网站的介绍和链接。
- **发帖要求质量第一**：发帖不在乎数量多少、发的地方多少，而帖子的质量最为重要，因为可能发得多，但总体流量不多。发帖，关键是为了让更多人看，变相地宣传自己的网站，其追求的是最终流量。因此，发高质量的帖子，专注一点，可以花费较小的精力，获得较好的效果。

7. 活动宣传

活动宣传也是一种很好的宣传方式，不过不是任何活动都有效果。要想有很好的效果，就必须有很好的策划。

要想保持网页的浏览人数，就要不停地更新主页，增加内容，永远给人一种新的感觉。平时上网时多搜集资料，多听听别人的意见，每隔一段时间就更新一下版面。只有这样，网页才能不断地为网友服务。

更新主要是网站文本内容和一些小图片的增加、删除或修改，总体版面的风格应保持不变。所以一般至少一个星期更新一次。如果有一些网站浏览量大的话，周期可再缩短。当然如果有精力的话最好每天更新。如此一来网友每次访问网站的时候都有新内容，这就促使他有时间便来看看。网站的改版是对网站总体风格进行调整，包括版面和配色等各方面。改版后的网站会让网友感觉焕然一新。一般改版的周期要长一些。

如果更新得勤，网友对网站也满意的话，改版可以延长几个月甚至半年。改版周期不能太短。一般一个网站建设完成以后，就代表了一定的形象和风格。随着时间的推移，很多网友对这种形象已经习惯了。如果经常改版，会让网友感觉不适应。特别是那种风格彻底改变的改版。当然，如果读者对网站有更好的设计方案建议，可以考虑改版，毕竟长期沿用一种版

面会让人感觉陈旧、厌烦。

下面以中搜搜索引擎为例，练习如何将网站登录到搜索引擎中，具体操作步骤如下：

1 打开中搜的主页，如图13.55所示。

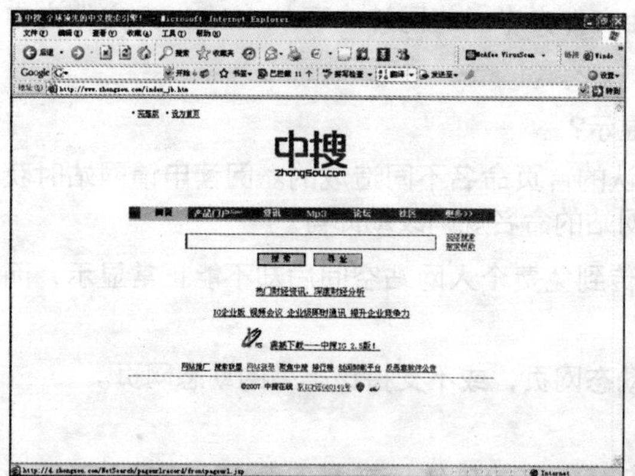

★ 图13.55

2 单击【网站登录】超链接，进入网站登录页面。

3 在网站登录页面中输入个人网站的网址和验证码，如图13.56所示。

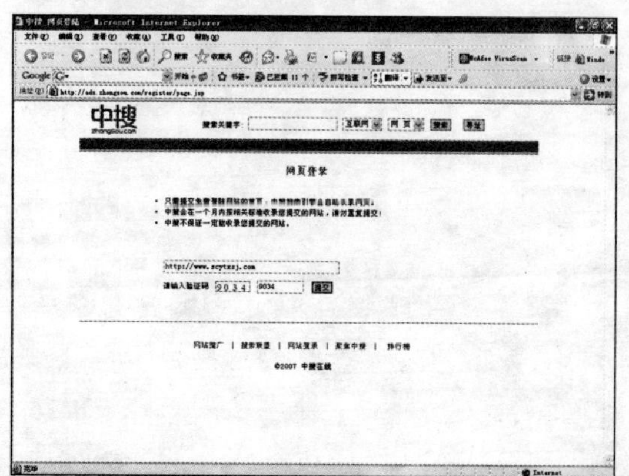

★ 图13.56

4 单击【提交】按钮，即登录到搜索引擎中，如图13.57所示。

5 单击【后退】按钮，完成个人网站的登录。

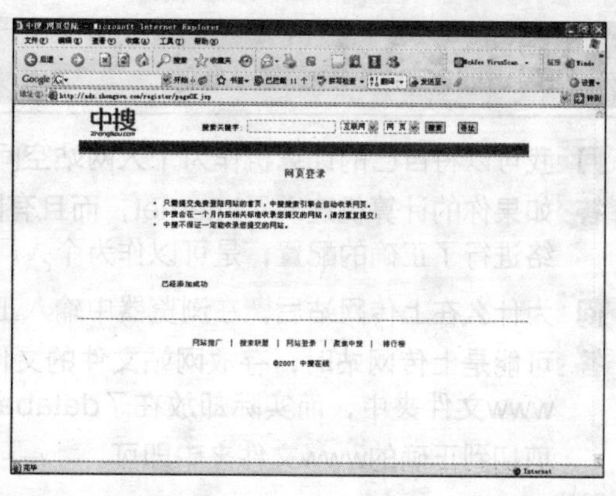

★ 图13.57

提交的网站需要经过一段时间的处理，才可以在中搜搜索引擎中搜索到关于该网站的信息。

除了登录到搜索引擎外，还可以和别的网站交换友情链接来宣传自己的网站。如图13.58所示就是一个网站的友情链接。

★ 图13.58

友情链接可以给一个网站带来稳定的流量。另外，还有助于网站在Google等搜索引擎中的排名的提高。

友情链接最好能链接一些流量比自己高的、有知名度的网站，其次是链接一些和自己的内容互补的网站，再次是链接一些同类网站。要保证自己网站的内容有特点，并且吸引人，否则就不要链接同类网站。

## 疑难解答

**问** 我可以将自己的计算机作为个人网站空间吗?

**答** 如果你的计算机连入了Internet，而且有固定的IP地址，安装了相应的Web服务器并对网络进行了正确的配置，是可以作为个人网站空间的。

**问** 为什么在上传网站后，在浏览器中输入正确的网址，不能正常显示网页?

**答** 可能是上传网站时，存放网站文件的文件夹位置未放置正确，如要求将站点内容放置在www文件夹中，而实际却放在了database文件夹中。将网站内容从database文件夹中剪切到正确的www文件夹中即可。

**问** 为什么输入正确的网址后，首页页面不能显示?

**答** 可能是你的首页命名与空间所在的网站默认的首页命名不同造成的。阅读申请网站时获得的网站详细信息文档后，将首页名称按网站的命名规则改动即可。

**问** 为什么在本地能正常显示的动态网页，上传到免费个人网站空间后却不能正常显示，而静态网页却可以正常显示?

**答** 可能是你申请的免费个人网站空间不支持动态网页，或不支持该类型的动态网页。

**问** 可以在局域网内发布站点吗?

**答** 可以。首先要在作为服务器的计算机上安装相应的软件，推荐安装Windows Server 2003操作系统，同时要安装IIS，安装IIS后，需要对IIS的Web服务器进行配置，使其能正常显示网页。然后要对FTP服务器进行配置，即创建FTP服务器，其中最主要的是对访问用户进行设置，同时，也要指定正确的站点目录，通常与Web服务器中指定的位置相同即可。最后使用Dreamweaver 8或专门的软件进行上传即可。

# 反侵权盗版声明



举报电话：(010)88254396；(010)88258888
传　　真：(010)88254397
E - mail：dbqq@phei.com.cn
通信地址：北京市万寿路173信箱
　　　　　电子工业出版社总编办公室
邮　　编：100036